工业设备安装技术

孙爱萍　主编

张红光　周应光　主审

化学工业出版社

·北京·

《工业设备安装技术》分为8章，系统介绍了设备基础、离心泵、活塞式压缩机、离心式压缩机、塔设备、换热器、球形储罐、立式圆筒形钢储罐等典型工业设备的现场施工技术，每章包括施工准备、安装工艺、安装方法及技术措施、调试及验收等主要环节，突出现场施工的特色以及标准、规范的使用，并注意反映安装工程建设的新技术、新工艺、新方法。为便于学习，每章有相关内容的知识解读。

本书可供应用型本科、高职高专设备安装技术专业、工程造价专业、建设工程管理专业、建筑工程技术专业及相关专业师生学习使用，也可作为工程建设从业人员的参考书及培训用书。

图书在版编目（CIP）数据

工业设备安装技术/孙爱萍主编．—北京：化学工业出版社，2018.1（2023.8重印）
ISBN 978-7-122-30910-5

Ⅰ.①工… Ⅱ.①孙… Ⅲ.①工业设备-设备安装 Ⅳ.①TB492

中国版本图书馆CIP数据核字（2017）第266828号

责任编辑：高　钰　　文字编辑：陈　喆
责任校对：王素芹　　装帧设计：刘丽华

出版发行：化学工业出版社（北京市东城区青年湖南街13号　邮政编码100011）
印　　装：北京虎彩文化传播有限公司
787mm×1092mm　1/16　印张18　字数438千字　2023年8月北京第1版第4次印刷

购书咨询：010-64518888　　售后服务：010-64518899
网　　址：http://www.cip.com.cn
凡购买本书，如有缺损质量问题，本社销售中心负责调换。

定　　价：76.00元

前言

FOREWORD

《工业设备安装技术》是为满足工程建设中从事设备安装和工程管理工作的技术技能型人才需求而编写的产教融合实用技术参考用书。

本书系统介绍了设备基础、离心泵、活塞式压缩机、离心式压缩机、塔设备、换热器、球形储罐、立式圆筒形钢储罐等典型工业设备的现场施工技术，使读者能轻松掌握典型工业设备安装工艺、安装方法及常用技术手段与要求，初步具备工程建设从业人员所必需的基本职业能力、标准规范和有关资料的查阅、运用能力。为便于学习，每章有相关内容的知识解读。

书中的施工案例由施工企业技术人员提供，并邀请企业人员参与相关内容的编写。编写中遵循“坚持标准、结合实际、体现特点、突出技能”的指导思想，每章包括施工准备、安装工艺、安装方法及技术措施、调试及验收等主要环节，突出现场施工的特色以及标准、规范的使用，并注意反映安装工程建设的新技术、新工艺、新方法。

本书的内容已制作成用于多媒体教学的PPT课件，并将免费提供给采用本书作为教材的院校使用。如有需要，请发电子邮件至cipedu@163.com获取，或登录www.cipedu.com.cn免费下载。

本书在编写过程中，得到了河北化工医药职业技术学院、中石化工建设有限公司、中国化学工程第十三建设有限公司、中国化学工程第十四建设有限公司、郑州大学、河南应用技术职业技术学院、陕西化建工程有限责任公司、陕西煤业化工集团有限责任公司、河北省特种设备学会等企业及院校的大力支持和帮助，编者在此一并向他们表示衷心感谢，同时，对本书编写中所参阅的相关文献和资料的作者表示感谢。

本书由孙爱萍主编，张红光、周应光主审，参加编写及审核的还有孙建国、王凤咏、胡秋英、李庆东、韩绿霞、李始红、朱财、杨素芝、范喜频、严永江、张浩然、李少春、赵荣华、马林春、邵金和、尚国强、李荣娇、杜彩坤、陈志猛等。

由于时间仓促，编者水平所限，书中难免有不足之处，恳请读者批评指正。

编　者

2017年9月

目录

CONTENTS

1 设备基础

1.1 设备基础施工与验收

1.1.1 施工准备及场地平整

工程施工进度的快慢、施工质量的好坏，都与施工准备工作有着直接关系，施工准备工作是组织施工生产的重要因素。施工准备工作主要有技术准备、材料准备、劳动力准备、机具准备、临时设施准备及场地平整。

1.1.1.1 技术准备

技术准备工作主要包括熟悉和审查图纸、编制施工图预算和编制施工技术方案。

组织各专业施工人员熟悉施工图纸，对设计上不合理，建筑图与结构图、给排水图、电气图等相矛盾的地方进行核对并及时做好记录；各方进行图纸会审，做好图纸会审记录并存档。组织施工人员进行入场教育和技术培训，明确相关标准、规范，确保工程施工质量符合标准规范的要求。

计算施工图工程量，列出各分项工程的工作量，确定施工过程中各分项工程用料、用工和机具使用情况，并汇总成表，为材料准备和劳动力组织及工机具准备提供可靠依据。

编制施工技术方案，确定主要施工方法、平面布置，编制施工进度计划，制订质量控制计划；编写详细的安全和技术方面的交底记录，交底内容应具体、明确且具有针对性，以保证工程施工安全和施工质量符合规范要求。

1.1.1.2 材料准备

根据施工进度计划要求，按材料名称、规格、使用时间、材料储备定额和消耗定额进行汇总，编制材料需要量计划，为组织备料、确定仓库、堆放场地所需面积和组织运输等提供依据。

根据材料计划组织货源，联系生产厂家，确定加工、供应地点和供应方式，确保材料的供应不影响工程的施工进度。材料计划表应包括材料名称、规格型号、单位、计划量、计划到场时间、厂家（若有要求）等信息。进度计划表一式三份，采购、保管、技术各一份，以供核对和验收之用。进场材料的数量、价格登记造册，价格留底以便掌握市场的行情为以后的投标报价提供参考。

材料的供应由项目部依据工程的进度计划和实际的工程进度，提出采购申请计划，经审批后由材料部进行采购。材料应在考核合格的供应商内进行采购，材料供应商应提供相应产品合格证、检测检验报告等有效证件，以防不合格产品进入施工现场。材料进场后，及时向甲方和监理进行报验，如需要复验应见证取样和复试，并填写好《材料检验单》。

由甲方定厂、定价的材料，应按合同提前报监理和甲方进行审核，以便尽早确定厂家和价格，便于落实材料的采购。由甲方供应的设备，也应提前报监理和甲方进行审核，确保设备的型号、数量及各项技术参数符合设计要求，同时对甲方供应的设备提出到货时间，以便甲方与供应商签订合同时落实供应计划。

1.1.1.3 劳动力组织和准备

组织建立精干的施工班组，各专业、各工种之间应合理搭配，技术工与普通工的比例能够满足施工要求。

根据施工中各分项工程的工程量，结合施工图预算的用工情况，合理安排各工种人员进场，以提高劳动生产效率，避免“窝工”现象的发生，保证安装工程施工进度。特殊工种的施工人员必须持证上岗，并建立档案，以确保用工质量。

1.1.1.4 机具的准备

根据施工方案，安排施工进度，确定施工机械的类型、数量和进场时间，并编制安装工程使用机具的配置计划表，配置原则：

① 机械设备的种类、数量、规格和性能，应能满足施工质量、安全、进度方面的要求。

② 机械设备选用应先进、性能好，配套齐全，未经检查合格的机械和器具不得进入现场。

③ 根据各施工阶段各专业使用机具的情况，由项目施工技术人员进行合理调配使用，以提高机具的使用效率。并建立建全机具使用、保管、维护、保养管理制度。

1.1.1.5 临时设施准备

由于工程建设的特殊性、复杂性以及施工工期长，现场临时设施的设置将直接影响工程施工进度和质量。为了满足施工需要，要保证有足够的临时设施供施工之用。临时设施主要有临时生产设施、临时办公设施、临时生活设施，以上设施应分开布置，以免相互影响，同时要符合安全要求。临时生产设施由施工运输设施、施工供水设施、施工供电设施、施工通信设施及安全、文明施工临时设施等构成。

临时设施设置原则：

① 结合施工现场具体情况，统筹安排，进行科学合理的布置。

② 根据工程施工场地的平面布置，办公、生活区尽量避开施工区，施工区加工场地的布置要尽量减少或避免现场的二次搬运。

③ 以经济适用为原则，合理地选择临时设施的形式。

④ 符合安全文明施工和现场防火要求，同时起到保护环境的作用。

⑤ 符合“节能、节水、节材、节地”的原则。

1.1.1.6 场地平整

场地平整是将天然地面改造成工程上所要求的设计平面，在建设区域内为施工创造条件，按设计要求进行的挖填土石方作业。

平整场地前应先做好各项准备工作，如清除场地内所有地上、地下障碍物；排除地面积水；铺筑临时道路等。

场地平整要在满足设计标高要求的前提下，进行土方调配，当场地地形较为平坦时一般采用方格网法进行计算调配。

（1）选择场地设计标高的原则

在满足总平面设计的要求，并与场外工程设施标高相协调的前提下，考虑挖填平衡，以挖作填。如挖方少于填方，则要考虑土方的来源，如挖方多于填方，则要考虑弃土堆场。场地设计标高要高出区域最高洪水位，在严寒地区，场地的最高地下水位应在土壤冻结深度以下。

（2）场地平整主要工作

场地平整工作内容包括施工测量、土石方量计算、土石方调配、施工机械选择、土方开挖、石方开挖、场地精平、填方压实等。其主要工作如下：

① 施工测量：根据施工区域的测量控制点和自然地形，将场地划分为轴线正交的若干地块。选用间隔为 20～50m 的方格网，并以方格网各交叉点的地面高程，作为计算工程量和组织施工的依据。在填挖过程中和工程竣工时，都要进行测量，做好记录，以保证最后形成的场地符合设计规定的平面和高程。

② 土石方调配：通过计算，对挖方、填方和土石方运输量三者综合权衡，制订出合理的调配方案。为了充分发挥施工机械的效率，便于组织施工，避免不必要的往返运输，还要绘制土石方调配图，明确各地块的工程量、填挖施工的先后顺序、土石方的来源和去向，以及机械、车辆的运行路线等。

③ 施工机械选择：根据具体施工条件、运输距离以及填挖土层厚度、土壤类别选择施工机械。运距在 100m 以内的场地平整以选用推土机最为适宜；地面起伏不大、坡度在 20°以内的大面积场地平整，当土壤含水量不超过 27%，平均运距在 800m 以内时，宜选用铲运机；丘陵地带，土层厚度超过 3m，土质为土、卵石或碎石碴等混合体，且运距在 1.0km 以上时，宜选用挖掘机配合自卸汽车施工；当土层较薄，用推土机攒堆时，应选用装载机配合自卸汽车装土运土；当挖方地块有岩层时，应选用空气压缩机配合手风钻或车钻钻孔，进行石方爆破作业。

④ 填方压实：土石方的填筑作业分为人工回填和机械回填。其应共同遵循的原则是：填方要有足够的强度和稳定性，土体的沉陷量力求最小。因此必须慎重选择填筑材料，含水量大的土、淤泥和腐殖土都不能用作填筑材料。所有的填方都要分层进行，每层虚铺厚度应根据土壤类别、压实机械性能而定。填方边坡的大小也要根据填筑高度、选用材料的类别和工程重要性，做出恰当的选择。

填方的压实一般采用碾压、夯实、振动夯实等方法。大面积场地平整的填方多采用碾压和利用运土机械和车辆本身，随运随压，配合进行。填土在压实过程中，一般应配合取土样试验干容重，测试密实度，保证符合设计要求后方可验收。

1.1.2 设备基础施工

1.1.2.1 设备基础的形式及选用

每台设备均应有一个坚固的基础，以承受设备本身的重量、载荷和传递设备运转时产生的摆动、振动力。坚固的基础可以保证安装精度和设备正常运转。根据设备的样式和尺寸，设备基础的形式也不同。

（1）按基础的结构形式

设备安装常用基础的结构形式有块式基础、墙式基础、构（框）架式基础和地下室式基础。

块式基础，其结构有单块式和大块式基础，见图 1-1。单块式基础基面或顶面有长方形、正方形和圆形等，对于大型塔设备和外形简单的机器，大多采用单块式基础。大块式基础往往建成连续大块或板式，可以安装较多机器和设备及其附属工艺管线。动力机器的基础主要是大块式刚性基础，常用的有地下室式和楼板式基础。这类基础的刚性大、稳定性好。

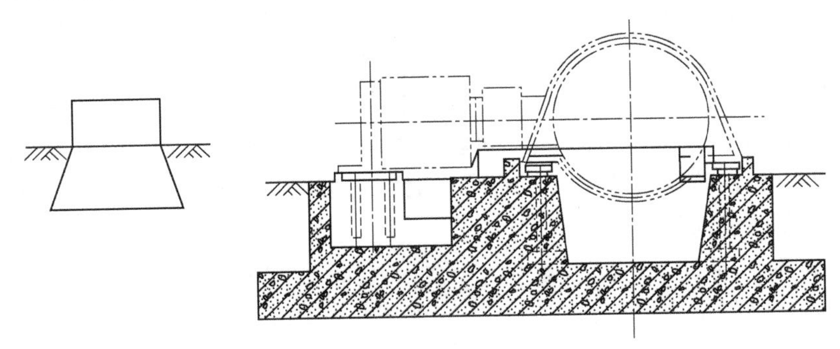

图 1-1 块式基础

墙式基础，这种基础由底板、纵墙和顶板组成，也有仅由底板和墙组成的。它的刚性仅次于块式基础，通常用做中小型塔设备或储罐之类的基础。结构见图 1-2。

构架式基础，这种基础由底板、柱子和顶板系统（包括顶板、纵梁和横梁）组成，简单的也仅有底板和柱子两部分。一般用于外形尺寸大、重量较大的静置设备或附属机组和管道较多的动设备的基础。结构见图 1-3。

图 1-2 墙式基础

图 1-3 构架式基础

（2）按所用材料

按所用材料有砖基础、毛石基础、灰土基础、砂垫层基础、混凝土基础及钢筋混凝土基础等。

砖基础是用砖和水泥砂浆砌筑而成。毛石基础是用开采的无规则的块石和水泥砂浆砌筑而成。砖基础、毛石基础在设备基础中不常用，只用作要求不高的静设备。

灰土基础是由石灰与黏土按一定比例拌和，视拌和土的干燥情况适量洒水并夯实而成。砂垫层基础是在基础与地基土的中间用砂作为垫层材料代替软弱土层，以提高基础底面以下地基浅层的承载力，减少沉降量。严格意义上讲灰土和砂垫层只是地基的组成部分。

混凝土基础是由混凝土拌制后灌筑而成。钢筋混凝土基础是在混凝土中加入抗拉强度很高的钢筋，使这种基础具有较高的抗弯抗拉能力。

设备基础常用的是混凝土基础和钢筋混凝土基础。

(3) 按承受载荷的性质

按承受载荷的性质有静载荷基础和动载荷基础。

静载荷基础，基础只承受静载荷，如塔、储罐、换热设备基础。

动载荷基础，除承受设备本身的静载荷外，还受设备运转时产生的惯性力-往复和旋转，如泵、压缩机等基础等。

(4) 按基础的安放位置

室内基础，不受风载荷的作用，只考虑重量及运转时的力与力矩。

室外基础，除考虑重量及运转时的力与力矩外，还考虑当地一年中风载荷最大值对基础造成的倾覆力矩。

桩基础，工程实践中，当建筑物或设备上部结构荷载很大，地基软弱土层较厚，对沉降量限制要求较严时，浅层地基土不能满足建筑物或设备对地基承载力和变形的要求，需采用桩基础。桩基础可以节省基础材料，减少土方工程量，改善劳动条件，缩短工期。

1.1.2.2 基础施工工序

基础施工一般包括定位放线、基坑开挖、桩头处理、垫层施工、模板安装、钢筋预制绑扎、预埋地脚螺栓和预留孔模板、浇灌混凝土、养护、拆除模板、土方回填等过程。

(1) 基坑开挖

基坑开挖又称挖土方，是在待建基础的地面上，按照基础详图画出基槽线，钉上标桩，做好标记，再挖出符合基础形状、大小和埋深要求的槽坑，以便于后续工序的施工。

(2) 垫层施工

根据地基土壤层的性质，对基槽底面进行找平、加固工作。不同的情况可采取不同的措施，对于大块硬岩、碎石或砂岩等强度符合要求的土壤，主要是找平工作；对于较软的土壤层，根据设计方案要求需要时可以浇灌一层厚 300～750mm 的混凝土垫层或是填土夯实予以加固；对于特别松软或淤泥土壤，则需采取打桩等地基处理措施。

(3) 模板安装、钢筋预制绑扎

模板安装是根据基础设计图纸尺寸在基础四周设置成型模具体系，成型模具可采用定型钢模板、木模板、复合模板、塑料模板等，模板体系主要由模板及其支撑体系组成，主要功能是便于混凝土成形，防止混凝土在凝固时发生挤裂和变形，模板系统要有足够的刚度、强度和稳定性，形状、尺寸、位置准确，装拆方便；钢筋安装绑扎是按照图纸的要求进行下料预制成半成品后，在模板内绑扎成型，增加混凝土的抗拉和抗剪强度，钢筋在下料、安装、绑扎过程中应注意保证钢筋的下料和加工尺寸准确，绑扎时钢筋间距、锚固长度、搭接长度和位置等，并进行钢筋工程隐蔽验收，保证符合设计和规范要求。

(4) 安装预埋螺栓和预留螺栓孔

安装预埋螺栓时，先在模板内设置独立固定系统及螺栓定位模板，定位模板的位置和标高找正后，再将地脚螺栓固定到定位模板上和支撑系统上，使定位模板、地脚螺栓、支撑系统连接成一个整体。

预留螺栓孔采用木模板或木桩，当采用木桩时，木桩应做成上大下小，并掌握好木桩拔出的时间和节奏，以保证预留螺栓孔不塌孔或将螺栓孔周围的混凝土拉裂，木桩的拔出一般是在混凝土终凝前先拔 2～3cm，随后每隔 10～20min 拔出一段，直至最后拔出，第一次提拔前应先用锤子敲击木桩四周，使木桩和混凝土初步分离，以降低拔出时木桩和混凝土之间的摩擦力。

（5）混凝土浇筑

按照混凝土设计强度等级和技术要求，进行混凝土的原材料实验和配合比实验。根据正确的配合比配料搅拌。混凝土浇筑前应根据施工方案认真交底，浇筑前对模板和钢筋进行检查。混凝土宜分层浇筑，分层振捣，至混凝土振捣密实为止。对于大体积混凝土还要做好混凝土连续浇筑方案和温控方案，以避免混凝土浇筑过程中出现施工缝和温度裂缝。

（6）混凝土养护

混凝土养护是让混凝土在凝固过程中充分发挥水化作用和避免低温造成混凝土的冻害，减少混凝土凝固过程中水分的流失，对混凝土的裸露表面采取的洒水、覆盖保温和封闭措施。

混凝土的养护分为自然养护和蒸汽养护两类，设备基础一般采用自然养护。自然养护又分为覆盖保湿养护、薄膜养护和养生液养护等。当采用覆盖保湿养护时，应保证塑料布内有凝结水。

采用覆盖浇水养护的时间：应在混凝土终凝前（通常为混凝土浇筑完毕后 12h 内）开始进行自然养护，如在干燥或强阳光气候施工，应在浇筑后 2～3h 内及时覆盖，并增加浇水养护次数，以防表面泛白或出现温度裂缝。养护设专人进行，对强光照射，干燥及刮风、过热、过冷、下雨等采取必要措施，以确保混凝土结构的成型质量。

对采用硅酸盐水泥、普通硅酸盐水泥或矿渣硅酸盐水泥拌制的混凝土养护时间不得少于 7d（天）；对火山灰硅酸盐水泥、粉煤灰硅酸盐水泥拌制的混凝土不得少于 14d；对掺用缓凝性外加剂、矿物掺和料或有抗渗性要求的混凝土也不得少于 14d。浇水次数应能保持混凝土处于湿润状态，养护用水应与拌制用水相同。

1.1.3 地基及加固

1.1.3.1 对地基的要求

地基，是设备或建筑物基础底部下方一定深度与范围内的土层，承受着由基础传来的荷载。设备基础应建立在具有良好物理性质和足够抗压能力的地基上，以满足设备基础对地基土壤层的要求。地基应满足以下要求：

① 保证具有足够的强度和稳定性。

② 在荷载作用下地基土不发生剪切破坏或丧失稳定性。

③ 不产生过大的沉降或不均匀的沉降变形，以确保设备或建筑物的正常使用。

重要的基础最适合建造在石质地基上。如果受到条件限制只能建造在淤泥之类的土壤层上，就必须进行地基处理，可采用砂垫层或打桩加固，也可以使用强夯、振冲法等进行处理。

1.1.3.2 地基处理

（1）地基的类型

地基分为天然地基和人工地基。天然地基是未经加固处理，能直接支承设备或建筑物的地基；人工地基，是当地基土层较软弱，设备或建筑物的荷重又较大，地基的承载力和变形都不能满足设计要求时，通过人工加固处理的地基。

由软弱土组成的地基称为软弱地基。淤泥、淤泥质土及天然强度低、压缩性高、透水性小的一般黏土统称为软土。大部分软土，淤泥、淤泥质土和部分冲填土、杂填土及其他高压缩性土的天然含水率高（30%～70%），孔隙比大（1.0～1.9），压缩性高（压缩系数为0.005～0.02），抗剪强度低，具有触变性，流变性显著。

地基处理，也称地基加固，其目的是为改善地基土的性质，满足地基的稳定和变形要求，包括改善地基土的变形特性和渗透性，提高其抗剪强度和抗液化能力。

（2）地基处理方法

地基处理方法的选择应从地基条件、目标要求、工程费用及材料、机具来源等方面进行综合分析，确定合适的地基处理方法。软土地基处理施工具体方法有很多种，常常多种方法综合应用。按加固性质，主要有填土法、机械加固法、水泥灌浆法、桩加固等。

填土法，填土法是将天然弱土挖去，用较高耐压力的砂土代替，并将新土分层填实，洒水夯实，直至所需标高。

机械加固法，在基坑范围内土壤外露表面进行夯实，反复多次，使某一定深度范围内的土密实、牢固、结合，从而提高土壤强度。

水泥灌浆法，在基坑土壤内灌注水泥砂浆，灌注时保持一定压力，使水泥砂浆在压力下连续排出土壤中的气体而充满粗粒土壤的孔隙中，提高土壤强度。

桩加固法，将钢管、钢筋混凝土、石料、木材等强力打入基坑土壤中，靠材料的摩擦、挤压使其坚实，提高强度；用天然浅基础或仅做简单的人工地基加固仍不能满足要求时，常用的一种解决方法就是做桩基础。

桩基础由桩身和承台两部分组成，桩身或部分埋入土中，将上部结构的荷载通过桩穿过软弱土层传递到较深的地基，以解决浅基础承载力不足和变形较大的地基问题。

桩基础的类型，按传力性质分有端承桩、摩擦桩；按制作方式分有预制桩、灌注桩；按预制桩沉入方法分有锤击法、振动法、静力压桩法；按灌注桩成孔方法分有挖孔灌注法、钻扩孔、沉管和爆扩灌注法等；按成桩方法分有非挤土成孔桩、部分挤土桩和挤土桩；按断面形式分有圆桩、方桩、多边行桩和管桩等；按制作材料分有混凝土桩，钢筋混凝土桩、钢桩等。

1.1.4 设备基础验收

基础施工完成后须经交接验收，方可进行设备的安装。基础验收时，基础施工单位应提供基础质量证明书，测量记录及其他相关技术文件等。

1.1.4.1 基础验收应提供的移交资料

基础验收应提供的移交资料包括：

① 基础施工图；
② 设计变更及材料代用证件；
③ 设备基础质量合格证书；
④ 钢筋及焊接接头的实验数据；
⑤ 隐蔽工程验收记录；
⑥ 焊接钢筋网及焊接骨架的验收记录；
⑦ 结构外形尺寸、标高、位置的检查记录；
⑧ 结构的重大问题处理文件；
⑨ 基础上的基准线与基准点；
⑩ 基础混凝土工程施工记录；
⑪ 重要设备基础，沉降观测记录及测点布置图等。

1.1.4.2 基础工程验收的主要依据

① GB 50300《建筑工程施工质量验收统一标准》等现行质量检验评定标准、施工验收规范。

② 经审查通过的施工图纸、设计变更以及设备技术说明书。

③ 引进技术或成套设备的建设项目，还应出具签订的合同和国外提供的设计文件等资料。

④ 其他有关建设工程的法律、法规、规章和规范性文件等。

1.1.4.3 基础工程验收的程序

由建设单位负责组织实施建设工程基础工程验收工作，建设工程质量监督部门对建设工程基础工程验收实施监督，该工程的施工、监理、设计、勘察等单位参加。

由建设单位负责组织基础工程验收小组，验收组组长由建设单位法人代表或其委托的负责人担任。验收组成员由建设单位负责人、项目现场管理人员及勘察、设计、施工、监理单位项目技术负责人或质量负责人组成。

建设工程地基、基础、主体验收一般按照施工企业自评、设计认可、监理核定、业主验收、政府监督的程序进行。其程序如下：

① 施工单位地基、基础、主体结构工程完工后，向建设单位提交建设工程质量施工单位（基础）报告，申请地基、基础、主体工程验收。

② 监理单位核查施工单位提交的建设工程质量施工单位（基础）报告，对工程质量情况做出评价，填写建设工程基础验收监理评估报告。

③ 建设单位审查施工单位提交的建设工程质量施工单位（基础）报告，对符合验收要求的工程，组织勘察、设计、施工、监理等单位的相关人员组成验收组进行验收。

1.1.4.4 基础验收的内容

设备就位前要完成设备基础验收工作，基础验收的主要内容：

① 基础表面情况：基础外观不应有裂纹、蜂窝、空洞及露筋等缺陷。

② 形状和尺寸、基础位置和标高：基础的坐标位置、不同平面的标高、外形尺寸、平面水平度、基础铅垂度应符合 GB 50204《混凝土结构工程施工质量验收规范》的规定，并应有验收资料或记录。

③ 混凝土基础强度：混凝土基础强度达到设计要求后，周围土方应回填夯实、整平，预埋螺栓的螺纹应无损坏。

④ 地脚螺栓的位置：预埋地脚螺栓的标高和中心距，地脚螺栓孔的中心位置、深度和孔壁铅垂度，预埋活动地脚螺栓锚板的标高、中心位置、带槽锚板和带螺纹锚板的水平度等均应符合设计要求。

⑤ 基准点和中心标板：埋设应正确，数字清晰，安装符合要求，基准点标高允差±10mm，中心标点位置允差为±5mm。

⑥ 基础周围的情况：模板、固定架已拆除，杂物已清理干净，无积水。

1.1.4.5 设备基础的预压试验和沉降观测

基础施工单位应提供设备基础质量合格证明书，检查混凝土配合比、混凝土养护及混凝土强度是否符合设计要求，尤其是振动大、转速高、重型设备的基础要认真检查基础情况。

对设备基础强度有疑问时，可用回弹仪或钢珠撞痕法等对基础的强度进行复测。

重型设备基础的预压试验是为了防止重型设备安装后由于基础的不均匀下沉造成设备安装的不合格而采取的预防措施。基础预压试验的预压力应不小于设备满负荷运转下作用在设备基础上力的总和，观测基准点应不受基础沉降的影响，观测点不少于基础周围均布的四点。观测应定时并有详细记录，观测时间应到基础基本稳定为止，一般为3～5天。对安装水平要求不高的重型设备可不做预压试验，只在设备试运转时进行基础的沉降观测。

1.1.4.6 设备基础处理

（1）设备基础的检查及处理

基础标高不符合要求：基本标高超过高度要求时可以用錾子铲低，达不到高度要求可在原基础上铲麻面后，再补灌一层混凝土。

基础中心有偏差：基础中心有偏差可通过改变地脚螺栓的位置进行补救。

预埋地脚螺栓有偏差时的处理方法：地脚螺栓埋设的精度，直接影响设备安装的质量。地脚螺栓埋设之后和设备安装之前，必须对其进行检查和矫正。地脚螺栓常见质量通病为地脚螺栓中心位置超差、地脚螺栓标高超差（包括偏高和偏低）、地脚螺栓在基础内松动、地脚螺栓与水平面的垂直度超差等。处理方法如下：

① 预埋地脚螺栓标高偏差的处理。螺栓标高为正偏差超出允许范围时，割去一部分，再重新加工出螺纹；也可在距坑底100mm处将螺栓斜切断，焊上一新制的螺栓，并用2～4根圆钢加固，加固后将深坑补灌上混凝土，混凝土的强度增加一个等级。

目前施工现场采用的处理方法具体操作如下：

当地脚螺栓标高偏差在－10～30mm之间，柱脚安装仍能保证丝扣有两个螺帽的长度时，可不做处理，或者把螺帽拧紧后将螺帽与垫板及柱脚板焊接，防止螺帽松动；丝扣过高，可加钢垫板进行调整。

如果螺栓标高偏差过大，无法满足安装要求时，可以采用接长螺栓的方法进行处理。先将螺栓周围的混凝土凿成凹形坑，用同直径的螺栓，采用上下坡口焊对接的方法，见图1-4（a）；或对接后再加钢筋帮条，但帮条不应露出短柱找平层表面，以便于安装钢柱，当螺栓直径在36mm以内时补焊两根钢筋帮条，见图1-4（b）；螺栓直径大于36mm时补焊三根钢筋帮条，见图 1-4（c）。附加钢筋帮条截面积应不小于原螺栓截面积的 1.3 倍，亦不得用小于 16mm 的钢筋，焊缝长度一般上下为 2.5 倍的螺栓直径。

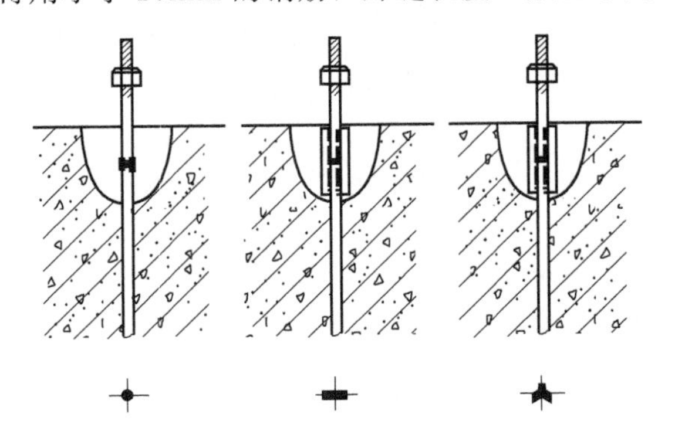

图 1-4 地脚螺栓标高偏差的处理

还可以采用比原螺栓直径大 1 倍的螺栓，加工成内丝扣套在原螺栓上，也可以加螺丝套或者焊上套管接上新螺栓。这种接长方法比较精确，但费工费时，并且要注意新加的套管高度不能高出短柱找平层。

② 预埋地脚螺栓中心偏差的处理。地脚螺栓直径在 30mm 以下及中心线偏移 30mm 以内时，先錾去地脚螺栓四周的混凝土，深度为地脚螺栓直径的 8～15 倍，用氧-乙炔火焰将螺栓烤红，再用大锤将螺栓敲弯或用千斤顶顶弯，矫正后要用钢板焊牢加固，防止拧紧螺栓时复原；偏差过大时，将螺栓切断，焊接一块钢板进行矫正。

③ 预埋地脚螺栓中心距偏差的处理。当地脚螺栓中心距偏差超出允许值时，先用凿子剔去螺纹周围混凝土，剔去的深度为螺栓直径的 8～15 倍，然后用氧-乙炔火焰加热螺栓需校正弯曲部位至 850℃左右，用大锤或千斤顶进行校正，达到要求后，在弯曲部位处增焊钢板，以防螺栓受力后又被拉直；对于大螺栓（直径在 30mm 以上）发生较大偏移时，可将螺栓切断，焊上一段槽钢，再在槽钢上按中心距要求焊上两根新制的螺栓，如螺栓强度不够，可在螺栓两侧焊上两块加固钢板，其长度不得小于螺栓直径 3～4 倍。

④ 预埋地脚螺栓在基础内松动。拧紧地脚螺栓时，由于用力过大，可能将螺栓从设备基础中拉出，使设备的安装无法进行。此时应将坑内混凝土铲除后，用水将坑内清洗干净重新补灌混凝土，待混凝土凝固到设计强度后再拧紧螺母。

⑤ 活地脚螺栓偏差的处理。可以将地脚螺栓拔出来处理，如螺栓过长，可切去一段再套螺纹；如螺栓过短，不可用热锻伸长的方法，应更换合格的螺栓；如位置不符，用弯曲法矫正。

（2）基础铲麻

为了使二次灌浆层与原基础结合牢固，应在基础表面铲出深浅不致、大小均匀的麻坑，铲麻的方法有手工和风铲两种，手工是用扁錾或钢钎，用锤敲击的办法铲出麻坑，风铲法是以压缩空气为动力，用铲麻机铲出麻面，见图 1-5。

图 1-5 基础铲麻

具体要求如下：

① 一般设备基础，每 100cm^2 面积的表面上铲 5～6 个麻坑，麻坑的直径为 15～30mm，坑深在 10mm 以上。

② 在基础转角处铲出缺口，以便二次灌浆层与原基础结合更加牢固。

③ 基础表面上放置垫铁的部位，不是铲麻面，而是铲平，称为铲垫铁窝，要求基础表面与垫铁的接触面积在50%以上，以手掀垫铁时不应晃动，可用红丹粉检查接确情况。

④ 基础铲麻时，应加强劳动保护，操作者戴面罩和防护眼镜。

1.2 知识解读

1.2.1 设备基础的功能与构成

工业设备由于自身高、重、大等特点，对支承基础的要求相对比较高，一般采用牢固的混凝土或者是钢筋混凝土基础，以保持设备运转的平稳性。

1.2.1.1 基础的功能

为了满足设备安装的需要，基础必须具有足够的刚度、强度和稳定性，不会发生下沉、倾斜和倾覆，并能吸收和隔离振动，还可以抵御介质的腐蚀，同时要适应设备安装、运行和维护方面的要求且成本低廉。设备基础主要有以下三方面的功用：

① 设备固定：根据生产工艺的要求，将设备牢固地固定在规定的位置上。

② 承受载荷：承受设备的全部重量和工作时产生的振动力、动力，并把这些力均匀地传递到土壤层。

③ 吸收和隔离振动：吸收和隔离设备运转时产生的振动，防止发生共振现象。

1.2.1.2 构成基础的材料

设备基础的材料主要是水泥、砂、石子和水，为满足一些特殊要求，还需要添加速凝剂、防水剂、防腐剂等。

水泥：是粉状水硬性无机胶凝材料，加水搅拌后成浆体，能在空气中硬化或者在水中更好地硬化，并能把砂、石等材料牢固地胶结在一起。水泥是重要的建筑材料，用水泥制成的砂浆或混凝土坚固耐久，广泛应用于土木建筑、水利、国防等工程。

水泥在混凝土中起着决定性的作用，它的性质直接决定着混凝土的特性。水泥遇水会发生水化反应，在这个过程中膨胀并将其他成分黏在一起形成一个坚固的整体。

水泥标号，水泥砂浆标号强度是指对按标准方法制作和养护的立方体试件，在28天龄期，用标准试验方法测得的抗压强度总体分布中的一个值。100号水泥砂浆就是说它的强度是100kgf/cm^2，现在改为以MPa为单位，100号对应于M10。

通用水泥标准是GB 175《硅酸盐水泥、普通硅酸盐水泥》、GB 1344《矿渣硅酸盐水泥、火山灰硅酸盐水泥及粉煤灰硅酸盐水泥》、GB 12958《复合硅酸盐水泥》。六大水泥标准实行以MPa表示的强度等级。硅酸盐水泥分3个强度等级6个类型，即42.5、42.5R、52.5、52.5R、62.5、62.5R。其他五大水泥也分3个等级6个类型，即32.5、32.5R、42.5、42.5R、52.5、52.5R。R表示早强性水泥，42.5R表示早期强度发展很快，后期强度发展较慢，28天时强度达到42.5MPa的水泥。

砂：沙子和石头统称为集料，又名骨料，在混凝土中占体积的70%～80%。

砂子是混凝土中的细骨料，粒度在0.15～5mm之间，单位体积质量为1400～1600kg/m^3，可选用河砂或海砂，应严格控制其含泥量不超过5%。

石子：是混凝土中的粗骨料，粒度在5～50mm之间，按成因不同分为碎石和砾石。单位体积质量碎石为1700～1900kg/m^3，砾石1600～1800kg/m^3，杂质含量不超过5%。对用于二次灌浆层用的石子粒度应更小。

碎石：指岩石碎裂后形成的形状不规则的带有尖锐边角的石块。

砾石：是风化岩石经水流长期搬运而成的粒径为2～60mm的无棱角的天然粒料。按平均粒径大小，又可把砾石细分为巨砾、粗砾和细砾3种。平均粒径1～10mm的称细砾，10～100mm的称粗砾，大于100mm的称巨砾。砾石经胶结成岩后，称砾岩或角砾岩。

水，应选用清洁的天然水或自来水。

1.2.1.3 混凝土的配合比

混凝土是水、沙子、石头和水泥及外加剂等按一定比例配合而成的混合材料。

混凝土中配有钢筋，具备抗拉能力的混凝土为钢筋混凝土；素混凝土是常说的混凝土，没有钢筋；水泥砂浆是将水，水泥和沙子三者混合而成，在砌筑中做黏结，不需要石子；抹面、收光用纯水泥。

用于承受较大负荷时，应使用钢筋混凝土。在混凝土中配置钢筋的目的是防止基础再凝固收缩，在温度应力和冲击振动作用下发生裂缝或崩裂，或者是为承受弯曲应力，增加基础的强度。

混凝土强度等级是按混凝土立方体抗压标准强度来划分的，采用符号C与立方体抗压强度标准值（单位为MPa）表示。普通混凝土划分为C15、C20、C25、C30、C35、C40、C45、C50、C55、C60、C65、C70、C75、C80共14个等级。混凝土强度等级是混凝土结构设计、施工质量控制和工程验收的重要依据。

混凝土的配合比，是按混凝土设计标号和其他要求所确定的单位体积混凝土（1m^3），所采用的水泥、砂、石和水的重量配合比例。混凝土混合料中所用的水与水泥重量的比值叫水灰比，水灰比对混凝土的强度有较大的影响，在其他条件不变的情况下，混凝土的强度与水灰比的大小成反比。

外加剂是为了赋予混凝土某些特殊性能，满足工程的某种需要，外加剂目前用得最多的是早强剂、缓凝剂、减水剂与引气剂。

1.2.1.4 水泥的正确使用

（1）水泥的类型

水泥：粉状水硬性无机胶凝材料。加水搅拌后成浆体，能在空气中硬化或者在水中更好地硬化，并能把砂、石等材料牢固地胶结在一起。水泥是重要的建筑材料，用水泥制成的砂浆或混凝土，坚固耐久。

① 水泥按用途及性能分类：通用水泥，一般土木建筑工程通常采用的水泥。通用水泥主要是指硅酸盐水泥、普通硅酸盐水泥、矿渣硅酸盐水泥、火山灰质硅酸盐水泥、粉煤灰硅酸盐水泥和复合硅酸盐水泥。

专用水泥：专门用途的水泥，如G级油井水泥，道路硅酸盐水泥。

特性水泥：某种性能比较突出的水泥，如快硬硅酸盐水泥、低热矿渣硅酸盐水泥、膨胀硫铝酸盐水泥。

② 水泥按主要水硬性物质名称分类：硅酸盐水泥，即国外通称的波特兰水泥、铝酸盐水泥、硫铝酸盐水泥、铁铝酸盐水泥、氟铝酸盐水泥，以火山灰或潜在水硬性材料及其他活性材料为主要组分的水泥。

③ 按主要技术特性分类：快硬性，分为快硬和特快硬两类；水化热，分为中热和低热两类；抗硫酸盐性，分中抗硫酸盐腐蚀和高抗硫酸盐腐蚀两类；膨胀性，分为膨胀和自应力两类；耐高温性，铝酸盐水泥的耐高温性以水泥中氧化铝含量分级。

（2）水泥主要技术指标

相对密度与容重：普通水泥相对密度为 3：1，容重通常采用 $1300kg/m^3$。

细度：指水泥颗粒的粗细程度。颗粒越细，硬化得越快，早期强度也越高。

凝结时间：水泥加水搅拌到开始凝结所需的时间称初凝时间。从加水搅拌到凝结完成所需的时间称终凝时间。硅酸盐水泥初凝时间不早于 45min，终凝时间不迟于 12h。

强度：水泥强度应符合国家标准。

体积安定性：指水泥在硬化过程中体积变化的均匀性能。水泥中含杂质较多，会产生不均匀变形。

水化热：水泥与水作用会产生放热反应，在水泥硬化过程中，不断放出的热量称为水化热。

标准稠度：指水泥净浆对标准试杆的沉入具有一定阻力时的稠度。

（3）水泥命名的原则

水泥的命名按不同类别分别以水泥的主要水硬性矿物、混合材料、用途和主要特性进行，并力求简明准确，名称过长时，允许有简称。

通用水泥以水泥的主要水硬性矿物名称冠以混合材料名称或其他适当名称命名。

专用水泥以其专门用途命名，并可冠以不同型号。

特性水泥以水泥的主要水硬性矿物名称冠以水泥的主要特性命名，并可冠以不同型号或混合材料名称。

以火山灰性或潜在水硬性材料以及其他活性材料为主要组分的水泥是以主要组分的名称冠以活性材料的名称进行命名，也可再冠以特性名称，如石膏矿渣水泥、石灰火山灰水泥等。

（4）水泥类型的定义

水泥：加水拌和成塑性浆体，能胶结砂、石等材料既能在空气中硬化又能在水中硬化的粉末状水硬性胶凝材料。

硅酸盐水泥：由硅酸盐水泥熟料、0～5%石灰石或粒化高炉矿渣、适量石膏磨细制成的水硬性胶凝材料，称为硅酸盐水泥，分 P. Ⅰ和 P. Ⅱ，即国外通称的波特兰水泥。

普通硅酸盐水泥：由硅酸盐水泥熟料、6%～15%混合材料，适量石膏磨细制成的水硬性胶凝材料，称为普通硅酸盐水泥（简称普通水泥），代号：P. O。

矿渣硅酸盐水泥：由硅酸盐水泥熟料、粒化高炉矿渣和适量石膏磨细制成的水硬性胶凝材料，称为 矿渣硅酸盐水泥，代号 P. S。

火山灰质硅酸盐水泥：由硅酸盐水泥熟料、火山灰质混合材料和适量石膏磨细制成的水硬性胶凝材料，称为火山灰质硅酸盐水泥，代号 P.P。

粉煤灰硅酸盐水泥：由硅酸盐水泥熟料、粉煤灰和适量石膏磨细制成的水硬性胶凝材料，称为粉煤灰硅酸盐水泥，代号 P.F。

复合硅酸盐水泥：由硅酸盐水泥熟料、两种或两种以上规定的混合材料和适量石膏磨细制成的水硬性胶凝材料，称为复合硅酸盐水泥（简称复合水泥），代号 P.C。

中热硅酸盐水泥：以适当成分的硅酸盐水泥熟料，加入适量石膏磨细制成的具有中等水化热的水硬性胶凝材料。

低热矿渣硅酸盐水泥：以适当成分的硅酸盐水泥熟料、加入适量石膏磨细制成的具有低水化热的水硬性胶凝材料。

快硬硅酸盐水泥：由硅酸盐水泥熟料加入适量石膏，磨细制成早强度高的以 3 天抗压强度表示标号的水泥。

抗硫酸盐硅酸盐水泥：由硅酸盐水泥熟料，加入适量石膏磨细制成的抗硫酸盐腐蚀性能良好的水泥。

白色硅酸盐水泥：由氧化铁含量少的硅酸盐水泥熟料加入适量石膏，磨细制成的白色水泥。

道路硅酸盐水泥：由道路硅酸盐水泥熟料，0～10％活性混合材料和适量石膏磨细制成的水硬性胶凝材料，称为道路硅酸盐水泥（简称道路水泥）。

砌筑水泥：由活性混合材料，加入适量硅酸盐水泥熟料和石膏，磨细制成主要用于砌筑砂浆的低标号水泥。

油井水泥：由适当矿物组成的硅酸盐水泥熟料、适量石膏和混合材料等磨细制成的适用于一定井温条件下油、气井固井工程用的水泥。

石膏矿渣水泥：以粒化高炉矿渣为主要组分材料，加入适量石膏、硅酸盐水泥熟料或石灰磨细制成的水泥。

（5）使用水泥的八忌

① 忌受潮结硬：受潮结硬的水泥会降低甚至丧失原有强度，所以标准规定，出厂超过 3 个月的水泥应复查试验，按试验结果降级使用。对已受潮成团或结硬的水泥，须过筛后使用，筛出的团块搓细或碾细后一般用于次要工程的砌筑砂浆或抹灰砂浆。对一触或一捏即粉的水泥团块，可适当降低强度等级使用。

② 忌暴晒速干：混凝土或抹灰如操作后便遭暴晒，随着水分的迅速蒸发，其强度会有所降低，甚至完全丧失。因此，施工前必须严格清扫并充分湿润基层；施工后应严加覆盖，并按规范规定浇水养护。

③ 忌负温受冻：混凝土或砂浆拌成后，如果受冻，其水泥不能进行水化，兼之水分结冰膨胀，则混凝土或砂浆就会遭到由表及里逐渐加深的粉酥破坏，因此应严格遵照 JGJ 104《建筑工程冬期施工规程》进行施工。

④ 忌高温酷热：凝固后的砂浆层或混凝土构件，如经常处于高温酷热条件下，会有强度损失，这是由于高温条件下，水泥中的氢氧化钙会分解；另外，某些骨料在高温条件下也会分解或体积膨胀。

对于长期处于较高温度的场合，可以使用耐火砖对普通砂浆或混凝土进行隔离防护。遇到更高的温度，应采用特制的耐热混凝土浇筑，也可在水泥中掺入一定数量的磨细耐热材料。

⑤ 忌基层脏软：水泥能与坚硬、洁净的基层牢固地黏结或握裹在一起，但其黏结握裹强度与基层面部的光洁程度有关。在光滑的基层上施工，必须预先凿毛砸麻刷净，方能使水泥与基层牢固黏结。

基层上的尘垢、油腻、酸碱等物质，都会起隔离作用，必须认真清除洗净，之后先刷一道素水泥浆，再抹砂浆或浇筑混凝土。

水泥在凝固过程中要产生收缩，且在干湿、冷热变化过程中，它与松散、软弱基层的体积变化极不适应，必然发生空鼓或出现裂缝，从而难以牢固黏结。因此，木材、炉渣垫层和灰土垫层等都不能与砂浆或混凝土牢固黏结。

⑥ 忌骨料不纯：作为混凝土或水泥砂浆骨料的砂石，如果有尘土、黏土或其他有机杂质，都会影响水泥与砂、石之间的黏结握裹强度，因而最终会降低抗压强度。所以，如果杂质含量超过标准规定，必须经过清洗后方可使用。

⑦ 忌水多灰稠：人们常常忽视用水量对混凝土强度的影响，施工中为便于浇捣，有时不认真执行配合比，而把混凝土拌得很稀。由于水化所需要的水分仅为水泥重量的20%左右，多余的水分蒸发后便会在混凝土中留下很多孔隙，这些孔隙会使混凝土强度降低。因此在保障浇筑密实的前提下，应最大限度地减少拌和用水。

许多人认为抹灰所用的水泥，其用量越多抹灰层就越坚固。其实，水泥用量越多，砂浆越稠，抹灰层体积的收缩量就越大，从而产生的裂缝就越多。一般情况下，抹灰时应先用1：(3～5) 的粗砂浆抹找平层，再用1：(1.5～2.5) 的水泥砂浆抹很薄的面层，切忌使用过多的水泥。

⑧ 忌受酸腐蚀：酸性物质与水泥中的氢氧化钙会发生中和反应，生成物体积松散、膨胀，遇水后极易水解粉化。致使混凝土或抹灰层逐渐被腐蚀解体，所以水泥忌受酸腐蚀。

在接触酸性物质的场合或容器中，应使用耐酸砂浆和耐酸混凝土。矿渣水泥、火山灰水泥和粉煤灰水泥均有较好耐酸性能，应优先选用这三种水泥配制耐酸砂浆和混凝土。严格要求耐酸腐蚀的工程不允许使用普通水泥。

1.2.2 地脚螺栓

设备与基础的连接是将设备牢固地固定在设备基础上，以免发生位移和倾覆，同时可使设备长期保持必要的安装精度，保证设备的正常运转。设备与基础的连接方法主要采用地脚螺栓连接并通过调整垫铁将设备找正找平，然后灌浆将设备固定在设备基础上。地脚螺栓在敷设前，应将地脚螺栓上的锈垢、油质清洗干净，螺纹部分涂上油脂。然后检查与螺母配合是否良好，敷设地脚螺栓的过程中，防止杂物掉入螺栓孔内。

地脚螺栓、基准点和中心标板都是设备基础的组成部分，是在建造基础时埋设到基础上的预埋件，但可拆除地脚螺栓和二次灌浆地脚螺栓除外。

1.2.2.1 地脚螺栓及与基础的连接方式

地脚螺栓有固定地脚螺栓、活动地脚螺栓、胀锚螺栓和粘接地脚螺栓等。设备固定常用的是固定地脚螺栓和活动地脚螺栓。

（1）固定地脚螺栓

固定地脚螺栓又称短地脚螺栓，其长度一般为100～2000mm，头部做成开叉形、环形、钩形等形状，带钩地脚螺栓有时在钩孔中穿上一根横杆，以防止地脚螺栓旋转或拔出。固定地脚螺栓与基础浇灌在一起，适用于工作时没有强烈振动和冲击的中、小型设备，如静设备和离心泵、鼓风机等传动设备。

固定地脚螺栓分为预埋和后埋两种形式。预埋是浇灌基础时，预先把地脚螺栓埋入，与基础同时浇灌。根据螺栓埋人深度不同，分为全部预埋和部分预埋两种形式。部分预埋时，螺栓上端留有一个100mm×100mm的方形调整孔，孔深22～300mm，供调整之用。一次浇灌法的优点是减少模板工程，增加地脚螺栓的稳定性、坚固性和抗振性，缺点是不便于调整。

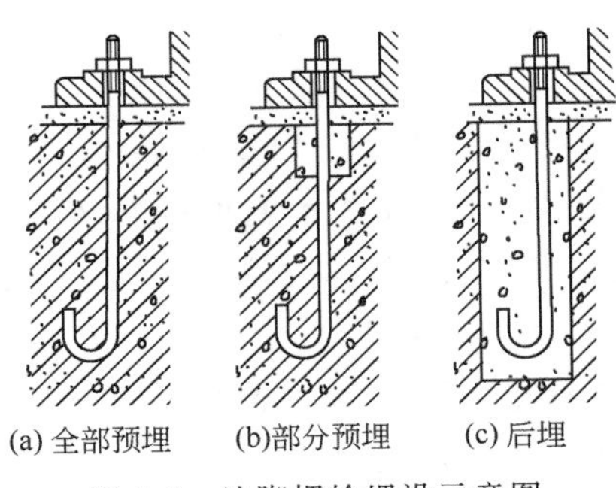

图 1-6 地脚螺栓埋设示意图

后埋是浇灌基础时，预先在基础上留出地脚螺栓的预留孔，安装设备时穿上螺栓，然后用混凝土或水泥砂浆浇灌。此法优点是便于安装时调整，缺点是不如一次浇灌法牢固。地脚螺栓埋设见图1-6。

施工分为一次灌浆和二次灌浆，一次灌浆用于后埋地脚螺栓，是在基础上预先留出地脚螺栓孔，安装设备时穿上地脚螺栓，然后把地脚螺栓用高强度细石混凝土或灌浆料浇灌在预留孔内。二次灌浆在设备安装找正后，把设备底座和基础表面之间的空隙采用高强度细石混凝土或灌浆料浇灌密实。

（2）活动地脚螺栓

活动地脚螺栓又称长地脚螺栓，是一种可拆卸的地脚螺栓，螺栓长度一般为1～4m。双头螺纹，或者是一头螺纹、另一头T字形头。与基础的连接为可拆式连接方式，要和锚板一起使用，见图1-7。锚板可用钢板焊接或铸造成形，中间带有一个矩形孔或圆孔，供穿螺栓之用。适用于工作时有强烈震动和冲击的重型设备。

在设备安装之前，先将锚板敷设好，保持平正稳固。安装活地脚螺栓时，螺栓孔内不要浇灌混凝土，以便于设备的调整或更换。活地脚螺栓下端是带螺纹的，安装时要拧紧，以免松动；下端是T字形的，安装时应在其上端打上方向标记，标记要与下端T字形头一致。

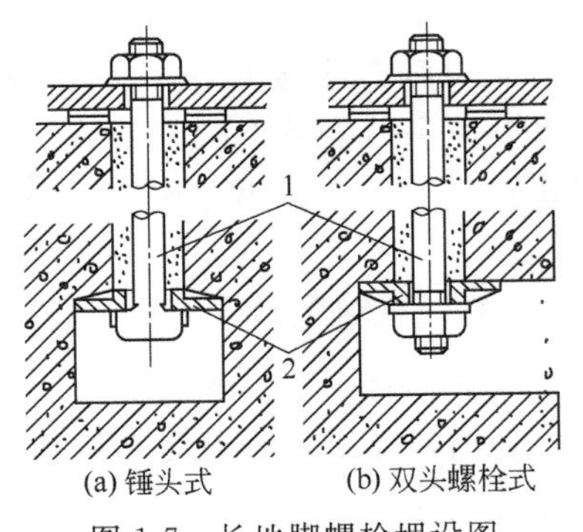

图 1-7 长地脚螺栓埋设图

1—螺栓；2—锚板

（3）胀锚地脚螺栓

胀锚地脚螺栓中心到基础边沿的距离不小于7倍的胀锚地脚螺栓直径；钻孔时应防止钻头与基础中的钢筋、埋管等相碰；安装胀锚地脚螺栓的基础强度不得小于10MPa；钻孔处不得有裂缝；钻孔直径和深度应与胀锚螺栓相匹配。

（4）粘接地脚螺栓

近些年应用的一种地脚螺栓，其方法和要求与胀锚地脚螺栓基本相同。注意在粘接时应把孔内杂物吹净，并不得受潮。粘接方法要符合粘接材料的规定。

地脚螺栓安装时垂直度允许偏差应符合设计要求，地脚螺栓的垂直度对设备安装的质量有很大影响。如不垂直，会使螺栓的安装坐标产生误差，对安装造成一定的困难。同时由于螺栓不垂直，使其承载外力的能力降低，螺栓容易破坏或断裂。水平分力的作用会使机座沿水平方向转动，设备不易固定。有时已安装好的设备，很可能由于这种分力作用而改变位置，造成返工或质量事故。

1.2.2.2 地脚螺栓的选用

地脚螺栓的作用是将机械设备与地基基础牢固地连接起来，防止设备在工作时发生位移、振动和倾覆；地脚螺栓、螺母和垫圈，一般随设备带来，应符合设计和设备安装说明书的规定。如无规定可参照下列原则选用：

(1) 地脚螺栓的直径应小于设备底座上地脚螺栓孔直径，其关系可参照表 1-1。

表 1-1 地脚螺栓直径与设备底座上孔径的关系

mm

孔径	12～13	13～17	17～22	22～27	27～33	33～40	40～48	48～55	55～65
螺栓直径	10	12	16	20	24	30	36	42	48

(2) 每个地脚螺栓配一个垫圈和一个螺母。对振动较大的设备，应加锁紧螺母或双螺母。

(3) 地脚螺栓的长度应符合施工图规定，埋深按“宁拔断不拔出”的原则，如无规定时，可按下式确定：

$$l_0=\frac{\pi d^2}{4S}\times\frac{\sigma}{\tau} \tag{1-1}$$

式中 l_0——地脚螺栓的埋深，mm；

d——地脚螺栓的直径，mm；

S——地脚螺栓的圆周长；

σ——地脚螺栓材料的抗拉强度，MPa；

τ——地脚螺栓的抗拔力，MPa。

也可参考以下公式：

$$L=15d+S+(5\sim10) \tag{1-2}$$

式中 L——地脚螺栓的长度，mm；

d——地脚螺栓的直径，mm；

S——垫铁高度及机座、螺母厚度和预留量（预留量为地脚螺栓 3～5 个螺距）的总和。

1.2.2.3 地脚螺栓的拧紧

(1) 地脚螺栓的拧紧力矩

设备在基础上的固定，要正确拧紧地脚螺栓。预埋地脚螺栓，在设备初平工作完成后需要拧紧，后埋地脚螺栓，在设备初平工作结束时需要灌浆养护并进行拧紧，然后在设备底座下完成基础的二次灌浆及灌浆层与原基础的抹面工作。设备固定和二次灌浆关系到设备在基础上的安装的稳定性和设备布置的外观，对保证设备平稳运转具有重要意义。

拧紧地脚螺栓，必须保证足够的紧度但不将地脚螺栓拧断或活拔。在确定地脚螺栓的拧紧力矩时，应严格地控制螺栓的变形不超出弹性范围。常用 Q235 钢地脚螺栓不产生塑性变形、不拉断的最大拧紧力矩可参看表1-2。

表1-2 地脚螺栓的最大拧紧力矩

螺栓直径/mm	M10	M12	M16	M20	M24	M27	M30	M36	M42	M48
拧紧力矩/N·m	11.0	19.0	48.0	95.0	160.0	240.0	320.0	580.0	870.0	1300.0

也可按照载荷计算拧紧力矩，方法如下：

首先根据以下公式计算所需保证的拧紧力：

承受垂直载荷的拧紧力：

$$Q_B = K_1 K_2 P \tag{1-3}$$

承受水平载荷的拧紧力：

$$Q_T = K_1 \frac{Q - mgf}{nf} \tag{1-4}$$

然后，按下式计算拧螺栓的力矩：

$$M = Q_B(Q_T)\varepsilon \tag{1-5}$$

式中 Q_B——承受垂直载荷和动载荷的地脚螺栓的拧紧力，N；

Q_T——承受水平载荷的地脚螺栓的拧紧力，N；

K_1——拧紧稳定系数，可取1.3～2.5；

K_2——载荷系数，可取0.2～0.65；

P——作用在地脚螺栓上的垂直载荷，N；

Q——作用在基础和设备接合面上的水平载荷，N；

m——设备的质量，kg；

g——重力加速度，m/s^2；

f——摩擦系数，无垫铁安装时取0.2，其他安装方法时取0.2；

n——螺栓数量；

ε——系数，与螺纹几何尺寸及摩擦特征有关，可参考表1-3选取。

表1-3 系数 ε 的值

螺栓直径/mm	M10	M12	M16	M20	M26	M30	M36	M42
ε	2×10^{-3}	2.4×10^{-3}	3.2×10^{-3}	4.4×10^{-3}	5.8×10^{-3}	7.5×10^{-3}	9.0×10^{-3}	1.1×10^{-2}
螺栓直径/mm	M48	M56	M64	M72	M80	M90	M100	M110
ε	1.2×10^{-2}	1.4×10^{-2}	1.7×10^{-2}	1.9×10^{-2}	2.1×10^{-2}	2.3×10^{-2}	2.5×10^{-2}	2.8×10^{-2}

另外，当选用其他材料制造地脚螺栓时，对最大拧紧力矩加以修正，其方法是：

$$M = \frac{\sigma_s}{22000} M_0 \tag{1-6}$$

式中 σ_s——地脚螺栓材料的屈服点；

M_0——表1-4中数值，拧紧地脚螺栓所需的理论力矩；

M——应预控制的最大力矩。

（2）地脚螺栓的拧紧步骤

拧紧地脚螺栓一般分3个步骤：第一步是将所有螺母拧到底座的承力面上，用手拧不动为止；第二步分2～3次，按一定顺序将每个地脚螺栓用扳手拧到规定的拧紧力矩数值，如第一次拧到1/3，第二次拧到2/3，第三次达到预定的紧固要求；最后一步就是按原定拧紧力矩再紧一遍。地脚螺栓的拧紧力矩，可参考表1-4。

表 1-4 地脚螺栓的拧紧力矩

螺栓直径/mm	12	14	16	18	20	22	24	27	30	36
拧紧力矩/N·cm	1900	3000	4800	6600	9500	13000	16000	24000	32000	58000

(3) 地脚螺栓的拧紧顺序

设备底座上的地脚螺栓都是成组布置的，必须按照适当的顺序，才能使各个地脚螺栓受力一致，紧固均匀，连接可靠；也不会破坏已经初平的设备的位置。拧紧地脚螺栓的顺序原则上是从中间向两边，对角交叉，严禁拧紧一边后再拧另一边或顺序依次拧紧的错误方法。拧紧顺序可参见图 1-8。

(4) 工具选用

拧紧地脚螺栓一般选用具有标准长度的固定扳手，少用或不用活络扳手。超过 M30 以上的地脚螺栓允许加套管加长扳手，但不要用榔头敲击扳手，以保证既达到拧紧目的，又不因施力过大而损坏螺栓或将它活拔，尽可能使用专用液压扳手或风动扳手。

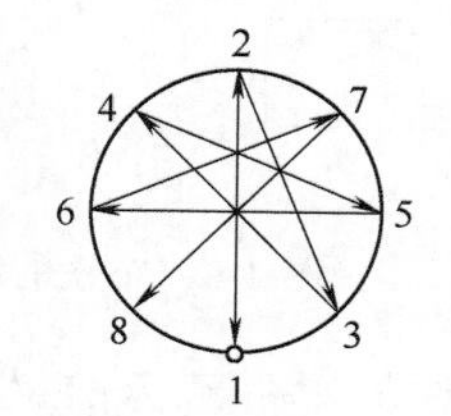

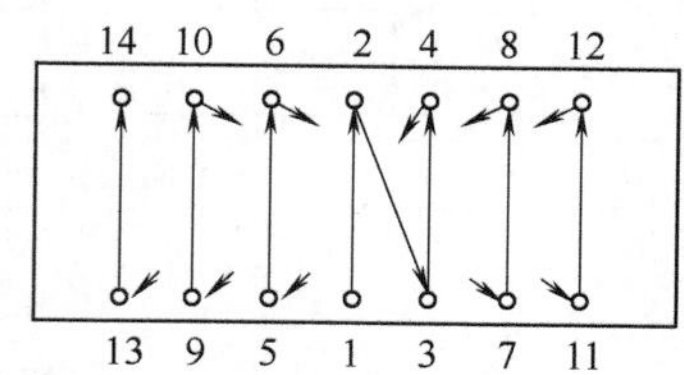

图 1-8 地脚螺栓拧紧顺序

(5) 拧紧地脚螺栓的注意事项

① 拧紧工作应在混凝土强度达到规定强度的 75%以后才可进行；对于无垫铁安装，要先预紧，使螺栓应力达到 10～20MPa，然后在二次灌浆层的混凝土强度达到规定值的 75%以上时再拧紧。

② T 字形头活地脚螺栓拧紧前先查看端部的标记，使 T 字形头与锚板长方形孔正交。

③ 紧固地脚螺栓时，螺母下面应放垫圈。当设备工作中有冲击和振动时必须考虑防松措施，是采用弹簧垫圈还是采用双螺母或其他防松吊件。

④ 拧紧前了解是否需沾机油到螺纹上，以便日后拆卸方便，是否允许涂刷油漆。

⑤ 拧紧螺母后，螺栓必须露出螺母 1.5～5 个螺距。

1.2.3 垫铁及布置

垫铁的作用是承受设备的重量、工作载荷和拧紧地脚螺栓的预紧力，并均匀传递给基础，可以通过调整垫铁的厚度将设备找平。

施工过程往往是先在基础表面上按照垫铁布置图和规定放置各组垫铁，然后将设备就位到垫铁上进行设备的找正找平和固定，最后用水泥砂浆填充设备底座下的空隙，并作好二次灌浆层的养护和设备的复查工作。

1.2.3.1 垫铁的形式和用途

垫铁的种类、形式很多，按材料分有铸铁垫铁和钢垫铁，铸铁垫铁的厚度一般在 20mm 以上，钢垫铁在 0.3～20mm 之间；按垫铁的形状，有平垫铁、斜垫铁、开口垫铁、钩头成对斜垫铁、调整垫铁（适用于精度要求较高的机床）、调整螺钉等。垫铁结构形式见图 1-9。

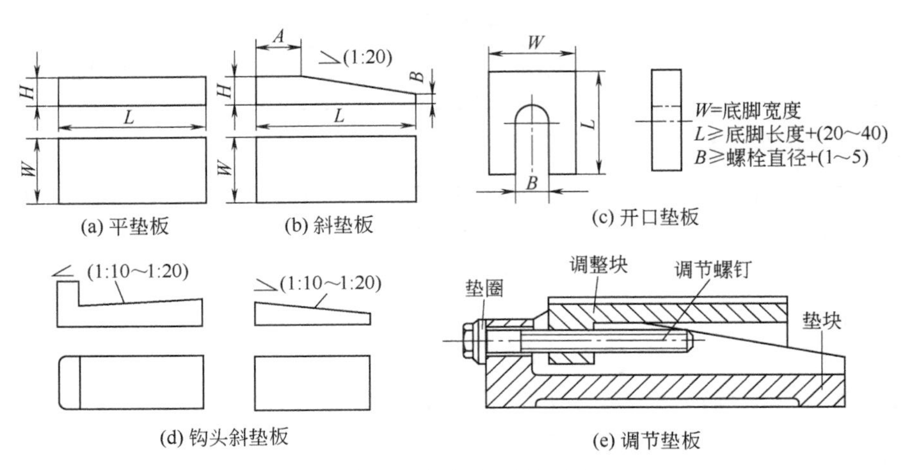

(a) 平垫板　(b) 斜垫板　(c) 开口垫板

(d) 钩头斜垫板　(e) 调节垫板

图 1-9　垫铁的结构形式

平垫铁、斜垫铁：此类垫铁的规格已标准化，斜垫铁分 A 型和 B 型两种。承受主要载荷或设备振动大、构造精密的设备应用成对斜垫铁，即把两块斜度相同而斜向相反的斜垫铁贴合在一起使用，设备找平后焊牢。具有强烈振动或连续振动的设备，应使用平垫铁。

平垫铁和斜垫铁的表面一般不进行精加工，有特殊要求的设备，应进行加工，并且还要刮研。大多数的机械设备的找平找正都使用平垫铁和斜垫铁。斜垫铁刮研时，要成对配研，两块垫铁的接触面积要达到 75%以上，刮削配研后，还要放在标准平板上检查其平行度。平垫铁尺寸见表 1-5，斜垫铁尺寸见表 1-6。

表 1-5　平垫铁尺寸　mm

编号	L	B	H	应用范围
1	110	70	3,6,9,12,15,25,40	设备重量 5t 以下,20～35mm 直径的地脚螺栓
2	135	80	3,6,9,12,15,25,40	设备重量 5t 以上,35～50mm 直径的地脚螺栓
3	150	100	25,40	

表 1-6　斜垫铁尺寸　mm

编号	L	B	H	H_1	L_1	应用范围
1	100	60	13	5	5	设备重量 5t 以下,20～35mm 直径的地脚螺栓
2	120	75	15	6	10	设备重量 5t 以上,35～50mm 直径的地脚螺栓

开孔垫铁、开口垫铁：用于设备支座形式为安装在金属结构或地平面上，支撑面积较小的设备上。它的尺寸与普通平垫铁相同，其开孔的大小比地脚螺栓大 2～5mm，垫铁的宽度应根据设备的底脚尺寸而定，一般应与设备底脚宽度相等，如需焊接固定时，应比底脚宽度稍大些。垫铁长度应比设备长度长 20～40mm，厚度按实际需要而定。

钩头成对斜垫铁：适用于不需要设置地脚螺栓的设备如机床。

调整垫铁：多用于精度要求较高的金属切削机床，如精密车床、磨床、龙门刨床等的安装。

调整螺钉：一般是随设备带来的，用调整螺栓调整设备的水平度十分方便。

1.2.3.2　垫铁的放置方法

垫铁放置应符合：每个地脚螺栓通常至少应放置一组垫铁；用地脚螺栓间距较大，转速较高，且冲击较大的重载设备，应使用成对斜垫铁，找平后对垫铁组的两侧进行点焊；承受主要负荷且在设备运行时产生较强连续振动时，不应采用斜垫铁，而采用平垫铁。

垫铁的放置形式有标准垫法、十字垫法、筋底垫法、辅助垫法、混合垫法。

标准垫法如图 1-10（a）所示，一般多采用这种垫法。将垫铁放在地脚螺栓的两侧，这也是放置垫铁的基本原则。

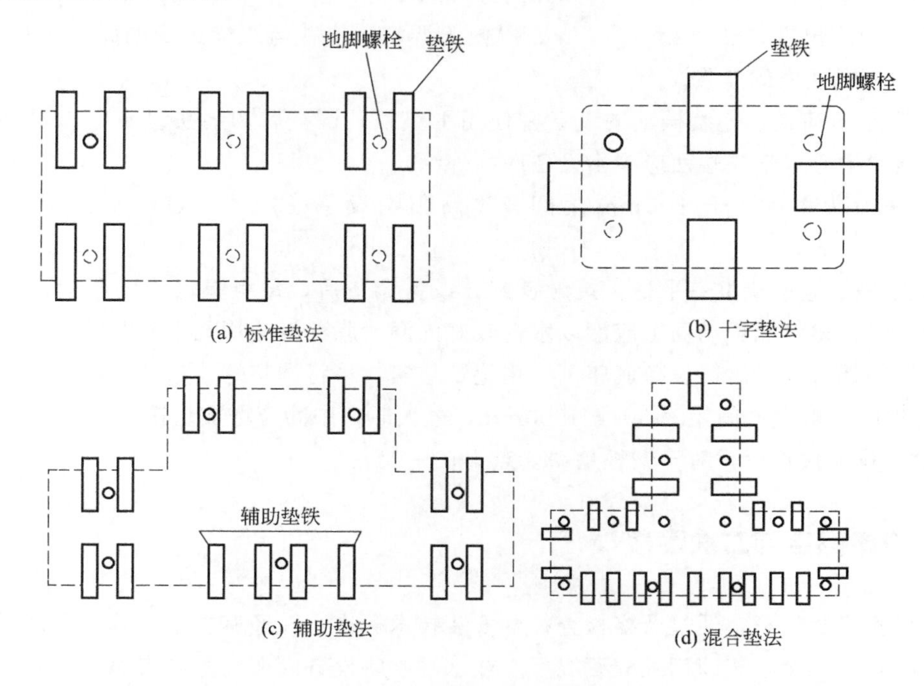

图 1-10　垫铁的设置形式

十字垫法：如图 1-10（b）所示，当设备底座小、地脚螺栓间距近时用这种方法。

筋底垫法：设备底座下部有筋时，一定要把垫铁垫在筋底下。

辅助垫法：如图 1-10（c）所示，当地脚螺栓间距太远时，中间要加一辅助垫铁。一般垫铁间允许的最大距离为 500～1000mm。

混合垫法：如图 1-10（d）所示，根据设备底座的形状和地脚螺栓间距的大小来放置，金属切削机床一类的设备大都采用这种方法。

1.2.3.3　垫铁组的位置和数量要求

垫铁组的位置和数量应符合以下要求：

① 每个地脚螺栓近旁至少应有一组垫铁，主要机械设备应放置两组垫铁。

② 虽无地脚螺栓，但在主要受力部位处，应尽量放置一组垫铁。

③ 垫铁组在放置平稳和不影响灌浆的情况下，应尽量靠近地脚螺栓，垫铁距地脚螺栓一般为 30～150mm。

④ 相邻两组垫铁间距一般为 500～1000mm。

1.2.3.4　敷设垫铁的注意事项

① 垫铁不得有飞边毛刺、翘曲和铁锈、油污存在；垫铁应放在地脚螺栓的两侧，避免

地脚螺栓拧紧时，引起机座变形。

② 基础上放置垫铁的位置要铲平，使垫铁与基础之间的接触良好。

③ 垫铁组块数不宜超过5块（3～4块），少用薄垫铁。垫铁组中，最厚的放在下面，薄的放在上面，最薄的放在中间。

④ 平、斜垫铁混合使用时，平垫铁在下，斜垫铁在上。

⑤ 垫铁应露出设备外边20～30mm，以便于调整，垫铁与螺栓边缘的距离可保持50～150mm，便于螺孔内的灌浆。

⑥ 承受重负荷或强连续振动的设备宜使用平垫铁；调平后，垫铁组伸入长度应超过设备地脚螺栓的中心（垫铁端面应漏出设备底面外缘）。

⑦ 垫铁的高度在30～100mm之间，过高影响设备稳定性，过低不便于二次灌浆捣实。

⑧ 每组垫铁应放置整齐平稳，接触良好，设备调平后，每组垫铁均应压紧；设备用调整垫铁调平时，螺纹和滑动面上应涂以水性较好的润滑脂；设备用调整螺钉调平时，不作永久支撑的调整螺钉调平后，设备底座下应用垫铁垫实，再将调整螺栓松开。

⑨ 垫铁间一般允许间距为500～1000mm，过大时，中间应增加垫铁。

⑩ 设备找平找正后，对于钢板垫铁要点焊在一起。

1.2.4 设备固定与二次灌浆

每台设备安装完毕，通过严格检查符合安装技术标准，并经有关单位审查合格后，即可进行二次灌浆。二次灌浆即用细碎石混凝土或水泥浆将设备底座与基础表面空间的空隙填满并将垫铁埋在混凝土里。其作用之一是固定垫铁（可调垫铁的活动部分不能浇固），另一个作用是可以承受设备的负荷。

1.2.4.1 灌浆操作要点

① 灌浆前，要把灌浆处用水冲洗干净，油污、浮锈等应清除干净，以保证新浇混凝土（或砂浆）与原混凝土结合牢固。

② 灌浆可以采用细石混凝土或水泥砂浆，也可能用高强快硬灌浆料。其标号至少应比原混凝土标号高一级，且不低于150号。碎石的粒度为5～15mm，水泥用400号或500号。

③ 灌浆时，应放一圈外模板，其边缘距设备底座边缘一般不小于60mm；如果设备底座下的整个面积不必全部灌浆，而且灌浆层需承受设备负荷时，还要放内模板，以保证灌浆层的质量。内模板到设备底座外缘的距离应大于100mm，同时也不能小于底座面边宽。灌浆层的高度，在底座外面应高于底座的底面。灌浆层的上表面应略有坡度（坡度向外），以防油、水流入设备底座。

④ 灌浆工作要连续进行，不能中断，要一次灌完。砂浆灌浆过程中不允许捣动，但可以引流，要保持地脚螺栓和安装平面垂直。

⑤ 灌浆后洒水养护，养护时间不少于一周，待混凝土养护达到其强度的70%以上时，才允许拧紧地脚螺栓。混凝土达到其强度的70%所需的时间与气温有关，可参考表1-7。

表 1-7 混凝土达到 70%强度所需天数

气温/℃	5	10	15	20	25	30
天数	21	14	11	9	8	6

1.2.4.2 灌浆注意事项

① 找正、初平后及时灌浆，若超过 48h，重新检查该设备的标高、中心和水平度。

② 灌浆层厚度不应小于 25mm，这样才能起到固定垫铁或防止油、水进入等作用。

③ 一般二次灌浆的高度，最低要将垫铁灌没，最高不得超过地脚螺栓的螺母。

④ 如果是固定式的地脚螺栓，在二次灌浆时，一定要在螺栓护套内灌满浆。如果是活动式地脚螺栓，在二次灌浆时，则不能把灰浆灌到螺栓套筒内。

⑤ 灌浆层与设备底座底面接触要求较高时，应采用膨胀水泥拌制的混凝土。

⑥ 为防止灌浆过程中由于窝住空气而产生空洞，应采取以下措施：

a. 二次灌浆时，应从一侧或相邻的两侧多点进行灌浆，直至从另一侧溢出为止，以利于灌浆过程中的排气，不允许从四侧同时灌浆；

b. 每个独立基础，一旦灌浆开始，必须连续进行，不能间断，并尽可能缩短灌浆时间；

c. 较长设备或轨道基础的灌浆，可采用跳仓法施工。以每段长度 10m 为宜。施工缝的处理可采用先刷界面剂，后以灌浆料填充；

d. 采用高位漏斗法灌浆法施工时，可从设备底座中央开始灌浆；

e. 灌浆层上表面达到设备底座表面 50mm 以上时，停止灌浆。

⑦ 设备基础灌浆完毕后，应在灌浆后 3～6h 沿设备边缘向外切 45°斜角以防止自由端产生裂缝，如无法进行切边处理，应在灌浆后 3～6h 后用抹刀将灌浆层表面压光。

⑧ 为使垫铁与设备底座底面、灌浆层接触良好，可采用压浆法施工。

1.2.5 隐蔽工程及验收

1.2.5.1 隐蔽工程

通常所说的隐蔽工程，是指地基、电气管线、供水供热管线等需要覆盖、掩盖的工程。由于隐蔽工程在隐蔽后，如果发生质量问题，还得重新覆盖和掩盖，会造成返工等非常大的损失，为了避免资源的浪费和当事人双方的损失，保证工程质量和工程顺利完成，施工单位在隐蔽工程隐蔽以前，应当通知建设方等相关人员检查，检查合格后，方可进行隐蔽。

隐蔽工程的检查验收工作内容包括基坑、基槽的验收、地基工程的验收、基础工程的验收、钢筋等工程的验收、承重结构工程验收、防水工程的验收等。

隐蔽工程的验收，须由施工单位准备好自检记录，对地基加固处理以后的施工质量进行检查验收。邀请质量监督机构和设计单位、建设单位在现场进行检查验收，并填写隐蔽工程验收记录。未经隐蔽工程验收合格，不得进行下道工序的施工。

1.2.5.2 隐蔽工程验收记录

隐蔽工程验收记录是指隐蔽工程完工后建设方开具给承包方的工程量证明，承包方根据隐蔽工程验收记录来作决算。基础验收准备资料：

① 地基验槽记录；
② 预检工程记录；
③ 工程定位测量及复测记录；
④ 基础混凝土浇灌申请书；
⑤ 基础混凝土开盘鉴定；
⑥ 基础混凝土工程施工记录；
⑦ 基础隐蔽工程验收记录；
⑧ 基础分部工程质量验收记录；
⑨ 土方分项工程质量验收记录；
⑩ 回填土分项工程质量验收记录；
⑪ 混凝土分项工程质量验收记录；
⑫ 钢筋分项工程质量验收记录；
⑬ 砌体基础分项工程质量验收记录；
⑭ 模板分项工程质量验收记录；
⑮ 现浇结构分项工程质量验收记录等。

参考资料

GB 50300《建筑工程施工质量验收统一标准》

GB 50204《混凝土结构工程施工质量验收规范》

GB 175《通用硅酸盐水泥》

思考题

1. 机电设备安装工程专业承包企业资质等级有几级？相应资质所能承担的工程范围是什么？

2. 设备基础有哪些功用？建造时应满足什么要求？设备基础的结构形式有哪几种？基础由哪些材料构成？设备基础的检查验收包括哪些方面？

3. 地脚螺栓的形式及连接方式有哪些？拧紧地脚螺栓的步骤和顺序是什么？

4. 垫铁的作用是什么？常用的垫铁有哪几种？垫铁的布置方式有哪几种？

5. 什么是设备的二次灌浆？有哪些要求？水泥使用中应注意什么问题？

6. 对设备基础的位置、几何尺寸的测量检查的主要检查项目有哪些？

7. 设备基础预压试验的作用是什么？有何要求？

8. 什么是隐蔽工程？基础验收时移交的技术资料有哪些？

2 离心泵

为流体提供能量的机械称为流体输送机械。输送液体的机械通称为泵，输送气体的机械通称为风机、压缩机。工业生产中要输送的流体种类繁多，流体的温度、压力、流量等操作条件也有较大的差别。为了适应不同情况下输送流体的要求，需要不同结构和特性的流体输送机械，泵是石油、化工等工业生产中重要的流体输送设备。

离心泵属于叶片式泵，是依据泵内高速旋转的叶轮产生的离心力将能量传递给液体，从而实现液体的输送。由于离心泵效率高，结构简单，适用范围广，因而得到了广泛的应用。

2.1 离心泵的安装

2.1.1 安装准备工作与技术交底

2.1.1.1 离心泵安装主要施工程序

离心泵安装主要施工程序如下：

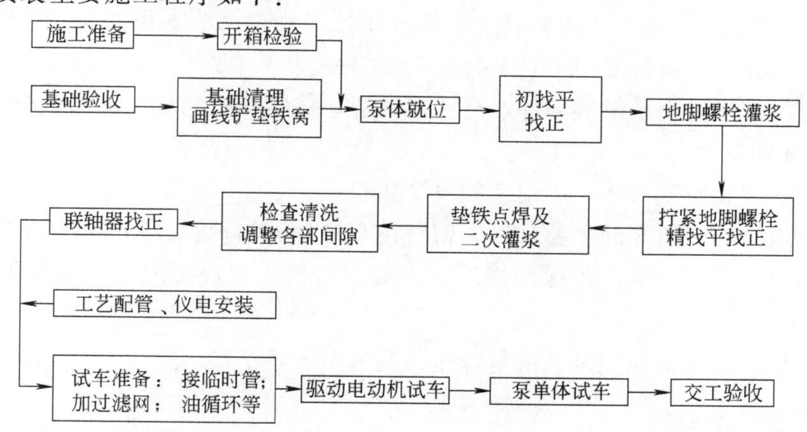

2.1.1.2 技术准备及技术交底工作

技术准备工作包括以下内容：

① 熟悉离心泵安装规范或标准。

② 查阅离心泵随机样本、技术文件，以及设计资料、设备施工图、相关技术规定等。

③ 编写离心泵安装方案、试车方案。

④ 熟悉图纸，包括离心泵安装平面布置图、安装图、基础图等，对施工技术人员进行技术交底。

2.1.1.3 作业人员

按离心泵安装的要求，配备相关施工技术与作业人员，主要作业人员有钳工、管工、起重工、焊工等，特种作业人员需持证上岗。

2.1.1.4 施工机具及材料的准备

做好施工机具、量具、手段用料及消耗材料的准备工作。主要包括：

① 施工机械：起重机械、叉车、千斤顶、手拉葫芦、钢丝绳等。

② 检测器具：水平仪、经纬仪、千分尺、百分表、塞尺、游标卡尺、钢板尺、卷尺等。

③ 垫铁：平垫铁、斜垫铁、U形垫铁或多种不同厚度的平垫片。

④ 拆卸工具：手锤、活动扳手、套筒扳手、撬杠、螺丝刀等。

注意：若为易燃易爆场合应使用防爆工具，由铍青铜或铝青铜制成。

2.1.1.5 现场具备条件

① 土建工程已基本完成，基础附近的地下工程已完成，场地已平整。

② 泵基础具备安装条件，基础的尺寸、位置、标高符合设计要求。

③ 施工运输和消防通道通畅。

④ 施工用的照明、水源、电源已齐备。

⑤ 配备必要的消防器材。

2.1.1.6 泵的检验与验收

泵的开箱检验应在建设单位（业主）、供货方、监理、施工单位等有关人员的参加下进行。主要内容：

① 按设备技术文件的规定清点泵的零件和部件，核对泵的名称、型号、规格、包装箱号、箱数，并检查包装情况，应无缺件、损坏和锈蚀，管口保护物和堵盖应完好。

② 检查随机技术资料及专用工具是否齐全、完好。

③ 对泵主机、附属设备及零部件进行外观检查，核实随机配件、地脚螺栓等是否齐备，应无缺件、损坏和锈蚀等。

④ 核对泵的主要安装尺寸，应与工程设计相符。

⑤ 核对输送特殊介质泵的主要零件、密封件及垫片的品种和规格。

⑥ 若暂不安装，应采取适当保护措施；配套的电器、仪表等配件，由相关专业人员验收、签证和保管。

⑦ 检验合格后做好检验记录，参与开箱检验人员签字认可。

2.1.1.7 基础验收及处理

（1）基础验收注意事项

① 基础验收时，应有质量证明文件及实测记录，并签发专业工序交接记录。

② 泵基础的位置、几何尺寸和质量要求，应符合 GB 50204《混凝土结构工程施工质量验收规范》的规定，并有验收记录。

③ 基础要求有足够的强度、对基础进行外观检查，不得有裂纹、蜂窝、空洞、露筋等

现象。

④ 在基础表面与侧面，应明显画出标高基准线、轴向中心线、横向中心线。

⑤ 对基础整体尺寸进行复测检查，其允许偏差应符合 HG 20203《化工机器安装工程施工及验收规范（通用规定）》的要求，见表 2-1。

表 2-1 基础尺寸及位置的允许偏差（对照 HG/T 20203—2017） mm

项次	项目名称		允许偏差	检验方法
1	基础坐标位置(纵横轴线)		20	钢尺检查
2	基础不同平面的标高		0，−20	水准仪或钢尺检查
3	基础上平面外形尺寸		+20	钢尺检查
	凸台上平面外形尺寸		0，−20	钢尺检查
	凹穴尺寸		+20，0	钢尺检查
	平面水平度	每米	5	水平尺、塞尺检查
		全长	10	水准仪或拉线、钢尺
5	垂直度	每米	5	经纬仪或吊线、钢尺
		全高	10	
6	预埋地脚螺栓	标高（顶端）	+20，0	水准仪或拉线、钢尺
		中心距(在根部和顶部两处测量)	±2	钢尺检查
7	预留地脚螺栓孔	中心位置	10	钢尺检查
		深度	+20，0	钢尺检查
		孔壁垂直度	10	吊线、钢尺检查
8	锚板式地脚螺栓孔	标高	+20，0	水准仪或拉线、钢尺
		中心位置	5	钢尺检查
		孔锚板水平度(每米)	2	水平尺、塞尺检查
9	预埋套管垂直度	每米	5	水平尺、塞尺检查
		全长	10	水准仪或拉线、钢尺

⑥ 基础验收时，如果出现超出规定的允许偏差，应由责任单位采取处理措施；对于较重大的质量问题，应由责任单位提出处理方案，并经有关单位批准后，方可对基础进行处理。

（2）基础处理

① 清除干净泵基础表面的油污和疏松层，并铲出麻面。麻点深度宜大于 10mm，每平方分米内不少于 3～5 个点为宜。

② 清除地脚螺栓孔中的油污、碎石、泥土、积水等杂物，地脚螺栓灌浆孔严禁出现上大下小状态，必要时修复处理。

2.1.2 地脚螺栓与垫铁的安装

2.1.2.1 地脚螺栓的检查与处理

① 离心泵使用的地脚螺栓一般随机携带。现场验收时检查有无损伤，其长度、规格、数量应符合技术文件要求。

② 地脚螺栓灌浆固定有预埋和灌浆螺栓两种形式。

预埋螺栓，地脚螺栓要提前预埋在基础上，按照厂家提供的地脚螺栓孔图（或是按照实物测量），提前将地脚螺栓轴向与横向位置确定下来，再与基础一起灌浆，施工过程中做好对螺纹与螺母的保护。

灌浆螺栓，也称后埋螺栓，基础上留有螺栓孔，将螺栓光杆部位打磨干净见金属色，不得有油污，以保证灌浆料与螺杆的紧密接触，丝扣部位应抹润滑油。泵安装时将螺栓挂在底座上，利用临时垫铁将泵找正找平，达到粗平或精平后，对地脚螺栓进行一次灌浆，当水泥快固化时，将垫铁组也同时预埋上。

2.1.2.2 垫铁的选择与布置

（1）垫铁的选择

垫铁可选用平垫铁、斜垫铁、钩头垫铁、开口垫铁、调节垫铁等。常用垫铁规格尺寸参见表 2-2～表 2-4。

表 2-2 中小型机器及设备常用平垫铁尺寸 mm

编号	L	W	H	使用范围
1	110	70	3 6 9 12 15 25 40	5t 以下，20～35mm 直径的地脚螺栓
2	135	80	3 6 9 12 15 25 40	5t 以上，35～50mm 直径的地脚螺栓
3	150	100	25 40	5t 以上，35～50mm 直径的地脚螺栓

注：L 为长度，W 为宽度，H 为厚度。为了精确调整水平和标高，还采用厚度为 0.05～1mm 的薄钢板垫片或铜垫片，最上面一块垫板的厚度不小于 1mm。

表 2-3 中小型机器及设备常用斜垫铁尺寸 mm

编号	L	W	H	B	A	使用范围
1	100	60	13	5	5	5t 以下，20～35mm 直径的地脚螺栓
2	120	75	15	6	10	5t 以上，35～50mm 直径的地脚螺栓

表 2-4 平垫铁与斜垫铁的规格 mm

项次	平垫铁			斜垫铁				
	L	W	材料	L	W	B	A	材料
1	100	50	普通碳素钢及铸铁	110	45	≥3	4	普通碳素钢
2	100	60		110	50	≥3	4	
3	120	50		130	45	≥3	6	
4	120	65		130	55	≥3	6	
5	140	65		150	55	≥4	8	
6	160	65		170	55	≥4	8	
7	180	65		200	55	≥4	8	
8	180	75		200	65	≥5	10	
9	200	75		220	65	≥5	10	
10	250	75		270	65	≥6	12	
11	300	100		320	80	≥6	12	
12	340	100		360	80	≥6	14	
13	400	100		420	80	≥8	14	

注：1. 厚度 H 可按实际材料情况决定，垫铁斜度宜为 1/10～1/20；铸铁平垫铁厚度，最小为 20mm。

2. 斜垫铁应与项次相同的平垫铁配合使用。

3. 如有特殊要求，可采用其他规格或加工精度的垫铁。

4. 垫铁面积 $A=LW$，选用垫铁时以表中平垫铁为准。

（2）垫铁的布置

① 垫铁放置方法根据泵底座的结构，可采用标准垫法、井字垫法、十字垫法、辅助垫

法等。垫铁的面积、组数和放置方法应根据泵质量和底座面积的大小来确定。

② 一般在地脚螺栓两侧各放一组，尽量靠近地脚螺栓（不能靠在地脚螺杆上，防止造成地脚螺栓倾斜），当地脚螺栓间距小于 300mm 时，每个地脚螺栓旁至少一组，相邻两垫铁组的距离一般应保持 500～1000mm。

③ 放置垫铁的基础表面应铲平，平垫铁与基础接触良好，接触面应达到 50%以上，其上平面水平度偏差不超过 2mm/m。

④ 垫铁布置还可采用坐浆法与压浆法，施工现场目前比较流行的是采用压浆法来布置垫铁。

⑤ 通过垫铁厚度的调整，使被安装的设备达到设计的水平度和标高，增加设备在基础上的稳定性，并将其质量通过垫铁均匀传递到基础上。

⑥ 泵找平后，垫铁露出设备底座面外缘 25～30mm，平垫铁伸入设备底座内的长度应超过地脚螺栓的中心，见图 2-1。

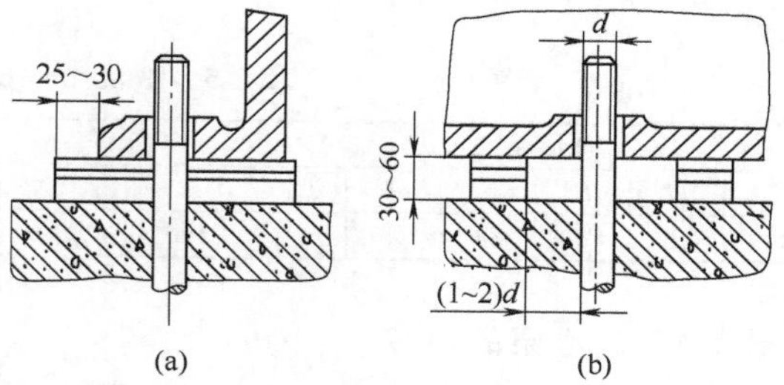

25~30

d

30~60

(1~2)d

(a) (b)

图 2-1 垫板的放置位置

2.1.3 离心泵的安装

离心泵安装主要工序包括机座安装、泵体就位及精度调整、变速机就位、电动机安装、联轴器找正、二次灌浆、管路安装、试运行等。安装方式可分为硬性连接［图 2-2（a）］和柔性连接［图 2-2（b）］。

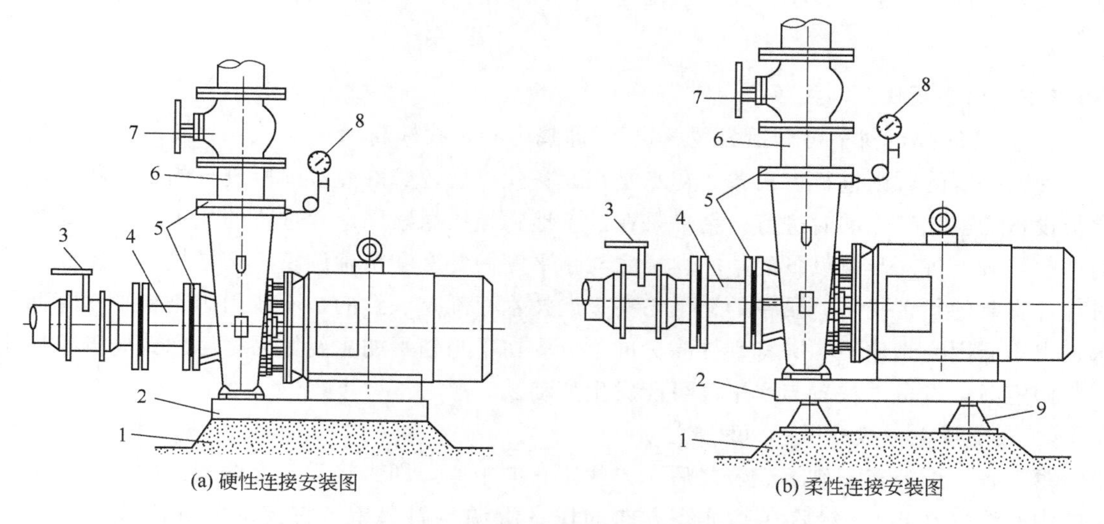

(a) 硬性连接安装图　　(b) 柔性连接安装图

图 2-2 离心泵安装方式示意图

1—基础；2—底座；3—进口阀；4—直管段；5—法兰；6—直管段；7—出口阀门；8—压力表；9—减震器

具体安装尺寸及要求可根据生产厂家技术要求及泵样本。以 IS 80-65-160 泵为例，其外形与安装图如图 2-3 所示，安装尺寸可参见表 2-5。

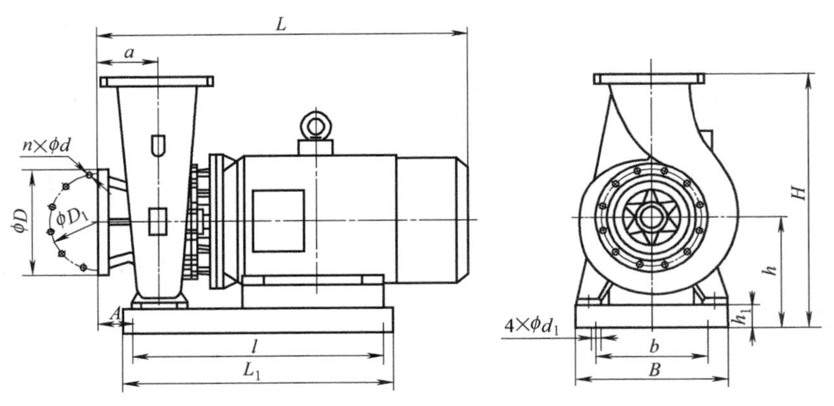

图 2-3 离心泵安装尺寸图

表 2-5 IS 80-65-160 离心泵安装尺寸表 mm

外形尺寸						底座尺寸					进出口法兰尺寸		
h	H	L	a	A	L_1	B	l	b	h_1	$4\times\phi d_1$	D	D_1	$n\times\phi d$
210	395	580	80	55	400	250	350	150	80	4×ϕ14	ϕ185	ϕ145	4×ϕ18

2.1.3.1 离心泵的吊装

① 机座与泵体吊装时，吊钩、索具、钢丝绳等应捆绑在泵体下部或吊环上，不得捆绑在进出口法兰或轴与轴承等易受损伤的部位。吊装过程中，避免电机顶罩变形和壳体受到吊绳的挤压力。

② 对于小型泵，可 2～4 人搬抬；中型泵，利用托运架和滚杠在斜面上滚动的方法来运输和安装；大中型泵，有起重架、手拉葫芦，或利用厂房或场地原有的桥式起重机、电动葫芦等。

2.1.3.2 离心泵找正与找平

① 设备的找正找平可概括为“三找”，即找中心，找标高和找水平。一般是按照“先初平，后精平”的原则进行。设备的初平是在设备就位后，二次灌浆前所进行的找正找平，通常与设备的就位工作同时进行。精平是在设备地脚螺栓灌浆固定后进行的找正找平，既是在初平的基础上进一步对设备的中心、标高与水平度做复查和精确调整，又是机座找正固定后对部件安装的找正找平。设备的初平与精平的技术标准是一致的，不能因为是初平就降低要求，也不能因为是精平，又特别提高标准。分为初平与精平的主要原因是考虑到地脚螺栓在灌浆固定时，设备的位置与水平度可能发生变动。

② 找平找正一般有以下两种方法：

第一种，设备在基础上就位之后，先找正它的中心，即先将设备上两端的中点对准基础上的中心线（找正）；然后在基准线方向的任一端调整斜垫铁，将此端的标高找好（找标高）；最后找水平度。水平找好后复查中心和标高，同时复查水平。三者找好后，在设备底座下塞进垫铁组，并拆除斜垫铁，斜垫铁去掉后再一次复查，不合格再做调整。这种初平工作的步骤比较好，不会产生大的返工。

第二种，先将设备一端的标高找好后，再找水平，将水平和标高复查好，塞好垫铁组后，再对准中心线找中心。这种初平工作步骤的优点是，对中心线时移动设备方便，而且对水平和标高的影响也不会太大，故可提高初平工作的效率，缺点是，中心线如果偏差太大，可能造成标高与水平的找正工作浪费，存在返回重找标高的问题。这种方法主要适用于中心线位置要求不太严格或就位已很精细的情况。

③ 较小的离心泵本体与驱动机共用一个底座时，根据泵的轴心来找正找平。后期再以离心泵轴心为基准，找正驱动机与离心泵的同轴度。

④ 较大的离心泵本体与变速机（液力偶合器）、驱动机各自有独立底座时，安装时以变速机（液力偶合器）为基准，再安装离心泵和驱动机。

⑤ 离心泵的标高与中心定位找正时，以画在基础上标出的红三角标高线与纵横中心线为准。

⑥ 离心泵的找正找平可采用三点找平法，在设备底座下选择适当的位置，用三组调整垫铁来调整设备的标高、中心线和水平度，是一种快速找正设备标高和水平的方法。

a. 采用三点找平法，第一步是利用一组调整垫铁，放在设备一端的中点，再使用两组垫铁放在设备的另一端，构成三点支承进行找水平的工作，当设备达到粗平或精平条件时进行下步工作（或一次灌浆预埋地脚螺栓）；第二步是将永久垫铁放入预先安排的位置，其松紧程度以用手锤轻轻敲入为准，使全部垫铁都达到这种要求；第三步是将调整垫铁放松，将设备底座落放在永久垫铁上，并拧紧地脚螺栓，在拧紧地脚螺栓的同时，检查设备的标高、水平度、中心线和垫铁的松紧度，检查合格后，将调整垫铁拆除。再用水平仪复查水平度，达到标准要求后，即调整完毕。

b. 找平过程如图 2-4 所示，先在机座的一端垫好需要高度的垫板（a 点），在机座的另一端地脚螺栓 1 和 2 旁放置需要高度的垫板，如 b_1、b_3；用长水平仪在机座的上表面纵横两个方向找平后，放入垫板 b_2、b_4，拧紧地脚螺栓 1 和 2，在地脚螺栓 3 和 4 两旁加入垫板，找平后，拧紧地脚螺栓。水平仪应放在机座上的已加工表面，即图中 A、B、C、D、E、F 等处，在相互垂直的方向上反复测量两次，取平均读数。

2.1.3.3 离心泵泵体的测量

① 大型泵体就位后，利用垫铁组调整泵的标高和水平。泵的调整可分为初平和精平两个阶段，初平时将水平仪放在底座加工面、主轴、联轴器或指定的测点上进行初步找平后，对地脚螺栓进行灌浆。待混凝土养护合格后，再紧固地脚螺栓，进行精平。

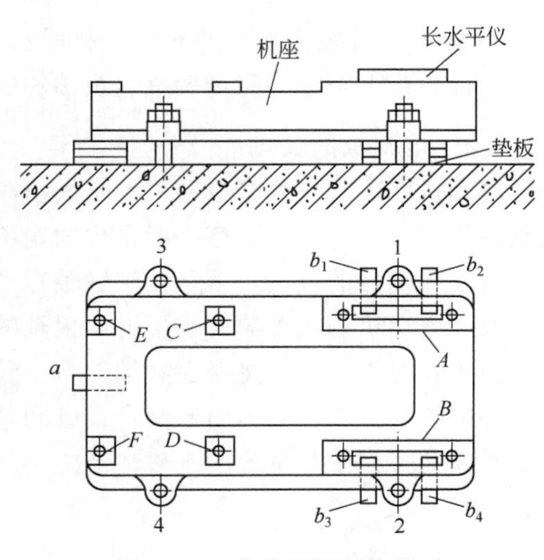

图 2-4 三点找平法安装底座

② 整体安装的泵，以进出口法兰面或其他水平加工基准面为基准，纵向安装水平偏差不应大于 0.05mm/m，横向安装水平偏差不应大于 0.1mm/m；解体安装的泵，以泵体加工面为基准，纵向和横向安装水平偏差均不应大于 0.05mm/m，在水平中分面、轴的外露部分、底座的水平加工面上进行测量。

③ 高温或低温离心泵在常温下找正时，应考虑工作状态下轴线位置的变化。因此必须按照厂家提供的冷态对中曲线进行对中找正。

④ 找正泵体的纵横中心线，纵向中心线以泵轴中心线为准，横中心线以出口管的中心线为准，按已画好的设备轴向与横向中心线为准（或基础、墙柱的中心线）来测量和调整，应符合图纸要求，允许偏差一般在±5mm 范围内。

⑤ 找标高以泵轴为准，用水准仪进行测量。具体方法如图 2-5 所示。

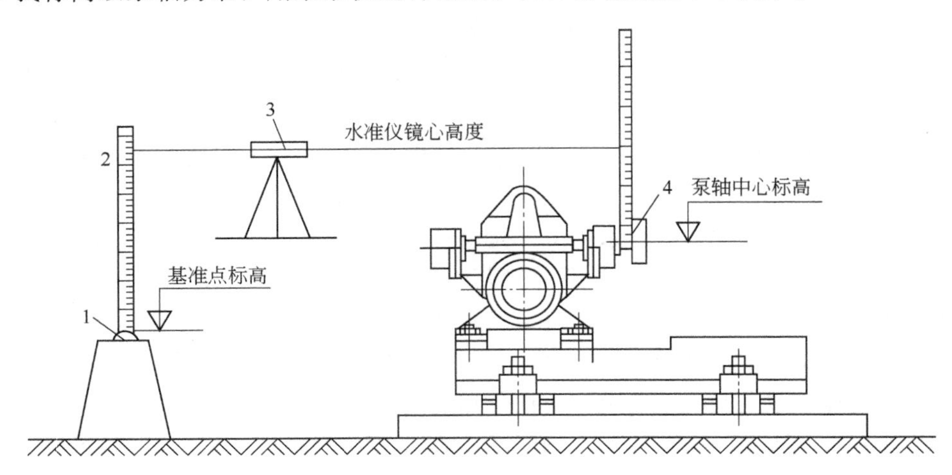

图 2-5 用水准仪测量泵轴中心的标高

1—基准点；2—标杆；3—水准仪；4—泵轴

测量时将标杆放在标高的基准点上，用水准仪测出其镜心到标高基准点的相对标高尺寸 a，然后将标杆移到泵轴颈上，测出轴圆柱面到镜心的距离 b，泵轴直径为 d，则按下式计算相对标高 H：

$$H=a-b-d/2 \tag{2-1}$$

⑥ 还有一种较为简单的方法，利用水平尺将泵轴的中心引出来，至本基础上标有的红色三角标高线上，直接测量调整出泵轴的中心标高。泵轴中心标高的允许偏差为±10mm。

2.1.3.4 电动机的安装

电动机就位时，要求电动机的轴线与离心泵轴的中心线在一条直线上。电动机与泵通过联轴器连接，电动机的调整一般是根据定位后的泵体转子中心来进行同轴度调整，电动机的安装就是联轴器的找正，就是使半联轴器端面开口间隙、轴向间隙、径向间隙符合要求。

泵和电动机的联轴器所连接的两根轴的旋转中心应严格的同心，联轴器在安装时必须精确地找正、对中，否则将会在联轴器上引起很大的应力，并将严重地影响轴、轴承和轴上其他零件的正常工作，甚至引起整台设备和基础的振动或损坏等。因此，泵和电动机联轴器的找正是安装过程中很重要的工作环节之一。

2.1.3.5 联轴器找正

(1) 联轴器偏移情况的分析

驱动机与离心泵对中找同心时以离心泵为基准机座，如果驱动机与离心泵之间有变速机连接时，一般都以中间变速机轴线为基准找正离心泵和驱动机。

联轴器所连接的两轴，由于制造及安装误差，承载后的变形以及温度变化的影响等，会引起两轴相对位置的变化，两轴往往不能保证严格的对中。

联轴器偏移情况的分析，一般情况下可能遇到4种情形，如图2-6所示。

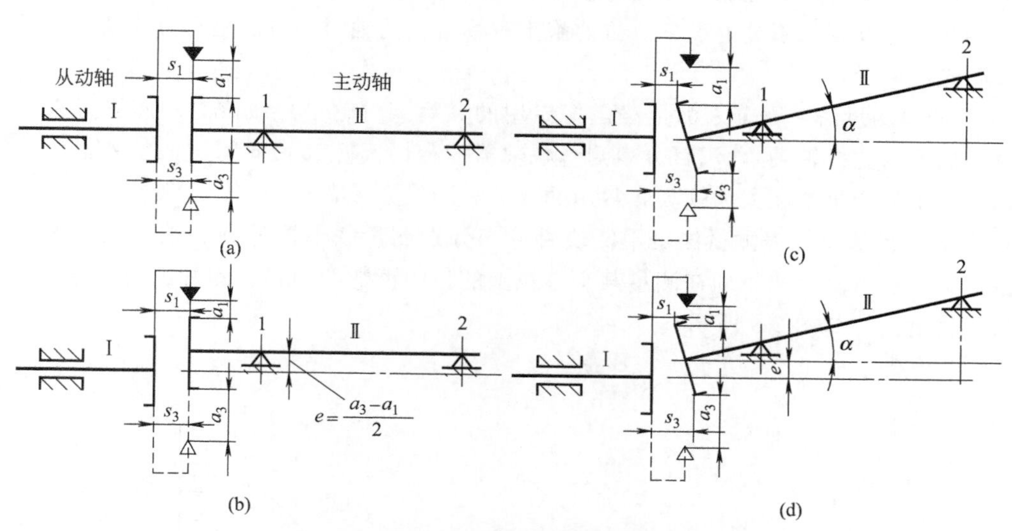

图2-6　联轴器找正时可能遇到的4种情况

① $s_1=s_3$，$a_1=a_3$，两半联轴器的端面间隙符合要求，主动轴和从动轴的中心线又同在一条水平直线上；s_1、s_3为轴向间隙，a_1、a_3为径向间隙；正确位置。

② $s_1=s_3$，$a_1 \neq a_3$，两半联轴器的端面相互平行，主动轴和从动轴的中心线不同轴，两轴的中心线之间有径向偏移（偏心距）$e=(a_3-a_1)/2$。

③ $s_1 \neq s_3$，$a_1=a_3$，表示两半联轴器的端面互相不平行，两轴的中心线相交，其交点正好落在主动轴的半联轴器的中心点上，这时两轴的中心线之间有倾斜的角位移（倾斜角）α。

④ $s_1 \neq s_3$，$a_1 \neq a_3$，表示两半联轴器的端面互相不平行，两轴的中心线的交点又不落在主动轴的半联轴器的中心点上，两轴的中心线之间既有径向位移又有角位移。

联轴器处于后三种情况时都不正确，均须进行找正，直至形成第一种正确的形式。

(2) 联轴器找正测量方法

联轴器找正时主要测量其径向位移（或径向间隙）和角位移（或轴向间隙）。下面介绍常用的几种测量调整方法，根据测量工具的不同有塞尺法、百分表（或千分表）法、激光找正法等。

① 利用直尺和塞尺测量径向位移，利用平面规和楔形间隙规测量角位移，测量方法如图2-7和图2-8所示。

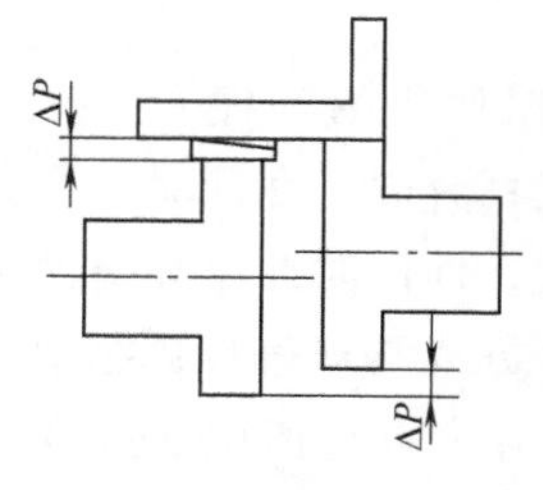

图2-7　径向位移检测

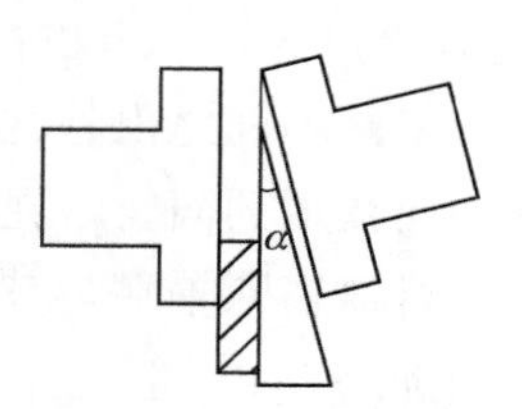

图2-8　轴向位移检测

用塞尺和楔形规找正时，联轴器径向端面的表面应平整、光滑、无锈、无毛刺。对于最终测量值，电动机的地脚螺栓应紧固无松动。找正时注意做好记录。此方法找正精度低，适用于低转速、精度要求不高的设备。目前施工现场常用的轴对中方法是百分表法（或千分表法）和激光法。

② 百分表测量法：百分表测量法是把专用的夹具（对轮卡）或磁力表座安置在作基准的半联轴器上（主机转轴），用百分表测量联轴器的径向间隙和轴向间隙的偏差值。此方法使联轴器找正的测量精度大大提高，常用的百分表测量方法有双表法、三表法。

a. 双表测量法：双表测量法是用两块百分表分别测量联轴器外圆和端面同一方向上的偏差值，又称一点测量法，即在测量某个方位上的径向读数的同时，测量出同一方位上的轴向读数。测量方法如图 2-9 所示。

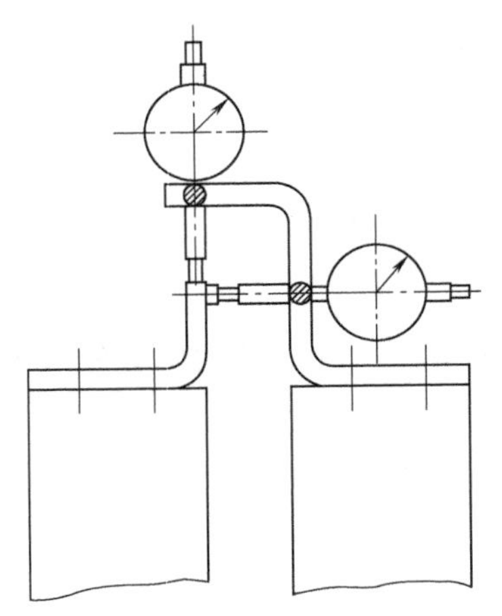

图 2-9　利用中心卡和百分表

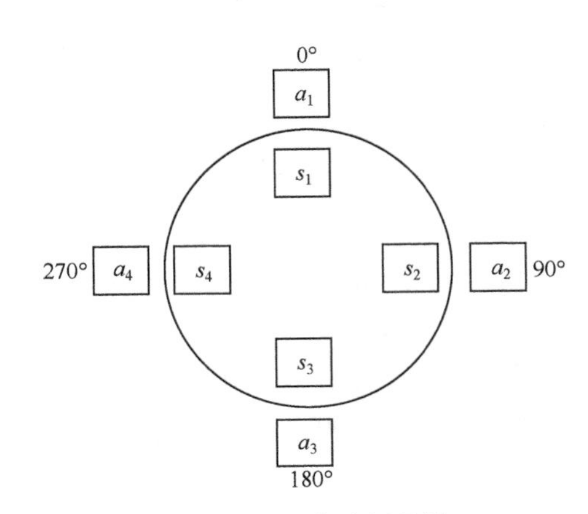

图 2-10　一点法记录图

测量时，先测 0°方位的径向读数 a_1 及轴向读数 s_1。为了分析计算方便，常把 a_1 和 s_1 调整为零，然后两半联轴器同时转动，每转 90°读一次表中数值，并把读数值填到记录图 2-10 中，圆外记录径向读数 a_1，a_2，a_3，a_4，圆内记录轴向读数 s_1，s_2，s_3，s_4。当百分表转回到零位时，必须与原零位读数一致，否则需找出原因并排除之。常见的原因是轴窜动或地脚螺栓松动，测量的读数必须符合下列条件才属正确，即

$$a_1+a_3=a_2+a_4 \qquad s_1+s_3=s_2+s_4$$

测量过程中，若由于基础的构造影响，使联轴器最低位置上的径向间隙 a_3 和轴向间隙 s_3 无法测到，则可根据其他三个已测得的间隙数值由上式计算得出。最后比较对称点上的两个径向间隙和轴向间隙的数值，若对称点数值差不超过规定数值，符合要求，否则要进行调整。

b. 三表找正法：三表找正法又称两点测量法，是目前普遍使用的一种方法。三表测量法与两表测量法不同之出是在与轴中心等距离处对称布置两块百分表，在测量一个方位上径向读数和轴向读数的同时，在相对的一个方位上测其轴向读数，即同时测量相对两方位上的轴向读数，可以消除轴在盘车时窜动对轴向读数的影响，计算方式与双表计算相似，两轴向表的得数相加除以 2，但要注意找正卡具的刚性要好，防止百分表自重产生的挠度带来的假数影响。

三表找正法测量方法精度高，适用于需要精确对中的精密或高速运转的机器，如汽轮机、离心式压缩机等。

c. 激光找正：激光找正仪具有方便、快速、准确、高效等特点，在动设备安装中使用越来越广泛。激光找正仪主要由激光发射器（探测器）、激光反射器（接收器）、显示单元（微型计算机）、夹具和连接线等组成。其中激光发射器、激光反射器分别安装在固定设备轴上的测量单元 S 和移动设备轴上的测量单元 M，如图 2-11 所示。

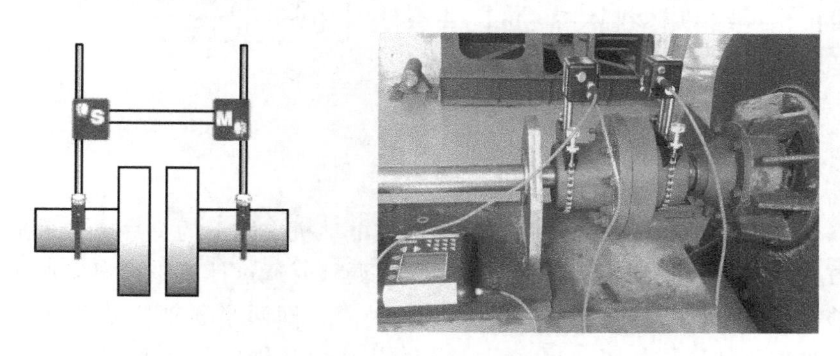

图 2-11　激光找正法

激光找正中 S 单元与 M 单元分别替代百分表并固定在联轴器的两侧，S 测量单元固定在基准设备端，M 测量单元固定在调整设备端。根据相似三角形几何原理输入相应距离数据，其中，S-M 表示两个测量单元间的距离，S-C 表示 S 测量单元至联轴器中心的距离，S-F_1表示 S 测量单元至调整设备前地脚中心线的距离，S-F_2 表示 S 测量单元至调整设备后地脚中心线的距离，如图 2-12 所示。

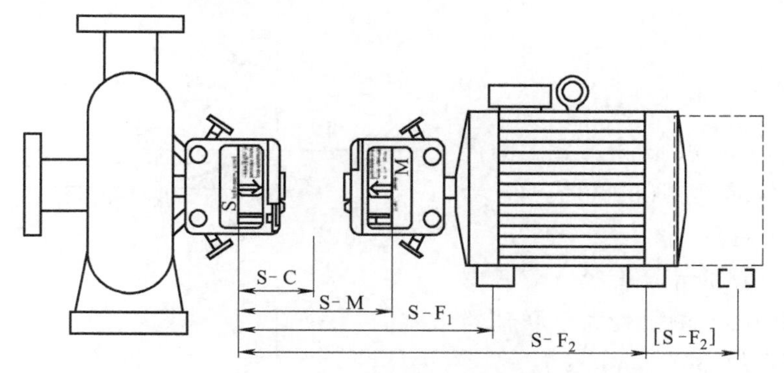

图 2-12　激光找正数据输入示意图

采用时钟水平机械对中程序，将轴转到 9、12、3 点钟的位置并确认。从调整端 M 看基准端 S，9 点钟在图中的左侧，3 点钟是右侧，竖直上方是 12 点钟。

操作完成后显示单元将自动计算出平行偏差和角度偏差，其水平和垂直位置用图像、数字显示出来，并自动给出可调整设备前、后机脚下相应垫片的调整值，如图 2-13 所示。

根据测量结果通过调整顶丝，使最终测量结果达到设备安装误差允许范围之内，并保存测量结果数据。

（3）联轴器找正计算和调整

联轴器找正时的计算和调整，一般先调整轴向间隙，使两半联轴器平行，再调整径向间

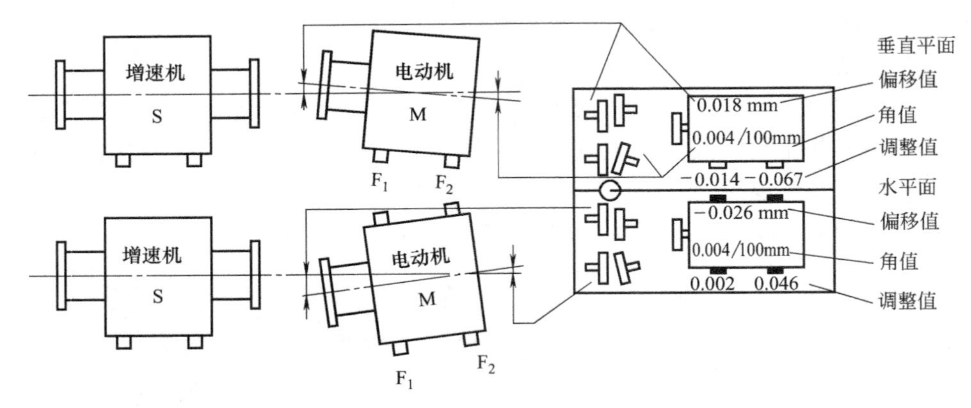

图 2-13 显示测量结果

隙，使两半联轴器同轴。通常采用在垂直方向加减电动机支脚下的垫片或在水平方向移动电动机位置的方法实现。对于精密的和大型机器，在调整时通过计算来确定应加或减垫片的厚度和左右的移动量。若已知测量结果 $s_1>s_3$，$a_1>a_3$，即两半联轴器处于既有径向位移又有角位移的一种偏移情况，如图 2-14 所示，Ⅰ为从动轴，Ⅱ为主动轴。

调整过程如下：

① 先使两半联轴器平行。为了要使两半联轴器平行，必须要在主动机的支脚 2 下加上厚度为 x（mm）的垫片，如图 2-14（a）所示。此处 x 的数值可以利用图上画阴影的两个相似三角形的比例关系算出。

$$\text{由}\quad \frac{x}{L}=\frac{b}{D}\quad \text{得}\quad x=\frac{b}{D}L \qquad (2\text{-}2)$$

式中 b——在 0°和 180°两个位置上测得的轴向间隙的差值（$b=s_1-s_3$）；

D——联轴器的计算直径（应考虑到中心卡测量处大于联轴器直径的部分），mm；

L——主动机纵向支脚间的距离，mm。

由于支脚 2 垫高了，而支脚 1 底下没有加垫，因此轴Ⅱ将会以支脚 1 为支点发生很小的转动，这是两半联轴器的端面虽然平行了，但是主动轴上的半联轴器的中心却下降了 y（mm），如图 2-14（b)所示。此处的 y 值同样可以利用图上画有阴影线的两个相似三角形的比例关系算出。

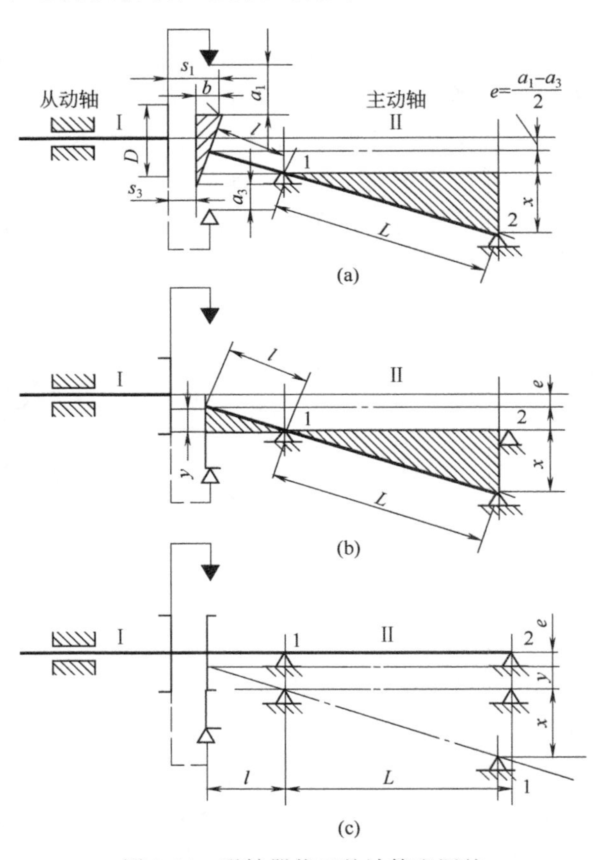

图 2-14 联轴器找正的计算和调整

由
$$\frac{y}{l}=\frac{x}{L} \quad 得 \quad y=\frac{x}{L}l=\frac{\frac{b}{D}L}{L}l=\frac{b}{D}l \tag{2-3}$$

式中　l——支脚 l 到半联轴器测量平面之间的距离，mm。

② 再使两联轴器同轴。由于 $a_1>a_3$，即两半联轴器不同轴，其原有径向位移量（偏心距）为 $e=\frac{a_1-a_3}{2}$，再加上第一步找正时又使联轴器中心的径向位移量增加了 y（mm），必须在主动机的支脚 1 和支脚 2 下同时加上厚度为 $y+e$（mm）的垫片。为了要使主动轴上的半联轴器和从动轴上的半联轴器轴线完全同轴，则必须在主动机的支脚 1 底下加上厚度为 $y+e$(mm) 的垫片，而在支脚 2 底下加上厚度为 $x+y+e$（mm）的垫片，如图 2-14（c）所示。

则前支脚垫片厚度：

$$X_1=\frac{b}{D}l+\frac{a_1-a_3}{2} \tag{2-4}$$

后支脚垫片厚度：

$$X_2=\frac{b}{D}(L+l)+\frac{a_1-a_3}{2} \tag{2-5}$$

主动机一般有 4 个支脚，故在加垫片时，主动机两个前支脚下应加同样厚度的垫片，而两个后支脚下也要加同样厚度的垫片。

如联轴器在 90°、270°两个位置上所测得的径向间隙和轴向间隙的数值也相差很大时，则可以将主动机的位置在水平方向作适当的移动来调整。通常是采用锤击或千斤顶来调整主动机的水平位置，也可借助工装夹具来调整。

径向间隙和轴向间隙调整好后，应满足表 2-6 的要求。

表 2-6　联轴器两轴端面间隙及对中偏差值　　mm

联轴器形式	联轴器外径 D	对中偏差		端面间隙 S
		径向位移	轴向倾斜	
凸缘联轴器		≤0.03	≤0.05/1000	端面紧置接触
滑块联轴器	≤300	<0.05	<0.30/1000	甲型 D≤190 S=0.5～0.8 D>190 S 为 1～1.5
	300～600	<0.10	<0.60/1000	乙型 约为 2
齿式联轴器	170～185	<0.30	0.03/1000	2～4
	200～250	<0.45		
	290～430	<0.65	<1.0/1000	5～7
弹性套柱销联轴器	1～106	<0.04	<0.20/1000	2～4
		<0.05	<0.20/1000	3～5
		<0.05	<0.20/1000	4～6
		<0.05	<0.20/1000	4～6
		<0.08	<0.20/1000	5～7
		<0.10	<0.20/1000	5～7
弹性柱销联轴器	90～160	<0.05	<0.20/1000	
	195～220	<0.05		
	280～320	<0.08		
	360～410	<0.08		
	480	<0.10		
	540～630	<0.10		

2.1.3.6 联轴器的安装

① 联轴器的正确安装能改善设备的运行情况，减少设备的振动，延长联轴器的使用寿命。联轴器与轴的配合大多为过盈配合，连接分为有键连接和无键连接，联轴器的轴孔又分为圆柱形轴孔与锥形轴孔两种形式。装配方法有静力压入法、动力压入法、温差装配法及液压装配法等。

② 联轴器安装前先把零部件清洗干净，清洗后的零部件，需把沾在上面的油擦干。在短时间内准备运行的联轴器，擦干后可在零部件表面涂些机油，防止生锈。对于较长时间才能投用的联轴器，应涂防锈油。

③ 高速旋转机械上的联轴器，一般在制造厂都做过动平衡试验，动平衡试验合格后画上各部件之间互相配合方位的标记，装配时必须按制造厂给定的标记组装，否则，很可能发生由于联轴器的动平衡不好引起机组振动的现象。在拧紧联轴器的连接螺栓时，应对称、逐步拧紧，使每一连接螺栓上的锁紧力基本一致，以防各螺栓受力不均而使联轴器在装配后产生歪斜现象，有条件的可采用力矩扳手。

④ 对于刚性可移式联轴器，如鼓形齿式联轴器，在装配完后应检查联轴器的刚性可移件能否进行少量的移动，有无卡涩的现象。

⑤ 各种联轴器在装配后，均应盘车，检查转动是否良好。

2.1.3.7 泵的固定与二次灌浆

① 电动机与泵精找正后，各垫铁组层与层之间点焊，在24h内进行二次灌浆。灌浆时应检查地脚螺栓和垫铁是否有松动或不牢固的地方，并将基础表面清理干净，灌浆养护。

② 泵底座与基础灌浆应符合GB 50204《混凝土结构工程施工质量验收规范》的规定；灌浆层厚度不应小于25mm。

③ 灌浆前安设外模板，外模板至底座面外缘的距离不小于60mm；内模板至设备底面外缘的距离应大于10mm，并不小于底座底面边宽，高度等于底座底面至基础或下平面的距离。

④ 地脚螺栓灌浆应符合下列要求：

a. 地脚螺栓在预留孔中应垂直，无倾斜。

b. 地脚螺栓任一部分离孔壁的距离应大于15mm；地脚螺栓底端不应碰孔底。

c. 螺母与垫圈、垫圈与设备底座间的接触均应紧密。

d. 拧紧螺母后，螺栓应露出螺母，其露出的长度宜为螺栓直径的1/3～2/3。

e. 为使垫铁、设备底座底面与灌浆层的接触良好，在地脚螺栓孔的灌浆快固化时，采用压浆法同时将垫铁组布置在地脚螺栓两侧以及其他位置。

f. 地脚螺栓孔中的混凝土强度达到要求后，按初找平方法对泵进行精找平，拧紧地脚螺栓，测量出中心、标高、水平度值为最终记录。偏差应符合图纸要求或安装规范要求，纵向安装水平偏差不应大于0.1/1000，横向安装水平偏差不应大于0.2/1000。

2.1.4 润滑油站的安装

高压离心泵配有独立的润滑油站，油站的安装应按技术文件执行，润滑油站的工艺配管、冷却水管、按照相关规范执行。

2.1.5 泵的清洗、检查

① 泵的清洗分三步进行。初洗，去掉表面油污、泥污、漆片和锈层，油、泥污使用软金属片、竹片刮掉，漆层用清洁剂除掉；细洗，用清洁剂将初洗后机件上的油渍、渣子等脏物冲洗干净；精洗，用清洗剂对机件作最后的清洗。

② 零部件拆卸前，测量拆卸件与有关零部件的相对位置或配合间隙，并做出相应的标记和记录。

③ 清洗应使用煤油或洗油，不能使用汽油。清洗完毕后，用白布擦净，暂不安装的零部件用干净的塑料布盖好。清洗泵的零部件时，检查零部件的外观是否有严重的锈蚀、裂纹、麻坑等缺陷。

④ 泵的清洗和检查应符合下列要求：

a. 整体出厂的离心泵，手动盘车灵活无卡涩，且在防锈保证期内，其内部零件不宜拆卸，只清洗外表。当超过防锈保证期或有明显缺陷需拆卸时，其拆卸、清洗和检查应符合技术文件的规定。

b. 解体安装或整体安装，按出厂技术文件要求进行解体检查的离心泵，必须进行清洗、检查和调整。

2.1.6 管路的安装

管道安装除应符合现行 GB 50235《工业金属管道工程施工规范》的规定外，还应符合下列技术要求：

① 管子内部和管端清洗洁净，清除杂物，密封面不应损伤。

② 吸入管道和输出管道应有各自的支架，泵不得承受管道的重量。

③ 相互连接的结合端面应平行。

④ 管道与泵连接后，复检泵的找正精度，当发现管道连接引起偏差时，应调整管道。

⑤ 管道与泵连接后，不应再在其上进行焊接和气割，当需焊接和气割时，应拆下管道或采取必要的措施，并应防止焊渣进入泵内。

2.1.7 离心泵的试车

安装完毕，与试运行有关的条件具备后，进行泵的试运行，一般以洁净水为介质。

2.1.7.1 试车前准备工作

① 检查地脚螺栓，应紧固到位；两轴的找正精度符合规定要求。

② 盘车应灵活，无异常现象；裸露的转动部分应有保护罩或围栏。

③ 电器仪表和压力表、真空表等应灵敏、准确，阀门应灵活可靠。

④ 输送液体温度高于 120℃ 的离心泵，为保证轴承的可靠润滑，轴承部位冷却系统试验合格。

⑤ 机械密封应进行冷却、冲洗，以免影响密封的效果或损伤密封面；机械密封的装配应符合规定要求；采用填料密封的泵，填料的松紧程度应适当；冷却液封环应对准冷却管口，冷却液应通畅。

⑥ 泵附属设备和管道系统安装完毕并符合规范及设计要求；附属设备按要求封闭完成；附属管道系统试压、吹洗完成。

⑦ 临时试泵管线配制完成。

⑧ 加注润滑油，轴承润滑油量达到要求，润滑油加入系统时，必须经过“三级”过滤。

⑨ 轴承冷却水量充足，回水畅通。

2.1.7.2 试车现场环境要求

① 泵周围现场的杂物已清除干净，脚手架已拆除。

② 相关通道平整、畅通。

③ 现场无易燃、易爆物，并配备足够消防设施。

④ 照明充足，有必要的通信设施。

2.1.7.3 试运转

（1）润滑油站试运转

① 加入泵所要求的润滑油。

② 断开轴承进油孔与回油管相连，对润滑油站进行油冲洗。

③ 过滤器前后压差不超过技术要求示为合格，回装进出口油管。

④ 润滑油站联锁调试合格。

（2）电动机试运转

① 试运行前必须脱开与离心泵之间的联轴器，盘动电动机转子应转动灵活，无异常声响。

② 电气系统应调试合格，具备试运行条件。

③ 启动润滑油系统与冷却水系统。

④ 瞬时点启动电动机，确认电动机转向并无异常声响。

⑤ 正常启动电动机，检查电动机的电流、电压应符合规定，轴振动、轴承温升应符合要求。连续运行 2h 正常停机。

（3）离心泵的试运转

① 电动机空负荷试运转合格后，连接联轴器与安全罩，进行泵试运转。

② 先灌泵，打开进口阀，打开离心泵的排气阀，缓慢盘车以排出叶轮及蜗壳的气体；排净气体后，关闭排气阀，关闭泵进出口真空表、压力表根部旋阀。

③ 点动电动机，检查机泵有无异常与杂音与跑、冒、滴、漏。启动电动机。电动机运转正常后，逐渐打开泵出口阀门，打开进出口真空表、压力表。

2.1.7.4 运行状况检查

泵在设计负荷下连续运转不应少于 2h，并应符合下列要求：

① 附属系统运转应正常，压力、流量、温度和其他要求应符合设备技术文件的规定。

② 运转中不应有不正常的声音。

③ 各静密封部位不应泄漏。

④ 各紧固连接部位不应松动。

⑤ 轴承的温度应符合相关技术文件的规定。

⑥ 机械密封，填料密封的泄漏量符合要求，填料的温升符合要求。

⑦ 原动机的功率或电动机的电流不应超过额定值。

⑧ 泵的安全、保护装置应灵敏、可靠。

⑨ 振动应符合设备技术文件的规定；如设备技术文件无规定而又需要测振动时，可参照表 2-7 的规定执行。

表 2-7 泵的径向振幅（双向）

转速/(r/min)	≤375	>375～600	>600～750	>750～1000	>1000～1500	>1500～3000	>3000～6000	>6000～12000	>12000
振幅不应超过/mm	0.18	0.15	0.12	0.10	0.08	0.06	0.04	0.03	0.04

注：测振动应用手提式振动仪在轴承座或机壳中心的垂直与水平部位外表面测量；泵试车过程中应作详细记录（每 30min 一次，记录负荷、温度、振动值等）；试车过程中若发现异常应及时停车，问题处理完毕后，重新进行试车；泵类设备在额定负荷下连续运转 4h 无异常为试车合格。

2.1.7.5 停车

① 泵停车时，先关闭出口阀门。

② 电动机停止运转后，再关闭泵的进口阀，防止高压液体倒流冲击叶轮造成事故。

③ 关闭附属系统的阀门。

④ 运转停车后，要将泵及管路内液体排净，防止锈蚀和冻裂。

2.1.7.6 离心泵试车的合格要求

① 试车运转中，轴承的温升应符合技术文件的规定，技术文件无要求时，按规范要求，滚动轴承温升一般不得大于 40℃，最高温度不得超过 75℃；滑动轴承温升不得大于 35℃，最高温度不得超过 65℃。

② 电动机温升不得超过铭牌或技术文件的规定，如无规定，应按照绝缘等级的不同进行确定。

③ 转子及各运动部件不得有异常声响和摩擦现象。

④ 泵的附属设备运行正常，管道应连接可靠无渗漏。

⑤ 填料密封的温升应正常，在无特殊要求的情况下，普通软填料宜有少量的泄漏（每分钟不超过 5～20 滴）；机械密封的泄漏量不宜大于 10mL/h（每分钟约 3 滴），且应符合出厂技术文件的要求；对于输送有毒、有害、易燃、易爆和要求介质与空气隔绝的泵，泄漏量不大于设计的规定值。

2.1.8 交工验收

① 泵试运转合格后，按有关规定办理交工验收手续，交工验收由建设单位和施工单位共同参加，对每台泵逐项检查，对有异议的可进行复验。

② 施工单位移交技术文件和施工记录，包括基础隐蔽工程记录；泵的安装找正记录；对中、间隙测量记录；泵的拆洗、检查记录；泵的试运行记录；随泵的技术资料和出厂合格

证；重大问题及处理文件；竣工图；其他相关资料等。

2.2 知识解读

2.2.1 离心泵的工作过程与性能参数

2.2.1.1 离心泵的工作过程

离心泵的基本部件是吸入室、叶轮、蜗壳和轴。若干个（通常为4～12个）后弯叶片的叶轮紧固于泵轴上，并随泵轴由电动机驱动高速旋转。叶轮是直接对泵内液体做功的部件，为离心泵的供能装置。泵壳中心的吸进口与吸入管路相连接，吸入管路的底部装有单向底阀。泵壳侧旁的排出口与装有调节阀门的排出管路相连接。典型的离心泵管路装置见图2-15。

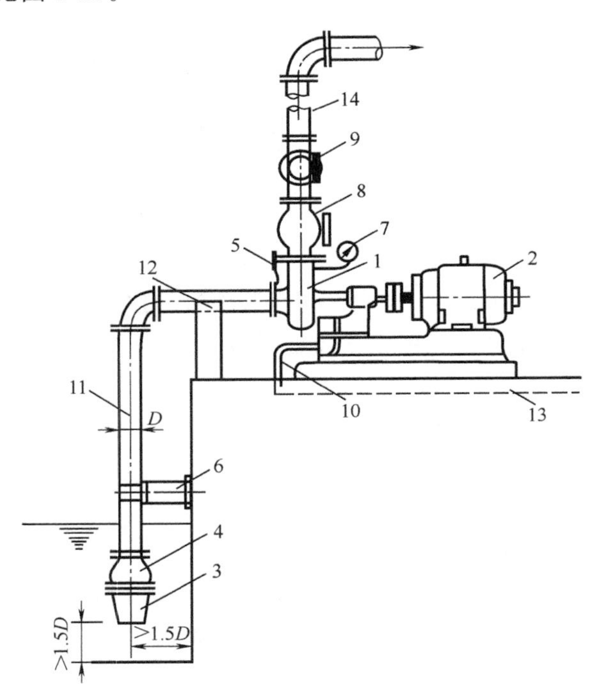

图2-15 离心泵管路装置示意图

1—离心泵；2—电动机；3—过滤器；4—底阀；5—真空表；6—防震件；7—压力表；8—止回阀；9—闸阀；10—排管；11—吸水管；12—支座；13—排水沟；14—压水管

离心泵启动后，泵轴带动叶轮作高速旋转运动，迫使预先充灌在叶片间的液体旋转，在离心力的作用下，液体自叶轮中央向外周做径向运动。液体在流经叶轮的运动过程获得了能量，静压能增高，流速增大。当液体离开叶轮进入泵壳后，因为壳内流道逐渐扩大而减速，部分动能转化为静压能，最后沿切向流入排出管路。所以蜗壳不仅是汇集由叶轮流出液体的部件，而且又是一个转能装置。当液体自叶轮中央甩向外周的同时，叶轮中央形成低压区，在贮槽液面与叶轮中央总势能差的作用下，液体被吸进叶轮中央。依靠叶轮的不断运转，液体便连续地被吸入和排出。

2.2.1.2 离心泵的类型

离心泵的类型很多，通常可按下列几种方法分类：

（1）按工作叶轮数目（级数）来分类

单级泵：即在泵轴上只有一个叶轮。单级离心泵是一种应用最广泛的泵。由于液体在泵内只有一次增能，所以扬程较低。

多级泵：即在泵轴上有两个或两个以上的叶轮，这时泵的总扬程为 n 个叶轮产生的扬程之和。同一根轴上串联有两个以上叶轮称为多级离心泵，级数越多压力越高。

(2) 按工作压力（扬程）来分类

低压泵：扬程<20m。

中压泵：扬程=20～100m。

高压泵：扬程>100m。

(3) 按叶轮进液方式来分类（吸入方式）

单吸泵，叶轮只在一侧有吸入口。此类泵叶轮制造方便，应用最为广泛，这种泵的流量为4.5～300m^3/h，扬程为8～150m。

双吸泵，叶轮两侧都有一个进液口。可以看作二个单吸叶轮背靠背，液体从叶轮两侧同时进入叶轮，这种泵的流量较大，目前我国生产的双吸泵最大流量为2000m^3/h，甚至更大，扬程为10～110m。

(4) 按泵壳结合面形式来分类

水平中开式泵：即在通过轴心线的水平面上开有结合面。

垂直结合面泵：即结合面与轴心线相垂直。

(5) 按泵轴位置来分类

卧式泵：泵轴位于水平位置。

立式泵：泵轴位于垂直位置。

(6) 按叶轮出来的液体引向压出室的方式分类

蜗壳泵：液体从叶轮出来后，直接进入具有螺旋线形状的泵壳。

导叶泵：液体从叶轮出来后，进入它外面设置的导叶，之后进入下一级或流入出口管。

(7) 按泵的输送液体的性质分类

按泵的输送液体的性质与用途分为清水泵、泥浆泵、碱泵、油泵、砂泵、低温泵、高温泵及屏蔽泵等。

2.2.1.3 离心泵的型号表示

型号是表征性能特点的代号，我国的离心泵型号尚未完全统一。一般形式：

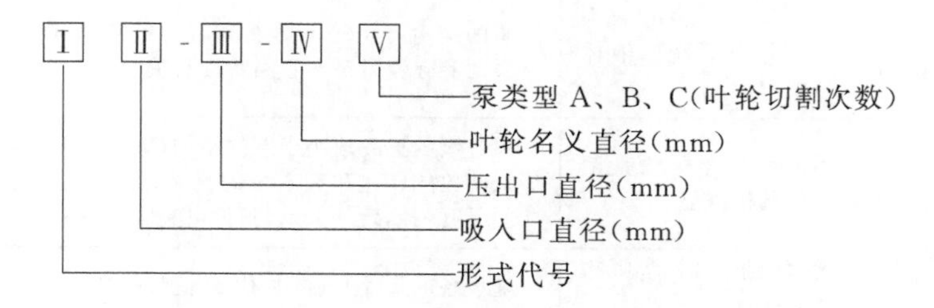

A、B、C表示泵是经切割过的叶轮，A表示第一次切割，B表示第二次切割，C表示第三次切割（极限切割）。泵的基本形式及特征见表2-8。

泵的生产厂家也有自己的型号表示方法，但大体上的内容是一致的。离心泵型号示例见表2-9。

2.2.1.4 离心泵的主要性能参数

离心泵的性能参数是用以描述离心泵性能的物理量，参见表2-10。

表 2-8 泵的基本形式及特征

形式代号	泵的形式及特征	形式代号	泵的形式及特征
IS	单级单吸离心泵	YG	管路泵
S	单级双吸离心泵	IH	单级单吸耐腐蚀离心泵
D	分段式多级离心泵	FY	液下泵
DS	分段式多级离心泵首级为双吸叶轮	JC	长轴离心深井泵
KD	中开式多级离心泵	QJ	井用潜水泵
KDS	中开式多级离心泵首级为双吸叶轮	NQ	农用潜水泵
DL	立式多级筒形离心泵	PS	砂泵
YG	卧式圆筒形双壳体多级离心泵	PH	灰渣泵
DG	立式多级筒形离心泵	NDL	低扬程立式泥浆泵
GNB	分段式多级锅炉给水泵	NDJF	低扬程卧式耐腐蚀衬胶泥浆泵
NL	卧式凝结水泵	ND	高扬程卧式泥浆泵
Y	油泵	WGF	高扬程卧式耐腐蚀污水泵
YT	筒式油泵	WDL	低扬程立式污水泵

表 2-9 离心泵型号示例

型号	代表含义	型号	代表含义
B 100-50	单级、单吸悬臂式离心泵 设计流量为 $100m^3/h$ 扬程约为 50m	50F-63	吸入口直径为 50mm 单级悬臂式耐腐蚀离心泵 扬程约为 63m
80Y-100B	吸入口直径为 50mm 单级、单吸悬臂油泵 原型泵扬程为 100m 叶轮第二次切割	200D-43×6	吸入口直径为 200mm 多级分段式离行泵 单级扬程约为 43m 级数为 6 级
IH80-65-160	单级、单吸悬臂式化工离心泵吸入口直径为 80mm 排出口直径为 65mm 叶轮名义直径 160mm	IS50-32-160	单级、单吸悬臂式清水离心泵 吸入口直径为 50mm 排出口直径为 32mm 叶轮名义直径 160mm

表 2-10 离心泵的主要性能参数

性能参数	单位	定义	影响因素
流量 Q	m^3/h m^3/s	离心泵在单位时间内排入到管路系统内液体的体积	泵的结构尺寸(如叶轮的直径与叶片的宽度)和叶轮的转速。离心泵的实际流量还与管路特性有关
扬程 H	m	离心泵向单位重量液体提供的机械能	离心泵的扬程取决于泵的结构(如叶轮的直径、叶片的弯曲情况等)、叶轮的转速和离心泵的流量。在指定的转速下，压头与流量之间具有一确定的关系，其值由实验测得
轴功率 P	W kW	指泵轴所需的功率 $P_e=QH\rho g$	随设备的尺寸、流体的黏度、流量等的增大而增大
效率 η	无量纲	有效功率与轴功率之比，反映离心泵能量损失的大小	离心泵的效率与泵的大小、类型、制造精密程度和所输送液体的性质、流量有关，一般小型泵的效率为 50%～70%，大型泵可达到 90%左右，此值由实验测得
允许汽蚀余量 NPSH	m	表示泵的抗汽蚀性能	离心泵的允许吸上真空度随输送液体的性质和温度以及泵安装地区的大气压强而变，使用时不太方便。所以通常采用允许汽蚀余量表示泵的抗汽蚀性能，以 Δh 表示。其值可在离心泵的性能表中查得

2.2.2 离心泵的结构及主要零部件

2.2.2.1 离心泵的结构

离心泵由叶轮、泵体、泵轴、轴承、密封装置等构成。IS型离心泵结构见图2-16。

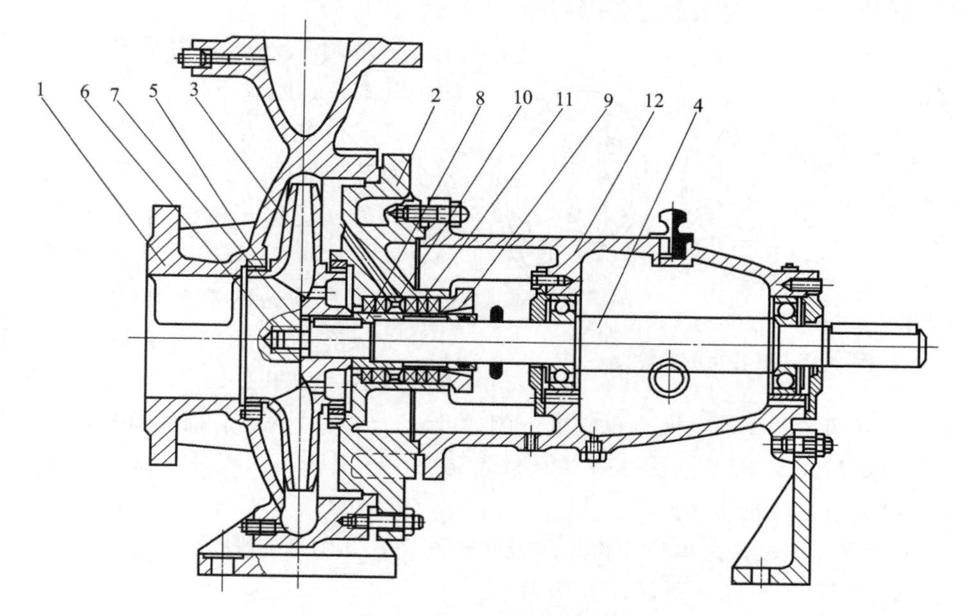

图2-16 IS型离心泵结构图

1—泵体；2—泵盖；3—叶轮；4—轴；5—密封环；6—叶轮螺母；7—止动垫圈；8—轴套；9—填料压盖；10—填料环；11—填料；12—悬架轴承部件

叶轮是离心泵的主要做功元件，叶轮在装配前要通过静平衡实验。叶轮上的内外表面要求光滑，以减少水流的摩擦损失。

泵体（蜗壳）是离心泵主要的过流部件之一。由叶轮流出的液体汇集到蜗壳中，并在蜗壳中减速增压；蜗壳还起到支承固定作用，并与安装轴承的托架相连接。

泵轴是借联轴器和电动机相连接，将电动机的转矩传给叶轮，所以它是传递机械能的主要部件。

轴承是套在泵轴上支承泵轴的构件，有滚动轴承和滑动轴承两种。泵运行过程中轴承的温度最高85℃，一般运行在60℃左右，如果过高要查找原因并及时处理。

密封装置，从叶轮流出的高压液体，经过叶轮后盖板，沿着泵轴和泵壳的间隙流向泵外，称为外泄漏，所以在此必须有密封装置（轴封装置），其作用是防止泵壳内液体沿轴漏出或外界空气漏入泵壳内。此外为避免由叶轮出口的流体沿叶轮前盖板和涡壳的间隙向入口处泄漏，在叶轮入口处设置盖盘密封，也称内泄漏密封环。

2.2.2.2 离心泵的主要零部件

离心泵的转动部分包括叶轮、泵轴、轴套、轴承等零件。

（1）叶轮

叶轮是离心泵中将驱动机输入的机械能传给液体，并转变为液体静压能和动能的部件。它是离心泵唯一对液体直接做功的部件。

对叶轮的主要要求是：每个单级叶轮能使液体获得最大的理论能头或压力增值；叶轮所组成的级有较高的级效率，且性能曲线的稳定工况区较宽；叶轮有较高的强度、结构简单制造工艺性好。

叶轮由叶片、轮盘、轮盖等零件所构成。

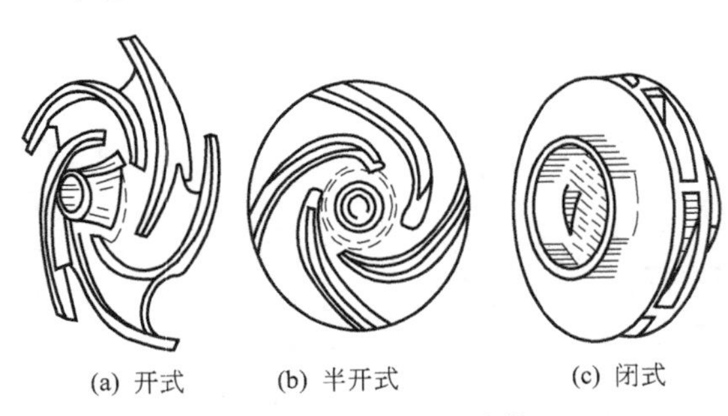

(a) 开式　(b) 半开式　(c) 闭式

图 2-17　离心泵的叶轮

① 按叶轮外形分为开式、半闭式（或叫半开式）和闭式三种，如图 2-17 所示。

开式叶轮：在叶片两侧无盖板，流道完全敞开，如图 2-17（a）所示，制造简单、清洗方便，适用于输送含有较大量悬浮物的物料，污水、含泥沙及含纤维的液体，效率较低，输送的液体压力不高。半开式叶轮：只有后盖板而无前盖板，流道是半开启式的，如图 2-17（b）所示，适用于输送易沉淀或含有颗粒的物料，效率也较低。闭式叶轮：在叶片两侧有前后盖板，叶道截面是封闭的，如图 2-17（c）所示，效率高，但制造复杂，适用于高扬程泵，输送不含杂质的清洁液体。一般离心泵叶轮多为此类。

② 按叶轮吸入方式分为单吸叶轮、双吸叶轮两类，如图 2-18 所示。

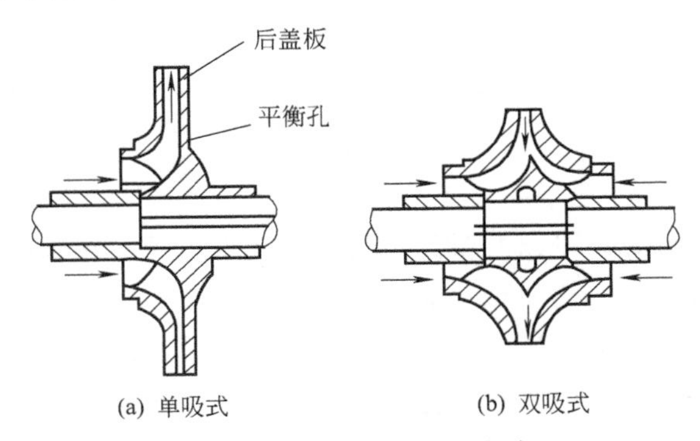

(a) 单吸式　(b) 双吸式

图 2-18　离心泵的吸液方式

单吸叶轮如图 2-18（a）所示。双吸叶轮如图 2-18（b）所示，适用于大流量泵，其抗汽蚀性能较好。

③ 按叶轮按液体流出方向分为三类：径流式叶轮（离心式叶轮）液体是沿着与轴线垂直的方向流出叶轮；

斜流式叶轮（混流式叶轮）液体是沿着轴线倾斜的方向流出叶轮；

轴流式叶轮液体流动的方向与轴线平行的。

④ 按叶片的形状分为直叶片和弯叶片两类：当叶片弯曲方向与叶轮旋转方向相反时，称为后弯曲叶片，反之称为前弯叶片。前弯叶片所产生的理想扬程最高，后弯式最低，径向居中。尽管前弯叶轮的理论扬程为最大，但前弯叶轮得到的主要是动扬程，需要较大的转能装置，而且前弯叶轮的效率低，在生产实际的应用中离心泵仍广泛采用后弯叶轮。离心泵叶轮的叶片数为 6～12 片，常见的为 6～8 片。对于输送含有杂质液体的开式叶轮，其叶片数一般为 2～4 片，叶片的厚度为 3～6mm。

叶轮的材料主要是根据所输送液体的化学性质、杂质及在离心力作用下的强度来确定。清水离心泵叶轮用铸铁或铸钢制造，输送具有较强腐蚀性的液体时，可用青铜、不锈钢、陶瓷、耐酸硅铁及塑料等制造。

（2）泵轴

离心泵的泵轴主要作用是传递动力，支承叶轮保持在工作位置正常运转。一端通过联轴器与电动机轴相连，一端支承着叶轮做旋转运动，轴上装有轴承、轴向密封等零部件，属阶梯类零件，一般情况下为一整体。在防腐泵中，由于不锈钢价格较高，有时采用组合件，接触介质的部分用不锈钢，安装轴承及联轴器则采用其他材质。

（3）轴套

作用是保护泵轴，使填料或机械密封与泵轴的摩擦转变为填料或机械密封与轴套的摩擦，是泵的易损件。

（4）轴承

起支承转子重量和承受力的作用。离心泵上多用滚动轴承，外圈与轴承座孔采用基轴制，内圈与转轴采用基孔制。轴承一般用润滑脂和润滑油润滑。

（5）泵壳

泵壳也称蜗壳，它是水泵的主体。起到支承固定作用，并与安装轴承的托架相连接。作用是将叶轮封闭在一定的空间，以便叶轮吸入和压出液体。泵壳多做成蜗壳形，故又称蜗壳。由于流道截面积逐渐扩大，故从叶轮四周甩出的高速液体逐渐降低流速，使部分动能有效地转换为静压能。泵壳不仅汇集由叶轮甩出的液体，同时又是一个能量转换装置。

① 蜗壳：蜗壳是指安装叶轮的截面积逐渐增大的螺旋形流道的泵体，有吸入管、蜗壳、排出管，如图 2-19 所示。螺旋线蜗壳流道逐渐扩大以减速增压，出口扩散管的断面积逐渐扩大进一步减速增压，使很大一部分动能转变为静压能。

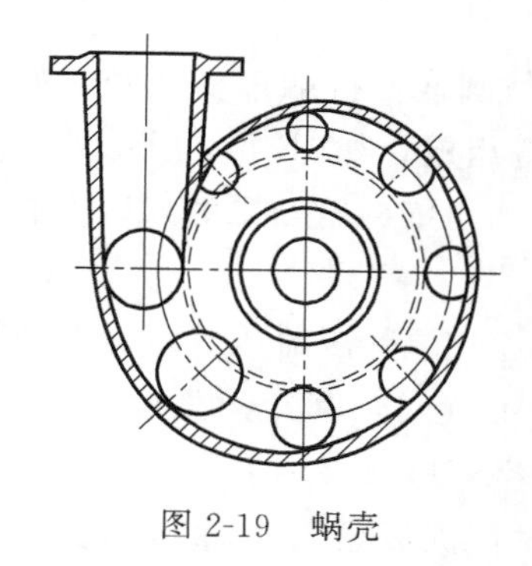

图 2-19　蜗壳

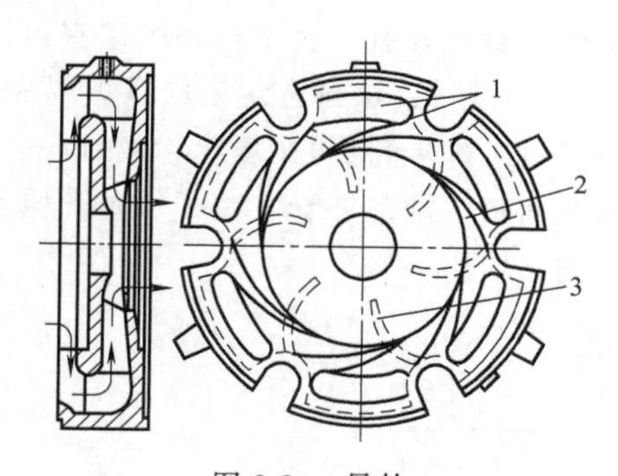

图 2-20　导轮

1—流道；2—导叶；3—反向导叶

蜗壳的优点是制造方便，高效区宽，由于车削叶轮的量限定在很小的范围使泵的效率变化忽略不计。缺点是蜗壳形状不对称，在使用单蜗壳时作用在转子径向的压力不均匀，易使轴弯曲。

② 导轮：对多级泵而言为限定流体的运动方向和提高泵的效率，叶轮外周安装导轮。导轮是位于叶轮外周固定的带叶片的环。这些叶片的弯曲方向与叶轮叶片的弯曲方向相反，其弯曲角度正好与液体从叶轮流出的方向相适应，引导液体在泵壳通道内平稳地改变方向，将使能量损耗减至最小，提高动能转换为静压能的效率。

导轮是一个固定不动的圆盘，正面有包在叶轮外缘的正向导叶，这些导叶构成了一条条扩散形流道，背面有将液体引向下一级叶轮入口的反向导叶，其结构如图 2-20 所示。液体从叶轮甩出后，平缓地进入导轮，沿着正向导叶继续向外流动，速度逐渐降低，动能大部分转变为静压能。液体经导轮背面的反向导叶被引入下一级叶轮。

导轮上的导叶数一般为 4～8 片，导叶的入口角一般为 8°～16°，叶轮与导叶间的径向单侧间隙约为 1mm。若间隙过大，效率会降低；间隙过小，则会引起振动和噪声。

（6）密封环

离心泵的叶轮是作高速转动的，因此它与固定的泵壳之间必有间隙存在，从而造成叶轮出口处的液体通过叶轮进口与泵盖之间的间隙漏回到泵的吸液口，称为内泄漏。为了减少内泄漏，必须尽可能地减小叶轮和泵壳之间的间隙。但是间隙太小容易发生叶轮和泵壳的摩擦，这就要求在此部位的泵壳和叶轮前盖入口处安装一个可以拆卸的密封环-盖盘密封，以保持叶轮与泵壳之间具有较小间隙，减少泄漏。

密封环按其轴截面的形状可分为平环式、直角式和迷宫式等，如图 2-21 所示。

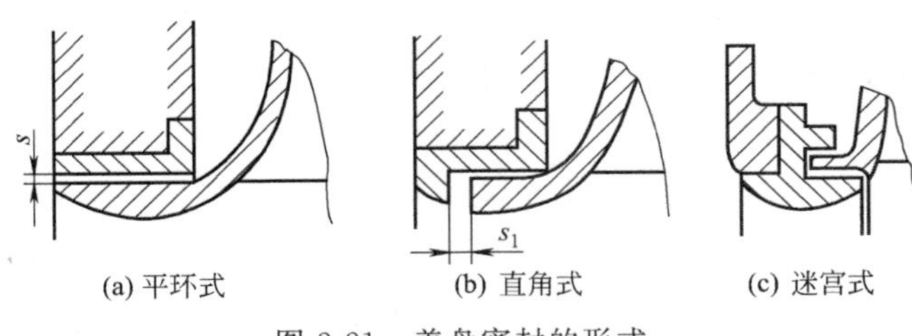

图 2-21　盖盘密封的形式

（7）轴封装置

从叶轮流出的高压液体，经过叶轮背面，沿着泵轴和泵壳的间隙流向泵外，称为外泄漏，所以在此必须有轴向密封装置。其作用是防止泵壳内液体沿轴漏出或外界空气漏入泵壳内。轴向密封主要有填料密封和机械密封。

① 填料密封：填料密封是依靠填料和轴（或轴套）的外圆表面接触来实现密封的。它由填料箱（又称填料函）、填料、液封环、压盖、双头螺栓等组成。如图 2-22 所示为带液封环的填料密封。液封环安装时必须对准填料函上的入液口，通过液封管与泵的入口相通，起冷却和润滑作用。

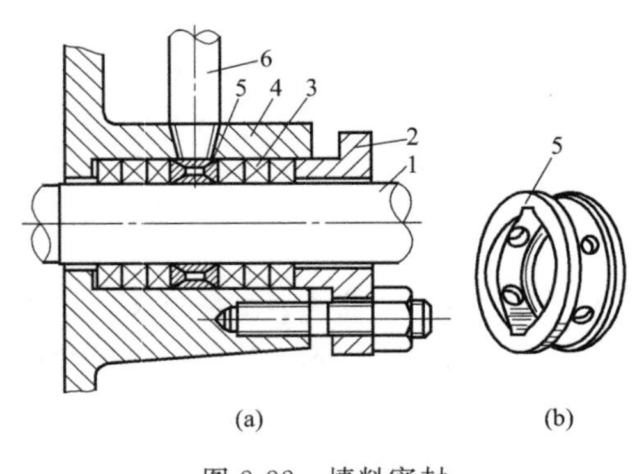

图 2-22　填料密封

1—轴；2—压盖；3—填料；4—填料箱；5—液封环；6—引液管

填料密封是通过填料压盖压紧填料，使填料发生变形，并和轴（或轴套）的外圆表面接触，防止液体外流和空气吸入泵内。

② 机械密封：机械密封又称端面密封，是靠一组研配的密封端面形成的动密封。将容易泄漏的轴封，改为较难泄漏的静密封和端面径向接触的动密封。机械密封的种类很多，但工作原理基本相同。

断面密封主要由动环 2 和静环 1 两个重要元件，动环 2 与泵轴一起旋转，静环 1 固定在压盖 3 内，用防转销 9 来防止它转动。动环 2 与静环 1 的接触端面 A 在运动中始终贴合，实现轴向密封。

辅助密封元件包括各静密封点（B、C、D 点）所用的 O 形或 V 形密封圈 7 和 8。压紧元件是弹簧 4。传动元件有传动座 5 及键或固定销钉 6。

机械密封中一般有 4 个可能泄漏点 A、B、C 和 D，如图 2-23 所示。

2.2.3 轴向力及其平衡装置

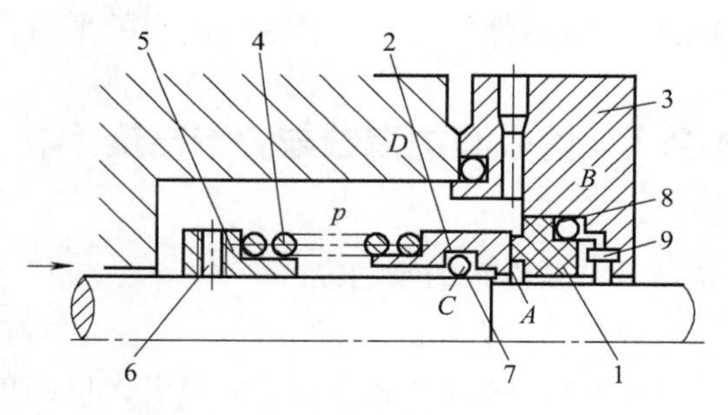

图 2-23 机械密封结构图

1—静环；2—动环；3—压盖；4—弹簧；5—传动座；6—固定螺钉；7，8—O 形密封圈；9—防转销

2.2.3.1 轴向力的产生及危害性

离心泵工作时，由于叶轮两侧液体压力分布不均匀，如图 2-24 所示，而产生一个与轴线平行的轴向力，其方向指向叶轮入口。由于轴向力的存在，使泵的整个转子发生轴向窜动，引起泵的振动，轴承发热，并使叶轮入口外缘与密封环产生摩擦，严重时使泵不能正常工作，甚至损坏机件。

2.2.3.2 轴向力的平衡

① 叶轮上开平衡孔：可使叶轮两侧的压力基本上得到平衡。但由于液体通过平衡孔有一定阻力，所以仍有少部分轴向力不能完全平衡，并且会使泵的效率有所降低，这种方法的主要优点是结构简单，多用于小型泵。

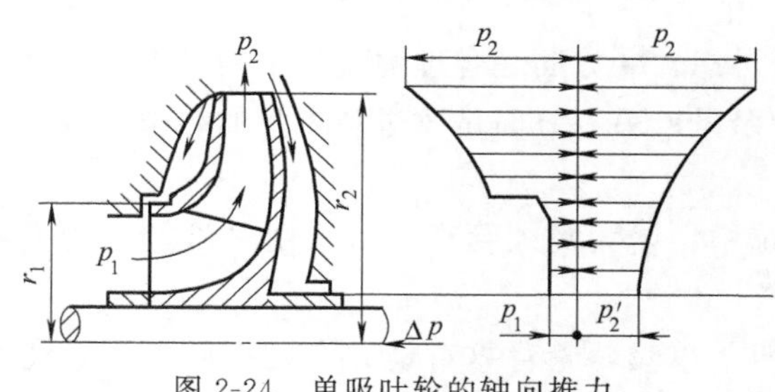

图 2-24 单吸叶轮的轴向推力

② 采用双吸叶轮：双吸叶轮的外形和液体流动方向均为左右对称，所以理论上不会产生轴向力，但由于制造质量及叶轮两侧液体流动的差异，仍可能有较小的轴向力产生，由轴承承受。

③ 采用平衡管：将叶轮背面的液体通过平衡管与泵入口处液体相连通来平衡轴向力。这种方法比开平衡孔优越，它不干扰泵入口液体流动，效率相对较高。

④ 采用平衡叶片：在叶轮轮盘的背面装有若干径向叶片。当叶轮旋转时，它可以推动液体旋转，使叶轮背面靠叶轮中心部分的液体压力下降，下降的程度与叶片的尺寸及叶片与泵壳的间隙大小有关。此法的优点是除了可以减小轴向力以外，还可以减少轴封的负荷，输送含固体颗粒的液体时，可以防止悬浮的固体颗粒进入轴封。但对易与空气混合而燃烧爆炸的液体，不宜采用此法。

⑤ 叶轮对称布置：将离心泵的每两个叶轮以相反方向对称地安装在同一泵轴上，使每两个叶轮所产生的轴向力互相抵消。

⑥ 采用平衡鼓：平衡鼓是个圆柱体，装在末级叶轮之后，随转子一起旋转。平衡鼓外圆表面与泵体间形成径向间隙，一端是末级叶轮的高压区，另一端是与吸入口相连通的低压区。平衡鼓的两端产生的压力差与轴向力平衡。

⑦ 平衡盘装置：对级数较多的离心泵，更多的是采用平衡盘来平衡轴向力，平衡盘装置由平衡盘和平衡环组成，平衡盘装在末级叶轮后面的轴上，和叶轮一起转动。平衡盘一端与末级叶轮的出口相通，另一端形成的小室与泵入口相通，平衡盘两侧的压力差平衡轴向力。当轴向力变化时平衡盘随转子窜动改变此小室的大小从而改变小室内压力以适应轴向力

的变化，平衡盘常用于多级泵轴向力的平衡。

2.2.4 离心泵的汽蚀与安装高度

2.2.4.1 离心泵的汽蚀

(1) 汽蚀的产生

离心泵的吸液是靠吸入液面与吸入口间的压差完成的。吸入管路越高，吸上高度越大，则吸入口处的压力越小。当吸入口处压力小于操作条件下被输送液体的饱和蒸气压时，液体将会汽化产生气泡，含有气泡的液体进入泵体后，在旋转叶轮的作用下，进入高压区，气泡在高压的作用下，又会凝结为液体，由于原气泡位置的空出造成局部真空，使周围液体在高压的作用下迅速填补原气泡所占空间。这种高强度冲击，轻的能造成叶轮的疲劳，重的则可以将叶轮与泵壳破坏，甚至能把叶轮打成蜂窝状。这种由于被输送液体在泵体内汽化再凝结对叶轮产生剥蚀的现象叫离心泵的汽蚀现象。

(2) 提高离心泵抗汽蚀能力的措施

提高离心泵抗汽蚀性能可以从两方面进行考虑：一方面是合理地设计泵的吸入装置及其安装高度，使泵入口处具有足够大的有效汽蚀余量；另一方面是改进泵本身的结构形式，使泵具有尽可能小的必须汽蚀余量。

① 降低吸入管阻力。在泵的吸入管路系统中，增大吸入管直径，采用尽可能短的吸入管长度，减少不必要的弯头、阀门等。

② 采用双吸式叶轮。双吸式叶轮相当于两个单吸叶轮背靠背地并合在一起工作，使每侧通过的流量为总流量的一半，从而使叶轮入口处的流速减小。

③ 采用诱导轮。在离心泵叶轮前加诱导轮能提高泵的抗汽蚀性能，而且效果显著。诱导轮是一个轴流式的螺旋形叶轮，但与轴流泵叶轮又有明显差别。当液体流过诱导轮时，诱导轮对进入后面叶轮的液体起到增压作用，从而提高了泵的吸入性能。

④ 采用超汽蚀叶形的诱导轮。超汽蚀叶形具有薄而尖的前缘，以诱发一种固定型的气泡，并完全覆盖叶片。气泡在叶形后的液流中溃灭，即在超汽蚀叶形诱导轮出口和离心叶轮进口之间溃灭，故超汽蚀叶轮叶片的材料不会受汽蚀破坏。这种在汽蚀显著发展时，把整个叶形都包含在汽蚀空气之内的汽蚀阶段称为超汽蚀。

⑤ 采用抗汽蚀材料。当使用条件受到限制，不可能完全避免发生汽蚀时，应采用抗汽蚀材料制造叶轮，以延长叶轮的使用寿命。常用的材料有铝铁青铜、不锈钢 2Cr13、稀土合金铸铁和高镍铬合金等。

2.2.4.2 离心泵的安装高度

(1) 离心泵安装高度

若泵轴中心线离吸液池距离 H_g 越大，那么泵入口处的压力降越大，则泵易发生汽蚀。泵轴中心线离吸液池的距离为泵的安装高度，单位为 m。

离心泵的安装技术在于确定泵安装高度即吸程。它与允许吸上真空高度 $[H_s]$ 不同，允许吸上真空高度是指水泵进水口断面上的真空值，在 1 标准大气压下、水温 20℃情况下，进行试验而测得的。泵入口处的真空度越大，此处的压力越低，液体越容易汽化，泵越容易发生汽蚀。泵安装高度与汽蚀有关，为了避免汽蚀减小吸入管路的水力损失，宜采用最短的管路布置，并尽量少装弯头等配件，要认真地做好管道的接口工作，保证管道连接的施工质量。

(2) 允许汽蚀余量

由于最小汽蚀余量 Δh_{min} 是泵发生汽蚀的临界值，使用时必须加上 0.3m 安全量作为允许汽蚀余量，

$$[\Delta h]=\Delta h_{min}+0.3 \quad m \tag{2-6}$$

为了避免泵在运行时产生汽蚀，所以在设计泵及管路系统时，需要确定泵的安装高度。通常泵的样本上给出允许汽蚀余量 $[\Delta h]$，从而用 $[\Delta h]$ 按下式可计算泵允许安装高度 $[H_g]$。

$$[H_g]=\frac{p_a}{\rho g}-\frac{p_t}{\rho g}-[\Delta h]-\sum h_s \quad m \tag{2-7}$$

式中 $[H_g]$——泵允许安装高度，m；

p_a——吸液池面上液体的压力（当地大气压力），Pa；

p_t——液体在工作温度下的饱和蒸气压，Pa；

ρ——液体密度，kg/m^3；

$[\Delta h]$——泵的允许汽蚀余量，m；

$\sum h_s$——吸入管路的阻力损失，m。

应用时要注意以下几点：

① 为了保证离心泵不发生汽蚀，泵的实际安装高度应低于或等于泵的允许安装高度。

② 泵的安装高度与当地的大气压力与海拔高度有关，因而，不同地区的允许安装高度并不相同。

③ 对于一定的离心泵，它的汽蚀余量是一定的，若吸入管路的阻力越大，在大气压及液体饱和蒸气压为定值的情况下，则允许安装高度越低。因此，在调节离心泵的流量时，不是关小泵入口管路上的阀门，而是关小出口管路上的阀门。

2.2.5 离心泵常见故障分析与处理

离心泵的故障多种多样，有泵设备固有故障、安装故障、运行故障和选型错误等。判断离心泵故障时，应该结合设备状态基本指标和丰富的经验进行诊断，一些常见的故障及处理方法见表 2-11。

表 2-11 离心泵常见故障及处理方法

故障类型	故障原因	处理方法
出口压力小	①电动机反转 ②进口阀门难以开启	①任意对调两根火线 ②修理或更换进口阀门
无液体排出	①灌泵不足(或泵内气体未排完) ②吸入管路堵塞 ③吸入管路漏入空气 ④过滤器被固体颗粒充塞 ⑤进口阀关闭 ⑥输送液体内气体含量过多	①重新灌泵 ②将吸入管路灌满液体 ③排出气体 ④检查滤网，消除杂物 ⑤开启进口阀 ⑥减少液体内气体含量

续表

故障类型	故障原因	处理方法
无液体排出	⑦转速太低 ⑧泵的转向不对 ⑨叶轮损坏等	⑦检查转速，提高转速 ⑧检查旋转方向 ⑨检查、更换叶轮
流量不足	①叶轮或进、出水管堵塞 ②密封环、叶轮磨损严重 ③泵轴转速低于规定值 ④底阀开启不够或逆止阀堵塞 ⑤泵内吸入空气 ⑥吸水管漏气 ⑦填料密封或机械密封漏气 ⑧叶轮磨损严重 ⑨水中含砂量过大	①清洗叶轮或管路 ②更换损坏的密封环或叶轮 ③把泵速调到规定值 ④开打底阀或停车清理逆止阀 ⑤提高吸水管淹没深度 ⑥更换吸水管 ⑦更换填料或机械密封装置 ⑧修理或更换叶轮 ⑨增加过滤设施
泵排液后中断	①吸入管路漏气 ②灌泵时吸入侧气体未排尽 ③吸入侧突然被异物堵住 ④吸入大量气体	①检查吸入侧管道连接 ②重新灌泵 ③停泵处理异物 ④检查吸入口有否旋涡，淹没深度是否太浅
泵压力达不到规定值，伴有间歇抽空	①电动机转速不够，进油量不足 ②过滤网堵塞 ③泵体内各间隙过大 ④压力表指示不准确 ⑤平衡机构磨损严重 ⑥油温过高产生气化 ⑦叶轮流道堵塞	①电动机正常运行 ②应清理过滤网 ③检查调节配合间隙 ④检测、校正压力表 ⑤应调节平衡盘的间隙 ⑥降低油温 ⑦清理叶轮流道入口，或更换叶轮
运转声音异常	①异物进入泵壳 ②叶轮锁母脱落 ③叶轮与泵壳摩擦 ④滚动轴承损坏 ⑤填料压盖与轴或轴套摩擦	①清除异物 ②重新拧紧或更换叶轮锁母 ③调整泵盖密封垫厚度或调整轴承压盖垫片厚度 ④更换滚动轴承 ⑤对称均匀地拧紧填料压盖
泵体振动	①联轴器找正不良 ②吸液部分有空气进入 ③轴承间隙过大 ④轴弯曲 ⑤叶轮磨损、腐蚀后转子不平衡 ⑥地脚螺栓松动	①找正联轴器 ②排出空气，同时防止空气进入泵体及管路 ③更换或调整轴承 ④校直泵轴 ⑤更换叶轮 ⑥紧固地脚螺栓
轴承过热	①中心线偏移 ②缺油或油中杂质过多 ③轴承损坏 ④泵体轴承孔磨损，轴承外圈产生转动，有摩擦热产生 ⑤轴承压盖压得过紧，轴承内没有间隙	①找正 ②加油、换油 ③检查更换轴承 ④更换泵体或修复轴承 ⑤调整压盖，调整轴承间隙
填料密封泄漏过大	①填料没有装够应有的圈数 ②填料的装填方法不正确 ③填料压盖没有压紧	①加充填料 ②重新装填料 ③拧紧压盖螺母
机械密封泄漏过大	①弹簧压力不足 ②密封面划伤 ③密封元件材质选用不当 ④机械密封损坏或安装不当	①调整或更换弹簧 ②研磨密封面 ③更换耐蚀性能更好的材质 ④检查更换
密封垫泄漏	①紧固螺栓没有拧紧 ②密封垫断裂 ③密封面有径向划痕	①适当拧紧紧固螺栓 ②更换密封垫 ③修复密封面或予以更换

续表

故障类型	故障原因	处理方法
电流过大	①填料压盖太紧 ②泵轴向窜量过大 ③叶轮与泵入口密封环发生摩擦 ④中心线偏移 ⑤零件卡住	①调整填料压盖的松紧度 ②调整轴向窜量 ③找正中心线 ④检查修理 ⑤检查调整

2.2.6 泵的吸入和排出管路的配置

2.2.6.1 泵的吸入和排出管路的配置规定

① 所有与泵连接的管路应具有独立、牢固的支承，以消减管路的振动和防止管路的重量压在泵上。

② 吸入和排出管路的直径不应小于泵的入口和出口直径。

③ 吸入管路宜短且宜减少弯头。

④ 当采用变径管时，变径管的长度不应小于大小管径差的5～7倍。

⑤ 吸入管路内不应有窝存气体的地方见图2-25；当泵的安装位置高于吸入液面时，吸入管路的任何部分都不应高于泵的入口；水平直管段应有倾斜度（泵的入口处高），并不宜小于5/1000～20/1000。

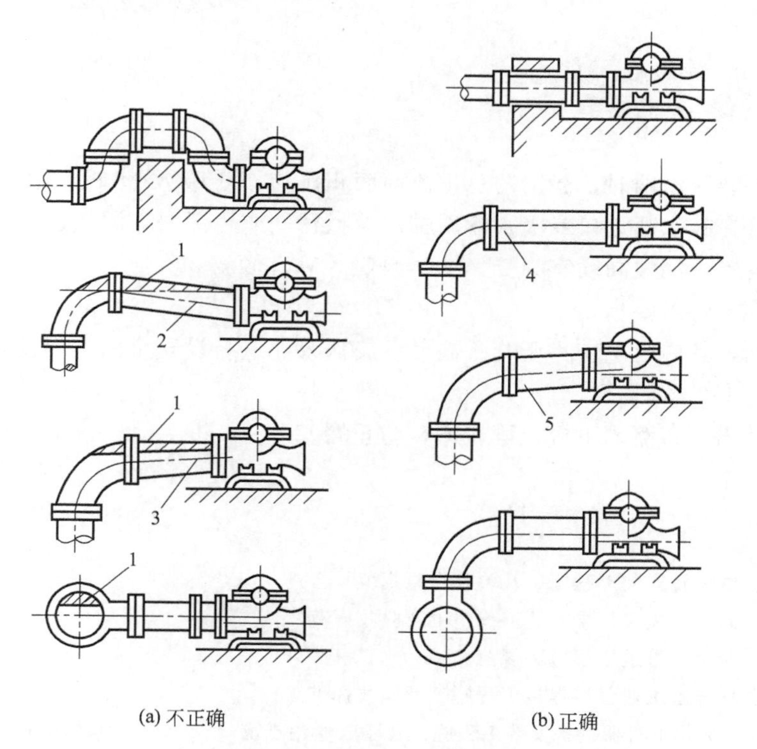

图2-25 泵的吸入和排出管路

1—空气团；2—向水泵下降；3—同心变径管；4—向水泵下降；5—偏心变径管

⑥ 高温管路应设置膨胀节，防止热膨胀产生的力完全作用于泵上。

⑦ 工艺流程和检修需要的阀门应按需要设置。

⑧ 两台及以上的泵并联时，每台泵的出口均应装设止回阀。

2.2.6.2 离心泵的管路配置要求

(1) 吸入管路要求

泵入口前的直管段长度不应小于入口直径 D 的 3 倍，见图 2-26。当泵的安装位置高于吸入液面，泵的入口直径小于 350mm 时应设置底阀；入口直径大于或等于 350mm 时，应设置真空引水装置。

吸入管口浸入水面下的深度 a 不应小于入口直径 D 的 1.5～2 倍，且不应小于 500mm；吸入管口距池底的距离 b 不应小于入口直径 D 的 1～1.5 倍，且不应小于 500mm；吸入管口中心距池壁的距离 c 不应小于入口直径 D 的 1.25～1.5 倍；相邻两泵吸入口中心距离 d 不应小于入口直径 D 的 2.5～3 倍，见图 2-27。

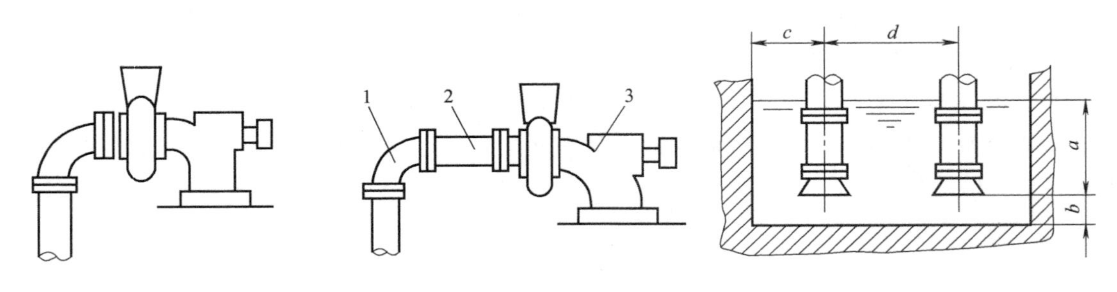

图 2-26 吸入管安装

1—弯管；2—直管段；3—泵

图 2-27 吸入池尺寸

当吸入管路装置滤网时，滤网的总过流面面积不应小于吸入管口面积的 2～3 倍；为防止滤网堵塞，可在吸水池进口或吸入管周围加设拦污网或拦污栅；泥浆泵、灰渣泵和砂泵应在倒灌情况下运转。倒灌高度宜为 2～3m，且吸入管宜倾斜 30°。

(2) 泵的排出管路要求

应装设闸阀，其内径不应小于管子内径；旋涡泵还应装设安全阀；当扬程大于 20m 时，应装设止回阀。

杂质泵的进出口管路均不应急剧转弯，防止堵塞。

参考资料

GB 50231《机械设备安装工程施工及验收通用规范》

GB 50275《压缩机、风机、泵安装工程施工及验收规范》

GB 50235《工业金属管道工程施工规范》

GB 50236《现场设备工业管道焊接工程施工及验收标准》

SH/T 3538《石油化工机器设备安装工程施工及验收通用规范》

HG 20203《化工机器安装工程施工及验收通用规范》

HG/T 20237《化学工业工程建设交工技术文件规定》

思考题

1. 泵的主要性能参数有哪些？
2. 常用离心泵的结构形式有几种？
3. 离心泵有哪些主要零部件？
4. 离心泵启动前，为什么先灌泵？
5. 提高离心泵抗汽蚀能力的措施？
6. 找正找平常用的测量和检查方法有哪些？怎样选择找正找平基准？
7. 找正找平的方法有哪些？何谓三点找平法？
8. 工程验收时需要准备哪些技术资料？
9. 离心泵安装的基本技术要求有哪些？
10. 压浆法施工的特点和方法是什么？
11. 旋转设备联轴器找正的方法有哪些？
12. 结合 IS 80-65-160 离心泵整体安装与运行装置，编制离心泵安装施工方案。

3 活塞式压缩机

3.1 活塞式压缩机组的安装

3.1.1 安装前的准备工作

3.1.1.1 技术资料准备

① 压缩机技术文件：压缩机组出厂合格证书；机组装箱清单等。

② 相关质量检验证书：随机阀门、管件和紧固件等的材质合格证书，阀门试压合格证书；压力容器产品质量证明书；高压件的无损检测合格证明书；机身试漏合格证明书；连杆、主轴、活塞杆等主要部件的时效或调质证明书；气缸和气缸夹套水压试验记录；压缩机出厂前预组装及试运转记录等。

③ 机组的设备图、安装图、机组基础外形图、机组布置图、易损件图及产品使用说明书。

④ 现行国家及行业相关标准和规范。

⑤ 编写压缩机组安装施工方案，并经技术负责人审核签字，总包方、监理方、业主审批。

⑥ 进行技术交底，并做好记录。

3.1.1.2 作业人员

① 人员配备合理，工种齐全，特殊工种如起重工、焊工等必须持证上岗。

② 作好人员技术培训，并且对施工人员进行三级安全教育。

3.1.1.3 施工机具准备

根据不同的施工现场及大小不同的机组，采用不同的施工机器具。

① 起重机械：包括起重机（车间桥吊）、千斤顶、手拉葫芦、拖板车、叉车、卷扬机、钢丝绳、滑轮组、脚手架、枕木等。

② 安装机具：包括电焊机、试压泵、空压机、找正线架、角向磨光机、各种钳工工具及专用工具等。

③ 测量及计量器具：包括水平仪、准直仪、经纬仪、千分尺、游标卡尺、塞尺、百分

表、角尺、钢板尺、卷尺等。

④ 所使用的精密量具：必须具有检验部门所认证的合格证明，且在有效期内。

3.1.1.4 作业条件

(1) 对压缩机安装工序的要求

① 机组基础施工完毕并经验收合格，已办理中间交接手续。

② 压缩机厂房工程基本完工，门窗已封闭，施工现场已清理干净，具备机组安装要求。

③ 压缩机厂房内桥式起重机安装完毕，并经技术监督部门检验合格。

(2) 现场施工应具备的条件

① 施工用水、电、气畅通，道路满足设备运输要求。

② 工具房、材料库、零配件架已布置。

③ 消防器材已按要求布置。

④ 设立废弃物存放点，并定期清理，保持现场文明施工。

3.1.1.5 设备检查与验收

① 设备开箱验收在建设方、厂家（供货方）、监理方和施工方代表共同参加下进行，验收应符合下列要求：

a. 根据合同、图纸、技术资料及装箱清单对机器进行外观检查，并核对机器及其零部件、附件的名称、型号、规格、数量等，应符合要求。

b. 随机技术文件、产品合格证等齐全，专用工具设计文件齐全。

c. 对压缩机零部件存在数量不符，以及锈蚀、损坏、变形、老化等有陷，做好记录，由生产厂家负责更换和补发；如厂家提供的材料证明缺失，由厂家重新补发相应检验证明。

d. 设备开箱检验，清点合格后，参加验收的各方代表，应在整理好的验收记录上签字。

e. 验收后的专用工具及备品备件由业主收回保存，现场需用时再领取，专用工具需使用时与业主商借，用完后再归还回业主。

② 机器由施工单位验收后，因工作程序关系，如暂时还不能安装的机部件，按下列要求保管维护：

a. 存放机器和附件的仓库或厂房，应保持干燥、通风、防潮、防腐，做好防火、防盗等工作。

b. 放置在露天的机器，应垫高，放置整齐，采用临时遮盖，保证其不受太阳直射和雨、雪的侵蚀；机器及附机的进出口均用盲板封住。

c. 定期对存放的机器进行检查维护，尤其是防锈油脂超过保证期的机器。

d. 整机或散装到货的机器，拆检后均应保持原箱完好，如有损坏应及时修补。

e. 机器存放现场应配备相应的消防器材。

3.1.1.6 基础中间交接

① 土建施工单位将基础提交给安装施工单位时，必须提交基础质量合格证书和沉降观测记录。按有关土建基础施工图及机器技术资料，对机器基础尺寸及位置进行复测检查，如有缺陷，应由土建单位负责处理合格后，再进行基础中间交接。

② 在基础侧面应画有红三角标高线，基础的顶面应画有主轴中心线、横向中心线、螺栓孔十字中心线。

③ 设备基础的几何尺寸、预留孔洞应符合设计要求。基础表面平整、混凝土强度达到设备安装要求。基础外观不得有裂纹、蜂窝、孔洞、露筋等缺陷。如有上述缺陷，不得办理中间交接。

④ 基础允许偏差应符合 HG 20203《化工机器安装工程施工验收规范》。

⑤ 基础验收后应对基础表面进行麻面处理，为确保二次灌浆层与基础的紧密结合，基础表面必须铲出高低不平的麻面，麻点深度不小于 10mm，麻点分布以每平方分米 3～5 个点为宜，表面不得有疏松层。

3.1.1.7 地脚螺栓的检查

(1) 地脚螺栓

压缩机的地脚螺栓一般由厂家提供，大型机组安装用的地脚螺栓采用两种形式，一种是紧固主机本体与电动机底座用的锚板螺栓；另一种是压缩机的中体（滑道）、气缸支座与附属设备紧固用的灌浆地脚螺栓，小型机组使用的地脚螺栓一般也是灌浆螺栓。

(2) 地脚螺栓的检查与处理

① 外观检查，螺栓的长度与大小是否与技术要求相符。

② 检查丝扣和杆身部分，无油污、重皮、裂纹等缺陷。

③ 如果是锚板螺栓，安装时螺栓的光杆部位应打磨干净见金属色，并在光杆部位涂刷相关防锈油漆。

④ 如果是灌浆螺栓，将螺栓光杆部位打磨干净见金属色，不得有油污，以保证灌浆料与螺杆的紧密接触。

3.1.1.8 垫铁的检查与处理

① 有些厂家随机配置垫铁。一般情况下由施工方自行加工垫铁，垫铁的准备可按照行业标准 HG 20203《化工机器安装工程施工及验收规范（通用规定）》规定执行；也可根据现场实物进行制作，活塞式压缩机底座边一侧剖面后呈 L 形，为了确保底座下面受力均匀，一般要求垫铁长度应大于底座下边的宽度，垫铁宽度为其长度的 40%，斜垫铁斜度为（1：20)～(1：25)。

② 垫铁组的布置：垫铁根据现场实际情况设置，一般放置在地脚螺栓两侧、主轴中心受力部位以及滑道受力部位，垫铁间最大间距不超过 500mm。

③ 垫铁的布置方法有多种，施工现场对垫铁的布置，一般采取以下几种方式。

a. 采用提前布置垫铁的安装方式：根据机座形状布置垫铁位置，铲平垫铁窝，接触点均匀，平垫铁顶部的水平度偏差不大于 2mm/m；机组粗调合格后，在紧固地脚螺栓前，对垫铁组进行无间隙检查，用 0.05mm 厚度的塞尺检查垫铁之间、垫铁与底座底面之间的间隙，在垫铁同一断面处从两侧塞入的长度总和，不超过垫铁长（宽）度的 1/3。

b. 采用坐浆法的安装方式：在设定的垫铁摆放点铲出一个大于垫铁面积的小坑浇上水泥，将一块平垫铁预埋在新灌的水泥上，用水平仪找平，平垫铁顶部的水平度偏差不大于 2mm/m，机组部件的垫铁群高度基本保持一致，养护期后再进行机组的安装；机组粗平合格，即可做垫铁层间无间隙检查。检查标准应符合①条中的要求。

c. 采用压浆法的安装方式：这种安装方式目前在施工现场较为流行。在选定的垫铁摆放点铲出一个大于垫铁面积的小坑，在机座的其他部位用临时垫铁将机组找正找平，待机身基本达到或达到精平条件后，在经水泡后的小坑里灌上水泥灌浆料，当水泥灌浆料快固化时(大约 4h)，将准备好的垫铁（一般是一平二斜，平垫铁放在下面）布置在小坑里的水泥上，在不破坏机身水平的情况下将斜铁轻轻打紧，并将上斜垫铁留有 15～20mm 的推进长度。斜垫铁的搭接长度应不小于斜垫铁全长的 3/4，垫铁露出机座台板外缘尺寸为 10～20mm。压浆法布置的垫铁不超过 3 层，层间的高度差可用水泥充填找齐。

d. 无垫铁安装方式：采用临时垫铁组、螺丝顶或千斤顶将机身找正找平，如果机身裙边自带顶丝，在机身调整螺钉处相对应的基础上，先将基础表面铲平，然后放上规格 70mm×70mm×20mm 左右的钢板，钢板表面应保持水平，水平度不超过 2mm/m，利用调整螺钉对机身进行找正找平。机组精平完成后，进行机身灌浆（用无收缩微胀灌浆料一次性浇灌成型）。灌浆料固化达到强度要求后，取出临时支承，松掉调整螺钉，再将拆出后的空间用水泥补齐。也可以不取出临时支承，直接将其灌在基础里。

3.1.2 现场组装的压缩机组安装

3.1.2.1 现场组装的压缩机组安装工艺

对于大型解体到货的压缩机组，需要在施工现场进行组装调整。现场组装的压缩机组安装工艺如下：

施工准备→设备开箱检验→基础验收→机身外观与试漏检查→机身就位精平→中体安装调整→中体地脚螺栓灌浆与垫铁处理→主轴安装调整→十字头中心高度与间隙调整→连杆安装调整→气缸安装调整→气缸支承地脚螺栓灌浆与垫铁处理→填料函检查、安装→活塞安装与前后余隙调整→电动机底座安装→电动机定子与转子安装→电动机气隙检查与调整→电动机轴承检查与调整→电动机与压缩机对中→机组二次灌浆→工艺管道安装→润滑油冲洗→冷却水系统冲洗→机组联锁调试→机组空负荷试车→气阀检查、清洗、安装→机组级间吹扫→机组负荷试车→交工验收。

3.1.2.2 机体的安装

（1）机体构成

大型压缩机机体由曲轴箱和中体组合构成，中小型多为一体。机体的作用：一是支承各主要零部件，并保持其准确的相对位置；二是连接气缸和传动部分的曲轴、连杆、十字头等零部件；三是作为传动机构的导向部分，并把相应的惯性力和惯性力矩传递给基础。

（2）机体（曲轴箱）试漏

机体安装之前，应将机体里的污物、铁锈除尽，仔细检查有无裂纹和砂眼。为防止机组安装完毕后出现漏油现象，机体安装前应做试漏检查。在机体油箱外表面及底面涂上白垩粉，再在油箱内注入 2/3 的煤油进行试漏检查，保持 8h 以上，若无渗漏现象为合格，即可进行安装。若机体出现渗漏，由业主联系厂家处理，或委托施行单位修复处理，其修补方法有多种，可采用钻孔攻丝、用丝堵堵漏、加盲板堵漏、焊补堵漏、用粘接剂粘接堵漏。修补后重新试漏检查直至合格。

（3）机体吊装就位找正

① 吊装时可用手拉葫芦、起重机等吊装工机具相配合，将机体进行水平调整吊装。机

体或其他部件在吊装过程中，如果要经高空行走，必须用两根拖拉绳牵引，如果是地面行走，必须有专人相扶，防止部件在吊装运行中，出现晃动而发生碰撞或翻落。

② 地脚螺栓如果已提前预埋，机体下落时要注意保护好地脚螺栓，不得损坏地脚螺栓丝扣以免给下步工作带来不便。

③ 机体就位调整时，其主轴线和中体滑道轴线与基础中心线（墨线）应重合，前后左右偏差不超过 5mm，标高偏差不超过±5mm。

(4) 机体找正找平注意事项

① 机身调平时，可以使用调整垫铁、螺丝顶、千斤顶进行。不论机组大小，施工现场目前较为常用的找正找平方法是“三点找平法”。

② 机身的水平度调整，每测量一遍，通过各测点的倾斜方向分析下一次的调整点与调整量。应注意，当机身出现纵、横向塑变扭曲，水平度超过规定值时，不能用拧紧地脚螺栓的方法使其达到要求，应检查机组部件同心度与几何偏差是否出现变化。如果出现质量偏差，应及时向业主反映，由业主向生产厂家联系，确认是否继续使用，还是返厂处理或委托施工单位现场处理。

③ 如果机身和中体滑道是连成整体安装找正，在机身与滑道找正找平后，即可进行机组下步的安装工作。如果中体滑道是带有地脚螺栓孔的机型，可立即进行中体滑道地脚螺栓的一次灌浆，利用压浆法将垫铁布置在机身与中体滑道的最佳位置，灌浆养护期到后即可进行机身与中体滑道的精平。

④ 如果机身的紧固是用锚板螺栓，机身基本粗平还未紧固地脚螺栓前，用 0.05mm 塞尺对垫铁之间、垫铁与底座结合面之间做无间隙检查，检查标准应符合相关要求。如不符合要求应对垫铁进行修复，合格后才可继续对机身进行精平紧固。

⑤ 如果机身是用灌浆的地脚螺栓紧固，机身用临时支承粗调合格后，即可浇灌地脚螺栓，同时采用压浆法布置垫铁，灌浆养护期到后即可进行机身的精平。

(5) 机体找正找平

① 机体找正找平时会出现两种情况：一种是机身本体找正找平（不含中体）；另一种是连着中体一起找正找平，这要根据现场机组的实际情况来确定。一般来讲机身找正找平时宜连着中体一起找，但有的中体连接后会影响机身部分地脚螺栓紧固，因此必须将机身精平紧固后再连接中体。

② 机体轴向水平找平，在机体瓦窝中进行，以确保主轴水平运行，机体轴向水平度偏差最好为零，一般不超过 0.05mm/m。

③ 机体横向水平找平，原则上在机身两侧的滑道中找平，以两侧滑道水平一致为宜。如果没有连接中体，可在机体上平面进行，机体横向水平度一般不超过 0.10mm/m。

④ 机体找平时，可选用精度 0.02mm/m 的框式水平仪，每次测量两次（调转 180°测量，防止水平仪出现偏差)，取两次偏差的平均值来确定机身水平的偏差。

⑤ 机身精平紧固后，垫铁组点焊前，用 0.25kg 或 0.5kg 的检验小手锤敲击垫铁组检查，垫铁组应无松动现象。检查完毕后即可对垫铁进行点焊，垫铁点焊只能在垫铁组两侧点上几点即可，严禁满焊。

3.1.2.3 机组一次灌浆

① 一次灌浆是在机体粗找正找平后，将地脚螺栓与基础灌浆固定，灌浆时注意事项：

a. 灌浆孔应符合相关技术要求（可参见 GB 50231《机械设备安装工程施工及验收通用规范》）。

b. 灌浆前 2h，把要灌入混凝土的基础螺栓孔彻底浇湿，灌浆时将基础表面和螺栓孔里的水用压缩空气吹干，或用抹布擦干。

c. 机组一次灌浆建议采用高于基础标号的水泥料或无收缩微胀水泥灌浆料。

d. 灌浆工作应连续进行，机组地脚螺栓灌浆后正常保养与维护。

② 如果是锚板螺栓，先灌入地脚螺栓孔内底部 100～150mm 的混凝土底层，然后向孔内充填密实的干沙至二次灌浆层下 100～150mm（也可在二次灌浆时同时进行）。

3.1.2.4 大型压缩机机体的平面布置与找正找平

往复压缩机结构可以是一列、二列、三列、四列、六列。以下是几种较为常见的大型压缩机组的找正找平方法。

（1）M 型压缩机机组的精平

① M 型活塞压缩机属于对称平衡型，气缸全部布置在电动机的一侧，曲轴受力均衡，卧式机组，平面布局更为合理。

② 机组的安装是以压缩机为基准，先将压缩机组安装找平，内件安装完成后，再安装电动机并对中。

③ M 型压缩机机组的驱动电动机有两种形式：一种是无轴承座的驱动电动机，电动机转子没有轴承座支撑，电动机转子与压缩机转子共为一个整体呈 T 形，常见的有 4M8 型等机组，其机身平面布置见图 3-1。

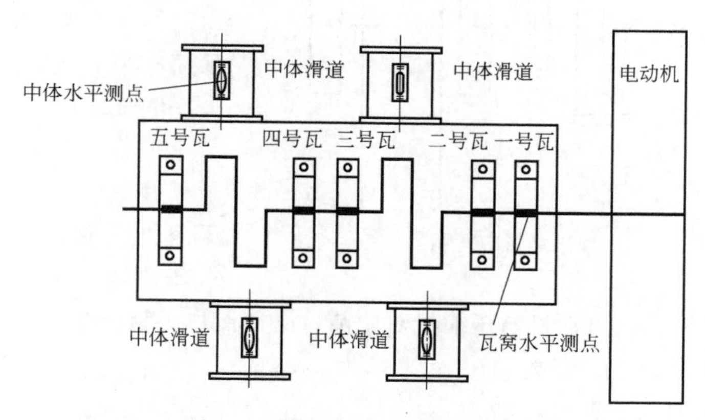

图 3-1 无轴承座电动机布置图

另一种是有轴承座的驱动电动机，电动机独立为一个整体。常见的有 4M12 型、4M65 型等机组，机身平面布置，见图 3-2。

④ M 型压缩机机身调平时，应按生产厂家装配的标记安装机身上面的横梁、紧固螺栓，防止机身精平时受本体及中体地脚螺栓紧力影响，造成机身扭曲变形。

⑤ 轴向水平以一号瓦窝为主找零位，所有瓦窝水平方向应基本一致，使主轴保持水平运行。以前的安装习惯，整体允许往一号瓦窝方向高 0.01～0.03mm（主要是考虑在电动机方向一、二号瓦受力较重，因此，提前预留出承压或磨耗量）。现在的做法是将 5 个瓦窝找成水平零，对下一步主轴曲拐差的调整较为有利，同时也减少累计误差的发生。

⑥ 机身未受地脚螺栓预紧力的情况下，当轴向与横向水平基本达到要求后，对垫铁组

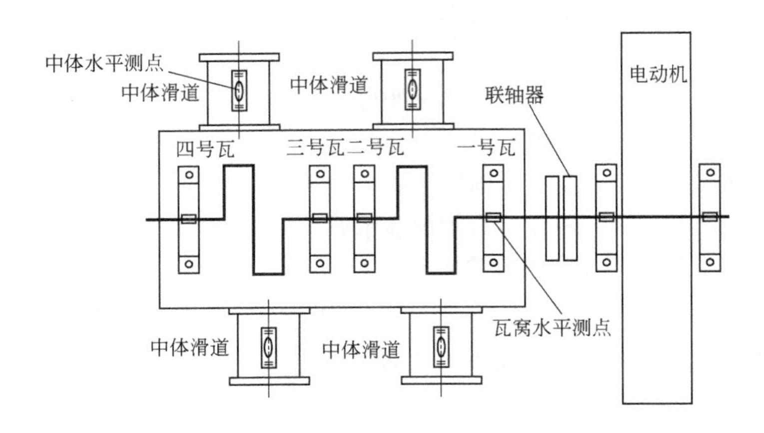

图 3-2 有轴承座电动机布置图

进行无间隙检查，如不合格调整修复垫铁组，无间隙合格后再紧固地脚螺栓。

⑦ 水平以中体滑道为主，两边滑道水平相等即可，水平零为宜，也可允许往气缸方向略高 0.01～0.03mm。

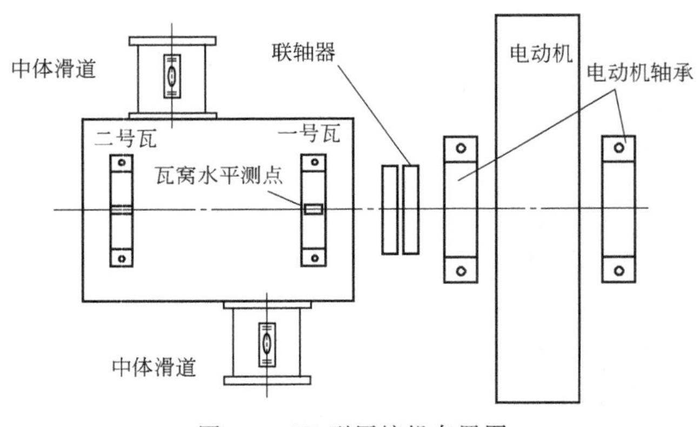

图 3-3 2D 型压缩机布置图

(2) D 型压缩机组的精平

① 2D 型活塞压缩机为两列对称平衡型压缩机，气缸在压缩机机身两侧。机身平面布置见图 3-3。

② 3D 型压缩机和 2D 型压缩机平面布置一样，只是一侧是一列，另一侧是二列。

有的 3D 型压缩机的电动机转子只有一个轴承座，另一头直接和压缩机主轴刚性连接，同心度要求高。

压缩机为基准机座，电动机与压缩机对中前，必须制作一特殊专用工具，来支承电动机转子与压缩机的对中找正。在电动机一侧，两个滚动轴承呈夹角，制作一个临时支座将电动机联轴端托起，并且能够上下左右位移，精对中完成后再与压缩机主轴联轴器连接，然后拆除临时支座，完成对中组合。机组平面布置见图 3-4。

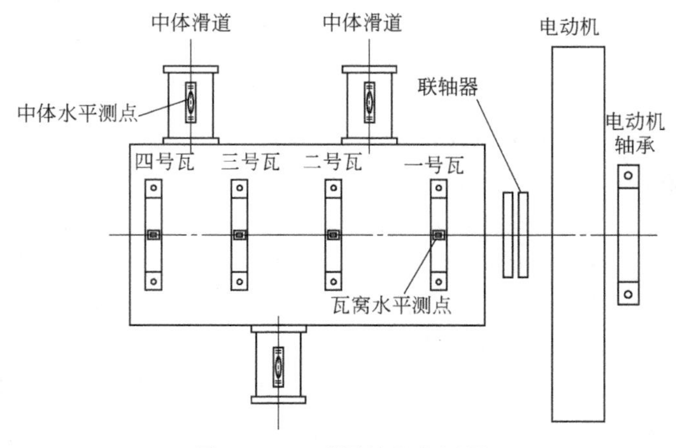

图 3-4 3D 型压缩机布置图

③ 机身找平前，应按生产厂家装配标记安装好机身上部横梁，并紧固螺栓，在机身未受地脚螺栓预紧力的情况下进行水平初调。当轴向与横向水平基本达到要求后，

对垫铁组进行无间隙检查，无间隙合格后方可进行地脚螺栓的紧固。

④ 轴向水平以一号瓦窝为主找零位，以前的习惯做法允许向一号瓦窝方向偏高 0.01～0.03mm；现场安装一般将 4 个瓦窝都调整为正负零，这对下一步主轴曲拐差的调整较为有利，所有瓦窝水平应基本保持一致，横向水平以中体滑道为主，机身上平面可作参考。

⑤ D 型机组机身就位精平紧固后，可以一号和四号瓦窝中心为准，拉钢丝线延伸出去安装找正，确定驱动电动机的机座、电动机定子、电动机轴承座的同心度粗调，为下一步精对中做准备。也可以提前将电动机轴瓦间隙、电动机空气间隙调整好之后，将电动机整体机座直接与压缩机对中找正。

⑥ D 型机组电动机主轴与转子主轴的连接多是刚性连接，精对中的偏差尺寸要求严格，因此在机组精对中前，首先将压缩机主轴瓦各部间隙调整好，作为基准机座，再进行电动机与压缩机的精对中，以免精对中后再去处理压缩机轴瓦和电动机轴瓦，紧固轴瓦螺栓时会破坏对中的位移，造成二次对中返工。

(3) H 型压缩机机组的精平

① H 型压缩机机组的布置结构较为特殊，驱动电动机在中间，压缩机布置在电动机两侧，机组安装以一侧机身为基准，再安装另一侧机身，该机型是安装过程较为复杂的一种机型。常见的机型有 H-22 型，机组平面布置见图 3-5。

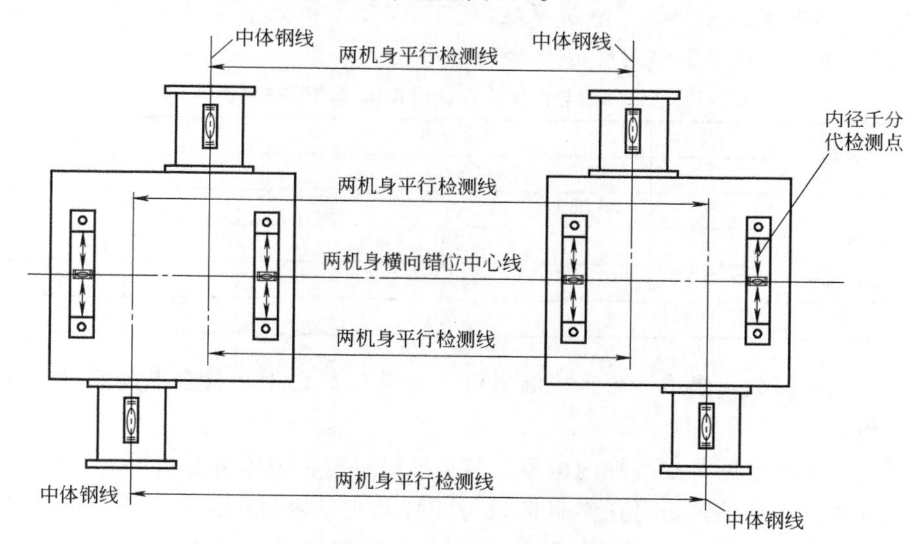

图 3-5　H 型压缩机布置图

② 机身精平前，应按厂家装配标记将横梁装上，并紧固螺栓。

③ 先固定一侧机身，并找正找平，机身主轴方向水平找正以两侧瓦窝为准，两瓦窝水平基本一致，电动机侧的瓦窝可略低 0.01～0.03mm；机身横向水平在中体滑道上测定，两侧中体水平一致，气缸侧可略高 0.01～0.03mm。

④ 之后再拉线粗找另一侧机身的横向与轴向平行度，两机身跨距必须按照相关技术文件执行。一般两机身平行误差不超过 0.02mm/m；主轴瓦窝横向错位不超过 0.02mm。

⑤ 当主轴放入机身后，调整主轴水平，以两机身内的轴颈轴向水平一致为合格（比如右侧机身的主轴颈向东侧高 0.04mm，左侧机身的轴颈向西侧高 0.04mm）。

⑥ 在主轴颈与机身瓦窝侧的机加工面上，利用内径量表或其他量具，再次检测主轴与

基准机身和另一机身的平行偏差。

3.1.2.5 气缸的检查与安装

（1）安装前的检查

① 用煤油将缸内清洗干净，外观检查，气缸不允许有砂眼、气孔、夹渣等缺陷。

② 检查气缸体与中体连接止口面、气缸阀腔与阀座接触面等，应无机械损伤及高点等缺陷。

③ 气缸镜面不得有裂纹、疏松、气孔等缺陷。

④ 用内径千分尺检测各级气缸工作表面的圆柱度，其偏差不得低于国家标准的 8 级公差值，保存测量数据为以后作交工资料及检修磨损作对比。

（2）气缸的安装要求

① 气缸与中体短节、短节与中体、气缸与气缸连接时均应对称均匀地拧紧连接螺栓，气缸支承必须与气缸支承面接触良好，受力应均匀。

② 如采用拉钢丝法找正气缸轴线与中体滑道轴线的同轴度时，其同轴度偏差应符合相关技术规定要求。若超过规定偏差值，将气缸做水平、垂直或径向位移时，必须在止口处进行角差或径向刮研调整，不得采用加偏垫片或施加外力的方式进行调整，及时向业主反映协商，返厂或是现场处理。在调整气缸水平度时，其偏差不得大于 0.05mm/m，且倾斜方向应与中体一致，并符合表 3-1 中的规定。

表 3-1 气缸轴线与中体十字头滑道轴线的同轴度偏差 mm

气缸直径	径向位移	轴向倾斜
≤100	≤0.05	≤0.02
100～300	≤0.07	≤0.02
300～500	≤0.10	≤0.04
500～1000	≤0.15	≤0.06
>1000	≤0.20	≤0.08

③ 处理后的止口面，渗透检测其接触面积应达到 60%以上。检查填料座轴线与气缸轴线的同轴度偏差，也应符合规定要求。

④ 卧式气缸的水平测量在气缸内检测，其水平偏差应和中体滑道同步。

⑤ 立式气缸水平度的测量可在气缸端盖与气缸上止口接触平面上进行；气缸工作表面直径大于 150mm 时，也可在缸套镜面 4 个方向作垂直测量。其水平度偏差，不得大于 0.05mm/m。

⑥ 当气缸止口接触平面无法放置水平仪时，可加设块规与平尺，当水平仪在平尺上测量水平时（必须带着水平尺 180°掉头检查）。

⑦ 气缸冷却水路组装完成后，应对管道进行水压试验，试验压力为工作压力的 1.5 倍。

3.1.2.6 主轴瓦与主轴的安装

（1）主轴瓦的检查与安装要求

① 小型压缩机主轴大多采用滚动轴承，大中型压缩机主轴瓦采用对开式两半滑动轴承（老式压缩机采用的是四半瓦结构的滑动轴承）。主轴轴颈与主轴轴瓦应有合适的径向间隙，作用是形成润滑油膜，确保轴承的良好润滑，并及时带走热量，补偿轴与轴承的径向热膨

胀，以保证主轴正常运转。

② 主轴瓦的检查与回装，用煤油渗透法检查轴瓦钢壳与轴承合金层黏合情况，主轴瓦内外表面光滑，瓦口表面平整，无脱壳哑音现象，巴氏合金不得有裂纹、气孔、划痕、碰伤、压伤及夹杂等缺陷。

③ 用着色法检查轴瓦背面与轴瓦座的瓦窝是否紧密贴合，轴承瓦背与轴承瓦窝不允许有高点，其接触面积不小于50%。主轴瓦回装完毕，即可对主轴进行安装。

（2）主轴的检查与安装要求

① 往复压缩机的主轴为曲拐型，由轴端的联轴器、主轴颈、曲轴颈、曲柄等构成，曲柄下端常配有平衡重块。往复压缩机转子通常为刚性转子，旋转速度低于其临界转速。

② 安装前，主轴表面的防护油、锈痕等必须清洗干净；对主轴作外观检查，无碰损、高点、裂纹等缺陷；检查主轴与曲轴轴颈加工精度，应符合技术文件要求。为加深对主轴颈、曲轴颈的光洁度，可用麻绳进行拉磨抛光处理。

③ 用压缩空气吹扫主轴和主轴瓦的油孔，保证油路畅通。

④ 主轴吊装时，宜用手拉葫芦配合起吊，并保持主轴水平，落下时必须人工扶持，防止主轴下落过程中碰坏主轴轴颈和轴瓦，同时将两个主轴止推铜环装上（必须按照厂家提供的左右侧标记的铜环进行装配），控制主轴左右窜动。

⑤ 主轴就位后检测主轴曲拐差，将曲轴旋转至0°、90°、180°、270°四个位置，复测主轴曲拐开口差是否符合要求；主轴曲拐差是本机组行程的万分之一（越小越好）；如果出现偏差，根据主轴的轴向水平偏差，和主轴垂直与水平方向最大的曲拐偏差点往两边分摊，对主轴瓦进行刮研调整，确保主轴水平与曲拐差保持最佳状态。

⑥ 曲轴颈的轴向水平和主轴颈水平基本相似，检查曲轴颈与主轴颈水平时，可用水平仪放置在曲轴各轴颈中间最高位置上，进行曲轴水平度检查，每隔90°测一次，作为交工记录。

（3）主轴瓦的刮研

① 主轴瓦上瓦盖与下瓦座配对加工，不允许互换，清洗回装时必须按照出厂标记配对组装。

② 用着色法检查轴瓦与轴颈接触角度，一般为60°～90°，轴向接触面为轴瓦长度的75%以上，如果达不到要求，可适当修刮（同时参照曲拐差进行刮研调整）。

③ 刮研后的轴瓦圆柱度与圆锥度应符合技术文件要求，严禁超标。

（4）轴瓦的间隙检测通常采用塞尺法、表测法、压铅法

① 塞尺法：将轴瓦紧固后，用塞尺规塞入的厚度量来确定间隙值。

② 表测法：将上下瓦按规定力矩紧固后，用内径量表检测主轴瓦内径尺寸、用外径千分尺测量轴颈尺寸，再将内径量表所测尺寸，减去外径千分尺所测尺寸的相对差，轴瓦尺寸大于轴颈尺寸，求出轴瓦所需的径向间隙；表测法与塞尺法所测的间隙尺寸，是轴瓦间隙的最小间隙（所测得的尺寸是瓦面的最高点）。

③ 压铅法：这是比较通用的一种简易方法，在轴颈上横放两根$\phi0.5$～1mm的铅丝，在瓦座水平面两侧各安装一张0.30～0.50mm厚度的钢片，紧固后再拆开，测量铅丝厚度，轴颈上的铅丝厚于瓦座上水平面上的钢片，这个差值就是轴瓦的间隙。压铅法所测的间隙是轴瓦间隙的最大间隙（所测得的尺寸是瓦面的最低点）。

(5) 往复压缩机主轴窜量检查

① 大型往复压缩机的主轴窜量控制是在靠近电动机侧的主轴瓦窝两侧，由两片半圆止推铜环控制。主轴窜量间隙在厂家出厂时调整好，现场安装时应按技术文件进行复查调整，如不复合技术文件要求，应在一侧止推铜环上进行加减；主轴总窜量一般为0.30～0.50mm。

② 主轴窜量检测方法如下：先将主轴推向一侧，在主轴端上垂直的架设一个百分表，将表读数调整为零，再将主轴推向另一侧，观察百分表的变化，主轴应反复推动几次观察，最终确定主轴窜量，其差值就是主轴总窜量。

3.1.2.7 十字头的安装与调整

① 十字头是连接活塞杆与连杆的重要部件，它的一端通过十字头销与连杆小头瓦连接，另一端与活塞杆连接，推动活塞做往复运动，并起导向作用和承受连杆活塞杆运动产生的侧向力。

② 往复压缩机的十字头有两种，小型机组一般采用不可调式十字头，由铸铁件整体加工而成；大型机组一般采用分体式可调十字头，由上下两块可调滑履与十字头本体相连组成，滑履和十字头之间配有不同厚度调整垫片，用来调整十子头中心高度及滑履与滑道之间的热胀间隙。

③ 对置式压缩机在曲轴两侧都有十字头，两侧十字头分正反工作，一侧十字头对滑道的作用力向下，十字头热胀间隙始终在上面，另一侧十字头对滑道的作用力向上，十字头热胀间隙始终在下面。

④ 可调十字头的滑板刮研和调整

a. 根据电动机的旋转方向，首先确定十字头的受力面，十字头放入滑道后，用零号精度直角尺，核查十字头与活塞杆连接部位的断面是否为90°。十字头90°与中心高度的检查方法见图3-6与图3-7。

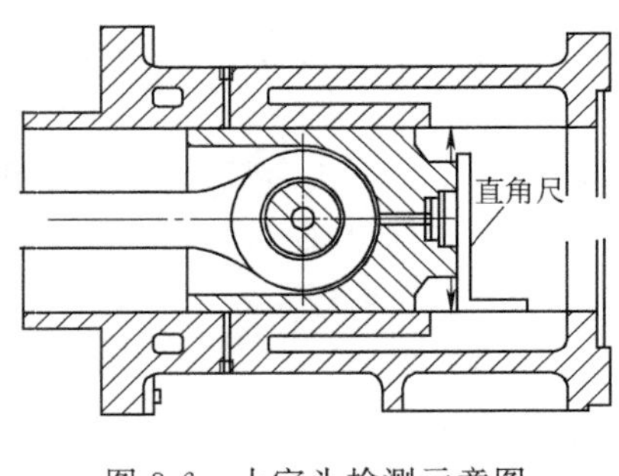

图 3-6 十字头检测示意图

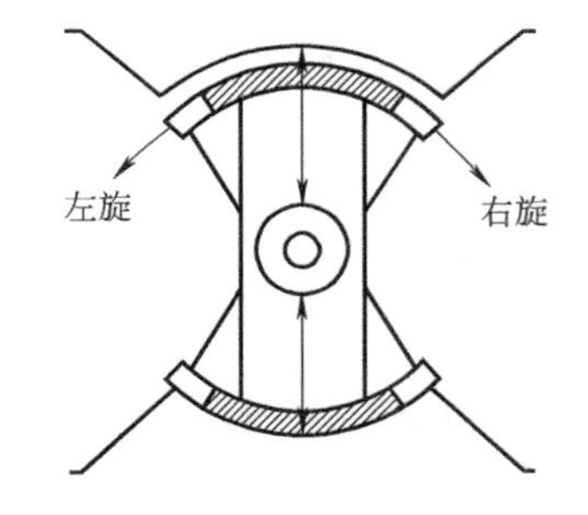

图 3-7 十字头中心高度示意图

b. 下滑履受力的十字头在调节中心高度时，其热胀间隙在十字头上面，中心高度调整时可考虑提前留出一些磨损量，小于十字头直径的活塞与本机十字头热态中心差异不是太大；但是大口径的活塞热态中心与本机十字头热态中心差异就比较大，此时调整十字头实际中心高度时，应在活塞热态中心高度基本确定后（冷态理论计算调整，热态时实际测量复查），十字头热态中心再高于活塞热态中心0.01～0.03mm。

c. 上滑履受力的十字头，在调节中心高度时，可按照下滑履受力的十字头调整方法进行，也将十字头在滑道内翻转 180°进行调节，符合要求后再将十字头翻回 180°正式回装，当机组进入正常运行时，十字头热态中心低于活塞热态中心高度 0.01～0.03mm。

d. 滑履的研磨刮研必须在滑道中进行，因滑道是滑履的基准面。如果是新滑履刮研，为了进出机身滑道方便，可将滑履卸掉在滑道里着色进行刮研。当滑履接触面基本均匀后，再将滑履紧固回十字头上，防止十字头前后甩头（与滑道同心度出现交角，一端向左，一端向右）。因此，滑履的最终刮研，必须将滑履与十字头紧固后方可进行，要求滑履整体接触均匀，接触面达 50%以上。

e. 进入滑道调整的十字头，还应左、中、右旋转来核查与活塞连杆部位的断面垂直度，在检查断面 90°时，同时调整十字头的中心标高和十字头中心在滑道里左右的中心位置，根据十字头的具体情况，留出相应的刮研量。

f. 十字头受力的滑履与滑道接触应均匀，十字头中心高度调节完毕，端面 90°符合要求后，则对上下非受力面滑履进行热胀间隙的调整与刮研。刮研应在间隙控制下进行，用塞尺检查它的间隙平行差值。如果间隙偏差较大，首先增减滑履的调节垫片进行粗调，达到理想值后，再将滑履紧固在十字头上，并对紧固螺栓做防松处理。最后刮去高点，确保整个滑履面的热胀间隙值基本相等。

g. 十字头间隙检测，在滑道前、中、后 3 个位置上，用塞尺在非受力面滑履上，测量滑履与滑道的四周间隙，各位置的间隙应均匀，并符合设备说明书的技术要求，也可按十字头直径的 0.0007～0.0008 倍选取。

3.1.2.8 连杆组件的装配

（1）装配前对连杆大小头瓦进行检查

连杆大头瓦与小头瓦的合金层光滑，不得有裂纹、气孔、划痕、碰伤、压伤及夹杂等缺陷，合金层与瓦背黏合牢固，连杆本体和十字头的油路清理干净、畅通。

（2）连杆大小头瓦的检查

① 新出厂的机组连杆大小头瓦间隙基本调整完成，现场只需检查、清洗、组装即可，如果轴瓦出现问题需要更换或检修，则按技术要求及相关标准执行。

② 连杆大头瓦在组装前，必须对瓦背与瓦窝进行着色检测处理，大头瓦背与瓦窝出现接触偏差时，必须进行刮研调整，瓦窝是基准面，只许刮研大头瓦瓦背，贴合面应有 75%以上的接触面积。

③ 连杆小头瓦和小头孔为过盈配合，小头瓦的装配过盈量与瓦的材料及直径尺寸有关，例如铜瓦的过盈量一般为直径的 0.5‰～0.8‰，其确切尺寸应按图纸的要求进行。

④ 装配方法可根据小头瓦的大小，和现有的装配条件来进行，一般外径在 100mm 以下者采用压入法装配。外径大于 100mm 时，可采用冷冻法装配，既方便，装配质量又好。

（3）连杆小头瓦的刮研

① 小头瓦压入连杆小头孔后，一般都留有刮研余量。现场刮研时其刮削表面应光滑，接触点应分布均匀，研配后的连杆小头瓦与小头销轴分别打上标记，以防备装配时出现错误。

② 新的小头衬瓦间隙与销轴在研配中，要一边刮研一边用内径量表或内径千分尺在瓦的两端测量，以免刮削过量或刮成椭圆形和圆锥形。

③ 小头衬瓦与销轴的配合间隙与瓦的材料及孔径尺寸有关，原则上是按厂家提供的技术文件执行，如果是铜套瓦的配合间隙，一般为瓦孔径的0.5‰～0.8‰，如果是钢壳巴氏合金瓦的配合间隙，一般为瓦孔径的0.4‰～0.6‰。

④ 小头瓦间隙应严格按技术要求进行研配。小头瓦间隙过小，则润滑油进入量减少，容易烧瓦抱轴等；间隙过大冲击力增大，容易造成大头瓦损坏，导致大头瓦出现龟裂、脱壳等现象。

⑤ 连杆小头销轴工作表面的圆柱度偏差不得低于国标规定的7级公差值；连杆小头轴瓦与十字头销轴应均匀接触，其接触面积应达75%以上。

(4) 连杆大头瓦的刮研

① 刮研连杆大头瓦时，刮削要均匀，严禁出现跳刀现象，并保证大头瓦与连杆中心线的垂直，以及与小头瓦的平行。

② 大头瓦与曲轴颈的配合间隙，薄壁瓦的径向间隙出厂时已基本保证，如果出现偏差还是要进行刮研调整或更换。厚壁瓦间隙常用瓦口垫片来调整。

③ 薄壁瓦的巴氏合金厚度在0.8～1.2mm，间隙若小于技术要求或平行出现偏差时，可适当刮研，若超过技术允许要求，则必须更换新瓦。

④ 其配合间隙的测量，径向间隙常用压铅法与表测法测量。

⑤ 大头瓦的径向间隙应符合技术文件要求，一般为曲轴颈直径的0.80‰～1.1‰。

(5) 连杆大小头瓦刮研注意事项

① 在刮研大头瓦和小头瓦时，不应破坏大头瓦与小头瓦的平行度。

② 连杆大头瓦的瓦量调节按照主轴瓦的调节方式进行。

③ 一般新更换的大头瓦，其平行度与接触面不能满足技术要求，它原有的间隙量也小于实际需要间隙量，因此在刮研中应先保留小头瓦侧的大头瓦作为基准面去刮研新的一半瓦，一边着色、一边检查、一边刮研，其半瓦的圆柱度、圆锥度达到预定值后，以此半新瓦作为基准瓦，再拆去小头瓦侧的旧大头瓦，换上另一半新瓦进行刮研，刮研过程中确保大头瓦的圆柱度和圆锥度，基本快达到预留量时，与小头瓦联机低速盘车研磨、检查、刮研。

④ 小头瓦刮研时，新换的小头铜套瓦内径小于小柱销的直径，现场刮研调量时，用铜棒敲击小头销向铜套里推进，一边进一边退出研刮（只刮里面的研磨痕迹，瓦口的磨痕保留，直到小头销全部进入铜套瓦）；向里推进时应保持小头销端面与轴中心线呈90°状态，在推进研刮中还要用内径量表或内径千分尺跟踪检查，保证小头瓦铜套的圆柱度和圆锥度；当小头销全部进入铜套后，立即检查小头瓦与大头瓦的平行度，如果出现偏差，首先刮研调整一侧小头瓦与大头瓦平行，再以小头瓦平行面为准，去刮研另一面的平行，最后用着色法对铜套进360°的研磨检查，消除高点，调整间隙，使其接触面均匀。

⑤ 如果连杆小头销两端是带锥度的结构，首先要对十字头销与十字头锥孔进行贴合检查，用着色法检查小头销两端锥体与十字头锥孔的贴合情况，如果锥度不合适，应进行研磨处理，研磨时使十字头大锥形孔向上，小头销垂直放入孔内，用铜棒轻轻撞击几下再退出，检查着色情况，若有接触不良的现象，应刮研修复小头销锥体，使其接触均匀，接触面应达60%以上。十字头锥孔是基准孔，严禁刮研。

⑥ 小型压缩机连杆大头瓦轴向窜动受轴颈两端圆弧面控制，大中型压缩机连杆大头瓦轴向窜动，受小头瓦铜套轴向侧间隙控制，小头瓦铜套与十字头内侧间隙应符合技术文件要求，一般控制在0.4～0.6mm。

⑦ 小头瓦轴向窜量的检测，可用内径量表或内径千分尺测量十字头内侧尺寸，用外径千分尺测量小头瓦长度，再用外径千分尺去测量内径量表或内径千分尺，其差值就是小头瓦的轴向串量。

（6）连杆螺栓的装配

① 连杆螺栓是压缩机的重要零件，若其装配张紧力太大，会因预应力增大而被拉断；张紧力太小，则螺母易松动，使螺栓磨损加剧。

② 中、小型连杆螺栓，可用测力扳手拧紧；大型压缩机的连杆螺栓常用液压拉伸器来紧固，可根据螺栓受力后的伸长度等方法来测定装配螺栓的拧紧力，每台压缩机安装技术说明书上有明确规定，应严格按照技术文件执行。螺栓拧紧力与螺栓的材料强度和螺栓直径成正比，碳钢的连杆螺栓，最大伸长量不应超过螺栓总长度的0.3/1000；合金钢的连杆螺栓，最大伸长量不应超过螺栓总长度的0.4/1000。

③ 装配时，连杆螺栓底部端面与连杆体接触定位的端面，以及螺母与连杆大头盖端面的接触应均匀。

④ 连杆螺栓与连杆体孔的配合公差等级为H7/h6级；连杆螺栓送入孔中时，应不紧不旷，用力推进或轻敲到位。

（7）连杆组件装配后的检验

① 组装后的连杆，应检查大小头瓦在曲拐轴、十字头的控制下，连杆在曲拐轴上能否自由地轴向摆动。

② 先将曲拐轴盘向前端或后端，轴向左右拔动连杆，连杆左右运动自如，再将曲轴盘向另一端，再轴向左右拔动连杆，同样左右运动自如，说明曲轴轴颈、小头销、大头瓦、小头瓦平行度较好；反之，如果拔动连杆费力，或拔动后又反弹回来，则说明曲轴颈与小头销轴，或大头瓦与小头瓦平行度不符合要求，机组运行推力达到一定力度后，会出现擀瓦和烧瓦现象，必须修复调整。

③ 最后在曲拐轴颈上着色，将连杆预组装在曲轴与十字头上，根据螺栓力矩要求紧固，经低速盘车后再进行解体检查，可根据磨合情况再次进行刮研修复，消除高点与不平行度应力，达到一个理想的圆柱度与平行度。

3.1.2.9 活塞组件的安装

（1）活塞与活塞杆的组装

① 活塞应无裂纹，活塞圆柱面无磨损或结瘤，活塞环槽与支承环槽无损伤。

② 活塞带支承托瓦面上的巴氏合金层无空洞、龟裂、脱落等现象。

③ 活塞杆无磨损、划伤或纵向裂纹，其弯曲度不超过0.02mm/m，连接螺纹无损伤。

④ 活塞杆与活塞组对时，严格按照技术文件执行，确保螺帽的紧固力，紧固后的活塞应将安全垫翻起。

⑤ 浮动活塞的装配，连接球面应无高点，浮动活塞装配间隙过大，机械运转时会产生撞击声，间隙过小，又易造成活塞连接球面过热或磨损，球面间隙一般控制在0.02～0.04mm（经验方法：用手托起活塞后放开活塞慢慢滑下，在有油膜的情况下，上下左右用

力时能晃动）。

（2）活塞杆与十字头的组装

① 采用锥面连接时，仔细研磨活塞与活塞杆的配合面，确保配合面接触均匀。

② 采用圆柱凸肩连接时，凸肩与活塞结合端面应研配，接触面积达75%以上。将活塞杆穿入活塞孔内，活塞螺母也应与活塞均匀接触，拧紧活塞螺母，螺母拧紧力度应符技术要求，并采取防松锁紧装置。

（3）活塞杆与十字头连接后的检查

① 十字头与活塞杆连接后，受力面滑履与滑道面必须接触密实，0.03mm 塞尺不得塞入。如果滑履前后任何一端出现间隙，说明十字头端面与活塞杆中心线90°连接有问题，活塞杆与十字头平行度超差，应检查调整。

② 测定活塞杆的水平摆动与垂直跳动值，可采用一个或两个千分表分别在靠近气缸填料箱与十字头刮油器一侧进行测定。测定时，活塞杆做连续往复运动（可采用手动盘车或电动盘车），对于测得的摆动值过大或测定中发现活塞杆有明显偏斜运动的异常现象时，应进行分析处理。因为正反工作的十字头中心高度不同，活塞大小不同，活塞杆的水平与垂直跳动可能会出现较大偏差，有的能达到技术条件要求，有的就可能达不到技术文件要求。必要时进行理论换算确定，理想状态是机组在正常运行中，热态时活塞杆的摆动值、跳动值符合技术文件要求的规定。

③ 美国石油学会标准 API618《石油化工和天然气工业用往复式压缩机》要求：机组负荷运行 N 小时停车后，立即在热态下测量，活塞杆跳动差不超过0.064mm。

（4）活塞环的检测与安装

① 活塞环表面应无裂纹、夹杂物和毛刺等缺陷。

② 活塞环应弹性自如，组装前将活塞环放入气缸内做透光检查，将活塞环平放于气缸内，在气缸下部利用光源观察活塞环与气缸壁的密合情况。活塞环漏光弧长所对应的圆心角，每处不得大于25°，同一根环漏光弧长所对应角度的总和不大于45°；在靠近活塞环开口的两侧各30°范围内不允许漏光，间隙不超过0.10mm，间隙大的活塞环则需修复或更换。目前许多机组的活塞环采用非金属材料，更便于安装与检修。

③ 活塞环开口间隙按技术文件执行，如无规定，根据实际经验控制在气缸直径（D）的0.004～0.008倍，复合材料取大值。

④ 活塞环装入活塞环槽里后，应低于活塞环槽0.20～0.50mm。

⑤ 活塞环与活塞环槽的侧间隙，控制在活塞环厚度（S）的0.005倍。

⑥ 装入活塞中的活塞环上下左右运动自如，不得有任何卡涩现象。

⑦ 活塞环安装注意事项：

a. 安装后将活塞环及环槽涂上适量的润滑油（无油压缩机涂抹二硫化钼粉）。

b. 装拆活塞环要用专门工具，如活塞环专用安装卡钳、锥度套等，以避免活塞环过度张大而断裂、变形。

c. 活塞在装入气缸前，需使各环口位置按活塞圆周均匀分布，以免漏气、窜油。

d. 活塞环开口的位置，第1道活塞环和最后1道活塞环开口，错开进排气阀位置，第2道活塞环与第1道活塞环开口错开45°即可，其余的往下类推。

e. 带环活塞装入气缸时，可用铁皮做成圆箍将活塞环夹紧再用榔头木柄轻轻敲动活塞顶将其导入即可。

(5) 活塞支承环检测与技术要求

① 活塞支承环形式：一种是固定在活塞上的巴氏合金材料支承环（又称为支承托瓦），小活塞支承托瓦环绕360°布置，支承托瓦凸出活塞的厚度基本一致，活塞在气缸中的径向间隙按技术要求执行，上间隙为两侧间隙的总和。

大口径活塞在下面增焊一条大约宽100mm、长为对应活塞圆柱弧度90°的巴氏合金带（长度约为活塞周长的1/4），来完成活塞的支承运行。大口径活塞以确保中心高度来确定刮研合金带厚度的多少（可提前对活塞进行热胀计算，再留出巴氏合金层高度），刮研后的支承托瓦与气缸接触面积均匀，接触面达50%以上；运行几年磨损后需要再进行补焊、机加工、人工刮研调整。

另一种是360°环形塑料支承环，安装在气缸凹槽里，能自由活动，检修更换方便，是目前比较通用的一种形式，但缺点是保证不了大口径活塞在气缸内的中心运行。

② 支承环端隙（开口间隙）大小与气缸直径有关，圆周长度发生变化，热胀量也发生变化，出厂技术文件上有明确规定，应严格按照技术文件执行。

③ 支承环本体比较宽，因此侧间隙也比较大，针对每台机组气缸大小不同，侧间隙也会不同，出厂技术文件上有明确规定，应严格按照技术文件执行。

(6) 活塞在气缸内前后余隙的检查与调整

① 活塞、活塞杆、十字头组装后，可将气缸盖盖上，并按常规要求拧紧螺栓，然后进行气缸余隙的检查，各缸的余隙大小按设计要求进行调整，或参考相关标准。

② 一列一级双作用气缸，曲轴侧气缸余隙$\geqslant 0.001S$，气缸盖侧余隙$\geqslant 0.001S+1\text{mm}$，其中$S$为活塞行程（mm）。

③ 对于一列两级的串联气缸余隙值的控制，应考虑两级热膨胀伸长之累计值影响，一般二级缸盖侧的余隙值比一级缸稍大些。气缸余隙的测定，通常采用压铅法，铅条采用圆形截面，直径一般为余隙的1.5～2倍。测定时，铅条由气阀孔处伸入；小直径气缸余隙测定，一般测单边；对于直径较大的气缸，一般要求在活塞两边同时摆放两根铅丝测定以防单侧偏斜，这样测定的值较准确。

④ 当测得的活塞前后余隙值不符合要求时，可采用调整活塞杆头部与十字头连接的调整垫片的厚度，或调整十字头与活塞杆连接处的双螺母等方法；若是余隙总值不符合要求，常用气缸盖垫片厚度增大或减小的方法来进行调整。

3.1.2.10 填料密封的安装

① 填料是用来阻止气体从缸内沿活塞杆周围间隙向外泄漏的组件，因活塞杆长周期做往复运动，所以要求填料不仅要有良好的密封性能，还要求填料耐磨并具有较小的摩擦系数。常用的填料种类有平面填料和锥面填料。

② 在填料组合中，三瓣式或六瓣式平填料（常用于中低压密封）和锥形填料（常用于高中压密封），往往共用于一个压缩机组中，安装或检修前，如果对填料函进行拆解清洗，应在非工作面上打标记，以防回装时出错。

③ 检查、清洗、刮研，符合要求后进行组装（目前制造工艺的不断提高及材料的变化，厂家提供的密封组件基本满足运行要求，只需按照说明进行组装即可）。

3.1.2.11 气阀组件及安装

（1）安装前检查

① 安装前检查阀片、阀座、升程限制器、弹簧、螺栓等零件，不得有毛刺、划痕、裂纹、翘曲等缺陷。

② 必要时可涂色检查阀片和阀座的接触面，应贴合紧密，阀口不得有断裂现象，阀片的翘曲度一般不应超过 0.03mm，若接触不佳应更换阀片或整个阀组。

③ 检查同一阀组弹簧大小长度是否基本一致，以保证阀片受力均匀，对所有待装零件用煤油清洗并擦干净，不得带进任何异物。

（2）气阀的清洗检查与组装

① 厂家提供的进出口气阀一般是成套组装完成，并做防腐包装处理，随机运往现场，现场施工人员安装时应对阀组进行解体、清洗、检查处理。

② 将阀座平装在专用夹具上，限制阀座的转动，将阀片放于阀座正确位置上；检查环状阀片的平面度偏差应符合相应技术文件的规定。

③ 气阀的每一个阀片与缓冲槽的配合，内径为（H8，H9)/f9，外径为（H8，H9)/e8。安装时，应保证阀片自由地落入缓冲槽，并沿槽圆周方向转动灵活；缓冲槽深度最好大于阀片厚度，以期获得更好的缓冲效果。气阀阀片放在处于自由状态的弹簧上，当阀片未进入缓冲槽时，组合气阀较困难，为此，可用几块厚 2mm 的铜片顺气阀半径方向搁置，将阀片事先压入槽内，待阀座与升程限制器合拢后将铜片抽出。

④ 气阀组装时，弹簧按升程限制器弹簧孔的位置放在阀片上；将升程限制器装入螺栓内并对准弹簧，不得歪斜，旋紧螺母。气阀组装后，阀片、弹簧运动时应无卡住和偏斜现象；气阀开启高度，一般为 2.2～2.6mm。

⑤ 气阀组装后，用煤油进行气密性试验，5min 之内不应有连续的滴状渗漏，且其滴数不超过表 3-2 中的规定。

表 3-2 渗漏滴数

气阀阀片圈数	1	2	3	4
渗漏滴数(5min)	≤10	≤28	≤40	≤64

⑥ 气阀中心连接螺栓及螺母拧紧后，开口销应分开锁紧，装配气阀所用的止口垫片应平整，无裂纹、拉痕等缺陷；气阀止口垫片尺寸应与止口尺寸相适合。气阀装进后及时封装阀盖，并均匀紧固阀盖螺栓，用阀盖顶丝将阀组顶紧后，再拧紧防漏帽。

⑦ 吸排气阀组合件在空试车之前不装入，只将阀盖装上并留有 20mm 左右间隙，以防试车时异物掉入和溅油，也可以用铁网覆盖阀口试车。

3.1.2.12 电动机的安装与联轴器对中

（1）电动机的检查与安装

① 大型活塞式压缩机多采用大型同步电动机拖动，电动机由定子、转子和底座组成。根据设计定型，定子和转子有整体式或对开式。电动机安装时，根据不同的结构形式制订不同的施工方案。

② 电动机轴承座与底座、定子架与底座间均加有绝缘垫片，螺栓、定位销均采取绝缘措施。

③ 电动机轴承间隙调整合格，电动机空气间隙调整合格。

④ 初步调整电动机底座水平度时，其偏差应小于0.10mm/m；电动机与机身相应中心位置偏差，应小于0.50mm（最终再以电动机联轴器与空压机联轴器对中来确定）。

（2）电动机与压缩机的对中

① 压缩机对中，可在气缸进出口配管前进行，也可在进出口管道配完后进行。

② 压缩机与电动机多采用刚性联轴器，对中要求也比较严格，对中时应制作特殊的专用工具进行对中找正，找正时可采用三表找正法。

③ 以压缩机为基准机座进行对中找正，根据电动机标牌要求，保证电动机转子磁力中心位置，两联轴器端面的间隙应符合技术资料的规定，利用电动机支座下的斜垫铁进行垂直方向的微量调整，利用支座处横向调整螺钉调整水平方向的位置，或是整体调整电动机座的位移。

④ 盘动两轴联轴器，记录百分表轴向与径向读数，电动机轴与压缩机主轴的对中偏差，其中径向偏差，上下、左右180°不应大于0.03mm，轴向倾斜以两表表针的间距偏差不大于0.05mm/m。

⑤ 加工刚性联轴器连接螺栓孔时，必须在电动机轴与主轴的对中符合要求后，方可对联轴器连接螺栓的螺孔精铰加工。螺栓与螺孔的过盈量，应符合技术资料的规定。

⑥ 当采用非刚性联轴器时，其对中偏差按本机技术文件执行。

3.1.2.13 压缩机组二次灌浆

机组二次灌浆是在机组本体全部安装完毕，驱动机与压缩机对中结束后，再进行的灌浆抹面工作。二次灌浆时注意以下事项：

① 清扫基础，清除油污，灌浆前2h，用水充分湿润基础。灌浆时将积水清除干净。

② 灌浆料可选用RG-2无收缩水泥灌浆料，灌浆层的厚度为一般为30～70mm。

③ 灌浆时要分层充分捣固、捣实（特别是死角位置），连续不断，直到机组底座下间隙全部填满。灌浆工作应一次灌完，严禁中途较长时间停顿后再二次浇灌。灌浆过程中应用振动泵配合捣实，灌浆层应与基础及设备底座结合紧密，不得有分层现象，最终将灌浆抹面一气呵成。

④ 灌浆完毕后应对灌浆层进行养护。夏天覆盖草垫或其他物品，经常浇水防止干裂。低于－5℃时应采取防冻措施，防止灌浆层冻裂。

3.1.2.14 工艺管道安装

① 压缩机机间及进出口管道的安装和要求，可参考GB 50184《工业金属管道工程施工质量验收规范》和其他相关规范，以及参考本机各管路图和流程图进行安装执行；工艺管道的安装与要求如下。

a. 工艺管道在安装前必须清洗干净，并保持清洁。

b. 工艺管道的配制宜从气缸往外进行，最后一节固定焊口远离压缩机。

c. 管道支承设置应合理，切不能把容器及设备作为管道支承，阀门应集中装配，以便操作。

d. 与压缩机连接的所有管道，严禁强制对口，管口法兰与相对应的机器法兰在自由状态时，其平行度应小于法兰直径的1/1000，最大不超过0.30mm，对中偏差以螺栓能顺利地穿入每组螺栓孔为宜，法兰间距以能放入垫片的最小间距为宜。

② 管线安装完成后，应进行水压试验。试验压力为各级工艺压力的 1.5 倍。

③ 管道与压缩机回装相连时，应在联轴器部位架表监控，不允许管道对机器附加有外力而导致机组对中的破坏，其允许偏差应符合相关技术要求。特别是对于 MH 型压缩机，因驱动电动机在中间，电动机一端是低压缸，另一端是高压缸，当气缸的连接固定与工艺管连接时，很容易破坏原来的对中。

④ 试压与吹扫完毕的附属设备，以及工艺管道应封闭保管，严防杂物进入。

⑤ 所有毛细管线应走楼下，或紧贴机身，严禁占用机组周边操作和检修空间。

3.1.2.15 附属设备的安装

① 压缩机附属设备有冷却器、缓冲罐、油水分离器、干燥器、储气罐、滤清器、放空罐等部件。安装就位前，按要求检查其结构、尺寸、管口方位及地脚螺栓位置等。

② 基础验收时根据管口方位检测地脚螺栓孔的位置，并放出设备纵横中心线和主要管口位置线，以保证接管与施工图相符。

③ 附属设备中的压力容器在厂时已经过各项考核试验，现场直接安装即可。对于过期设备，安装前应根据设备技术文件要求进行强度试验和气密性试验，当无明确要求时，可按 TSG 21《固定式压力容器安全技术监察规程》的规定及相关技术要求执行。

④ 容器安装前用压缩空气吹扫干净；安装就位后，其允许偏差在规定范围内。

3.1.2.16 机组润滑系统安装

（1）压缩机的供油方式

压缩机的供油方式因机组大小而不同，小型低压压缩机依靠自身主轴的转动，带动轴头泵供油。中大型压缩机有两套供油系统，分为高压与低压系统。

① 高压供油装置：有独立的高压注油器，采用柱塞方式工作，通过高压油管，专为压缩机的气缸、填料密封处供油。在油管末端，与气缸或填料的连接部位，配置有检查油量的止回阀。

② 低压供油装置：设置有一个较大的油箱及加热器、冷却器、分配过滤器、两个油泵（一开一备）。油泵可选用齿轮泵、螺杆泵等，为压缩机主轴瓦、大头瓦、小头瓦、十字头滑板提供润滑用油。

③ 有些大型压缩机组也采用轴头泵供油，但需另外配置一套辅助油泵装置，机组启动前先开辅助油泵，向机组各部位供油，机组启动后轴头泵开始工作，辅助油泵联锁自动停机，压缩机一旦停机，辅助油泵联锁自动启动，确保机组的油冷却。

（2）润滑系统管道的安装

① 润滑系统管道的焊接宜采用钨极氩弧焊打底或采用承插式管件焊接。焊前管口部分应打磨光滑，焊后管内应清洁，无焊瘤、焊渣等异物。

② 管道布置应整齐美观，管壁有适当的距离，以便于操作维护，管道安装应稳固。

③ 水平管道有低向油箱的安装坡度（一般不小于 5/1000），以便于回油。

④ 不锈钢管安装后，管内进行酸洗钝化处理。

⑤ 润滑系统的管路、阀门、过滤器和冷却器等安装完毕后，要进行液压试验。

⑥ 压注油管一般为铜管和不锈钢管，油管不允许有急弯、折扭和压扁现象。

⑦ 高压铜管或不锈钢管安装完毕，清洗干净后对输油管进行试压检查，试验压力为工艺压力的1.5倍。

(3) 油系统的试运行

① 编制油冲洗方案，注入系统的润滑油应符合技术资料的规定。

② 油冲洗应按规定进行，油系统试运行合格后，即可进行机组试运行。

③ 如果业主要求更换新油，排放油箱全部润滑油，清洗油箱、油泵、滤网和过滤器，然后注入合格的润滑油。

3.1.3 小型压缩机组的安装

3.1.3.1 小型压缩机组安装工艺

施工准备→基础验收及处理→机组开箱验收→机身吊装就位→机身一次找正（或一次灌浆地脚螺栓）→机组二次找正及灌浆→附属设备安装→机组配管施工→机组电器仪表安装→机组最终对中复查→附属设备试压→内部清理→附属管道试压吹扫保温→机组水气管道系统试运转→机组油循环→空负荷运转→负荷试运转→机组交工验收等。

3.1.3.2 小型压缩机的安装

① 小型压缩机的种类比较多，在这里列举了部分机型，如Z、L、V、W型压缩机中，Z型和L型压缩机体积较大，一般组装在固定的基础上，V型和W型压缩机是较小型的低压机组，一般组装在联合底座或移动座上。

② 对于小型活塞式压缩机，已由制造厂组装成整体压缩机，出厂时进行了装配调整，并经试运转合格。

③ 运输和保质期间有保证的压缩机，运至施工现场可以进行整体安装，接上电源、气源、水源即可使用，不必解体拆卸，只需按照厂家技术要求的找正测点找正即可，必要时仅对部分零部件进行清洗检查。

④ Z型立式压缩机找正找平，Z型垂直列机身的轴向水平度，可在机身的瓦窝轴颈上测量。机身的横向水平可在机身上平面，与气缸连接止口面或机身滑道上测量（在测量不方便的情况下用块规和平尺配合)，其水平度偏差不得大于0.05mm/m。

⑤ L型压缩机找正找平。

a. L型压缩机有两种结构，一种是单列布置，另一种是双列布置。

b. L型压缩机机身找正及找平时，水平列机身的列向水平度可在机身滑道上测量，其水平度偏差最好正负零，允许偏差不得大于0.05mm/m，水平度的倾向，可高向气缸盖端。机身的横向水平找正时，可在主轴的曲轴上测量水平找正，要用很短的水平仪测量，或是联轴器端面测量，也可在垂直列机身上平面与气缸连接止口处，在气缸顶部断面处测量，或是在气缸的四壁测量水平，机身精平紧固定位后，作为基准机座再去找正驱动电动机。

c. 双L型压缩机机身的布置是电动机在中间，两侧分别是高压侧和低压侧。这种机组的安装以电动机为基准基座，电动机的轴向水平以两端轴颈或联轴器水平一致为基准后，再去找正两侧的压缩机，两侧机身横向水平以轴颈水平与联轴器对中找正偏差来确保，两侧机身的轴向水平以水平机身滑道水平来确定。

⑥ V 型和 W 型的机组安装。

a. V 型、W 型压缩机的轴向与横向水平度测量，可在厂家预留的水平测点进行，如果没有找正测点，也可在曲轴颈上，或在联轴器水平或垂直面上找水平，横向水平度可在底座上找水平，水平度偏差不得大于 0.05mm/m。

b. 对于压缩机与电动机在共用底座上的机组，可按照厂家技术文件提供的找正测点进行找平，如果厂家技术文件未提供要求，可在底座平面上直接进行测量，一般偏差不得大于 0.05mm/m。机组就位紧固后，机组与驱动电机应重新进行对中检查。

⑦ 小型压缩机组安装采用垫铁安装，垫铁布置在地脚螺栓两侧和受力集中处。

⑧ 机组地脚螺栓紧固后，用 0.05mm 塞尺检查垫铁之间及垫铁与机器底座结合面间的间隙，在垫铁同一断面处从两侧塞入的长度总和不得超过垫铁长度的 1/3。再用 0.25kg 或 0.5kg 的小手锤，敲击检查垫铁组，应无松动现象。

3.1.3.3 电动机的安装及联轴器对中

① 整体安装较小型的机组，电动机和压缩机基本都是在一个结构架上，厂家出厂时已对中调试完毕（施工现场可作对中复查），使用业主只需整体找平找正，灌浆抹面，接上电源即可使用，其中也有电动机与压缩机分开安装的。

② 电动机轴与主轴的对中偏差，应符合下列规定：

a. 当采用刚性联轴器时，径向不应大于 0.03mm；轴向倾斜不应大于 0.05mm/m，两轴端面的间隙应符合机器技术资料的规定。

b. 当采用非刚性联轴器时，其对中偏差应按现行行业标准 HG 20203《化工机器安装工程施工及验收规范》的规定执行。

3.1.3.4 压缩机零件的清洗和调整

① 压缩机整体安装并检验合格后，应将压缩机的吸、排气阀拆卸后进行清洗检查，并用压铅法测量气缸余隙，余隙值应符合机器技术文件规定。

② 对运输没有保证或存放时间较长的压缩机，整体安装以后应对连杆大、小头轴瓦、气缸镜面、活塞、气阀等进行清洗和检查，合格后重新组装。

3.1.3.5 小型压缩机的一次灌浆

小型压缩机的一次灌浆可参照 3.1.2.3 节执行。

3.1.3.6 小型压缩机二次精平与二次灌浆

① 压缩机的二次找正，在压缩机一次找正测点位置再次用 0.02mm/m 的水平仪进行测量检查，如果出现变化，通过压缩机底座上的斜铁调整找平，机身的纵向和横向水平度均不得超过 0.05mm/m。列向的水平度气缸可高于中体滑道。

② 二次灌浆按照 3.1.2.13 节执行。

3.1.3.7 小型压缩机的润滑

① V 型、W 型压缩机的润滑相对简单，出厂时已装配完毕，现场只需装入一定数量的润滑油即可开车。

② Z 型压缩机与 L 型压缩机的供油系统有两种，低压机是比较简单的一种供油方式，油箱就是机身曲轴箱，油泵就在轴头部位，机组的轴瓦、十字头、连杆瓦用油由轴头泵直接

提供油；高压机另外增设一套高压供油系统，高压油直接向气缸填料供油。

3.1.4 压缩机的试运行

压缩机安装并检查合格后，即可进行无负荷试运转和负荷试运转。

3.1.4.1 试运转前的检查

① 检查气缸、机身、中体、十字头、连杆、气缸盖、气阀、地脚螺栓、联轴器等连接件的紧固情况，各处间隙是否符合要求，各项资料齐全。

② 各级安全阀经校验、鉴定符合要求，并出具相关证明，其动作灵敏可靠。

③ 润滑油系统试车合格，保证润滑系统正常工作。

④ 水冷却系统试压符合要求，其压力和流量能确保压缩机正常运转。

⑤ 压缩机系统附属设备及工艺管道系统安装、试压、清洗完毕。

⑥ 各种测试仪表安装、试验合格，机组联锁调试合格。

⑦ 现场物品清理干净，并保持试运场地的清洁。

⑧ 启动盘车器检查各运动部件有无异常。停车时活塞避开前、后死点位置。

3.1.4.2 电动机单试

① 脱开与压缩机之间的联轴器螺栓，盘动电动机转子应转动灵活，无异常声响；检查电动机的绝缘电阻等应符合规定，电气系统应调试合格，具备试运行条件。

② 打开电动机冷却水系统，调整到规定压力，无跑、冒、滴、漏现象。

③ 启动润滑油系统，调整电动机轴承所需压力。

④ 点动电动机，检查转向是否正确，并应无异常音响与其他问题。

⑤ 启动电动机连续运行 2h，检查电动机的电流、电压、水压、水温、定子温升、轴承温升、轴振动，应符合要求。

3.1.4.3 压缩机试运行

(1) 压缩机试运转前应检查的工作

① 水系统的试运行，水系统通水试验前必须对冷却系统的管道逐级进行冲洗，检查合格后，方能与设备连接。

② 启动润滑油系统，调整压缩机所需压力，无跑、冒、滴、漏现象。

③ 启动高压注油系统，确保油路畅通，无跑、冒、滴、漏现象。

(2) 无负荷试运转

① 启动油泵，使润滑油压力稳定在 0.1～0.3MPa，盘车数转。

② 再次启动电动机，全速后立即停车，检查是否有不正常声响。

③ 第一次空负荷试运转 5min，运转中检查有无不正常敲击声，停车后检查各摩擦面的温度及润滑情况，还要检查各连接部位的紧固情况，上述各项如发现问题，应及时查明原因，并设法消除。

④ 第二次空负荷试运转，在额定转速下运转 30min，若无不正常响声、发热和振动则可连续运转 2h。

(3) 无负荷试运应达到的标准

① 主轴承温度不超过 60℃。

② 电动机温度不超过 75℃。

③ 填料、中体滑道温升不超过 60℃。

④ 所有运动件、静止件等均无碰撞、敲击等异响。

⑤ 油路、水路、各种密封件运转正常；电气、仪表设备正常工作。

(4) 压缩机级间管道吹扫注意事项

① 将水路的所有阀门打开，检查各视水点的回水情况。

② 启动油泵使油压达到规定。

③ 回装一级进出口阀门，断开一级冷却器进口加上盲板，对一级出口管道进行吹扫，确认吹扫干净后即可停机；与一级冷却器连接，断开二级气缸进口管道，加上盲板即可开动主机；对二级进口管道进行吹扫，确认合格后即可停机；回装二级气缸进出口阀门，连接二级进口管道，逐级往下进行，一直到末级吹扫完毕。

(5) 负荷试运转注意事项

压缩机的负荷试运转可用氮气进行，也可用空气进行，但要与原料气的压缩比进行换算。

① 将气路的所有阀门打开。

② 将水路的所有阀门打开，检查各视水点的回水情况。

③ 启动油泵使油压达到规定。

④ 启动主机。

⑤ 逐级关闭放油水阀门及回路放空阀门。

⑥ 逐级关闭出口阀门，缓慢升高压力至最终压力，在试车的额定工况下连续运行时间不少于 24h。

(6) 运行期间及运行后的检查

① 润滑油、冷却水压力和温度是否正常。

② 信号及控制保护装置是否灵敏可靠。

③ 机组本体是否有不正常声响。

④ 各级气体压力及温度是否符合规定。

⑤ 气、水、油路的连接面是否严密并排除所有泄漏点。

⑥ 各摩擦面有无不正常磨损现象，并及时消除与修复。

3.1.4.4 压缩机的停车

负荷试运转结束后，停机应按以下顺序进行：

① 从末级开始，依次开启止回阀旁路阀门及排油、水阀门，逐渐降低各级排出压力。

② 使压缩机进入无负荷运转后，按电气操作规程停止电动机。

③ 主轴停止运转后，立即进行盘车，停止盘车 5min 后，停止循环油泵供油。

④ 关闭供水总阀，排净机器、设备及管道中的存水。

3.1.5 交工验收

① 交工验收是安装工程最后工序，试运转必须达到要求，且技术资料齐全。

② 压缩机经负荷运转合格后，在建设单位、监理单位、施工单位等共同参加下，对压缩机的安装进行交工验收。

③ 验收时，对压缩机的安装过程和安装质量进行综合评价，对建设单位有异议的问题可以进行复验。有负荷试运转合格后，使用、监理和施工单位等有关单位共同在机器单体试运行记录上签字确认后，办理工程移交。

④ 施工单位应交付压缩机的安装技术文件，包括压缩机组基础隐蔽工程安装记录；机身、中体与气缸找正找平记录；曲轴水平测量检查记录与曲轴曲拐差记录；十字头与中体滑道间隙记录；主轴瓦、连杆大、小头轴瓦间隙记录；活塞环安装记录；活塞与气缸圆周间隙记录；气缸前、后或上、下余隙记录；联轴器对中数值调整记录；压缩机无负荷和负荷记录；随机技术资料及机组出厂合格证书等。

⑤ 附属设备及工艺管道、电气、仪表、防腐、保温等交工文件也应在验收后交出。经交工验收后，施工单位和建设单位技术负责人在交工验收文件上签字，办理工程移交。

3.2 知识解读

3.2.1 活塞式压缩机的结构及工作循环

3.2.1.1 活塞式压缩机的结构

活塞式压缩机种类较多，基本结构和组成的主要零部件大体相同，对于无十字头的活塞式压缩机，主要零部件有机身、曲轴、连杆组件、活塞组件、气缸组件、吸排气阀组件等，结构见图3-8。

对于有十字头的活塞式压缩机，除有上述零件外，还有十字头及滑道、活塞杆及填料函等，结构见图 3-9。

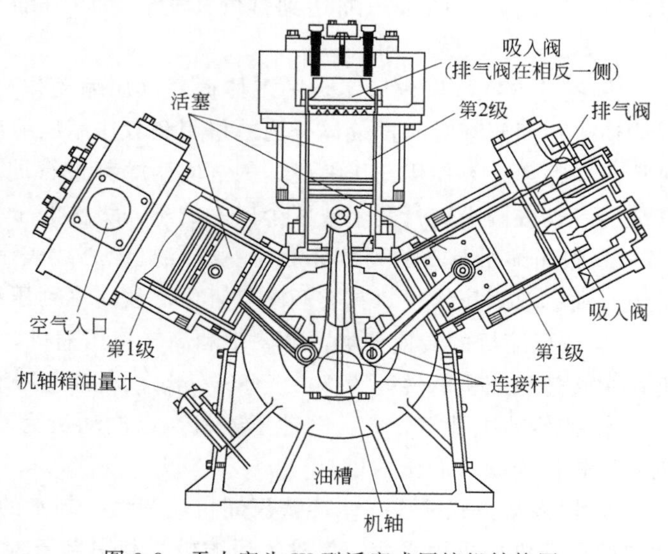

图 3-8 无十字头 W 型活塞式压缩机结构图

3.2.1.2 活塞式压缩机的类型

① 按达到的排气压力，分为低压（0.3～1MPa）、中压（1～10MPa）、高压（10～100MPa）和超高压压缩机（大于 100MPa）。

② 按压缩机生产能力输气量的大小，分为微型、小型、中型和大型压缩机。一般排气量（按进气状态计）小于 $1m^3/min$ 为微型压缩机，排气量 $1～10m^3/min$ 为小型压缩机，排气量 $10～100m^3/min$ 为中型压缩机，排气量大于 $100m^3/min$ 为大型压

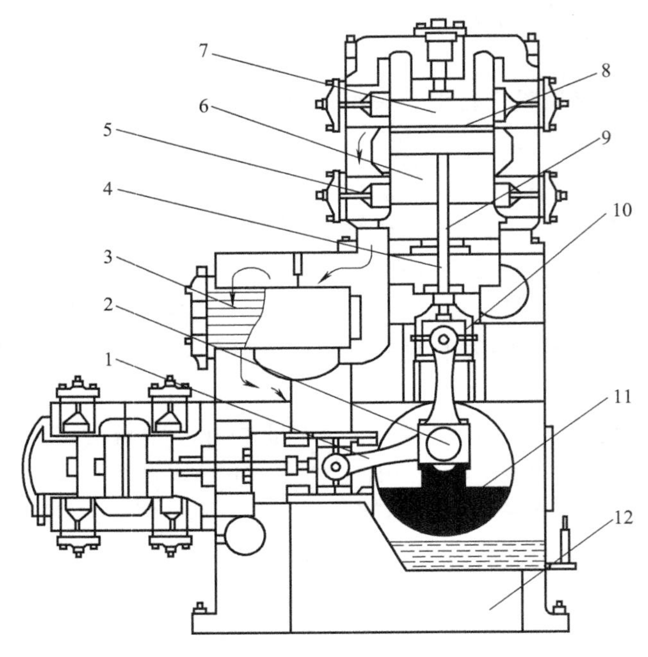

图 3-9 L 型活塞式压缩机结构图

1—连杆；2—曲轴；3—中间冷却器；4—活塞杆；5—气阀；6—气缸；7—活塞；8—活塞环；9—填料；10—十字头；11—平衡重；12—机身

缩机。

③ 按气缸的排列方式分为立式、卧式、角度式和对置式压缩机。

立式压缩机，气缸中心线与地面垂直，如 Z 型；卧式压缩机，气缸中心线与地面平行，且气缸只布置在机身一侧，如 r 型（一种老式单列压缩机）；角式压缩机，气缸中心线互成一定角度，按气缸排列所呈的形状，又分为 L 型、V 型、W 型和星型等不同角度；对置式压缩机，气缸中心线与地面平行，且气缸布置在机身两侧，如 D 型、M 型、H 型、MH 型等。在对置式压缩机中，如果相对列活塞相向运动，即相邻的曲拐相差 180°，又称为对称平衡型或对动型压缩机，如 M 型和 H 型。其中 M 型的气缸在电动机单侧，H 型的气缸在电动机两侧，其惯性力基本能平衡。

④ 按压缩级数，即按气体受压缩的次数，分为单级、两级和多级压缩机。单级压缩机，气体经一级压缩达到排气压力；两级压缩机，气体经两级压缩达到排气压力；多级压缩机，气体经三级以上压缩达到排气压力。

⑤ 按活塞在气缸内所实现的气体循环（压缩动作）分类，按压缩机在活塞一侧吸、排气体还是在两侧都吸、排气体分为单作用和双作用压缩机。单作用式压缩机，气缸内仅一端进行压缩循环；双作用式压缩机，气缸内两端都进行同一级次的压缩循环；级差式压缩机，气缸内一端或两端进行两个或两个以上的不同级次的压缩循环。

⑥ 按压缩机具有的列数分类，一条气缸中心线表示一个列。单列压缩机，只有一条气缸中心线；双列压缩机，具有两条气缸中心线；多列压缩机，具有两条以上的气缸中心线。

⑦ 按压缩机的转速分类，低、中和高转速压缩机，低转速压缩机的转速在 200r/min 以下；中转速压缩机的转速为 200～450r/min；高转速压缩机的转速为 450～1000r/min。

⑧ 按传动机种类分类，电动压缩机，以电动机为动力；气动压缩机，以蒸汽机、内燃机、汽轮机为动力的压缩机。

⑨ 按冷却方式分类，水冷式压缩机，利用冷却水的循环流动而带走压缩过程中的热量，大中型压缩机多采用水冷；风冷式压缩机，利用自身风力通过散热片而带走压缩过程中的热量，小型压缩机多采用风冷。

⑩ 按润滑方式分类，有油润滑压缩机，需要往气缸内注油进行润滑；无润滑油压缩机，气缸内不需要注油，而是依靠自润滑材料进行润滑。

此外，还可按有无十字头，分为有十字头压缩机和无十字头压缩机；按机器工作地点固定与否，分为固定式压缩机和移动式压缩机；按所压缩的气体种类，分为空气压缩机、氧气压缩机、氢气压缩机、氮气压缩机、氨气压缩机等。

3.2.1.3 活塞式压缩机的工作循环

活塞式压缩机由曲柄连杆机构将驱动机的回转运动变成为活塞的往复运动，气缸和活塞共同组成压缩容积；活塞在气缸内做往复运动，使气体在气缸内完成膨胀、进气、压缩、排气过程，这个过程称为压缩机的一个工作循环。由进排气阀控制气体进入与排出气缸，在曲轴侧的气缸端部装置填料密封，以阻止气体外漏。活塞上的活塞环，是阻止活塞两侧气缸容积内的气体互相窜漏。活塞式压缩机工作过程见图 3-10。

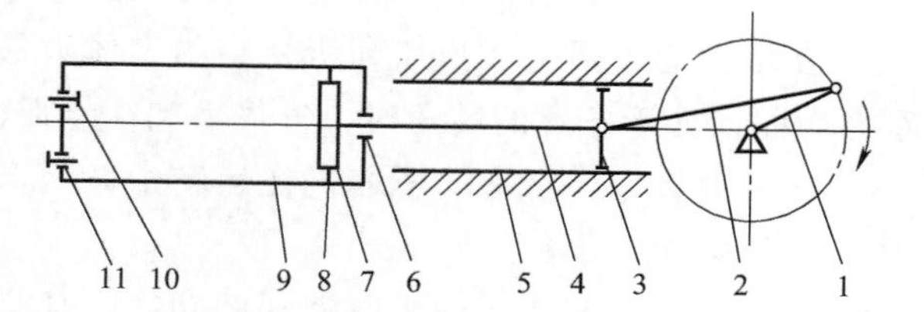

图 3-10 活塞式压缩机工作过程示意图

1—曲轴；2—连杆；3—十字头；4—活塞杆；5—滑道；6—密封；7—活塞；8—活塞环；9—气缸；10—吸气阀；11—排气阀

压缩机的余隙容积是指活塞运动至止点时与缸盖之间的间隙（止点间隙），包括活塞端面与第一道活塞环之间，由气缸镜面与活塞外圆之间包围的环形空间，阀座下面空间以及气阀内部的剩余容积。止点间隙一般 1.5～4mm，留此间隙的目的是避免因活塞杆、活塞的热膨胀和弹性变形而引起活塞与气缸的碰撞，同时也可防止因气体带液而发生事故。

3.2.1.4 多级压缩

（1）多级压缩与级间冷却

多级压缩是将气体的压缩过程分别在若干级中进行，并在每级压缩后将气体导入中间冷却器进行冷却。单级压缩所能提高的压力范围有限，当需要更高压力的场合，因此必须采用多级压缩。

采用多级压缩的优点：节省压缩气体的指示功，降低排气温度，降低作用在活塞上的最大气体力，提高容积系数。

（2）级数的选择

大、中型压缩机级数的选择，一般以最省功为原则。小型移动压缩机除应省功，还要考虑重量，级数选择多取决于每级允许的排气温度，在排气温度的允许范围内，尽量采用较少的级数，以利于减轻机器的重量。

对于一些特殊气体，其化学性质要求排气温度不超过某一温度，因此级数的选择也取决于每级允许达到的排气温度。往复压缩机级数与排气压力的选择参见表 3-3。

表 3-3 压缩机级数与排气压力的关系

排气压力/MPa	0.3～1	0.6～6	1.4～15	3.6～40	15～100	80～150
级数	1	2	3	4	5	6

（3）活塞式压缩机的主要性能参数

① 额定排气量：为压缩机铭牌上标注的排气量，通常指单位时间内压缩机最后一级排出的气体，换算到第一级进口状态下的压力和温度时的气体容积值。常用单位为 m^3/min、m^3/h。

② 额定排气压力：为压缩机铭牌上标注的排气压力，通常指最终排出压缩机的气体压

力，排气压力应在压缩机末级接管处测量，常用单位为 MPa、bar。

③ 排气温度：考虑到积炭和安全运行，对于相对分子量小于或等于 12 的介质，排气温度不超过 135℃；对乙炔、石油气、湿氯气排气温度不超过 100℃；其他气体建议不超过 150℃。

④ 转速：压缩机曲轴的转速，常用单位为 r/min。

⑤ 活塞力：活塞在止点处所受到的气体力最大，因此将这时的气体力称为活塞力。活塞力为曲轴处于任意的转角时，气体力和往复惯性力的合力，它作用于活塞杆或活塞销上。

⑥ 活塞行程：活塞式压缩机在运转中，活塞从一端止点到另一端止点所走的距离，称为一个行程，常用单位为 mm。

⑦ 功率：活塞式压缩机所消耗的功，一部分直接用于压缩气体，称为指示功，另一部分用于克服机械摩擦，称为摩擦功，主轴需要的功为两者之和，称为轴功。单位时间内消耗的功称为功率，常用单位为 W 或 kW。压缩机的轴功率为指示功率和摩擦功率之和，常用 N_s 表示。压缩机的驱动机消耗的功率称为驱动功率，用 N_d 表示。

$$N_s = N_d \eta \tag{3-1}$$

式中，η 为传动效率。

⑧ 压缩比（压力比）：有级压缩比和总压缩比之分。

级压缩比：压缩机每一级的排气压力与吸入压力之比，一般用 ε_1 表示；

总压缩比：压缩机最末一级的排气压力与第一级的吸入压力之比，用 ε 表示。

$$\varepsilon = \varepsilon_1 \varepsilon_2 \cdots \varepsilon_n \tag{3-2}$$

注意：计算压缩比时，吸气压力与排气压力都要用绝对压力来计算。

⑨ 级数：大中型往复压缩机以省功原则选择级数，通常情况下其各级压力比≤4。

3.2.1.5 活塞压缩机的型号表示法

活塞压缩机的型号反映出压缩机的主要结构特点、结构参数及主要性能参数。机械工业部标准 JB 2589《容积式压缩机型号编制方法》规定活塞式压缩机型号由大写汉字拼音字母和阿拉伯数字组成，表示方法如下：

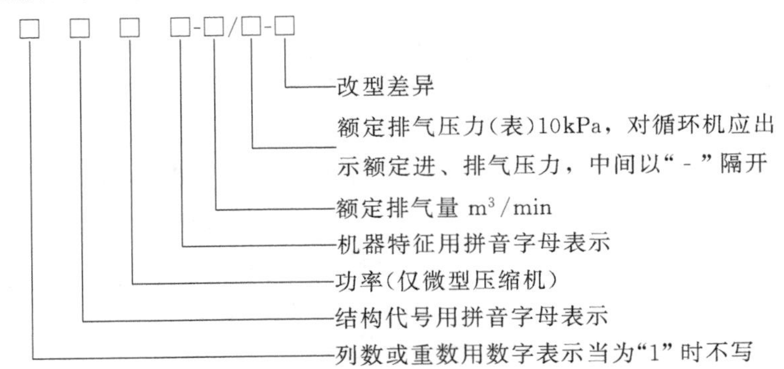

3.2.2 活塞式压缩机的主要零部件及辅助装置

活塞式压缩机的主要零部件包括机体、工作腔部件和运动部件。工作腔主要有气缸、气阀、活塞组件、填料函（活塞杆密封）等；运动部件包括曲轴、连杆、十字头等。

3.2.2.1 机体

活塞式压缩机的机体是压缩机定位的基础构件，一般由曲轴箱和中体组成。机体内部安装各运动部件，并为传动部件定位和导向。机体中气缸所在的部位是气缸体，安装曲轴的部位为曲轴箱。曲轴箱内存装润滑油，外部连接气缸、电动机和其他装置。运转时，活塞式压缩机机体要承受活塞与气体的作用力和运动部件的惯性力，并将本身重量和压缩机全部和部分的重量传到基础上，因而要求其有足够的强度和刚度。

机体的外形主要取决于压缩机的气缸数和气缸的布置形式。根据气缸体上是否装有气缸套，机体可分为无气缸套和有气缸套两种。由于机体结构复杂，加工面多，所以机体的材料应具有良好的铸造性和切削性，机体用材，一般常用 HT200 和 HT250。

3.2.2.2 气缸

气缸、活塞与气阀构成压缩机的工作容积。气缸主要由缸座、缸体、缸盖三部分组成，低压级多为铸铁气缸，设有冷却水夹层；高压级气缸采用钢件锻制，由缸体两侧中空盖板及缸体上的孔道形成冷却水腔。气缸缸套分有固定式和活动式两种装配形式，均采取端部凸缘定位。气缸设有支承，用于支撑气缸重量和调整气缸水平。

气缸呈圆筒形，形式有单作用、双作用、级差式。进排气阀安装在活塞一侧的气缸为单作用气缸，容积利用率低，但结构简单，多为风冷式；进排气阀安装在活塞两侧的气缸为双作用气缸，容积利用率较高，结构紧凑，活塞往复运动过程中活塞力较均衡，气缸结构较复杂，多为水冷式；级差式气缸是由不同级次的气缸组合为一体的气缸，总体上更为紧凑，在多级压缩机中，采用级差式气缸，有利于合理确定压缩机的组合，调整活塞力的分配，但级差式气缸在制造精度上要求更为严格，气缸的检修维护不够方便。

气缸与缸盖之间采用软垫片密封，垫片材料可用橡胶、石棉、金属石棉垫（铜包垫）、柔性石墨垫等。

气缸应具有足够的强度与刚度，采用优质耐磨铸铁铸造，也可对工作表面进行多孔性镀铬和离子氮化处理，以提高使用寿命。气缸内部工作面及尺寸应达到所要求的加工精度和表面粗糙度，有良好的耐腐蚀性和密封性；余隙容积尽可能小些；具有良好的冷却、润滑条件；气缸上的开孔和通道，在尺寸和形状等方面要尽可能有利于减少气体阻力损失；有利于制造和便于检修，应符合系列化、通用化、标准化的“三化”要求，以便于互换。

3.2.2.3 活塞组件

活塞组件由活塞体、活塞紧固螺母、活塞环、支承环、活塞杆或活塞销等组成。每级活塞体上装有不同数量的活塞环和支承环，用于密封压缩介质和支承活塞重量。

（1）活塞

活塞又称活塞体，分为筒形活塞、盘形活塞两大类。

筒形活塞，常为单作用活塞，用于小型无十字头的压缩机，通过活塞销与连杆直接相连，活塞顶部直接承受缸内气体压力。

盘形活塞用于中、低压双作用气缸。盘形活塞通过活塞杆与十字头相连，为减轻往复运动质量，活塞可铸成空心结构，两端面间用筋板加强。

活塞的材料一般采用灰铸铁和铝合金，铸铁活塞强度高、价廉、耐磨、热膨胀系数小，常用 HT200 和 HT250，但灰铸铁活塞密度大，运行时惯性力大，在高速多缸制冷压缩机中不适合。铝合金的密度小，导热性好，抗磨性好，目前高速压缩机均采用铝合金活塞，材料一般采用ZL108、ZL109或ZL111。

对于压力较高的活塞，一般采用20钢或35钢。

(2) 活塞环

活塞环是一个带开口的弹性圆环，为自紧式密封。在自由状态下，其外径大于气缸的直径，装入气缸后直径变小，仅在切口处留下一定的热膨胀间隙，靠环的弹力使其外圆面与气缸内壁贴合并产生预紧压力。活塞环可分为气环和油环，气环的作用是保持气缸与活塞之间的密封性；油环的作用是刮去气缸壁上多余的润滑油，避免过量的润滑油泄漏浪费。

活塞环的切口形式有直切、斜切和搭切。为便于制造，一般采用直切口，活塞环外圆锐角倒成小圆角，以便形成油膜减少泄漏和磨损，内圆锐角倒成45°。

活塞环是气缸镜面与活塞之间的密封零件，同时也起着布油和导热作用。活塞环的材料要有足够的强度、耐磨性、耐热性和良好的初期磨合性等。活塞环常用材料有铸铁、铜合金、聚四氟乙烯、石墨等。气缸注油润滑时，活塞环采用铸铁环或填充聚四氟乙烯塑料环；当压力较高时采用铜合金活塞环；支承环采用塑料环或直接在活塞体上浇铸轴承合金。气缸无油润滑时，活塞环支承环均为填充聚四氟乙烯塑料环，支承环结构形式为1200单片式，采用安装在环槽中的定位块，实现支承环的径向定位，当活塞直径较小时，采用整圈开口支承环。

活塞环的密封机理：活塞环是依靠阻塞与节流来实现密封的，气体的泄漏由于环面与气缸镜面之间的贴合而被阻止，在轴向由于环端面与环槽的贴合而被阻止，此即所谓阻塞。由于阻塞，大部分气体经由环切口节流降压流向低压侧，进入两环的间隙后，又突然膨胀，产生旋涡降压而大大减少了泄漏能力，此即所谓节流。所以活塞环的密封是在有少量泄漏的情况下，通过多个活塞环形成的曲折通道，形成很大压力降来完成的。

活塞环的密封还具有自紧密封的特点，即它的密封压力是靠被密封气体的压力来形成的。活塞环本身的弹性产生一个对气缸壁的预紧力，使得气体通过间隙产生节流，在活塞前后形成压差；在活塞环前后压差的作用下，活塞环端面与活塞环槽贴紧，阻止气体沿环槽端面泄漏。紧力是靠被密封气体的压力来形成的，而且气体压差愈大则密封压紧力也愈大，所以称之为"自紧密封"。

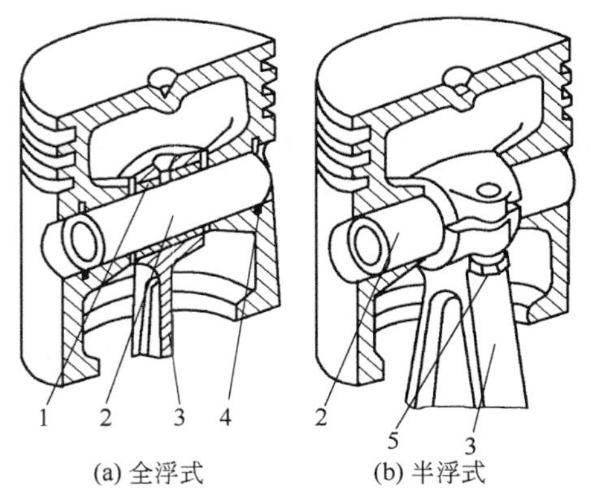

图3-11 活塞销的连接方式
1—连杆衬套；2—活塞销；3—连杆；4—活塞销卡环；5—紧固螺栓

密封环的密封作用主要靠前三道环承担，且第一道环产生的压降最大，起主要的密封作用，承受的压力差最大，当然磨损也最快；三道环以后增加环数所起密封作用不大；环数过多反而会增加磨损和功耗。在低压级中，由于排气压力小，环承受的压力小，所以环的磨损慢；而同一机的高压级中，环承受的压力大，磨损也较快，为使低压级与高压级活塞环的检修周期相同，所以高压级采用较多的活塞环数。

(3) 活塞销

小型压缩机通过活塞销连接连杆和活塞，一般均制成中空圆柱结构，有全浮式、半浮式，结构如图3-11所示。

浮式活塞销的连接，活塞销相对销座和连杆小头衬套都能自由转动，这样可以减小摩擦面间的相对滑动速度，使磨损减小且均匀。为防止活塞销产生轴向窜动而伸出活塞擦伤气缸，通常在销座两端的环槽内，装上弹簧挡圈。

3.2.2.4 连杆组件

① 连杆的作用是将活塞和曲轴连接起来，传递活塞和曲轴之间的作用力，将曲轴的旋转运动转变为活塞的往复运动。

② 连杆由连杆小头、连杆大头和连杆体三部分构成。连杆小头及衬套通过活塞销与活塞连接，工作时做往复运动。连杆大头及大头轴瓦与曲柄销连接，工作时做旋转运动。连杆大小头之间的杆身（连杆体），工作时做垂直于活塞销平面的往复与摆动的复合运动。连杆体承受着拉伸、压缩的交变载荷及连杆体摆动所引起的弯曲载荷的作用。因此，连杆要有足够的强度和刚度；连杆大小头轴瓦工作可靠，耐磨性好；连杆螺栓疲劳强度高，连接可靠；连杆易于制造，成本低等。

③ 剖分式连杆大头的大头瓦盖与连杆体用连杆螺栓连接，它对大头盖与连杆体之间既起紧固作用，又起定位作用。

3.2.2.5 活塞杆与十字头

① 活塞杆连接活塞和十字头：传递作用于活塞上的力并带动活塞运动。活塞杆要有足够的强度、刚度和稳定性，耐磨性好并有较高的加工精度和表面粗糙度要求；结构上减少应力集中的影响；保证连接可靠，防止松动；活塞杆的结构要便于活塞的拆装。活塞杆多为钢件锻制成，经调质处理及摩擦表面进行硬化处理，有较高的综合力学性能和耐磨性。

② 十字头是连接连杆和活塞杆的部件，是将回转运动转化为往复直线运动的关节。由十字头体、滑履（滑板）、十字头销等组成。按十字头体与滑履的连接方式，有整体式和可拆式两种。对于可拆式十字头，滑履与十字头之间装有调整垫片，由于机身两侧十字头受侧向力的方向相反，为保证十字头与活塞杆运行时的同心，制造厂组装时，已将受力相反的十字头与滑履间垫片数量进行调整，用户在安装检修时，不应随意调换十字头和增减垫片。对十字头的基本要求是有足够的强度、刚度、耐磨损、重量轻、工作可靠。

3.2.2.6 密封填料

① 密封填料是用来阻止气体从缸内沿活塞杆周围间隙向外泄漏的组件，因活塞杆做往复运动，所以要求填料不仅要有良好的密封性能，还要求填料耐磨并具有较小的摩擦系数。常用的有平面填料和锥面填料。

② 有油润滑时，密封填料中设有注油孔，可注入压缩机油进行润滑，无油润滑时，不设注油孔。密封填料分通水冷却和不通水冷却两种结构形式，通水冷却时，在填料盒外部设有冷却水腔，当密封填料安装在带有冷却水腔的缸座上时，采用不通水冷却结构形式。

③ 每个填料盒内装有一组密封元件，由径向环、切向环、阻流环组成，密封元件材料有铜合金或填充聚四氟乙烯塑料环，铜环仅用于有油润滑场合，塑料环在有油或无油场合均适用。

④ 填料函是包在活塞杆上的密封件，填料由一个或多个环组成，包容在填料盒内，运行时提供润滑、清洗、冷却、密封、温度和压力等功能。填料盒内装配有密封环，每个环都是为了阻止或限制气流进入大气或隔离室。每组填料环分别装配在单独的填料函中。每个密

封环紧箍在活塞杆上达到密封作用，同时紧紧粘住与活塞杆成直角的填料函槽面。密封环可以沿活塞杆自由横向移动，也可以在填料盒的环槽内自由“浮动”，其结构如图 3-12 所示。

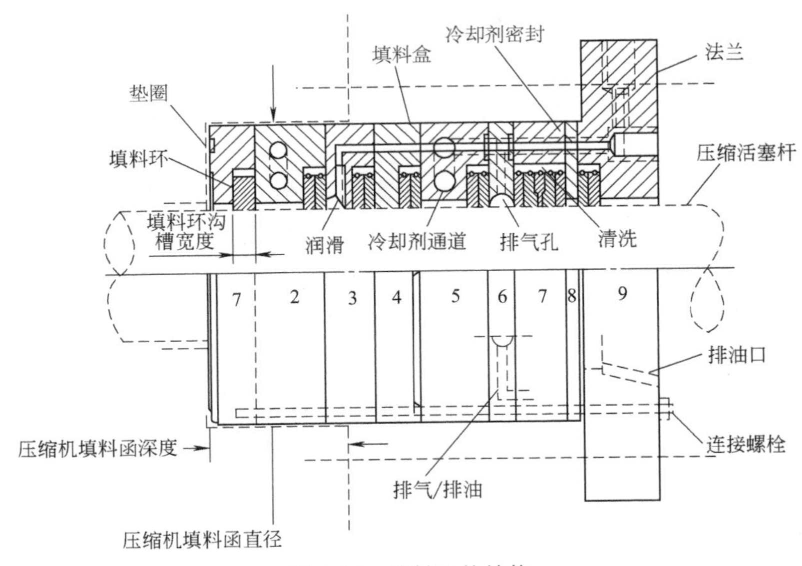

图 3-12 填料函的结构

3.2.2.7 曲轴与主轴承

（1）曲轴

压缩机的功率通过曲轴输入，曲轴受力情况复杂，要求有足够的强度、刚度和耐磨性。压缩机曲轴主要包括主轴颈、曲柄销和曲柄、轴身等部分，有两种基本形式即曲柄轴和曲拐轴。

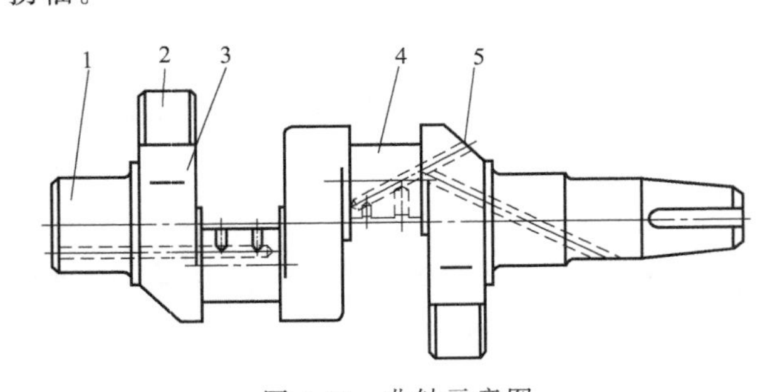

图 3-13 曲轴示意图

1—主轴颈；2—平衡块；3—曲柄；4—曲柄销；5—轴颈

曲柄轴仅在曲柄销的一端有曲柄，曲柄销的另一端为开式，连杆的大头可从此端套入，小型压缩机多采用曲柄轴。

曲拐轴，简称曲轴，由一个或几个以一定错角排列的曲拐所组成，每个曲拐由主轴颈、曲柄和曲柄销三部分组成，下面是一个 2 级曲拐的示意图，如图3-13所示。

每个曲轴上可并列安装 1～6 个连杆。曲轴的一端（轴颈较长端）称为功率输入端，通过联轴器或带轮与电动机连接；另一端称为自由端，用来带动油泵。

曲轴受力情况复杂，要求它具有足够的刚度和强度，良好的承受冲击载荷的能力，耐磨损且润滑良好。一般有锻造和铸造两种。锻造曲轴常用材料是 40、45 优质碳素钢。

铸造曲轴常用球墨铸铁材料 QT500-7。由于铸造曲轴具有良好的铸造性能和加工性能，可铸造出较复杂、合理的结构形状，吸振性好，耐磨性高，制造成本低，对应力集中敏感性小，应用广泛。

（2）主轴承

主轴承用于支承曲轴主轴颈，并被安装在机体的前后盖内。主轴承是压缩机中主要磨损件之一，它直接与主轴颈接触，承受活塞力和旋转质量惯性力的共同作用，主要是冲击和压缩，很容易发热和磨损，为了减小磨损和导出热量，应从轴承的材料、结构工艺和润滑等方面予以改进。

我国系列活塞式压缩机（除小型机外）均采用滑动轴承，滑动轴承根据轴承孔座是整体式还是剖分式而分别具有轴套和轴瓦两种结构形式。

对于轴承合金层材料要有足够的机械强度，良好的表面耐磨性能，耐腐蚀和与轴套钢背结合牢固等。目前常用材料为锡基巴氏合金、铝镁合金或铅锑铜合金。轴套钢背材料，从与轴承合金层的结合牢度和机械强度考虑，以选用低碳钢为宜，常用的有08、10、15钢。

3.2.2.8 气阀

活塞式压缩机的气阀有排气阀与吸气阀。排气阀的结构与吸气阀仅是阀座与升程限制器的位置互换，吸气阀升程限制器靠近气缸里侧，排气阀则是阀座靠近气缸里侧。气阀主要由阀座、阀片、弹簧和升程限制器和将它们组为一体的螺栓、螺母等组成。

（1）气阀在气缸上的配置

气阀布置原则，应尽量使气阀通道面积大些，以减少气流阻力损失；配置气阀力求气缸余隙要小；气阀安装维修方便；对于高压气缸，尽可能不要在气缸上开孔，以免削弱气缸或引起应力集中。

气阀在气缸上配置的三种方式：气阀配置在气缸盖上，气阀配置在气缸体上，气阀轴线与气缸轴线呈非正交混合配置方式。

（2）气阀的种类

气阀的形式很多，按气阀阀片结构的不同形式分为环阀（环状阀、网状阀）、孔阀（碟状阀、杯状阀、菌形阀）、条状阀（槽形阀、自弹条状阀）等。环状阀、网状阀应用最广。

① 环状阀：环状阀由阀座、阀片、弹簧、升程限制器、连接螺栓、螺母等组成。环状阀使用的弹簧有环形弹簧、柱形（或锥形）弹簧。阀片为圆环状薄片，一般是制成单环阀片。阀座呈圆盘形，上面有几个同心的环状通道，供气体通过，各环之间用筋连接。阀片呈环状，环数一般为1～5环，有时多达8～10环片，环片数目取决于压缩气体的排气量。阀片的启、闭运动靠升程限制器上的导向块来导向。为了防止气阀在工作时松动，连接螺栓和螺母都采取了放松措施。

气阀由阀片、阀座、弹簧、升程限制器、阀螺栓螺母等组成。阀座呈圆盘形，上面有几个同心的环状通道，供气体通过，各环之间用筋连接。当气阀关闭时，阀片紧贴在阀座突起的密封面（俗称凡尔线）上，将阀座上的气体通道盖住，截断气流通路。升程限制器的结构和阀座相似，但其气体通道和阀座通道是错开的，它控制阀片升起的高度，成为气阀弹簧的支承座。在升程限制器的弹簧座处，常开有小孔，用于排除可能积聚在这里的润滑油，防止阀片被黏在升程限制器上。阀片呈环状，其数量取决于排气量，一般1～5环。结构如图3-14所示。

气阀依靠阀螺栓将各个零部件连在一起，连接螺栓的螺母总是在气缸外侧，这是为了防止螺母脱落进入气缸的缘故。吸气阀的螺母在阀座的一侧，排气阀的螺母在升程限制器的一侧。安装时，切勿将吸气阀和排气阀装反。

环状阀的优点是形状简单，应力集中部位少，抗疲劳好，加工简单，成本低，环可单独

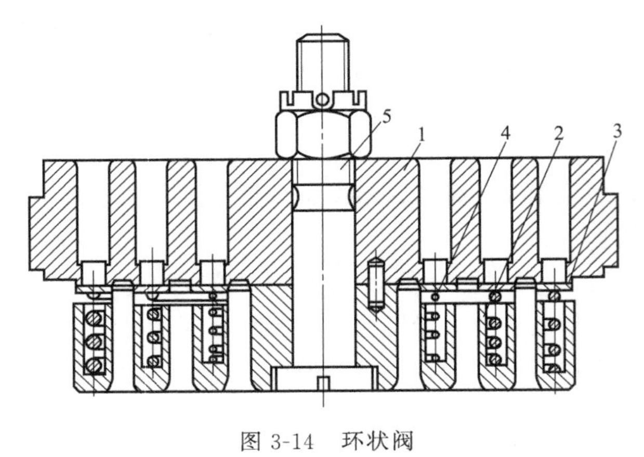

图 3-14 环状阀
1—阀座；2—升程限制器；3—阀片；4—弹簧；5—螺栓螺母

更换，经济性好。缺点是阀片的各环彼此分开，各环动作不易一致，阻力大，无缓冲片，使用寿命短，导向部位易磨损。适用于大、中、小气量，高低压压缩机；不宜用于无油润滑压缩机。

弹簧的作用是产生预紧力，使阀片在气缸和气体管道中没有压力差时不能开启。在吸气、排气结束时，借助弹簧的作用力能自动关闭；此外，它还使阀片在开启、关闭时避免剧烈冲击，延长了阀片和升程限制器的作用。

② 网状阀：网状阀与环状阀的区别在于阀片各环连在一起，呈网状，阀片与升成限制器之间设有一个或几个与阀片形状基本相同的缓冲片。从阀片、缓冲片中心算起的第二环，将径向连接片切断，并将阀片切断处的两个半环铣薄，使气阀在工作时（阀片、缓冲片的中心环夹紧在阀座和升程限制器之间）阀片和缓冲片都能获得必要的弹性，保证阀片能上下平行运动。阀片、缓冲片的运动不需要导向块就能很好地导向，避免了环状阀中存在的导向块与阀片之间的摩擦。各环阀片起落一致，阻力环状阀小；阀片对升程限制器的冲击小；但阀片结构复杂，制造困难，技术条件要求高，应力集中处多，运行容易损坏，如图 3-15 所示。

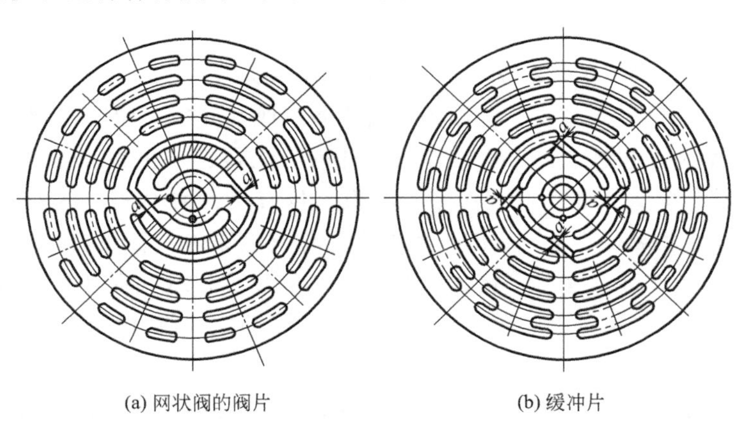
(a) 网状阀的阀片　　(b) 缓冲片

图 3-15 网状阀的阀片结构图

（3）气阀的材料

气阀是在冲击载荷的作用下工作，所以对气阀的材料有较高要求，强度高、韧性好、耐磨、耐腐蚀、机械加工工艺性能好。

① 阀片的材料：在氮氢气压缩机、空气压缩机、石油气压缩机中，由于被压缩的气体没有腐蚀性，阀片材料常用 30CrMnSiA。压缩具有腐蚀性气体的压缩机阀片材料常用 1Cr18Ni9Ti、3Cr13、2Cr13、1Cr13 等，还可采用 30CrMoA、20CrNi4VA、37CrNi3A 等材料。工程塑料也可制阀片，常用的有聚四氟、填充聚四氟乙烯、浇铸尼龙等。

② 阀座和升程限制器的材料：阀座和升程限制器的材料是根据气阀两侧不同压力差选

取的。压力差大于 40×10^2kPa 时，采用优质碳钢 35、40、45 或合金钢 40Cr、35CrMo 等；压力差为 $16\times10^2\sim40\times10^2$kPa 时，采用锻钢、稀土球墨铸铁、合金铸铁等；压力差为 $6\times10^2\sim16\times10^2$kPa 时，采用 HT30-54、稀土球墨铸铁、合金铸铁等；压力差小于 6×10^2kPa 时，采用合金钢 33CrNiMoA。

③ 气阀弹簧材料：压缩具有腐蚀性气体的压缩机和氧气压缩机的弹簧，常采用有色金属、不锈钢等耐腐蚀材料如 4Cr13、1Cr18Ni9Ti 等。一般压缩机气阀的弹簧，常采用碳素钢丝和合金钢丝。

3.2.2.9 填料函

填料函用于有十字头压缩机，是用来密封气缸内的高压气体，使气体不能沿活塞杆表面泄漏的组件。填料是填料函中的关键零件，其密封原理与活塞环类似，利用阻塞和节流的作用来实现密封。在填料函中用的最多的是自紧式填料，按照密封结构的不同，可分为平面填料和锥形填料。

常用的低、中压填料函结构如图 3-16 所示。它有 5 个密封室，用长螺栓 8 串联在一起，并以法兰固定在气缸体上。由于活塞杆的偏斜和振动对填料影响很大，故在前端设有导向套 1，内镶轴承合金，压力差较大时还可在导向套内开沟槽起节流降压作用。填料和导向套靠注油润滑，注油还可带走摩擦热和提高密封性。注油点 A、B 一般设在导向套和第二组填料上方。填料右侧有气室 6，由填料漏出的气体和油沫自小孔 C 排出并用管道回收，气室的密封靠右侧的前置填料 7 来保证。带前置填料的结构一般用于密封易燃或有毒气体，必要时采用抽气或用惰性气体通入气室进行封堵，防止有害气体漏出。

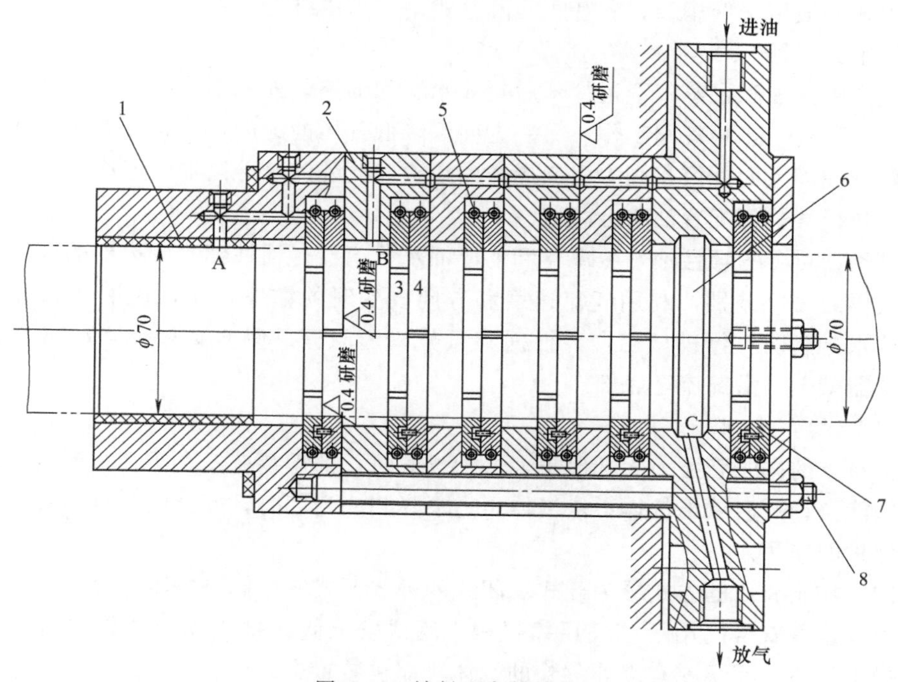

图 3-16 填料函密封结构

1—导向套；2—密封盒；3—闭锁环；4—密封圈；5—镯形弹簧；6—气室；7—前置填料；8—长螺栓

填料函的每个密封室主要由密封盒、闭锁环、密封圈和镯形弹簧等零件组成。密封盒用来安放密封圈和闭锁环，密封盒的两个端面必须研磨，以保证密封盒以及密封盒与密封圈之间的径向密封。

填料函的密封机理是利用气体的径向压力差，使密封圈压紧在活塞杆上，将活塞杆与密封圈间的间隙密封。密封圈采用分瓣式填料环，弹簧起预紧力作用，当密封圈磨损后能自行调整，继续压紧在活塞杆上。由于轴向气体压差的作用，也使密封圈压紧在盒上，封住盒与环之间的间隙。经过多组密封圈后，泄漏的气体由于节流而降压，从而使气体的泄漏量减少。

3.2.2.10 活塞式压缩机的辅助装置

活塞式压缩机除主机外，还有保证压缩机正常运转所必需的辅助系统，主要包括冷却系统、气路系统和润滑系统、安全保护系统及其附属设备等。

（1）缓冲罐

压缩机工作的运转特性，决定它排出的气体必然产生脉动现象。缓冲器起着稳定气流的作用，它实际上是一个气体储罐，气体通过缓冲器后的稳定程度取决于缓冲容积的大小及压缩机气缸的工作特点，连接导管的长度、截面积、压缩机的转速、气流脉动的频率、压力不均匀及导管中气体的声速等有关。

缓冲罐的结构形式有圆筒形和球形，分别用在低压和高压级。

（2）冷却器

气体被压缩后，其温度必然会升高。因此，在气体进入下一级压缩前，必须用冷却器将气体温度冷却到接近气体吸入时的温度。

压缩机采用的冷却器有：列管式、套管式、蛇形管式、淋洒式、螺旋板式等结构。列管式、螺旋板式一般用于低压级，套管式、淋管式用于高压级。

（3）油水分离器

压缩气体中的油和水蒸气经过冷却后凝成水滴和油滴，如果不分离进入下级气缸，一方面使气缸润滑不良，影响气阀工作；另一方面，降低气体的纯度，使合成效率降低，空气压缩机和管路中油滴大面积聚积则有引起爆炸的危险。此外油水分离器还起冷却气体和缓冲作用。因此，各级气缸都配置油水分离器。

油水分离器可分为惯性油水分离器和离心油水分离器。惯性油水分离器的作用原理是根据液体和气体的密度差别，利用气流速度和方向改变时的惯性作用，使液体和气体互相分离。离心油水分离器气体进口切向，根据旋风分离的原理，使油滴和水滴在离心力的作用下，被甩在器壁上，沿壁流至底部。

（4）安全阀

压缩机每级的排气管路上无其他压力保护设备时，都需装有安全阀。当压力超过规定值时，安全阀能自动开启放出气体；待气体压力下降到一定值时，安全阀又自动关闭。安全阀起到自动保护的作用。

安全阀按排出介质的方式分为开式和闭式两种。开式安全阀是把工作介质直接排向大气且无反压力，这种安全阀用于空气压缩机中。闭式安全阀是把工作介质排向封闭系统的管路，用于贵重气体、有毒或有爆炸危险的气体压缩机装置中。

压缩机中常用的安全阀，按结构特点有弹簧式与重载式两种。弹簧式的结构紧凑，其缺点是阀门从开始开启至完全开启，压力要升高 10%～15%；重载式结构没有弹簧式的紧凑，其特点是阀门从开始开启到完全开启的时间内，不发生压力的继续升高现象。所以在压力较高时宜采用重载式安全阀。

3.2.3 活塞式压缩机常见故障分析与排除

活塞压缩机常见故障、产生的原因分析及处理方法可参见表 3-4。

表 3-4 活塞压缩机常见故障的现象、原因分析及处理方法

现象		原因分析	处理方法
过热故障	轴承发热	①轴瓦与轴颈贴合不均匀，或接触面积小，单位面积上的比压过大 ②轴承偏斜或曲轴弯曲 ③润滑油少或断油 ④润滑油质量低劣、肮脏 ⑤轴瓦间隙过小	①用涂色法刮研，或改善单位面积上的比压 ②检查原因，设法消除 ③检查油泵或输油管的工作情况 ④更换润滑油 ⑤调整其配合间隙
过热故障	气缸温度高	①轴瓦与轴承接触面小，比压大 ②轴瓦装配不当 ③润滑油供应不足或中断 ④气缸缺油 ⑤活塞环出现故障 ⑥气缸中心与滑道中心偏差太大，引起摩擦加强	①检查修刮轴瓦，增加接触面 ②调整装配间隙 ③检查循环油泵和输油管 ④调整注油器下油量 ⑤检查活塞，更换活塞环 ⑥调整气缸中心，校正活塞杆中心
过热故障	活塞杆温度高	①活塞杆与填料函配合间隙不合适 ②活塞杆与填料函装配时产生偏斜 ③活塞杆与填料函的润滑油脏或供应不足 ④填料函的回气管和冷却水不通 ⑤填料的材质不符合要求 ⑥活塞杆与填料之间有异物，将活塞杆拉毛	①调整配合间隙 ②重新进行装配 ③更换润滑油或调整供油量 ④疏通回气管和冷却水管 ⑤更换合格材料 ⑥清除异物，研磨或更换活塞杆
过热故障	十字头温度高	①配合间隙过小 ②十字头中心与滑道中心偏差太大 ③供油量少 ④十字头滑板拉伤 ⑤配合间隙过大	①调整配合间隙 ②修刮调整十字头滑板中心 ③增大供油量和疏通管道 ④修刮拉伤位置 ⑤调整配合间隙
过热故障	密封填料温度高	①填料函的回气管或冷却水管不畅通 ②填料的材质不符合要求 ③润滑油质量差 ④供油不足 ⑤填料函组件装配间隙不合适 ⑥填料弹簧力过大 ⑦填料内径与活塞杆表面粗糙度不符合要求	①疏通回气管或冷却管 ②更换合适的材料 ③更换合适的润滑油 ④维修或更换油泵；检查疏通油路；补充油箱润滑油 ⑤解体重新装配 ⑥调整或更换弹簧 ⑦降低配合面的表面粗糙度
气量降低	气阀原因	①过滤网堵塞 ②进气阀阀片损坏 ③进气阀座止口接触不严 ④进气阀弹簧弹性不够 ⑤进气阀弹簧断 ⑥阀座密封面损坏 ⑦进气阀阀片升程不够 ⑧进气阀通道不够 ⑨进气阀结垢太多	①清洗更换过滤网 ②更换进气阀 ③修刮止口，加密封垫 ④更换合格弹簧 ⑤更换合格弹簧 ⑥研磨阀座或更换阀座 ⑦调整升程量 ⑧更换进气阀 ⑨拆卸气阀，清洗结垢

续表

现象		原因分析	处理方法
气量降低	气缸原因	①气缸冷却不良 ②活塞与气缸间隙过大 ③气缸余隙过大 ④气缸镜面磨损过大 ⑤活塞环装配不当 ⑥活塞环磨损或损坏	①改善冷却条件 ②调整气缸间隙 ③调整余隙 ④更换气缸套或镗缸，更换大一点活塞 ⑤正确装配 ⑥更换活塞环
	其他原因	①电动机转速下降 ②仪表指示不准	①调整电动机转速 ②调校流量表
不正常响声	曲轴箱异常响声	①连杆大头瓦配合间隙过大 ②连杆小头瓦配合间隙过大 ③十字头销子松动 ④主轴瓦配合间隙过小，使主轴瓦发热，烧坏 ⑤供油量小或断油 ⑥主轴瓦配合间隙过大 ⑦曲轴箱内各连接螺栓松动或断裂 ⑧曲轴轴颈磨损严重，不同心	①调整过盈量或更换大头瓦 ②调整配合间隙或更换小头瓦 ③按技术要求重新装配 ④调整主轴瓦间隙达到要求 ⑤检查润滑油供应 ⑥调整主轴瓦间隙达到要 ⑦检查紧固或更换螺栓 ⑧检查消除轴颈的圆度、圆柱度
	气缸异常响声	①气缸余隙过小 ②活塞杆紧固螺母松动，或活塞杆弯曲 ③气缸缸套松动或断裂 ④气缸磨损严重 ⑤活塞磨损 ⑥活塞环严重磨损或断裂 ⑦活塞环干摩擦 ⑧气缸内掉入异物 ⑨气缸内油水过多 ⑩十字头与活塞连接螺母松动 ⑪支撑不良 ⑫曲轴-连杆机构与气缸的中心线不一致 ⑬气阀或压筒损坏	①调整余隙 ②紧固螺母，紧固螺母，或校正、更换活塞杆 ③清除松动或更换缸套 ④镗缸或更换缸套 ⑤修复或更换活塞 ⑥更换活塞环 ⑦增加润滑油油量或冷却水量 ⑧清除异物 ⑨增加排油水，检查油水增加原因 ⑩紧固螺母 ⑪调节支撑 ⑫检查并调节同心度 ⑬更换气阀、压筒
	气阀异常响声	①阀片损坏 ②阀片弹簧损坏 ③阀门紧固螺母松动	①更换阀片 ②更换弹簧 ③紧固螺母
异常振动	机体振动	①各运动件部位配合间隙过大 ②气缸振动引起 ③曲轴与电动机找正误差过大 ④电动机振动大引起 ⑤安装质量差 ⑥地脚螺栓松动或断裂	①修理调整间隙达到要求 ②消除气缸振动 ③重新找正 ④检查电动机，消除振动 ⑤按技术要求，重新检查安装 ⑥更换处理地脚螺栓
	气缸振动	①气缸找正偏差过大 ②气缸支持调整不当或支承螺栓松动 ③机体振动引起 ④进、排气管振动大 ⑤压缩比过大 ⑥气缸超压	①重新找正 ②重新调整支承或紧固螺母 ③消除机体振动过大 ④消除管道振动 ⑤调整压缩比 ⑥调整气缸压力
	管道振动	①管道支架结构不合理，刚度不够 ②管卡太松或断裂 ③管道线路设计不合理 ④管道缓冲效果差 ⑤气流脉动引起管路共振 ⑥机组振动引起	①重新设计，增加刚度 ②紧固或更换管卡，应考虑管子热胀间隙 ③重新设计 ④增加缓冲罐 ⑤用预流孔改变其共振面 ⑥消除机组振动

续表

现象		原因分析	处理方法
润滑油	循环油压力降低，供油不足	①油泵磨损 ②进口油过滤网堵塞 ③油位太低 ④油泵安全阀卡住，形成回流或弹簧弹性过软 ⑤油温过低，油黏度过大	①检查油泵 ②清洗或更换过滤网 ③增加油量 ④检查安全阀芯，检查更换弹簧 ⑤增加油温
	循环油油量不变，压力下降	①曲轴各配合磨损，间隙增大 ②内部油管泄漏 ③油温高，黏度下降 ④油压力表损坏	①修复，更换轴瓦 ②检查泄漏点，消除泄漏 ③降低油温 ④更换压力表
	油泵响声大	①油泵装配不当 ②油泵内漏 ③油黏度大	①正确配重油泵 ②消除内漏 ③增加油温
	注油器注油不正常	①柱塞与缸体磨损 ②注油器止逆阀关闭不严 ③吸入过滤网堵塞 ④油路漏气 ⑤注油器调节不当 ⑥油过滤不合格	①更换柱塞或缸体 ②检查修复止逆阀 ③清洗过滤网 ④清除泄漏点 ⑤正确调节 ⑥严格三级过滤

参考资料

GB 50252《工业安装工程施工质量验收统一标准》

GB 50275《压缩机、风机、泵安装工程施工及验收规范》

GB 50231《机械设备安装工程施工及验收通用规范》

HG 20203《化工机器安装工程施工及验收规范》

思考题

1. 写出L型压缩机的安装工序？空压机的安装应遵守哪些原则？
2. 比较进、排气阀有何异同？
3. 了解曲轴的结构特点？各个部分起什么作用？什么叫主轴曲拐差？
4. 常用气缸轴线与主轴承座孔轴线垂直度的检测方法是什么？
5. 主轴承座孔同轴度的检验方法是什么？
6. 气缸磨损有什么样的规律？气缸磨损的检测方法有哪些？
7. 如何进行气缸圆度的测量、气缸圆柱度的测量、磨损尺寸的测量？
8. 活塞环的拆卸方法及工机具的使用？活塞环的检查项目及方法有哪些？
9. 大型活塞压缩机组由哪几部分构成？以M型压缩机组为例分析，并给出机组的安装工艺。
10. 活塞压缩机运行中还有其他故障，如排气温度不正常、压力不正常以及排气压力降低、填料漏气、活塞杆断裂、活塞损坏等，对可能引起故障的原因进行分析，并给出相应的处理措施。

4 离心式压缩机

4.1 离心式压缩机组的安装

离心式压缩机组在石油、化工、冶金等生产中占有重要地位，是关键设备之一。离心式压缩机可用电动机、汽轮机、燃气轮机驱动。离心式压缩机根据压力与转速要求，有的带变速机，也有的不带变速机。

离心式压缩机组主要部件有：压缩机本体、空气过滤器、级间冷却器、增速机、驱动机、润滑油系统（包括油箱、高位油箱、加热器、蓄能器、油泵、油冷却器、油过滤器）、吸排气管道、各种附属设备，以及联锁保护用的仪表系统等。

离心式压缩机不论是电动机驱动还是汽轮机驱动，平面布置基本相似。电动机驱动的离心式压缩机组的平面布置图如图 4-1 所示。

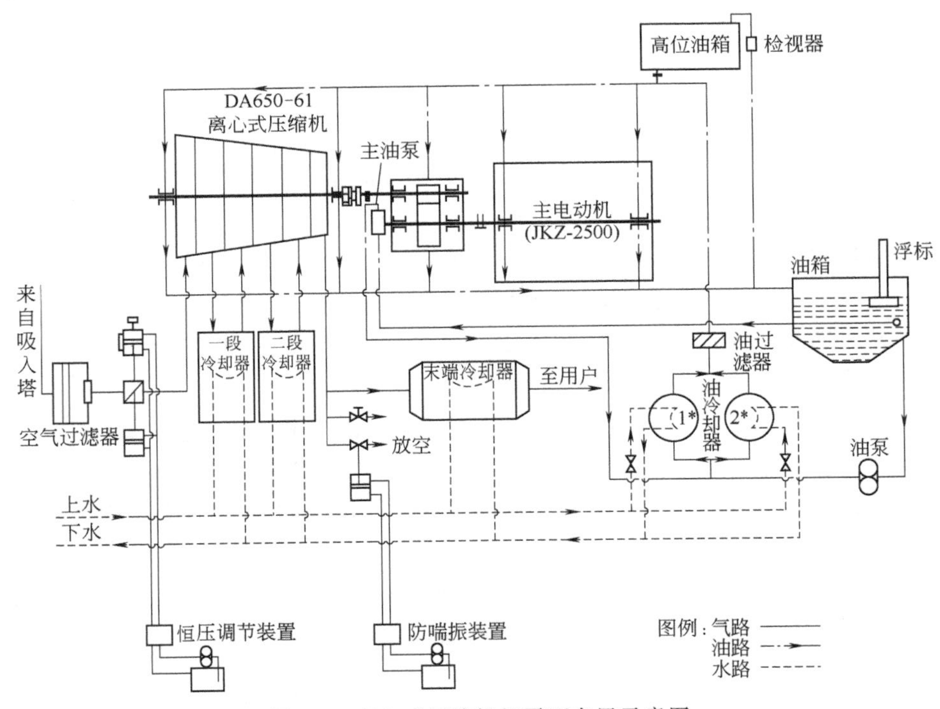

图 4-1 离心式压缩机组平面布置示意图

4.1.1 施工准备工作

4.1.1.1 技术资料准备

① 离心压缩机出厂合格证明书。

② 机组安装平面布置图、基础图、系统图及配管图。

③ 制造厂提供的安装使用说明书、总装配图、主要零部件图等。

④ 机组装箱清单。

⑤ 制造厂的制造质量检验证书及组装和试运转记录。

⑥ 现行的国家及行业有关的标准和规范。

⑦ 相关技术要求。

⑧ 施工方案的编制与审批。

⑨ 工程施工前，组织图纸会审及技术交底，并有相应记录。

4.1.1.2 施工机具的准备

① 起吊和找正所用的主要机械设备：起重机、卷扬机、钢丝绳、滑轮组、倒链、千斤顶、枕木等。

② 安装所用的主要工具：车间行车、小型空压机、电焊机、气焊工具、专用工具、力矩扳手、内六角扳手、套筒扳手、活扳手、手锤、锉刀等。

③ 主要量具：水准仪、水平仪、内外径千分尺、游标卡尺、塞尺、钢板尺、卷尺、内径量表、转速表、测振仪、温度计、百分表等。

4.1.1.3 人员和材料的准备

① 根据施工方案，配备好施工技术人员及相关工种，作好开工准备。

② 各种施工材料与消耗材料（钢板、脚手架、枕木、脱脂液、煤油、抹布等），以及0.05～0.50mm 各种厚度不同的不锈钢垫片或铜片。

4.1.1.4 施工现场准备

① 压缩机安装前，做好施工现场三通工作（接通水、电、运输及消防道路）。

② 压缩机厂房封闭、车间行车具备吊装作业，基础强度达到要求。

③ 安装地点的消防安全措施符合相关规范要求。

4.1.1.5 机组的开箱检验

设备开箱检验应在建设单位、监理单位、制造厂家、施工单位有关人员参加下，按下列项目进行检查，做出记录并签字认可。

① 箱号、箱数及包装情况。

② 设备的名称、型号和规格。

③ 装箱清单、设备技术文件及相关资料。

④ 设备有无缺损件，表面有无损坏和锈蚀等。

⑤ 对于重要零件应妥善保管。

⑥ 随机管件与材料的数量、规格应符合资料要求。

⑦ 备品备件由业主及时回收保管，作为今后生产必备的急用品。

⑧ 专用工具由业主回收专人保管，施工单位如果工作需用，应办理借用手续，工作完毕应及时归还业主。

⑨ 开箱检验合格后应移交施工单位进行安装。机器由施工单位验收后负责，因工序原因如暂不安装，应按要求进行保管维护。

4.1.1.6 基础验收及处理

（1）设备基础验收要求

① 基础移交时，应有质量合格证明书及测量记录。在基础上应明显地画出标高基准线、基础的纵向中心线、变速机主轴中心线、驱动机中心线、压缩机中心线、各机的横向中心线及地脚螺栓孔十字中心线。

② 现场验收时，应以主轴中心线再次实际测量各中心线是否符合要求，各孔洞中心偏差是否符合要求，以免给后期的安装工作带来重大返工。

③ 对基础进行外观检查，不得有裂纹、蜂窝、空洞、露筋等缺陷。

④ 设备基础的位置、几何尺寸和质量要求，应符合现行国家标准 GB 50204《钢筋混凝土结构工程施工及验收规范》的规定，并应有验收资料和记录。安装前对基础位置和几何尺寸进行复检，其允许偏差符合相关规定，如超差不符合要求时，应由土建施工单位进行处理。

⑤ 大型离心式压缩机组的基础应有沉降观测点。在施工过程中，如果发现地质情况有问题，需要采取补救措施，对基础进行预压观察。预压重量一般是机组总重量的 1.25 倍。具体预压的方法和要求，应符合设计文件要求。

⑥ 基础交接验收时，施工单位应办理《工序（专业）间交接记录》，若存在问题由施工方报告监理方、业主方，确定方案和意见后按要求处理，参加交接验收人员签字确认。

（2）机组安装前应具备的条件

① 基础强度符合技术要求，并具有相关质检部门的合格证明。

② 基础表面和地脚螺栓预留孔中的油污、碎石、泥土、积水等均应清除干净。

③ 已经预埋好的地脚螺栓，螺纹和螺母应保护完好。

④ 锚板螺栓孔垂直度应符合要求，螺栓孔的下平面不得有高点，与锚板平面接触应密实。

⑤ 基础表面留有的标高线及各轴向、横向中心线清晰。

⑥ 需要预压的基础，经预压合格并应有预压沉降记录。

⑦ 二次灌浆的基础表面，应铲出麻面，麻点深度一般不小于 10mm，密度以每平方分米 3～5 个点为宜。

4.1.1.7 机组基准设备的确定与就位

（1）机组就位前

先确定机组找平找正的基准设备，调整固定基准设备后，再以其轴线为准，调整固定其余设备，并符合以下要求：

① 基准设备的认定，原则上是按制造厂家规定的基准设备为准。

② 厂家没有明确规定的，可优先选择转速高的设备为基准设备。

③ 如果机组设备多、轴系长时，选择安装在中间位置的设备为基准设备。

④ 还可以以重量大，调整困难的设备为基准设备。

⑤ 具体选择哪种方式确定基准设备，根据现场情况来确定。

（2）基准设备的中心标高与径向、轴向水平偏差的确认

① 机组中心线与基础中心线一致，机组轴向与横向偏差不大于±5mm，基准设备标高偏差不大于±3mm。

② 轴向与径向水平以轴颈、轴承座、下机壳中分面或制造厂给出的“加工面测点”进行测量，其允许偏差在技术文件要求规定的范围内。

③ 中间带增速机的机组，以增速机为基准机座找平找正后，再向两边找正驱动机与压缩机。机组同心度以技术文件要求为准，其偏差值应在技术要求规定的范围内。

④ 工业汽轮机驱动的机组，就以汽轮机转子进汽端轴颈，或两端轴颈为基准机座进行找平，原则是按本机组技术要求执行，机组轴向水平偏差一般不超过0.02mm/m，横向水平偏差，按相关标准执行，基准机座固定后再往一边或两边找正其他部件。

⑤ 联轴器径向与轴向的对中偏差，以技术文件要求为准，在联轴器对中后的径向与轴向偏差来确定，其偏差值应在技术要求规定的范围内。驱动机与压缩机横向水平的偏差，以轴承座和下机壳中分面作参考，一般要求不超过0.1mm/m，或两侧正反相等。

4.1.1.8 地脚螺栓与垫铁的安装

压缩机的地脚螺栓随机携带，地脚螺栓一般有两种：一种是灌浆螺栓，主要用在本机组附件上，以及小型离心压缩机组。另一种是锚板螺栓，用在较大型的离心压缩机组本体与驱动机上，在开箱检验时应核对其直径与长度，其标准应符合现场施工要求。

（1）地脚螺栓的安装要求

① 螺栓的油污和氧化皮应清除干净，螺纹部位抹上二硫化钼润滑脂。

② 如果是灌浆地脚螺栓，光杆部位还应打磨干净见金属光泽，螺栓孔严禁出现上大下小状态，必要时须进行人工处理，灌浆孔的四壁铲出麻面，以保证新旧混凝土的结合，防止螺栓紧固时灌浆料脱落抽芯。

③ 地脚螺栓在孔中应自由垂直，螺母与设备底座间的接触应密实。

④ 灌浆螺栓紧固时，必须在预留孔中的混凝土达到设计强度的75%以上时，才可拧紧地脚螺栓，拧紧力应均匀。

⑤ 如果是锚板螺栓，锚板与基础下平面接触应平稳密实，螺栓的中间光杆部位还应做防腐处理。

⑥ 拧紧地脚螺栓螺母后，丝扣露出的长度宜为螺栓直径的1/3～2/3，或者露出螺母1～3扣。

（2）机组水平标高调整方式

① 各个厂家提供的调整方式有所不同，有的厂家提供螺丝顶来调整压缩机；有的在联合底座上布置顶丝来调整压缩机；还有的利用平垫铁与斜垫铁进行调整。有些厂家不提供调整垫铁材料，因此需要根据设备情况，现场加工准备。垫铁的规格选择，可根据机组的大小，按照HG 20203《化工机器安装工程施工及验收规范》的规定，选择垫铁的大小与斜度。

② 采用螺丝顶调节方式找正机组，螺丝顶结构有两种，见图4-2。

为保证螺丝顶的稳定性，螺丝顶底板与基础表面接触部位要平稳密实，也可将螺丝顶预

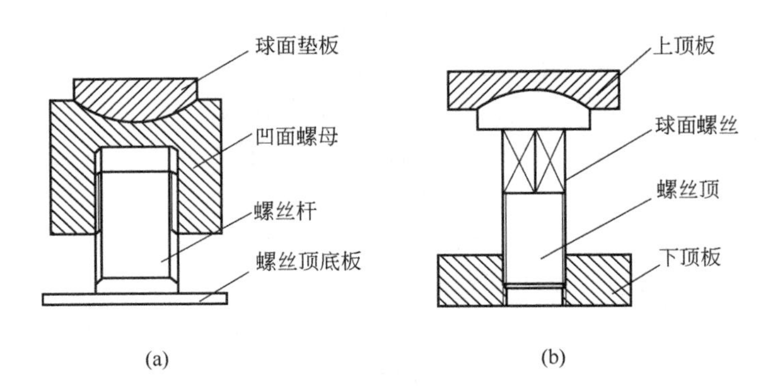

图 4-2 螺丝顶结构示意图

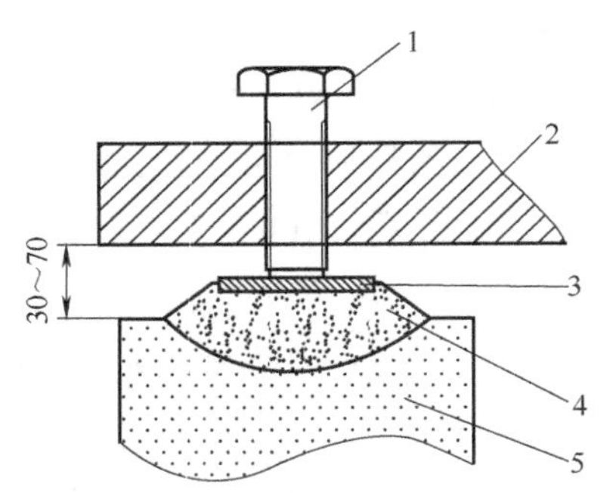

图 4-3 顶丝调节板预埋方式

1—调整螺钉；2—底座；3—支撑板；4—坐浆混凝土层；5—基础

埋在基础上，用螺丝顶找正水平及标高。

③ 采用顶丝调节方式找正机组，在调节顶丝所顶的位置预埋一块钢板，钢板规格 100mm×100mm，厚度不小于 15mm，为防止顶丝旋转造成机体位移，预埋的顶板尽量保持水平，轴向与径向水平偏差不超过 2mm/m，如图 4-3 所示。

④ 采用垫铁组调节方式找正机组。还应符合下列技术要求：

a. 铲垫铁窝：对垫铁窝的上平面必须进行铲平处理，使其与平垫铁接触均匀，接触面均匀平稳，平垫铁水平度允许偏差不超过 2mm/m。铲垫铁窝的方式如图 4-4 所示。

b. 坐浆法：在垫铁部位铲出一个大于垫铁的小坑，灌上混凝土，在混凝土快固化时，埋入平垫板，垫铁上平面保持水平，偏差不超过 2mm/m，如图 4-5 所示。

c. 压浆法：用临时支撑将机身基本找平后，在地脚螺栓灌浆的混凝土上，其他设定部位基础上，提前铲出一个大于平垫铁的小坑，灌上混凝土，混凝土快固化时，将平垫铁与斜垫铁塞入选定的位置，如图 4-6 所示。

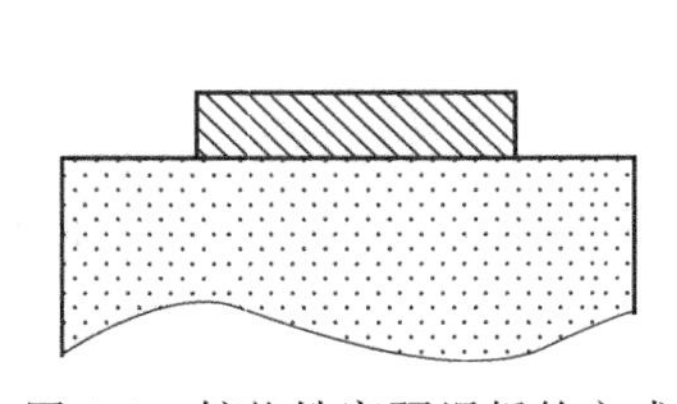

图 4-4 铲垫铁窝预埋板的方式

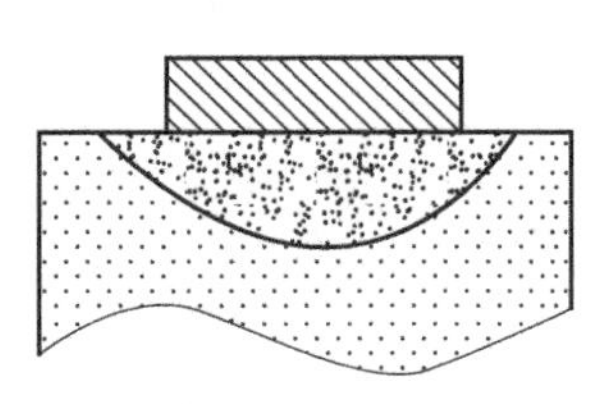

图 4-5 坐浆法预埋板的方式

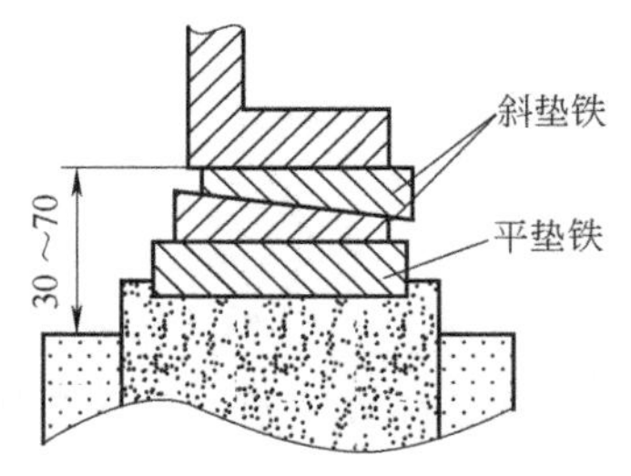

图 4-6 压浆法方式

具体操作及要求如下：

斜垫铁必须配对使用，与平垫铁组成垫铁组时，一般不超过 4 层，薄垫铁放在斜垫铁与厚的平垫铁之间，垫铁组高度为 30～70mm。

机组安装前，在需要安置垫铁的位置铲出一个大于垫铁的小坑（一般在地脚螺栓两侧、主轴受力部位），两垫铁组间距不大于 500mm。用机组本身顶丝或临时垫铁支撑，对机组找平找正。

机组初找正找平后，向小坑灌入灌浆料，待一次灌浆快固化时（一般约 4h），将配对好的垫铁组塞入地脚螺栓两侧和其他重要部位，将斜垫铁轻轻打紧，打紧的力度不宜过大，防止破坏机组的水平，确保本组垫铁间的贴合密实即可，所有垫铁打入的长度应一致，垫铁露出底座 15mm 左右。水泥养护期到后即可对机组进行精平，机组精平完毕打紧垫铁后，上面的斜垫铁与下面的斜垫铁也基本推平，整个机组垫铁露出长短保持一致。

机器调平后，垫铁组露出底座 10～30mm。地脚螺栓两侧的垫铁组，每块垫铁伸入机器底座底面的长度，必须超过地脚螺栓，且保证机器的底座受力均衡。

当机组粗平找正后，用 0.05mm 的塞尺检查垫铁层之间，垫铁与底座底面之间塞入深度，不超过技术文件要求，最好不要有间隙，否则出现的是线接触，而不是面接触。

机组精平紧固后，用 0.25kg 或 0.5kg 的检验小手锤敲击检查垫铁组的松紧程度，应无松动现象。

检查合格后，在垫铁组的两侧进行层间点焊固定，以防止松动滑移（铸铁垫铁可不点焊），垫铁与机器底座之间不得焊接。

4.1.1.9 基础二次灌浆

（1）复验

① 二次灌浆前检查联轴器对中偏差和端面轴向间距，复测各部间隙值，各隐蔽记录齐全。

② 检查地脚螺栓是否按要求紧固。

③ 垫铁组有无松动现象，垫铁层间两侧定位焊固定完毕。

④ 检查合格后，在 24h 内进行灌浆，否则，再次进行对中复测。

（2）灌浆

① 基础表面清除油污，用水冲洗干净并保持湿润，灌浆时清除表面积水。

② 灌浆层厚度一般为 30～70mm，外模板与底座外缘间距不小于 60mm，模板高度略高于底座下平面。

③ 混凝土二次灌浆时，其标号应高于基础标号 1～2 级，或微胀无收缩水泥灌浆料。

④ 灌浆环境温度在 5℃ 以上，否则砂浆用 60℃ 以下温水搅拌，并掺入一定数量的早强剂。

⑤ 灌浆应连续进行，灌浆时不断捣固，使混凝土与基础紧密贴合并充满各部位。二次灌浆后认真进行养护，冬天采取防冻措施，夏天注意防晒与保湿。

4.1.2 离心式压缩机组安装形式的选择

4.1.2.1 小型离心式压缩机

小型离心式压缩机在制造厂试运转合格，到达安装现场又不超过保证期限，安装前可不做解体（揭盖）检查，现场整体安装找正，拆除轴颈保护装置，工艺配管，接线完毕后，即可试运行。

4.1.2.2 中型离心式压缩机

中型离心式压缩机出厂前进行了机械试运转，为确保运输安全和防止工期过长对转子等部件造成损坏和腐蚀，机组在试运行后，厂家对转子和其他部件进行防腐处理，然后回装成整体部件，或整装在联合底座上，一次性发送给业主。现场安装时需揭盖，对轴瓦、转子、隔板、气封进行解体清洗、检查、复测、调整、安装以及附属设备安装、润滑系统安装、工艺管线安装，接上水源，电源，联锁调式、机械试运行（也称为空负荷试运转）、负荷试运行。

4.1.2.3 大型机组

对于大型机组，由于吨位较重，整机无法运输安装。制造厂家组装完成，机械运转后打上编号，再解体运输至现场重新组装。其主要工序包括：清洗、检查、复测、调整、安装、附属设备安装、润滑系统、工艺管线配制、连接水源、电源、联锁调式、机械试运行、负荷试运行。

4.1.3 离心式压缩机组的整体安装

工业用排气量在 10000m³/h 左右的离心压缩机组，基本都采用撬装式整体安装，开车前拆除保护措施即可。整体安装的机组一般按下列顺序进行：

① 将撬装式机组吊装到合格的基础上（基础螺栓孔、基础垫铁窝、基础麻面已提前处理完毕）。

② 按照技术文件要求的测点，对机组进行水平、标高、轴向、横向定位。

③ 机组一次灌浆（需要对地脚螺栓进行灌浆的机组），机组精平（已经提前预埋地脚螺栓的机组）。

④ 机组二次整体灌浆，抹面一次成形（常采用无收缩微胀水泥灌浆料）。

⑤ 机组进出口工艺配管（先进行清洗处理），无应力回装合格。

⑥ 拆除轴瓦保护装备，拆除假瓦（是为保护主轴瓦、方便运输而装的与主轴瓦大小相同的铝瓦），更换主轴瓦。

⑦ 机组与驱动机重新对中找正，对中偏差应符合技术文件要求。

⑧ 电器仪表安装调试。

⑨ 机组试运行，负荷运行。

4.1.4 离心式压缩机组的现场组装

由于驱动机（电动机或汽轮机）的不同，压缩机气缸个数和容量不同，以及结构差异和压缩介质的不同，离心压缩机施工方法和技术要求也各不相同，但安装的基本工艺大致相同。

4.1.4.1 压缩机组安装中心线的确定

① 机组正常工作时，整个机组的中心线在垂直面上投影时会成为一条连续的曲线，电

动机驱动的离心式压缩机组的布置形式如图 4-7 所示。

② 在施工现场进行机组对中找正时，应严格按照制造厂家提供的冷态对中曲线进行对中找正。以保证机组热态时的“同心运行”。

③ 冷态对中曲线差，只是制造厂家提供理论上的一个设计值，很难保证机组热态运行下的同心度。目前国内外很多厂家都提出机组在全负荷稳定状态下，运行 N 个小时后正常停机，立即作热态对中复查，根据热态偏差再重新进行冷态对中调整，这样才可能基本保证机组的热态同心运行。

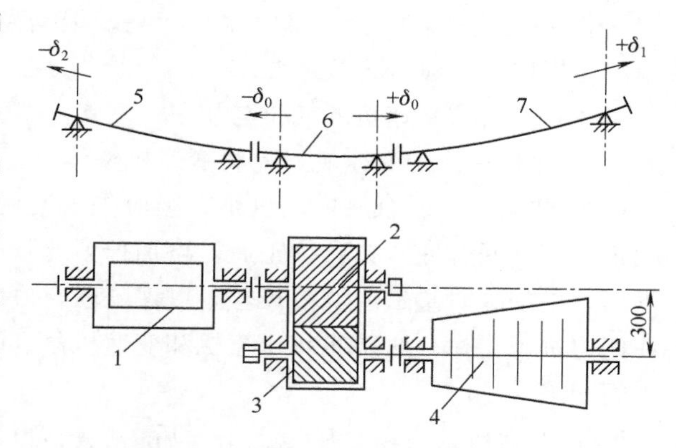

图 4-7 机组曲线与平面布置示意图
1—电动机；2，3—增速箱；4—压缩机；
5—电动机轴线；6—增速箱轴线；7—压缩机轴线

4.1.4.2 电机驱动的离心式压缩机组安装工艺流程

施工准备→设备开箱验收→基础验收及处理→变速机就位调平（或地脚螺栓的一次灌浆）→清洗检查→组装→精平→地脚螺栓紧固→压缩机底座就位→轴承与转子安装→下气缸就位安装→下气缸找正找平→隔板与密封安装→上气缸安装→压缩机对中找正→机组无应力配管→电动机就位粗找正→电机检查、轴瓦检查、调整、组装完毕→电动机再次对中→机组工艺配管→机组再次复查对中→机组二次灌浆维护→机组电器仪表安装→管道吹扫复位→油冲洗及鉴定→联锁调整→电动机试运转→机组单机试运转→机组负荷试运转→热态对中→交工验收。

4.1.4.3 变(增)速机的安装

（1）变（增）速机的检查与安装

① 离心压缩机比较常用的变速机是星型变速机与齿轮变速机，星型变速机与较小型齿轮变速机基本都是整体安装。

② 对于需要解体检查的齿轮变速机，对各零件进行检查，并清洗干净，还应对其下壳体做 8h 以上煤油渗透试验，检查有无泄漏情况。

③ 检查轴承，瓦块接触均匀、无裂纹、无脱壳、无损坏等现象。用着色法检查轴瓦背与瓦窝的配合情况，应符合技术文件要求，或接触面不少于 75％。

④ 检查轴颈，无锈蚀、毛刺，轴颈的圆柱度与圆锥度应符合技术文件要求，并做记录存档，以待下次检修测检时进行磨损对比。

⑤ 检查齿轮，无碰损高点，无裂纹状。齿轮回装，利用着色法检查齿轮啮合间隙与啮合接触面积，两齿渗透检测接触均匀，无交叉现象，检查齿轮顶间间隙与侧面间隙，应符合技术文件要求。

⑥ 检查变速机上、下箱体法兰接合面的贴合程度，接合面间隙不允许超过 0.05mm（在自由配合状态）。如果间隙超差，可在间隙部位拧紧一个或多个螺栓再检查。如果仍不符合要求，则要考虑对上下箱体中分面进行研磨处理。

⑦ 检查轴封间隙是否符合技术要求，轴封间隙值一般为 0.12～0.16mm。

⑧ 根据变速箱中分面确定水平标高，根据齿轮轴中心确定变速机轴向与横向位置，其轴向与横向偏差应符合技术要求。

（2）变（增）速机的就位与初平

① 独自一体的变速机，先将变速机整体进行找正与初找平。

② 如果带有联合底座的机组，则应先安装底座，在变速机位置加工面进行联合底座的找正找平。联合底座初步校正后，略加拧紧地脚螺栓，在变速机、压缩机、电动机受力位置下面，增加临时垫铁或调节顶丝，以保证联合底座的基本水平（因大型机组底座较宽，只能在四边进行支撑，为防止将压缩机和变速机吊上联合底座后，受自重影响，造成联合底座的中间凹陷）。

③ 变速机放在联合底座上平面后，应用塞尺检查变速机箱体的底部与联合底座的接触情况，如果有间隙应进行调整处理，否则进行研磨处理，直到无间隙检查合格后，再将变速机与底座紧紧地固定在一起。

（3）变（增）速机精平与轴瓦间隙检查

① 精平时按初平时相同的位置对变（增）速器下箱体进行水平复查。

② 独自一体的变速机，拧紧地脚螺栓固定箱体后，检查垫铁与箱体的接触情况，必要时对垫铁组进行调整处理。将轴承装入洼窝内，安装好大小齿轮轴。再次复测高速轴的轴向水平，以变速机的高速齿轮两端轴颈为基准（零点），调整变速机的轴向水平。以变速箱中分水平面调整变速箱横向水平，两侧水平应基本相等，一般不超过0.1mm/m。

③ 固定在联合底座上的变速机精平对中时，以联轴器对中偏差来确定其中心标高，以联轴器开口差来确定变速机轴向位置。横向水平以联合底座两侧水平应基本相等即可，一般不超过0.1mm/m。

④ 利用压铅法、表测法或抬轴法检测调整出轴瓦的径向间隙和轴瓦紧力，应符合技术文件的规定，并做出详细交工记录，以待下次检修复测对比。

⑤ 利用推轴法检测调整主副齿轮轴向间隙，应符合技术文件的规定，同时做出详细交工记录，以待下次检修复测对比。

（4）变速机清洗回装

① 清洗零部件，按照拆检记录顺序回装。齿轮润滑喷油管清洁无堵塞，安装稳固。

② 在变速机中分接合面涂上密封胶（一般涂厚为0.5～1.00mm，宽10～15mm），将上盖扣好，装入定位销。

③ 分别将齿轮箱体接合面上的螺栓对称均匀地拧紧。

④ 此时的变速机就是本机组的基准机座，其他部件的对中找正都将以基准机座为基准进行对中找正。

4.1.4.4 压缩机的安装

（1）压缩机的检查与就位

① 压缩机解体：上下气缸已临时组合的机组，松开上下气缸连接螺栓，吊开上气缸，使上气缸法兰结合面向上摆放，以便下一步拆卸隔板。

拆除轴承盖、轴瓦、推力瓦块、轴封，以免吊出吊入转子时损伤其加工面，吊出转子放在专用支架上。

② 机身的检查和清洗：对上下壳体、各部气封、隔板进行检查、处理，不应有裂纹等

机械损伤；所有焊接连接处不应有松动现象，然后进行必要的清洗。

其他零部件的检查与清洗：清洗并检查转子及轴颈各处有无机械损伤，检查滑动轴承巴氏合金的表面质量，并用煤油渗透法检查巴氏合金与瓦胎的贴合情况。对于有支持枕块的轴瓦，应检查两侧枕块与瓦窝的接合面，要均匀接触 75%以上，最下部枕块应有 0.01～0.03mm 的间隙。

③ 压缩机就位找正：底座、下气缸就位，以汽轮机或变速机高速轴中心为准，找正下气缸横向与轴向的中心与标高位置。

校正机壳横向水平度，以中分面处为准，水平测点见图 4-8。

测量时，两侧前后端向水平方向基本一致，其允差为 0.1mm/m。不能使机壳前后水平出现相反方向，造成机壳扭曲现象。

检查各键槽尺寸，以确定其间隙值符合技术要求。

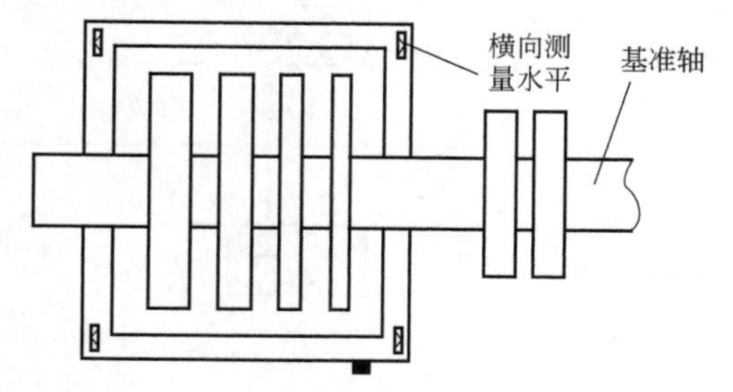

图 4-8　水平测点示意图

对于热膨胀量较大的排气端猫爪间隙，还要考虑猫爪上平面的热膨胀间隙，热膨胀导向螺栓装配时，必须按照技术文件要求进行检查复测，保证气缸猫爪上面与螺栓圆盖（或垫圈）的热胀间隙。一般要求为 0.04～0.08mm。

（2）轴承的安装

① 为保证离心式压缩机高速、平稳、正常运转，支承转子的轴承一般都选用滑动轴承。其中多油楔可倾瓦轴承由于轴颈与轴瓦之间的配合精度高，可产生多个油楔，油膜稳定性好，因此广泛地应用于离心式压缩机中。

② 径向轴承的间隙检查与调整。

a. 用着色法检查瓦背与瓦窝（轴承座孔）的结合面，应紧密均匀配合，可倾瓦、薄壁瓦、球面瓦的瓦背接触面积不应少于 65%，厚壁瓦的接触面积，不应少于 50%。

b. 多油楔可倾瓦、薄壁瓦轴承间隙及轴颈的接触面积是由机械加工保证的，安装时一般不允许刮研。但在施工现场遇到接触面不理想时还是要刮研，刮研的厚度不超过 0.10mm，刮研后的剩余合金层足够确保轴瓦的正常使用。

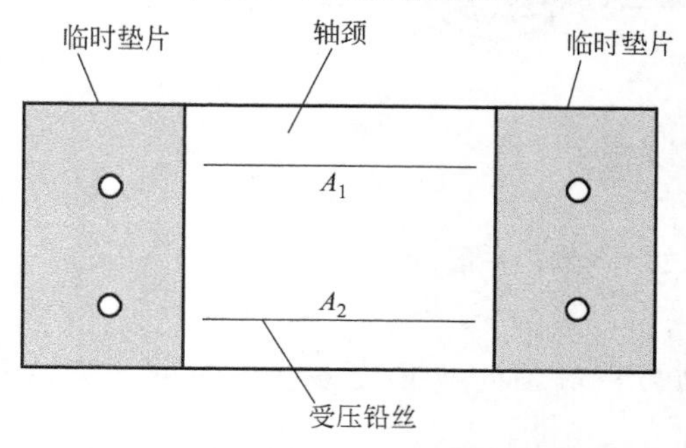

图 4-9　压铅法测量径向轴承顶部间隙

c. 可倾瓦、薄壁瓦、球面瓦与轴颈的接触面积不应少于 75%；用着色法检查轴颈与轴瓦的接触情况，轴瓦与轴颈接触应均匀，轴向接触长度不应少于 75%。

d. 径向轴承顶部间隙测量，可选用压铅法，如图 4-9 所示。

在轴颈上横放两根 $\phi 0.5$mm 的铅丝，在瓦座两侧水平面上放上两张相同厚度的钢垫片，紧固后，拆开上瓦盖，测量铅丝中间圆弧最大厚度，轴颈上的铅丝厚度大于瓦座上的垫片厚度，这个差值就是轴瓦的间隙。

如，临时垫铁厚度 δ，则间隙 $a=(A_1+A_2)/2-\delta$。

轴瓦瓦背的过盈紧力也可按照此方法执行，铅丝放在轴瓦的瓦背上，压出的铅丝厚度小于临时垫片厚度，这就是轴瓦的过盈紧力，一般为 0.03～0.07mm。

千分尺（内径量表）测量法：利用内径千分尺测量轴瓦孔径，再用外径千分尺测量轴颈外径，孔径尺寸减去轴颈尺寸就是轴瓦的间隙。

e. 可倾瓦径向轴承顶部间隙测量，可用塞规测量法与抬轴法进行检测：

塞规测量法：塞规由三种不同的直径组成，ϕA、ϕB、ϕC 分别代表过端、标准端、止端直径，轴承的标准内径应使塞规的过端和标端通过，止端不得通过，塞规的标准端通过轴承内径，表明轴承间隙符合要求，否则进行调整理处或更换，如图 4-10 所示。

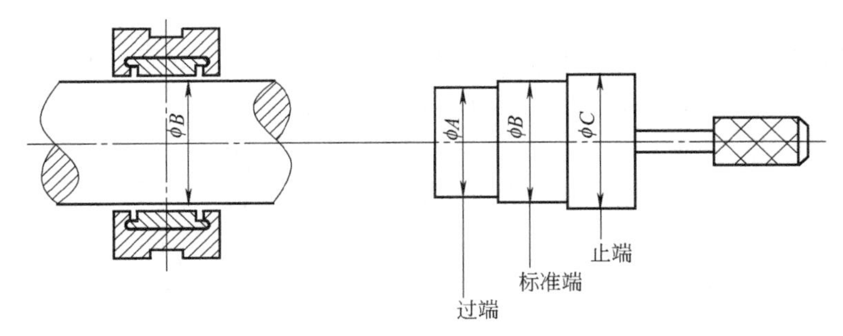

图 4-10　塞规测量法

抬轴测量法：利用厂家自带的一种起吊工具，共计两个支架，也叫马鞍支架，是一种门形支架，专门起吊转子用，一东一西骑在轴上，两个 U 形卡从轴下面穿上来挂在门形支架上，在两头的轴颈圆顶上各架一个百分表，再在两头轴瓦盖顶上各架一个表（表针指在瓦盖顶上），将 4 个百分表调为零，然后拧紧 U 形卡上的螺母将转子提起来，随着主轴上升，轴颈上百分表发生变化，直到轴瓦盖上的百分表发生变化立即停止，说明主轴已经靠在了上瓦，此时两个轴颈百分表的读数就是轴瓦的上间隙，如图 4-11 所示。

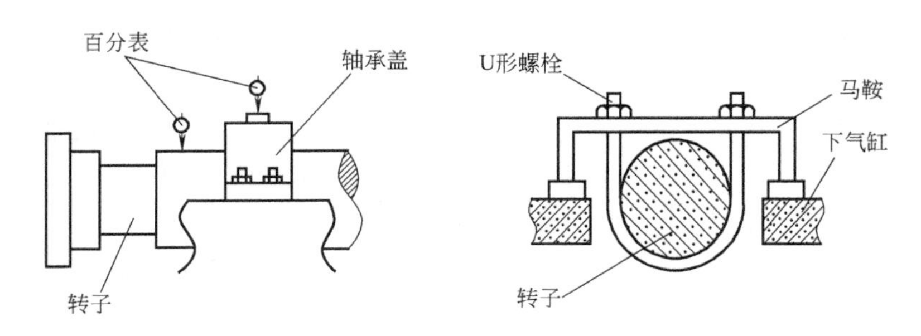

图 4-11　抬轴测量法

f. 各类型轴承径向间隙允许偏差应符合相关技术要求，一般为（1.3‰～1.6‰）d。

③ 止推轴承窜动间隙检查与调整。

a. 止推轴承端轴向串动量，是转子从一端到另一端轴向实际位移量，测量方法如图 4-12所示。

b. 在压缩机末端下机壳上放置一台百分表，也可放在止推盘端。

c. 让百分表触头与转子端部或止推盘端部接触，把转子从一端移动过来，紧靠在主推或副推瓦上，并在此位置上将百分表调定为零。

d. 再将转子移到另一端，百分表读出的值就是止推轴承的窜量值。如果安装完毕的检

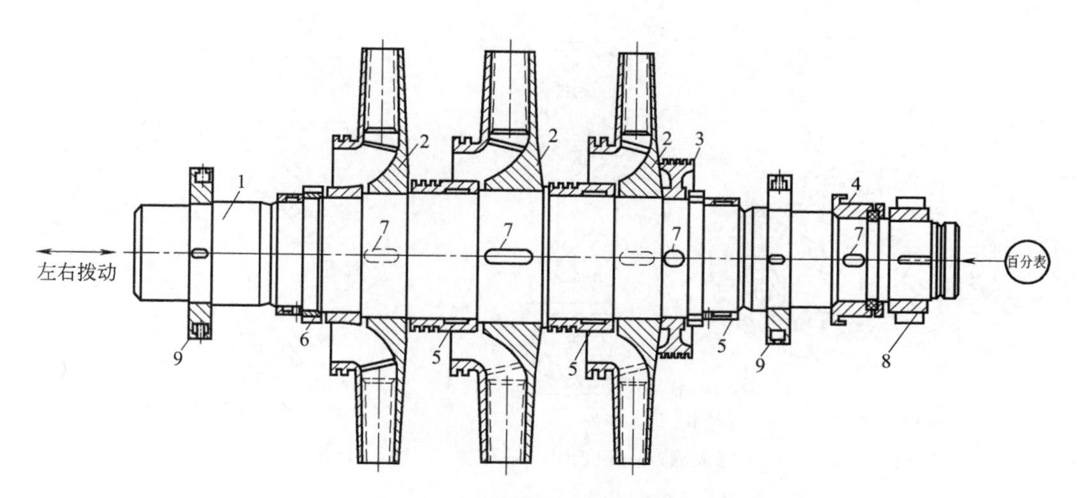

图 4-12 止推轴承窜动间隙测量

1—主轴；2—叶轮；3—平衡盘；4—推力盘；5—轴套；6—螺母；7—键；8—联轴器；9—平衡环

查与开大盖前的检查值不相符，则要仔细查找原因，直至符合要求；转子的拨动可根据转子的重量，选择撬杠、螺丝顶或千斤顶来完成。

e. 止推轴承的窜量调整，是由主副止推轴承外侧的调整垫片厚薄来确定，该垫片在压缩机首次安装时已进行调正（各级叶轮的出口应与流道的进口相对应，叶轮两侧间隙也符合要求），止推轴承的磨损量不应超过技术要求的最大值，若超过本机技术要求时应重新进行调整或换新。调整止推间隙或更换新的止推瓦块后，必须重新确认或调整叶轮出口与流道进口的对中，以及整组推力瓦块的平面接触。

（3）隔板及密封装置的安装

安装前要进行清洗和检查，然后吊入机体，检查隔板与机壳之间的膨胀间隙。一般钢制隔板取 0.05～0.1mm，铸铁隔板为 0.2mm 或更大；径向间隙一般为 1～2mm 或更大。

① 隔板的固定与调整。

a. 在水平接合面上用固定螺钉固定，螺钉与垫圈之间有 0.4～0.6mm 的间隙，以允许隔板在垂直方向上移动。

b. 固定隔板的螺钉头埋入气缸或隔板水平接合面至少 0.05～0.1mm，垫圈直径比凹槽直径小 1～1.5mm。

c. 隔板的调整方法随隔板的固定方法不同而不同，如果隔板是悬挂在两只销柄上，并用垂直定位销钉定位，则应改变两销柄厚度，以达到调整隔板中心高低的目的。隔板外圈的销钉支承在气缸内，则锉短或接长左右销钉长度，就可改变隔板在气缸中左右的位置。隔板结构及固定分别如图 4-13、图 4-14 所示。

② 轴封间隙的测量与调整。

a. 先将隔板安装在下机壳内，再组装各级隔板密封，前后轴封和各级叶轮盖密封，用涂色法检查密封环嵌入隔板槽部分的接触情况，接触不均匀应适量修刮，确保密封环进出自由，安装时抹上防咬合剂，以保证密封环今后拆卸方便。

b. 测量各级叶轮与级间密封间隙时，两侧间隙可用塞尺直接测出间隙值；上部与下部间隙测量时，可分别在轴承套及轮盖上涂色，在被测各梳齿上贴上已知厚度的胶纸或胶布，

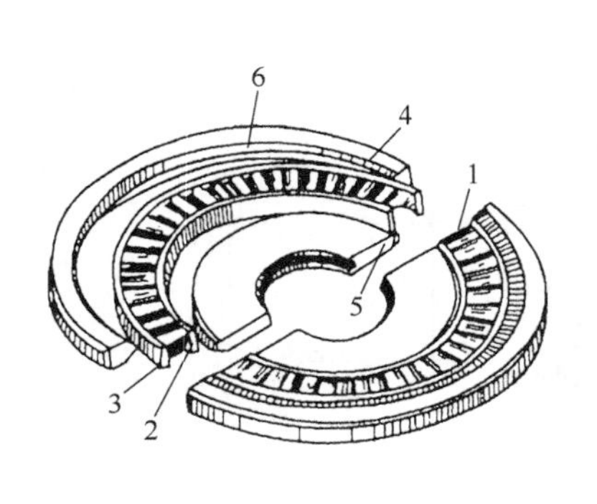

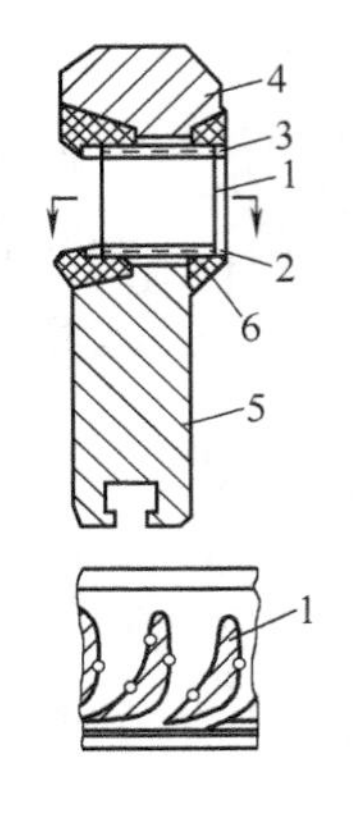

图 4-13 隔板结构

1—喷嘴片；2—内环；3—外环；4—隔板轮缘；5—隔板体；6—焊缝

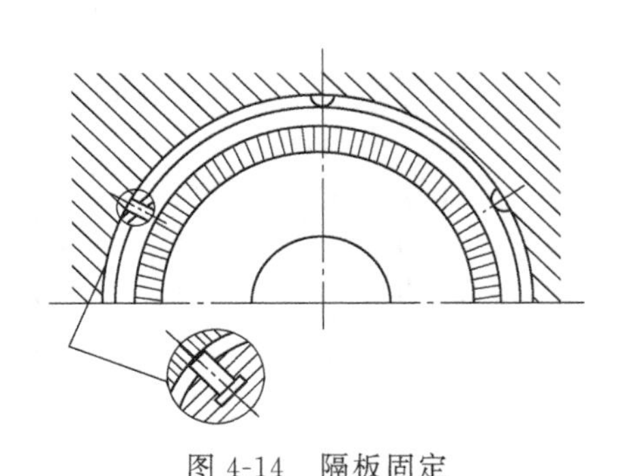

图 4-14 隔板固定

吊入转子然后盖上机壳上盖，并将部分连接螺栓拧紧，盘动转子几周后，开缸观察各胶纸或胶布的接触情况，判断间隙是否符合要求。如果间隙过大，更换新的密封环；间隙过小，可修刮密封环梳齿进行调整。修刮时应将梳齿顶尖朝向高压侧，切忌刮成圆角，以免漏气量增加。

（4）转子的安装

① 离心式压缩机的转子是离心式压缩机的转动部件。转子包括主轴、叶轮、轴套、平衡盘、推力盘、联轴器等旋转元件。

② 清洗检查转子及轴颈各处是否有机械损伤，测量检查转子轴颈的圆锥度和圆柱度，做好详细记录以待交工时对比。

轴颈的圆锥度和圆柱度的检查，通常是先将转子全圆周分成 8 等份，如图 4-15 所示。

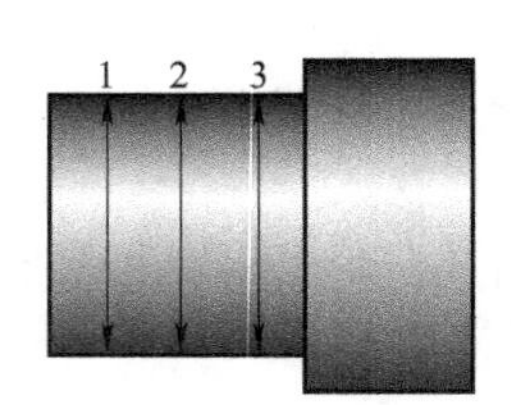

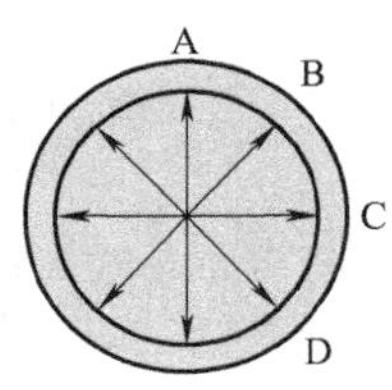

图 4-15 圆锥度与圆柱度测量方法

使用千分尺分别测量 1、2、3 三个平面的 4 个点，在同一纵断面内，测得的最大直径与最小直径之差即为圆柱度。轴向 1～3 出现的径向偏差，就是它的锥度。

③ 将径向轴瓦清洗干净回装在瓦窝里，同时再装上一侧推力瓦。

④ 在吊装转子时，必须使用专用工具，并保持转子轴向呈水平状态。当转子进入止推瓦时，将推力盘贴在推力瓦上，慢慢落下放在轴瓦上，防止转子晃动损坏密封。

⑤ 在下气缸前后两端圆孔加工部位，检查转子在下气缸的中心，找正时转子中心偏差值根据技术要求而定。左、右、下尺寸应基本相等。

⑥ 测量轴瓦的径向间隙，推力轴瓦间隙及止推盘平面的轴向跳动差（偏摆差），测量各级工作轮、轴套及联轴器等处的径向跳动和轴向跳动，应符合相关技术要求规定。

（5）轴端密封装置的组装

离心式压缩机的转子与固定件（动、静件）之间都有一定的间隙，机体内的高压气体会从间隙处泄漏，为了减少或避免泄漏，在机体的两端设有前、后轴密封装置，密封装置有迷宫式、充气式、液压浮环式、干气机械密封等。

① 迷宫式密封：是一种非接触的密封结构，密封元件之间没有摩擦，允许有很高的相对运动速度，适用于压力较低的机组；各密封片应无裂纹、卷曲等缺陷，镶装牢固，安装方向正确，装配间隙符合要求。

② 液压浮环式密封：浮环密封由内浮环和外浮环组成，浮环内表面衬有巴氏合金，浮环与轴套之间的间隙较小，浮环可以浮动。密封油进入时，在浮环与轴套之间形成一层油膜，以此起到密封作用，所以又称油膜密封。要求：

a. 内外浮环的合金表面不应有气孔、夹渣、重皮、裂纹等缺陷。

b. 浮环与密封体的接触面应光滑，无碰伤、划痕等缺陷，且接触良好。

c. 浮环可以相对于轴颈作径向浮动，浮环的径向间隙一般为轴径的 0.5‰～1‰。

d. 浮环密封组装后，应活动自如，不得有卡涩现象。

③ 干气机械密封：机械密封是由两个垂直于轴线的密封元件的平直表面互相贴合，并做相对转动而构成的密封装置。要求：

a. 机械密封各零件不应有损伤、变形，密封面不应有裂纹、擦痕等缺陷；

b. 装配过程中，零件必须保持清洁，动环与静环的密封面应无灰尘和异物，静环安装后应能沿轴向灵活移动；

c. 机械密封的隔离气系统及密封系统必须保证清洁无异物；

d. 干气密封的更换与组装基本是由专业厂家来完成，现场只需配合即可；

e. 安装后盘动转子应转动灵活。

（6）上下气缸闭合前施工记录应齐全

① 径向轴承、止推轴承各部间隙。

② 转子中心位置、水平度、转子主要部位跳动值。

③ 机体水平剖分面的水平度及剖分面的接触状况。

④ 上下机体内各动、静配合件的配合间隙。

⑤ 检查确认机体内部清洁无异物；检查确认机体内的紧固或定位螺栓应拧紧、锁牢；在机体剖分面上均匀地涂抹密封胶。

（7）扣气缸大盖

合盖前必须将缸内清理干净，检查上下气缸中分面有无高点，并消除之。其过程如下：

① 预扣上气缸盖，装上导向杆，将上气缸水平吊起，平稳自由地下落在下气缸上，在自由状态下对上下气缸中分面做无间隙检查，用 0.05mm 塞尺检查中分面，应符合技术文件规定。如果局部间隙超过规定要求，可预紧部分螺栓，再次检查处理，直至合格，轻轻盘动转子，应无卡涩与摩擦现象。

② 将上气缸平稳吊走或吊起一定高度，垫上几个支承点（一定要有安全措施防止上气缸易外掉落），然后在中分面、隔板平面，压上胶条、抹上密封胶，要求厚度均匀，并连成一条直线。再将上气缸盖缓慢落下，快要靠近下气缸几十毫米时，上气缸稳钉落下，在拧紧气缸螺栓前将稳钉略加打紧，在螺栓丝扣上抹上二硫化钼油脂，一是在紧固螺栓时比较轻松，二是在紧固过程中防止螺母与螺杆咬合，三是为以后检修时拆卸方便。

③ 螺栓的紧固顺序：应从机体中部开始，按左右对称分两步进行，先用 50%～60%的额定力矩拧紧，再用 100%的额定力矩紧固。

④ 对于中低压气缸，只要用规定的拧紧力矩按秩序拧紧即可；对于大型气缸或高压气

缸，为保证连接牢固，通常在气缸螺栓冷紧后，还需进行热紧，螺栓需要加热的温度和螺母旋转的角度或螺栓的伸长量按厂家的技术文件要求。

⑤ 机体闭合紧固后，盘动转子应转动灵活，内部应无异常声响和摩擦及卡涩现象。

4.1.4.5 联轴器装配

① 装配时，首先检查其外观，应无毛刺、裂纹等缺陷；并对联轴器进行圆周、端面振摆差检测。对正装配时，应检查联轴器供油管孔是否畅通。

② 对正联轴器时按制造厂所留标志对准，不得错位。按技术要求两联轴器端面之间应留有适当间隙。

联轴器的轴对中，必须按制造厂提供的找正图表或冷对中数据进行对中。联轴器对中允许偏差也可参照表 4-1 的规定。

表 4-1 联轴器对中允许偏差 mm

转速	≤6000		>6000	
百分表位置 联轴器形式	径向	端面	径向	端面
齿式	0.08	0.04	0.05	0.03
弹性、膜片式	0.06	0.03	0.04	0.02
刚性	0.04	0.02	0.03	0.01

4.1.4.6 压缩机对中

① 压缩机对中是指连接两个以上的旋转体，使它们的轴心线在同一条线上。为保证压缩机组在工作状态下，仍然能够保持各个转子中心线在运行时形成一条光滑连接曲线，且保持与缸体的同心要求，找正找平时应以已经固定的基准轴线（如增速机）的从动轴（或汽轮机主轴线）为基准，按照厂家提供的冷态对中曲线进行压缩机的对中找正，借助压缩机机体底座下面的垫铁（或其他装置）调整，使压缩机机组各个转子中心线同轴度误差及其他误差都在允许范围以内。

② 压缩机对中时，同时进行机体的固定。将地脚螺栓对称均匀逐次拧紧，并不断复核联轴器定心情况，使地脚螺栓拧紧至应有程度，联轴器定心基本符合要求后，用 0.04mm 塞尺检查机体与底座接触面的接触情况。

如有个别处超差，则可用底座部的垫铁加以消除，必要时对机体与底座接触面进行人工研磨处理，但在消除该间隙的过程中，如果影响到联轴器的同轴度，则重新调整使其符合要求。

4.1.4.7 电动机的安装

① 将电动机底座吊放在基础上，利用螺丝顶或垫铁进行标高调整，在加工面进行轴向与横向的水平调整。

② 将电动机紧固在底座上，根据基准机座的中心标高进行对中调整，对电动机的中心标高、轴向、横向进行粗调，当轴向、横向水平基本合格后，将轴承上瓦打开，进行电动机的解体检查，并做到以下几点：

a. 做好轴承座的标记，拆洗瓦盖，解体上瓦，利用吊车或千斤顶抽出下瓦，清洗检查轴瓦，无空洞、夹渣、脱壳等现象。

b. 检查瓦背与瓦窝，其接触面应均匀，必要时可用着色法进行检查，轴瓦与轴颈接触角度为 60°～90°，轴向接触面达轴瓦长度的 75%以上。

c. 轴瓦接触面符要求后，复测轴瓦间隙，轴瓦的间隙按厂家技术文件要求执行，一般为轴径的 1.3‰～1.6‰，侧间隙为顶间隙的一半或略大于顶间隙（0.5～0.7 倍）。

d. 同一台电动机中，两个下轴瓦侧面的油槽深度与侧间隙应基本一致，油槽深度检测方法：用相同厚度的塞尺 0.40～0.60mm，沿瓦口轴向垂直塞入轴瓦的两侧，两个轴瓦塞入的深度应基本相同，深度为 60～80mm。油槽间隙的检测检测方法：再用相同厚度的塞尺，塞出相同的两侧间隙，油槽一侧间隙一般在 0.40～0.60mm。

塞尺塞入的厚度与深度：0.40mm 厚度的塞尺，沿轴颈轴向塞入深度 80mm；0.50mm 厚度的塞尺，沿轴颈轴向塞入深度 70mm；0.60mm 厚度的塞尺，沿轴颈轴向塞入深度 60mm。

e. 要保证相同的顶间隙、相同的侧间隙，电动机工作后，两头轴瓦的温升才可基本保持一致，回油温度基本一致，两个轴承支座温度也基本一致，转子的水平热胀也基本一致。如果前后轴承出现温度一高一低的现象，电动机主轴就会出现倾斜上胀，破坏了联轴器的同心度，同时也影响轴瓦的接触。所以，不可忽视两个轴瓦各部间隙的同步。

f. 检查调整轴瓦油封间隙，同时也检查电动机两端气封间隙，上气封间隙略大于下气封间隙 0.06～0.10mm，因为转子旋转后，轴瓦间形成的油膜会将电动机轴抬起 0.03mm 以上。

g. 电动机主轴瓦一般有两种形式，一种是圆柱形对开式两半滑动轴承，另一种是球形对开式两半滑动轴承，球形轴瓦具有自动调心的作用，轴瓦紧力应符合轴瓦技术要求。

4.1.4.8 电动机与增速机的对中

① 为确保电动机轴端与变速机轴端的间距，首先确定电动机转子励磁中心线，将变速机的驱动齿轮推到轴向受力位置，再确定电动机与增速机联轴器的间距，现场测量只允许大不允许小，但不要超过 0.50mm。

② 当联轴器对中出现上下偏差时，可在电动机位置或联合底板下面，用垫铁组或螺丝顶进行调整。机组的对中调整程序一般是先调垂直后调水平，机组对中合格后，准备整体机组的灌浆工作。

③ 机组的冷态对中曲线应严格按照制造厂家的技术文件要求执行。如果技术文件中有热态对中的要求，就必须进行热态对中调整，当机组在额定负荷运行 N 小时后，停机对联轴器进行同心度复测，用激光找正仪或三表找正器对机组进行热态对中复测，根据热态的偏差值再重新进行冷态对中调整。

机组对中找正常用的方法是三表法和激光法。

4.1.4.9 二次灌浆

① 二次灌浆工作在隐蔽工程检查合格、机器最终找平找正后 24h 内进行，否则灌浆前应重新复测核对机器的同心找正数据。

② 与二次灌浆层相接触的底座底面应光洁无油垢、无防锈漆等。

③ 锚板螺栓的灌浆方式，是先在地脚螺孔内底部灌一层砂浆，其厚度约 100mm，再灌一层干砂，在干砂顶部再灌一层砂浆厚约 100mm，如图 4-16 所示。

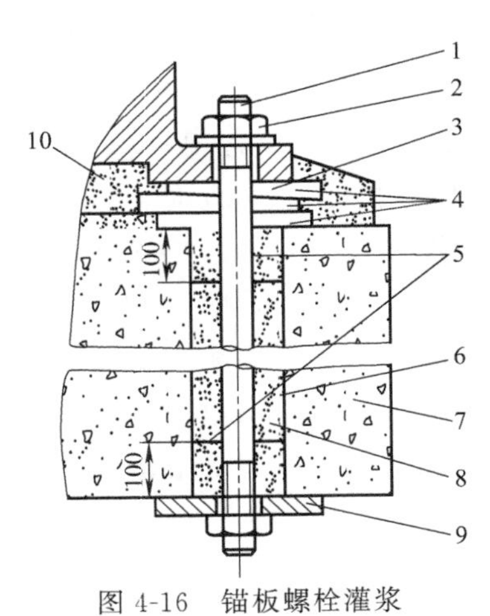

图 4-16 锚板螺栓灌浆

1—地脚螺栓；2—螺母、垫圈；3—底座；4—垫铁组；5—砂浆层；6—预留孔；7—基础；8—砂填充层；9—锚板；10—二次灌浆层

④ 二次灌浆的基础表面用水冲洗干净并浸湿。

⑤ 二次灌浆前安设外模板，外模板距底座外缘值应不小于 60mm，灌浆层高度，高出底座底面值不小于 10mm。模板拆除后，表面进行抹面处理。

⑥ 二次灌浆层的灌浆（捣浆）工作，必须连续进行，不得分次浇灌，并应符合土建专业的有关技术规定。

⑦ 二次灌浆层的高度一般为 30～70mm。

⑧ 二次灌浆层的灌浆用料，以细碎石混凝土为宜，标号比基础混凝土的标号高一级，最好用无收缩微胀混凝土灌浆料。环境温度低于 5℃时，二次灌浆层养护期间，采取保温或防冻措施。

4.1.4.10 机组辅助系统的安装

离心式压缩机的辅助系统包括油润滑系统与空气冷却系统，这些辅助设备和管道的安装要求、方法、步骤，基本上与活塞式压缩机的辅助系统相类似。

① 压缩机润滑系统、冷却系统的安装按机组布置图进行，并符合相应技术要求。

② 管道布置应整齐美观，管壁之间应有适当的距离，以便于操作维护。管道安装应稳固。水平管道应有低向油箱的安装坡度（一般不小于 5/1000），以便于回油。

③ 不锈钢管道安装后，管内应进行酸洗、钝化、试压处理，处理后应及时封闭保存防止污染。

4.1.4.11 压缩机进出口管道的安装

① 压缩机的进口管道属中、低压管道，而出口管道则属中压或高压管道。其安装方法和规定可参考 GB 50235《工业管道工程施工及验收规范》的金属管道篇。

② 工艺管道的配制宜从气缸往外进行，最后一节固定焊口远离压缩机。

③ 管线安装完成后，应拆下进行水压试验，试验压力为各级工艺压力的 1.5 倍。

④ 管道支承设置应合理，固定支架与滑动支架必须按图装配，切忌不能把容器及设备作为管道支承。

⑤ 管口法兰与相对应的机器法兰在自由状态时，其平行度应小于法兰直径的 1/1000，最大不超过 0.30mm，对中偏差以螺栓能顺利地穿入每组螺栓孔为宜，法兰间距以能放入垫片的最小间距为宜。

⑥ 与压缩机连接的所有管道，严禁强制对口，管道紧固时应在联轴器上架表进行监控，联轴器同心度变化不能超过规定值，防止管道硬力强加在机身上。

4.1.4.12 管路吹扫

① 利用空气为介质，对辅机设备和管路逐级吹扫，吹扫压力一般为 0.15～1.2MPa（或根据技术要求进行）。吹扫各级附属设备和管线时，先将其安装好，但不能与下一级的设备和气缸连接，防止脏物进入下一级设备或气缸中。吹好一级管道后再连接下一个设备，直至末级。

② 吹扫过程中要经常敲打管线，以便把管道中的氧化物与焊渣等震下来吹出去。吹扫逐级进行，吹扫时间不限，吹扫干净为止。

4.1.5 机组的试运行

4.1.5.1 试运转前须具备的条件

① 主机及附属设备的就位、调平、找正、检查及调整等安装工作全部结束，并有齐全的安装记录。

② 二次灌浆达到设计强度，基础抹面工作结束。

③ 与试运转有关的工艺管道及设备具备使用条件。

④ 保温、保冷及防腐等工作已基本结束（有碍试运转检查的部位除外）。

⑤ 与试运转有关的水、电、油、气、汽等公用工程具备使用条件。

⑥ 电气、仪表系统满足使用要求，机组联锁调试完毕。

4.1.5.2 试运转前的准备工作

① 在有关人员参加下，组织审查安装记录，审定试运转方案及检查试运转现场条件。

② 试运转现场，应具备必要的消防设施和防护用具，机器上不利于安全操作的外露转动部位应装设安全罩。

③ 机器入口处按规定装设过滤网（器）。

④ 试运转用润滑油符合设计要求。润滑油加入系统时，用不小于 120 网目的滤网过滤。

4.1.5.3 单机试运转阶段

① 先进行驱动机的试运转，运转正常。

② 机组无负荷试运转，无负荷试运转是检查机器各部分的运动和相互作用的正确性，同时使某些摩擦表面初步磨合。

③ 负荷试运转，负荷试运转是为了检验机器能否达到正式生产时的各项指标。

④ 单机试运转时间，对于离心式压缩机，无负荷试运转时间为 8h，额定负荷试运转时间要不小于 24h；对于离心式制冷压缩机，无负荷试运转时间为 2h，额定负荷试运转时间为 8h。

4.1.5.4 机组试运转

（1）辅助系统试运行

① 冷却水系统冲洗与试运，严禁跑、冒、滴、漏，冷却水压力符合工艺要求。

② 调整油系统中的油压、油温、油位，自控联锁仪表应灵敏、准确可靠。

③ 调速控制系统各部位应动作灵活、准确，并符合方案和技术文件要求。

④ 汽轮机、冷凝及喷射系统的自控联锁应灵敏准确，真空度符合技术文件要求。

（2）电动机单机试运转

① 试运转前必须脱开与压缩机或变速机之间的联轴器，并将其设置固定好，盘动转子应转动灵活，无异常声响。

② 检查电机的绝缘电阻等应符合规定，电气系统应调试合格，具备试运行条件。

③ 开启冷却水进、出口阀，检查水量、水压是否正常。

④ 启运润滑油泵，按规定调整油温和油压，检查各轴承进油及回油是否良好。

⑤ 瞬时启动电动机，检查转向应无异常声响。

⑥ 启动电动机连续运行 2h，检查电动机的电流、电压、轴承温升及轴振动等，均应符合规范的规定。

(3) 汽轮机单机试运转

以汽轮机做驱动的离心式压缩机组，在机组试运行前，先进行汽轮机单机试运转。其要求如下：

① 机组安装资料齐全，以下各项内容已完成。蒸汽管道吹扫合格；汽轮机启动前的各项静态调试合格；各项联锁保护调试合格；冷凝器或空冷岛试运转合格；液压调节系统试验合格；DCS 分布控制系统调整合格。

② 汽轮机的单体试车程序。启动油系统→建立冷凝系统循环→启动盘车系统→蒸汽管道暖管及热紧（至主切断阀前）→试验保安系统及主汽门动作→打开主切断阀，暖管至主汽门前→检查盘车装置应正常→检查热井液位正常→抽真空→冲动转子→暖机→缓慢升速→模拟脱扣→继续升速至额定转速→升速至最大转速→超速脱扣→测惰走时间→系统停车→盘车器开启→至汽轮机冷却。

汽轮机第一次暖机启动时，在进气口侧中分面左右各架 2 个百分表，进行热态位移监测，防止进汽管热位移导致机壳同心的破坏；同时检查猫爪热胀间隙，如果出现下机壳位移偏差位移和猫爪热胀卡涩，应立即停止暖机。

③ 暖机和冲转。暖机的目的是防止材料低温脆性破坏和避免过大的热应力。从冲转到额定转速主要是提高转子与气缸的温度，防止低温脆性破坏。在提高转子温度的过程中，若暖机转速太低，则放热系数小，温度上升太慢，延长了启动时间；若暖机转速太高，则会因离心力大而带来脆性破坏的危险。因此，在确定暖机转速时要两者兼顾，同时还应考虑避开转子的临界转速。

暖机与冲转是共同存在的，指在汽轮机试车过程中，将汽机转速启动开始提升到规定转速的一个过程。暖机有两个作用，一个是暖机，一个是检查。一般来说，机组在冷态启动时为了减少金属部件与热蒸汽产生的热冲击，进入的蒸汽量由小逐渐到大，转速也由低速到额定转速。在暖机过程中对汽机各项检查，机壳热胀差、动静部件有无摩擦、调节系统是否稳定、轴承温度是否正常等。

冲转是汽轮机启动时，利用高压蒸汽将汽轮机转子冲动起来，蒸汽在进入汽轮机后，冲击转子上的叶片，使转子转动起来。冲转是为避免机组因加载过快而损坏机组。

④ 汽轮机冲转与加速过程中，密切观测猫爪热胀间隙，如出现异常，应立即停止汽轮机运行，以便及时调整进汽管线支架，消除后患。

⑤ 汽轮机转速正常，3 次超速试验合格。

⑥ 汽轮机单试合格后，连上联轴器，准备连机试运。

(4) 机组无负荷试运转

① 无负荷试运转的准备工作。

a. 试运转用的介质应符合技术文件要求；机组吸入端的设备或管口应清理干净，设置过滤器。

b. 盘动转子，检查压缩机内部应无摩擦和异常声响。

c. 试运转有关的电气、仪表自控联锁等，确保能投入运行。

d. 打开压缩机的入口阀（按规定要求打开开度）、出口阀、放空阀、防喘振阀，电动机驱动的压缩机应微开入口阀。

② 机组试运转应在额定转速下连续运转 2～4h，经全面检查应符合下列规定：

a. 机组应无异常声响；冷却水系统中的水温、压力应符合技术文件的规定。

b. 润滑油压、密封油压、控制油压应符合技术文件的规定。轴承进口油温宜为(45±3)℃，出口油温的温升不应超过 28℃，轴承温度不应高于 80℃（金属瓦块上的测量温度<120℃）。

c. 电气、仪表、自控保护装置运行应良好，动作应准确；附属设备、工艺管道运行应良好，无异常振动和泄漏。

③ 试运转中检查机组的电流、电压、轴承温升、轴位移、轴振动等，应符合技术文件要求。

（5）机组负荷试运转

① 机组无负荷试运转合格后，方可进行负荷试运转。负荷试运转使用的介质，必须符合技术文件的规定。

② 汽轮机或燃气轮机驱动的压缩机组，在升速时应快速通过轴系的各临界转速；在升速、升压操作时应避开防喘振点。

③ 机组在额定负荷下，连续运行 12h，且各部分的运转要求应符合技术文件的规定，负荷试运转合格，停机时应测出机组惰走时间。

④ 负荷试运转合格后，可对轴承进行适当的抽查，检验其运转和磨损情况。

（6）试运转中重点检查的项目

① 有无异常噪声、声响等现象。

② 轴承温度应符合机器技术文件的规定，若无规定，滚动轴承的温升应不超过 40℃，其最高温度一般应不超过 75℃，滑动轴承的温升应不超过 35℃，其最高温度一般应不超过 65℃。

③ 检查其他主要部位的温度及各系统的压力等参数是否在规定范围内。

④ 振动值应在轴承体上（轴向、垂直、水平 3 个方向）进行测量。振动值符合技术文件的规定，若无规定，可参见表 4-2。

表 4-2 轴承振动要求

转速/(r/min)	轴承双向振幅不大于/mm	转速/(r/min)	轴承双向振幅不大于/mm
≤375	0.18	>1500～3000	0.06
>375～600	0.15	>3000～6000	0.04
>600～750	0.12	>6000～12000	0.03
>750～1000	0.10	>12000	0.02
>1000～1500	0.08		

⑤ 检查驱动电动机的电压、电流及温升等，不应超过规定值。

⑥ 检查机器各紧固部位有无松动现象。

⑦ 机组无跑、冒、滴、漏现象。

⑧ 如有异常现象应立即停机检查、处理。

⑨ 因故停机检查，运转时间从头计算。

（7）试运转结束后，应及时完成下列工作

① 断开电源及其他动力来源。

② 卸掉各系统中的压力及负荷。

③ 检查各紧固部件。

④ 对润滑剂的清洁度进行检查，清洗过滤器。

⑤ 需要时可更换新油（剂）。

⑥ 拆除临时管道及设备（或设施），将正式管道进行复位安装。

⑦ 清理现场及整理试运转记录。

4.1.6 交工验收

离心式压缩机组负荷试运行合格后，按有关规定办理交工验收。交工验收必须在建设单位、施工单位等共同参加的情况下进行。验收时，对压缩机安装过程中出现的问题及处理方法进行检查，对安装质量进行综合评价，建设单位对安装有异议的问题可以进行复验。经双方确认安装合格后，施工单位交出压缩机安装的所有文件和记录，主要包括：

① 压缩机基础隐蔽工程记录；

② 机组中心位置、标高及水平度测量记录；

③ 转子检查记录和装配记录；

④ 增速器装配记录；

⑤ 电动机安装记录；

⑥ 管道与设备连接调整记录；

⑦ 机组联轴器对中记录；

⑧ 油系统冲洗循环记录；

⑨ 机组试运行记录及试运行合格证书；

⑩ 随机技术资料及机组出厂合格证书；

⑪ 附属设备、管道、电器、仪表、绝热、防腐等交工文件。

施工单位交出文件后，由建设单位、施工单位等在交工文件上签字确认，由建设单位妥善保管。

4.2 知识解读

4.2.1 离心式压缩机的工作过程与性能参数

4.2.1.1 离心式压缩机的工作过程

离心式压缩机是一种叶片旋转式压缩机，用于压缩气体的主要工作部件是高速旋转的叶轮和通流面积逐渐增加的扩压器。在工作轮旋转的过程中，由于旋转离心力的作用及工作轮中的扩压流动，使气体的压力得到提高，速度也得到提高。随后在扩压器中进一步把速度能转化为压力能。即利用离心升压作用和降速扩压作用，将机械能转换为气体的压力能。

离心压缩机的种类繁多，根据其性能、结构特点，可按如下几方面进行分类，见表 4-3。

表 4-3　离心式压缩机的分类

分　类	名　称	说　明
按排气压力分	低压压缩机	排气压力在 0.3～1MPa
	中压压缩机	排气压力在 1～10MPa
	高压压缩机	排气压力在 10～100MPa
	超高压压缩机	排气压力＞100MPa
按功率分	微型压缩机	轴功率小于 10kW
	小型压缩机	轴功率处于 10～100kW
	中型压缩机	轴功率处于 100～1000kW
	大型压缩机	轴功率处于 1000kW 以上
按吸入气体的流量分	小流量压缩机	流量小于 $100m^3/min$
	中流量压缩机	流量处于 $100 \sim 1000m^3/min$
	大流量压缩机	流量大于 $1000m^3/min$
按机壳剖分方式	水平剖分型	机壳被水平剖分成上下两半
	垂直剖分型	机壳为垂直剖分的圆筒
按机壳的数目	单缸型	只有 1 个机壳
	多缸型	具有 2 个以上的机壳
按气体在压缩过程中冷却次数	单段型	气体在压缩过程中不进行冷却
	多段型	气体在压缩过程中至少冷却一次
	等温型	气体在压缩过程中每级都进行冷却
按工艺用途	空气压缩机	用于压缩空气
	氧气压缩机	用于压缩氧气
	丙烯压缩机	用于压缩丙烯

4.2.1.2　离心式压缩机型号表示方法

离心式压缩机的型号能反映出压缩机的主要结构特点、结构参数及主要性能参数。国产离心压缩机的型号代号的编制方法有许多种。

国产离心式压缩机的型号及意义如下：

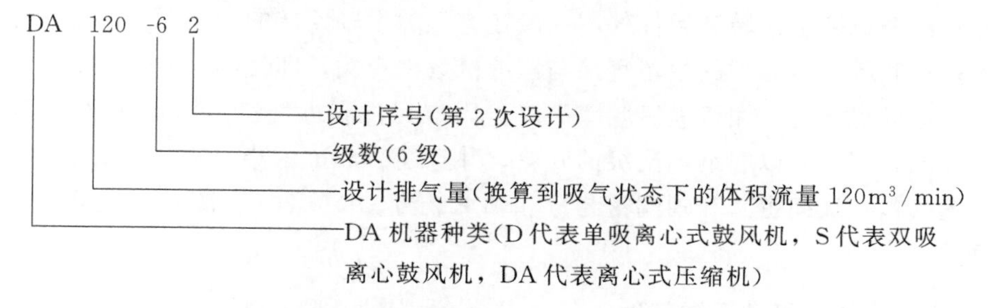

也有以被压缩的气体名称来编制型号的，例如：

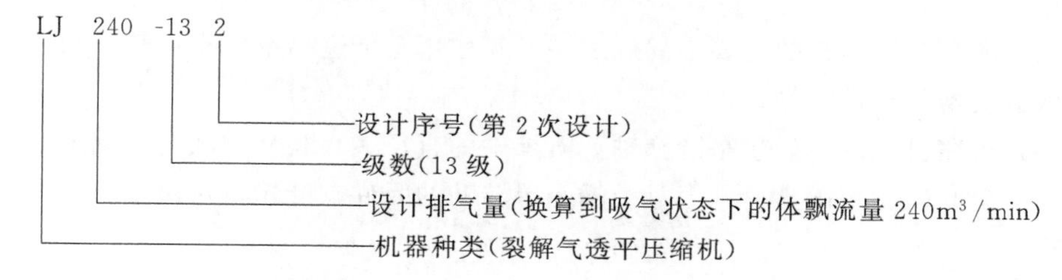

制冷机常用如下的型号编制

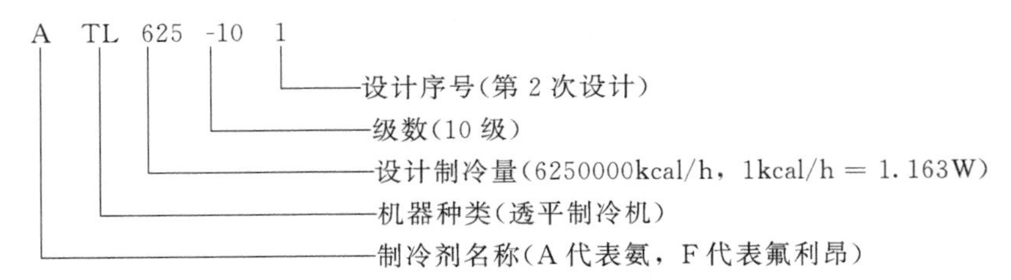

4.2.1.3 离心式压缩机的主要性能参数

① 排气压力，指气体在压缩机出口处的绝对压力，也称终压，单位常用kPa或MPa表示。

② 转速，压缩机转子单位时间的转数，单位常用r/min。

③ 排气量，指压缩机单位时间内能压送的气体量。它有体积流量和质量流量之分，对体积流量常用符号Q表示，单位用m^3/min或m^3/h，一般规定排气量是按照压缩机入口处的气体状态计算的体积流量。但也有按照压力101.33kPa，温度为273K时的标准状态下计算的排气量。质量流量常用符号G表示，单位是kg/s。

④ 功率，压缩机的功率指轴功率，即压缩机传给主轴的功率，单位用kW表示。

⑤ 效率，效率是衡量压缩机性能好坏的重要指标，反映能量转换的程度，可用下式表示：压缩机的效率＝气体净获得的能量/输入压缩机的能量。

4.2.2 离心式压缩机的结构及主要零部件

4.2.2.1 离心式压缩机的总体结构

离心式压缩机主要包括转子部件、定子部件。

在离心式压缩机中，把由主轴、叶轮、平衡盘、推力盘、联轴器、套筒以及紧圈和固定环等转动元件组成的旋转体称为转子。

离心式压缩机除上述转动元件外，一般还有不随主轴回转的固定元件。在离心式压缩机中，叶轮效率和各固定元件的效率直接与压缩机效率有关，即使叶轮效率较高但与固定元件不够协调，这样也会使压缩机整机效率下降。固定元件有进气室、蜗壳（室）、隔板等，隔板将机壳分成若干空间以容纳不同级的叶轮，并且还组成扩压器、弯道和回流器。此外，还有密封装置（包括级间密封和轴端密封）和轴承装置。DA120-61离心式压缩机总体结构如图4-17所示。

4.2.2.2 离心式压缩机主要零部件

（1）主轴

主轴是离心式压缩机的主要零部件之一。其作用是传递功率、支承转子与固定元件的位置，以保证机器的正常工作。

离心式压缩机主轴一般多是阶梯轴，阶梯轴的直径大小是从中间向两端递减。这种形式的轴便于安装叶轮、平衡盘，推力盘及轴套等转动的元件，叶轮也可由轴肩和键定位，而且刚度合理。

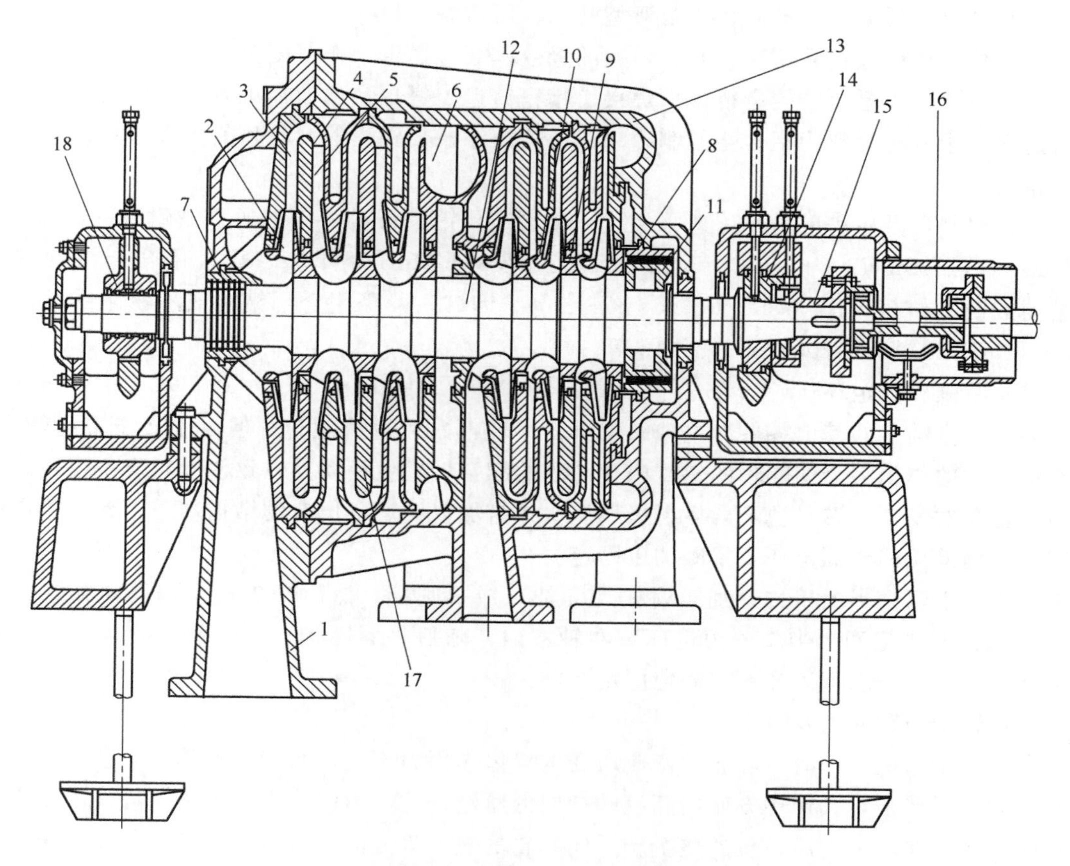

图 4-17 DA120-61 离心式空气压缩机总体结构图

1—吸入室；2—叶轮；3—扩压器；4—弯道；5—回流器；6—蜗室；7,8—轴端密封；9—隔板密封；10—轮改密封；11—平衡盘；12—主轴；13—机壳；14,18—止推轴承；15—推力盘；16—联轴器；17—隔板

主轴一般是采用 35CrMo、40Cr 、2Cr13 等钢材锻成。

对于主轴及其他转动元件的径向跳动及轴向跳动要求较严。轴颈部分一般按 IT7 精度要求加工，一般精车以后要经磨削加工，然后在总装时以此为基准，与支承轴及止推轴承研配。转子装好以后测定轴向及径向摆动，应符合有关规定。

(2) 叶轮

叶轮又称工作轮，是压缩机的最主要的部件。叶轮随主轴高速旋转，对气体做功。气体在叶轮叶片的作用下，跟着叶轮做高速旋转，受旋转离心力的作用以及叶轮里的扩压流动，在流出叶轮时，气体的压强、速度和温度都得到提高。

按叶轮结构形式分闭式叶轮、半开式叶轮，最常见的是闭式叶轮，它的漏气量小、性能好、效率高，如图 4-18 所示。

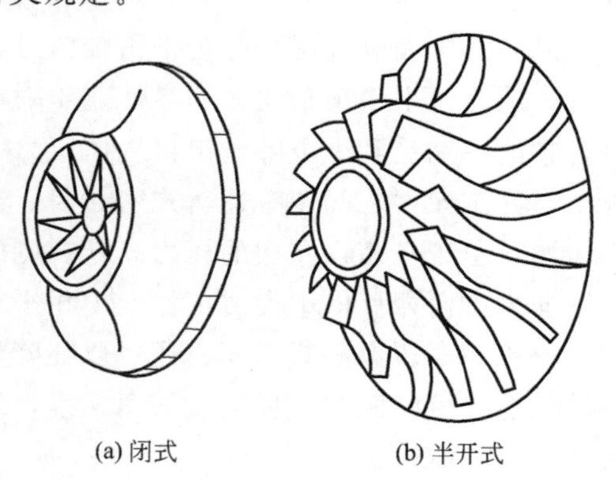

(a) 闭式　(b) 半开式

图 4-18 离心式压缩机叶轮

叶轮结构形式通常还按叶片弯曲形式和叶片

出口角来区分为后弯型、径向型、前弯型叶轮。后弯型叶轮叶片弯曲方向与叶轮旋转方向相反，离心式压缩机通常采用这种叶轮，它的级效率高，稳定工作范围宽。

从制造工艺来看，叶轮有铆接、焊接、精密铸造、钎焊及电蚀加工等结构形式。其中精密铸造多用于叶轮材料为铝合金的制冷用离心式压缩机；钢焊的叶轮目前大多采用铆接或焊接的结构。

轮盘材料以及轮盖的材料一般采用优质碳素结构钢，合金结构钢或不锈耐酸钢，如 45、35CrMo、35CrMoV、Cr17Ni2、34CrNi3Mo、18CrMnMoB 等叶片一般采用合金结构钢或不锈耐酸钢，如 20MnV、30CrMnSi、2Cr13 等。铆钉一般采用合金结构或不锈耐酸钢，如 20Cr、25Cr2MoVA、20CrMo、2Cr13 等。

（3）紧圈和固定环

叶轮及主轴上的其他零件与主轴的配合，一般都采用过盈配合，但由于转子转速较高，离心惯性力的作用将会使叶轮的轮盘内孔与轴的配合处发生松动，以致使叶轮产生位移。为了防止位移的发生，有过盈配合后再采用埋头螺钉加以固定，但有的结构本身不允许采用螺钉固定，而采用两半固定环及紧圈加以固定。

固定环由两个半圈组成，加工时按尺寸加工成一圆环，然后锯成两半，其间隙不大于 3mm。装配时先把两个半圈的固定环装在轴槽内，随后将紧圈加热到大于固定环外径，并热套在固定环上，冷却后即可牢固地固定在轴上。

（4）转子的轴向力及其平衡

离心式压缩机工作时，叶轮的两侧所受的气体作用力不同，其相互抵消后，还会剩下一部分力作用于转子，其作用方向由高压端指向低压端，这个力即为不平衡轴向力。由于不平衡轴向力的存在，迫使压缩机的整个转子向叶轮的吸入口方向（低压端）窜动，造成止推轴承的损坏并使转子与固定元件发生碰撞而引起机器的损坏。

在离心式压缩机中，轴向力的平衡方法，原则上同离心泵的方法一样。通常使用最多的是叶轮对称排列和设置平衡盘两种方法。

叶轮不同的排列方式会引起轴向力大小的改变。单级叶轮轴向力的方向总是指向低压侧。各级叶轮顺排时，其总的轴向力为各级叶轮的轴向力之和。如果叶轮按级或段对称排列，叶轮的轴向力将互相抵消一部分，使总的轴向力大大降低。这对于高压压缩机尤为重要，例如尿素装置中的二氧化碳压缩机便采用按段对称排列的方法来平衡一部分力，但这种方法会造成压缩机本体结构和管路布置的复杂化。

离心式压缩机利用平衡盘平衡轴向力的方法是使用最多的一种方法。平衡盘是利用它两边气体压力差来平衡轴向力的零件。压缩机的平衡盘一般安装在气缸末级（高压端）的后端口，它的一侧受到末级叶轮出口气体压力的作用，另一侧与压缩机的进气管相接。平衡盘的外缘与固定元件之间装有迷宫式密封齿。这样既可以维持平衡两侧的压差，又可以减少气体的泄漏。由于平衡盘左边的压力高于右侧的压力，因此，平衡盘上便产生一个与叶轮所受到的轴向力方向相反的平衡力与轴向力相平衡。

此外，高压离心式压缩机还可以在叶轮背面加平衡叶片来平衡轴向力，这种方法可以改善叶轮轮盘侧间隙中气体的旋转角速度，以改变其压力分布，此法只有在压力高、气体密度大的场合才有效。

（5）推力盘

推力盘就是将轴向力传递给止推轴承的装置，其结构如图 4-19 所示。

平衡盘可以平衡掉大部分轴向力，但还有一小部分轴向力未被平衡掉，这一剩余部分轴向力作用在止推轴承上，推力盘就是将轴向力传递给止推轴承的装置。剩余轴向力通过推力盘传给止推轴承上的止推块，构成力的平衡，推力盘与推力块的接触表面应光滑，在两者的间隙内要充满合适的润滑油，在正常操作下推力块不致磨损。离心压缩机启动时，转子会向另一端窜动，为保证转子应有的正常位置，转子需要两面止推定位，其原因是压缩机启动时，各级的气体还未建立，平衡盘两侧的压差还不存在，只要有气体流动，转子便会沿着与正常轴向力相反的方向窜动，因此要求转子双面止推，以防止造成事故。

(6) 轴套

轴套的作用是使轴上的叶轮与叶轮之间保持一定的间距，防止叶轮在主轴上产生窜动。轴套安装在离心式压缩机的主轴上，结构如图 4-20 所示，一端开有凹槽，主要作密封用，另一端也加工有圆弧面形凹面，此圆弧形的面在主轴上位置正好与主轴上的叶轮入口处相连，这样可以减少因气流进入叶轮所产生的涡流损失和摩擦损失。

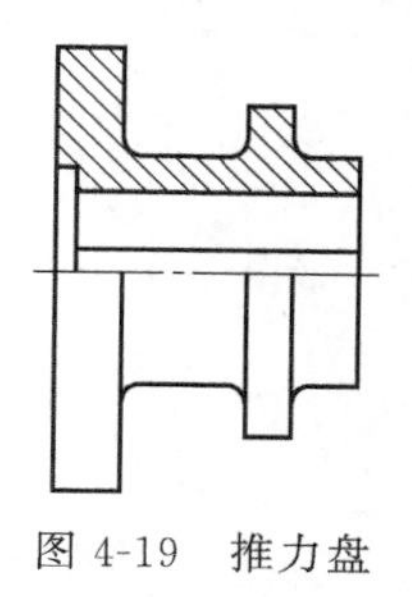

图 4-19 推力盘

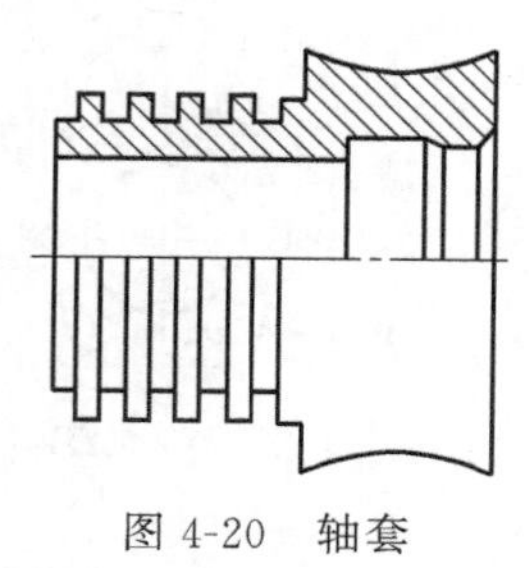

图 4-20 轴套

(7) 联轴器

由于离心压缩机具有高速回转、大功率以及运转时难免有一定振动的特点，所用的联轴器既要能够传递大扭矩，又要允许径向及轴向有少许位移，常用的联轴器类型有弹性膜片联轴器、液力偶合联轴器。

① 弹性膜片联轴器：弹性膜片联轴器的结构如图 4-21 所示。其弹性元件为一定数量的很薄的多边环形（或圆环形）金属膜片叠合而成的膜片组，膜片上有沿圆周均布的若干个螺栓孔，用铰制孔用螺栓交错间隔与半联轴器相连接。这样将弹性元件上的弧段分为交错受压缩和受拉伸的两部分，拉伸部分传递扭矩，压缩部分趋向折皱。当所连接的两轴存在轴向、径向和角位移时，金属膜片便产生波状变形。

根据传递的扭矩的大小，弹性元件由若干膜片叠合而成。膜片联轴器的特点是结构简单，整体性好，装拆方便，工作可靠，各元件间无相对滑动，无噪声，不需要经常维护，但弹性较弱，缓冲能力不大，适用于载荷比较平稳的各种转速和功率下的两轴连接。

② 液力偶合联轴器：液力偶合联轴器由主动轴、泵轮、涡轮、从动轴和防止漏油的密封等主要部件组成，如图 4-22 所示。

泵轮和涡轮一般对称布置，直径相同，在轮内各装有许多径向辐射叶片。工作时，在液力偶合器中充以工作油。当主动轴带动泵轮旋转时，工作油在叶片的带动下，因离心力的作用由泵轮内侧（进口）流向外缘（出口），形成高压高速液流，冲击涡轮叶片，使涡轮跟着

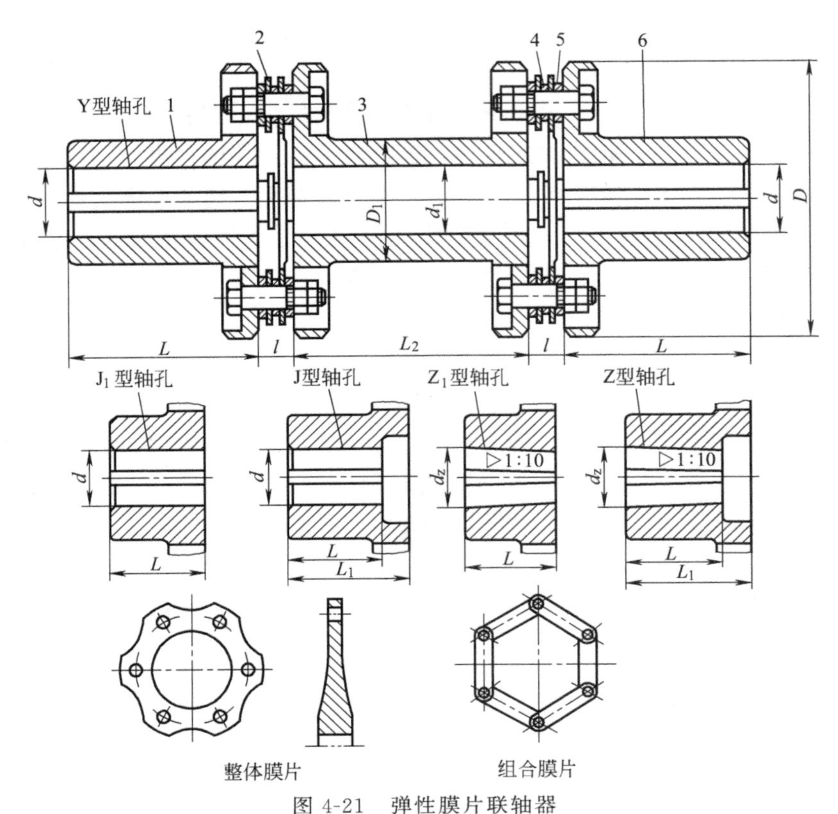

图 4-21 弹性膜片联轴器

1，6—半联轴器；2—膜片；3—中间轴；4—隔圈；5—支承圈

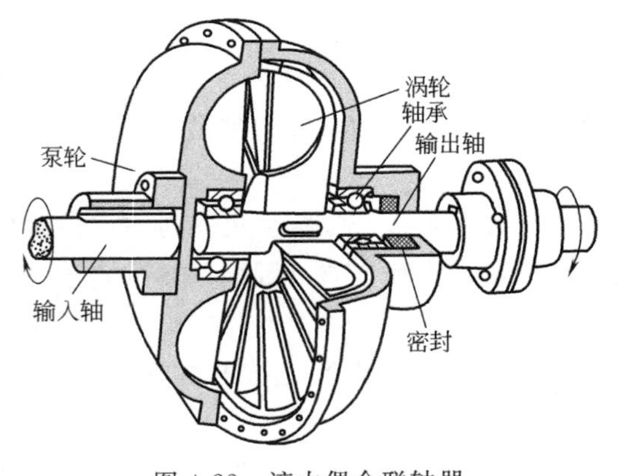

图 4-22 液力偶合联轴器

泵轮同向旋转。工作油在涡轮中由外缘（进口）流向内侧（出口）的流动过程中减压减速，然后再流入泵轮进口，如此循环。在这种循环流动过程中，泵轮把输入的机械能转换为工作油的动能和升高压力的势能，而涡轮则把工作油的动能和势能转换为输出的机械功，从而实现功率的传递。它的输出扭矩恒小于输入扭矩。其特点如下：

a. 无级调速：通过手动或电动遥控进行速度调节以满足工况的流量需求，从而可节约大量电能。

b. 空载启动：将流道中的油排空，可以接近空载的形式迅速启动电动机，然后逐步增加偶合器的充油量，使风机逐步启动进入工况运行，保证了大功率风机的安全启动，还可降低电动机启动时的电能消耗。

c. 过载保护：当从动轴载荷突然增加时，从动轴将会减速，直至制动，此时原动机仍可继续运转而不致停车，因而具有过载保护的功能。

d. 使用寿命长，除轴承外无磨损元件，偶合器能长期无检修安全运行，提高了投资使用效益。

（8）气缸

气缸是压缩机的壳体，又称为机壳。由壳体和进排气室组成，内装有隔板、密封体、轴承等零部件。对它的主要要求是：有足够的强度以承受气体的压力，法兰结合面应严密，材料多为铸钢。

对中低压离心式压缩机，一般采用水平中分面机壳，利于装配，上下机壳由定位销定位，即用螺栓连接。对于高压离心式压缩机，则采用圆筒形锻钢机壳，以承受高压。这种结构的端盖是用螺栓和筒型机壳连接的。

（9）隔板

隔板是静止部件，它将机壳分成若干个空间以容纳不同级别的叶轮，且构成气体的通道。根据隔板在压缩机中所处的位置，隔板可分为进气隔板、中间隔板、段间隔板和排气隔板 4 种类型。进气隔板和气缸形成进气室，将气体导流到第一级叶轮入口。中间隔板有 2 个作用：一是形成扩压器（无叶或叶片扩压器），使气流自叶轮流出后具有的动能减少，转变为压力的提高；二是形成弯道流向中心，即流向下一级叶轮的入口。段间隔板的作用是形成分隔两段的排气口。排气隔板除了与末级叶轮前隔板形成扩压器外，还要形成排气室。

隔板上装有轮盖密封和叶轮定距套密封，所有密封环一般都做成上下两半（对大型压缩机可能做成 4 份）以便拆装。为了使转子的安装和拆卸方便，无论是水平剖分型还是筒形压缩机隔板都做成上下两半，差别仅在于在气缸上的固定方式不同。对水平剖分型来说，每个上下隔板外缘都车有沟槽，和相应的上下气缸装配，为了在上气缸起吊时，隔板不至掉出来，常用沉头螺钉将隔板和气缸在中分面固定，但不固定死，使之能绕中心线稍有摆动，而下隔板自由装到下机壳上。考虑到热膨胀，隔板水平中分面比机壳水平中分面稍低一点。对筒形气缸来说，上下隔板固定好后，用贯穿螺栓固定成整个隔板束，轴向推进筒形气缸内。

（10）吸气室

吸气室又称为进气室，其作用在于把气体从进气管道或中间冷却器顺利的引入叶轮，使气体流速均匀，且经过吸气室以后不产生切向的旋绕。吸气室的形式基本上可以分为 4 种形式。

轴向进气的吸气室，这种形式最简单，一般多用于单级悬臂式鼓风机或压缩机，常做成收敛管的形状，以使气体均匀地进入后面的中轮；径向进气的肘管式吸气室，由于这种形式的吸气室进气时，气流转弯处容易产生速度不均匀的现象，所以常常把转弯半径加大，并在转弯的同时使气流略有加速；垂直进气的吸气室，可以是垂直向下或是垂直向上，进气室的尺寸较小，结构紧凑，这种吸气室在多级离心式压缩机中最常用；水平进气半蜗壳的吸气室，这种吸气室多用于具有双支承的多级离心鼓风机或压缩机，其特点是进气通道不与轴对称而是偏在一边的，与水平部分的机壳上半部不相连，便于以后的检修。

（11）扩压器

扩压器起着把由叶轮出来的高速气流的动能转变成静压能的作用。一般有无叶片、有叶片和直壁型结构。

无叶扩压器的结构简单，造价低。无叶扩压器的通道截面为一系列同心圆柱面，扩压器通道一般有等宽型、扩张型和收敛型，常采用等宽型。由于这种扩压器没有叶片，当进气速度和方向变化时，对工况影响不显著，不存在进口冲击损失，如图 4-23 所示。

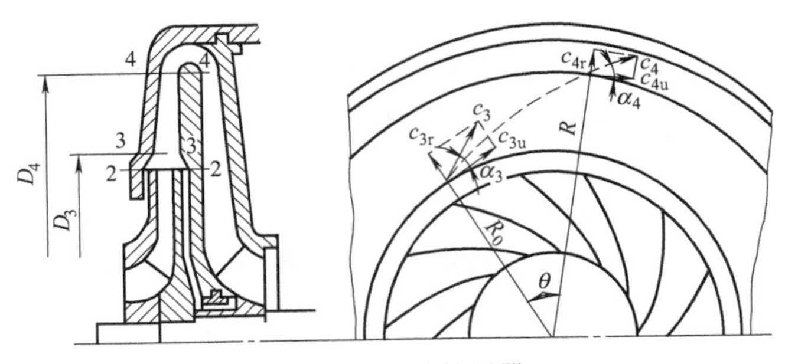

图 4-23　无叶扩压器

叶片扩器是在无叶扩压器的环形通道中沿圆周装有均匀分布的叶片。叶片的形式可以是直线形、圆弧形、三角形、机翼形等，可以分别制作与隔板用螺栓紧固，或者与隔板一起铸成。当气流经过叶片扩压器时，一方面因直径的加大而减速扩压外；另一方面又由于安装了叶片，气流将受到叶片的约束而沿叶片的方向流动，所以叶片扩压器内的速度变化要比无叶扩压器速度变化要大，扩压程度也就更大，如图 4-24 所示。

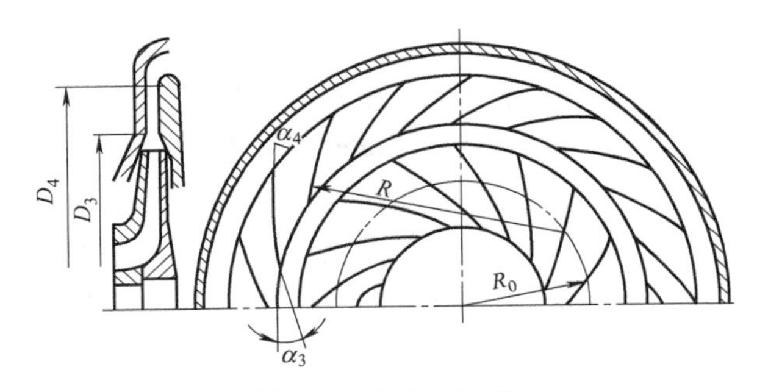

图 4-24　叶片扩压器

叶片扩压器除具有扩压程度大以外，其外形尺寸较无叶扩压器小，气流流动所经过的路程也短，效率较高。但叶片扩压器由于有叶片的存在，当扩压器进口的气流速度和方向发生变化时，叶片进口处的冲击损失便会急剧增加。虽然有一些大型压缩机上采用了可调节叶片角度的叶片扩压器以适应不同流量的变化，但其结构和加工工序较无叶扩压器复杂。

（12）弯道和回流器

为了把扩压器后的气流引导到下一级去继续进行压缩，一般在扩压器后设置弯道和回流器。弯道是连接扩压器与回流器一个圆弧形通道，这个圆弧形通道内一般不安装叶片，气流在弯道中转 180°弯才进入回流器，气流经回流器后，再进入下一级叶轮。

回流器的作用除引导气流从前一级进入下一级外，更重要的是控制进入下一级叶轮时气流的预旋度，为此回流器中安装有反向导叶来引导气流。回流器反向导叶的进口安装角是根据弯道出来的气流方向角决定，其出口安装角则决定了叶轮进气的预旋度。

（13）蜗壳

蜗壳也称排气蜗室，其作用是收集中间段的最后级出来的气流，把它导入中间冷却器去进行冷却，或送到压缩机后面的输气管道中。此外，在蜗壳汇集气体的过程中，由于蜗壳曲率半径及通流截面的逐渐扩大，它也起到了一定的降速增压的作用。

蜗壳一般是装在最后级的扩压器之后。也有的最后不用扩压器而将蜗壳直接装在叶轮之后，这种蜗壳中气体流速较大，一般在蜗壳后再设扩压管，由于叶轮后直面是蜗壳，所以蜗壳的好坏对叶轮的工作有较大的影响。还有一种为不对称蜗壳，蜗壳安置在叶轮的一侧，蜗壳的外径保持不变，其通流截面的增加是由减小内半径来达到的。

（14）密封装置

在离心压缩机工作过程中，为了阻止级与级之间、机内与机外之间气体的泄漏，必须采用密封装置。离心式压缩机常用的密封装置有迷宫密封、浮环密封、机械接触式密封、干气密封等，近年来又出现了一种新型的磁流体密封。下面对几种常用的密封结构及工作原理。

① 迷宫密封：这种密封是比较简单的一种密封装置，目前在离心式压缩机上应用较普遍。迷宫密封一般用于级与级之间的密封，如轮盖与轴的内密封及平衡盘上的密封。

迷宫密封一般为梳齿状的结构，故又称梳齿密封。气体在梳齿状的密封间隙中流过时，由于流道狭直，气体的压力和温度上降，速度增加，一部分静压能变为动能。当气体进入两齿间的空腔时，由于流道截面积扩大，气流形成旋涡，速度几乎消失，动能变成热能使气体温度上升，而空腔中压力不变。气体通过各梳齿压力不断降低，从而达到密封的目的。迷定型密封的结构多种多样，离心压缩机常用的迷宫式密封形式见图 4-25。

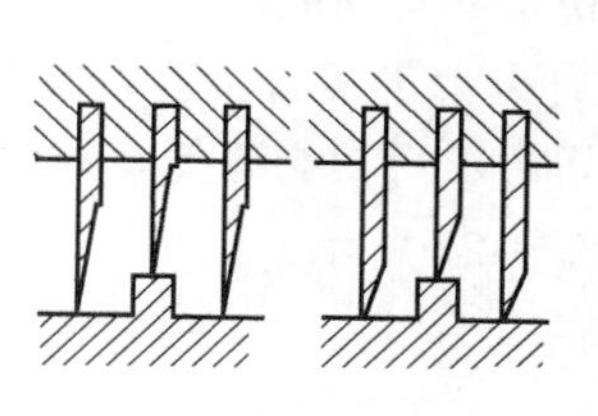
(a) 镶嵌曲折型密封

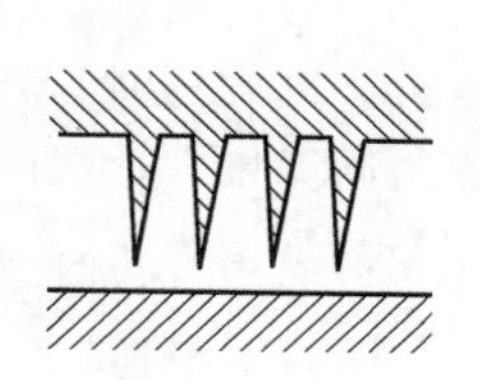
(b) 整体平滑型密封

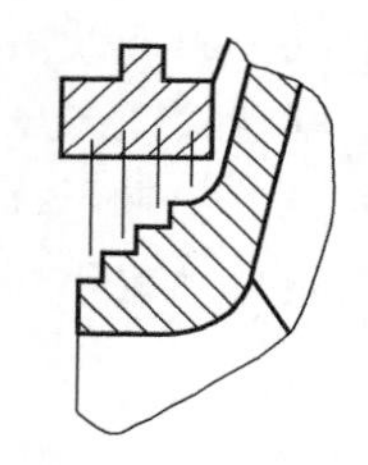
(c) 台阶型密封

图 4-25 迷宫式密封形式

气流经过迷宫密封的泄漏量与密封前后的压力比有关，密封梳齿数低压时为 3～6 个；当压力差较大时，采用 8～20 齿，密封材料一般是采用青铜、铜锑锡合金、铝及铝合金。温度超过 120℃时采用镍-铜-铁蒙乃尔合金，或采用不锈钢条。

离心压缩机主轴的偏转，主轴与机壳不同的热膨胀系数，以及止推轴承的磨损，都会使迷宫密封受到损失。

② 浮环密封：浮环密封主要是高压油在浮环与轴套之间形成油膜而产生节流降压阻止机内与机外的气体相通。由于是油膜起主要作用，所以又称为油膜密封，结构见图 4-26。

为了装配方便一般作成几个 L 形固定环，浮环就装在 L 形固定环的中间。高压环一般只采用一个，因为压差小。而低压环因压差大，一般采用几个。浮环密封对于压差大，转速高的离心压缩机具有良好适应性。且结构不太复杂，所以目前浮环得到广泛的应用。

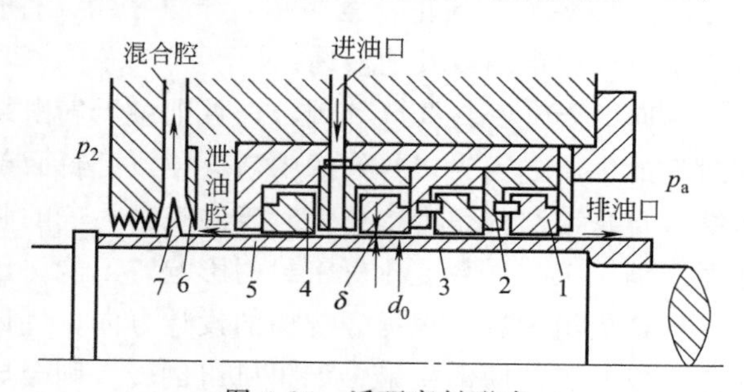

图 4-26 浮环密封形式

1—大气侧浮动环；2—间隔环；3—防转销钉；4—高压侧浮动环；5—轴套；6—挡板（挡油环）；7—甩油环

③ 气体密封：由于迷宫密封不能做到完全密封，当压缩机压缩有毒气体时，严格要求机内气体不许外漏，节单独使用迷

宫密封就不能满足要求。这时迷宫密封除一般和浮环密封配合使用外，还和气体密封配合使用。

气体密封分为充气式和抽气式两种，充气式密封是将密封用气体如空气、氮气等加压后注入迷宫密封的外腔，然后将漏到密封内腔的气体和密封气体引入压缩机的吸气室；而抽气式密封是将泄漏气体在漏至大气之前抽出机外。

④ 干气密封：随着流体动压机械密封技术的不断完善和发展，其重要的一种密封形式螺旋槽面气体动压密封即干气密封得到了广泛的应用。

相对于封油浮环密封，干气密封具有较多的优点：运行稳定可靠易操作，辅助系统少，大大降低了操作人员维护的工作量，密封消耗的只是少量的氮气，既节能又环保。

a. 干气密封的工作原理：典型的干气密封包含了静环、动环组件/密封 O 形圈、静密封、弹簧和弹簧座等。密封气体在动环组件和静环配合表面处，配合表面的平面度和光洁度很高，动环组件配合表面上有一系列的螺旋槽，随着转动，气体被向内泵送到螺旋槽的根部，根部以外的无槽区对气体流动产生阻力作用增加气体膜压力，配合表面间的压力使静环表面与动环组件脱离，保持一个很小的间隙，一般为 3μm 左右，当由气体压力和弹簧力产生的闭合压力与气体膜的开启压力相等时，便建立了稳定的平衡间隙。如果由于某种干扰使密封间隙减小，则端面间的压力就会升高，这时，开启力大于闭合力，端面间隙自动加大，直至新的平衡为止。如果干扰使密封间隙增大，端面间的压力就会降低，这时，开启力小于闭合力，端面间隙自动减小，直至新的平衡为止，如图 4-27 所示。

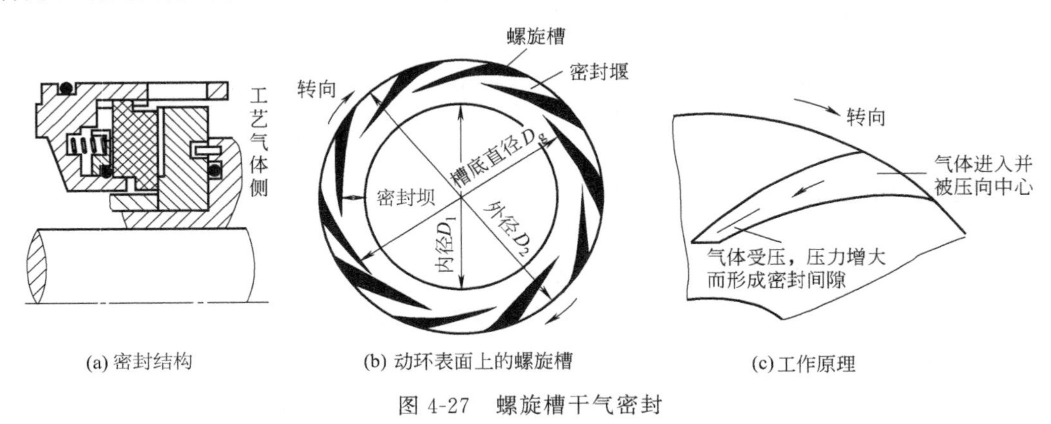

图 4-27 螺旋槽干气密封

b. 干气密封安装的注意事项：干气密封元件加工精度高，因此要求密封气体是清洁的；防止密封面上带油或其他液体。

单向的干气密封要严禁倒转，否则将干气密封失效甚至损坏。严禁中断机组运转过程中密封气的供给，因为密封气的中断会导致密封面干磨，很短时间内密封就会烧坏，另外采用压缩机自身工艺气作为密封气时要注意密封气的脱液，防止液滴进入密封面破坏密封，还要注意压缩机工艺参数变化对密封的影响，不能保证密封气供给时及时投用辅助密封气。

杜绝机组倒转，根据螺旋槽的设计方向，气体只有沿设计方向进入螺旋槽，密封面之间才能形成气膜，脱离接触；如果机组倒转，则会导致动静环直接接触发生干摩擦，密封很快烧毁。所以，操作上遇到机组突然停车时，要及时打开反飞动阀降背压，同时要迅速关掉机组出口阀，防止机组倒转。

⑤ 磁流体密封：磁流体密封是一种新型的密封，主要由永久磁环、极板和轴（或轴套）等构成磁路。在磁场作用下，磁流体于静止的极板与转动件之间的间隙通道中，形成流体环，将间隙完全封堵，并且具有承压能力，防止气体由高压侧向低压侧的泄漏，达到密封的目的。

⑥ 炭环密封：炭环密封常用于中、低压压缩机组，炭环由多块扇形炭块组成，外圆由弹簧箍紧，根据压力的大小选择若干个炭环装在炭环箱座内，组成炭环密封。在炭环内圆和端面有一定形状的槽，工作时炭环和转动轴之间形成气膜，从而可减少泄漏，达到理想的密封效果。

4.2.3 机组辅助系统

4.2.3.1 机组保护系统

（1）机械保护系统

① 轴向位移保护：离心式压缩机产生轴向位移，首先是由于有轴向力的存在。在气体通过工作轮后，提高了压力，使工作轮前后承受着不同的气体压力。从机组设计、制造、安装方面为了平衡压缩机的轴向力，通常采取一系列措施，但在运行中由于平衡盘等密封件的磨损、间隙的增大、轴向力的增加、止推轴承的负荷加大，或润滑油量的不足，油温的变化等原因，使推力瓦块很快磨损，转子发生窜动，静动件发生摩擦、碰撞、损坏机器。为此压缩机必须设置轴向位移保护系统，监视转子的轴向位置的变化，当转子的轴向位移达到一定规定值时就能发出声光讯号报警和联锁停机。

② 机械振动保护：离心压缩机是高速运转的设备，运行中产生振动是不可避免的。但是振动值超出规定范围时的危害很大。对设备来说，引起机组静动件之间摩擦、磨损、疲劳断裂和紧固件的松脱，间接和直接发生事故。对操作人员来说，振动噪声和事故都会危害健康。故此，压缩机必须设置机械振动保护系统，当振动达到一定规定值时，就能发出声光信号报警和联锁停机。

目前，大型机组普遍应用了在线的微机处理技术，可以通过测量的数据进行采集、存储、处理、绘图、分析和诊断。为压缩机的运行维护、科学检修、专业管理提供可靠依据。

另外，我们还针对旋转设备应用手持式测振仪实行动态检测。

③ 防喘振保护系统：目前大型压缩机组都设有手动和自动控制系统。即可自动和手动打开回流阀或放空阀。确保压缩机不发生喘振现象。

（2）温度保护系统

观察、控制压缩机各缸、各段间的气体温度、冷却系统温度、润滑系统油温、主电动机定子温度以及各轴承温度，当达到一定的规定值就发出声光信号报警和联锁停机。

（3）压力保护系统

观察、控制压缩机各缸、各段间的气体压力、冷却系统压力、润滑系统油压、当达到一定的规定值就发出声光信号报警和联锁停机。

（4）流量保护系统

观察、控制压缩机冷却系统水流量，当达到一定的规定值就发出声光信号报警。

4.2.3.2 离心式压缩机组润滑油系统

① 压缩机机组都有润滑油系统，给机组各轴承、联轴器、增速箱以及驱动机的调节系统等供油。整个润滑油系统由以下主要机件组成：油箱、泵前过滤器、主油泵、辅助油泵、油冷却器、油过滤器、油气分离器、高位油箱、阀门及连接管路。

② 润滑油箱是润滑油供给、回收、沉降和储存的设备。其内部设有加热器，用以开车前使润滑油加热升温，保证机组启动时润滑油温度能升至35～45℃的范围，以满足机组启动运行的需要。回油口与泵的吸入口设在油箱的两侧，中间设有过滤挡板，使流回油箱的润滑油有杂质沉降和气体释放的时间，从而保证润滑油的品质。油箱侧壁设有液位指示器，以监视油箱内润滑油的变化情况，防止机组运行中的润滑油位出现突变，影响机组的安全运行。油箱容量一般为机组运转3～8min的供油量，油箱上设有液面计和低液位报警开关。当液位过低时发出报警。

③ 润滑油泵一般均配置两台，一台主油泵，一台辅助油泵。机组运行时所需润滑油，由主油泵供给；当主油泵发生故障或油系统出现故障使系统油压降低时，辅助油泵自动启动投入运行，为机组各润滑点提供适量的润滑油。主、辅油泵一般分别由汽轮机和电动机驱动，常用齿轮泵或螺杆泵。

④ 润滑油冷却器用于油泵后润滑油的冷却，以控制进入轴承内的油温。为始终保持供油温度在35～45℃的范围内，油冷却器一般均配置两台，一台使用，另一台备用（特殊情况下可两台同时使用）。当投入使用的冷却器的冷却效果不能满足生产要求时，切换至备用冷却器维持生产运行，并将停用冷却器解体检查，清除污垢后组装备用。润滑油冷却器常用固定管板换热器或板式换热器。

⑤ 润滑油过滤器装于泵的出口，用于对进入压缩机的润滑油过滤，是保证润滑油质量的有效措施。为了确保机组的安全运行，过滤器均配置两台，运行一台，备用一台。

⑥ 高位油箱是一种保护性措施，当主、辅油泵供给润滑油中断时，高位油箱的润滑油将流进油管，靠重力作用流入各润滑点，以维持机组惰走过程的润滑需要。高位油箱的储油量，一般应维持不小于5min的供油时间。

⑦ 机组正常运行时，润滑油由高位油箱底部进入，而由顶部溢流口排出直接回油箱，一旦发生停电停机故障，辅助油泵又不能及时启动供油，则高位油箱的润滑油将沿着底部油管路流经各轴承后返回油箱，确保机组惰走过程中对润滑油的需要，保证机组安全停车。

4.2.3.3 段间冷却系统

离心式压缩机的冷却方法有两种：一是缸内冷却，当气体经过扩压器、回流器时受到冷却，为有足够冷却面积，扩压器及回流器径向尺寸比不冷却的大得多，此法效率低，较少采用；二是缸外冷却，在段间将气体引出缸外到中间冷却器进行冷却，然后返回下一段继续压缩，普遍采用。

4.2.4 离心式压缩机的喘振

离心压缩机由于具有排气量大，效率高，结构简单，体积小，气体不受油污染以及正常工况下运转平稳、压缩气流无脉动等特征，目前已广泛应用于石油、化工、冶金、动力、制冷等行业。然而，离心压缩机对气体的压力、流量、温度变化较敏感，易发生喘振。喘振是离心压缩机固有的一种现象，具有较大的危害性，是压缩机损坏的主要诱因之一。

4.2.4.1 离心式压缩机的喘振

当压缩机的进口流量小到足够时，会在整个扩压器流道中产生严重的旋转失速，压缩机的出口压力突然下降，使管网的压力比压缩机的出口压力高，迫使气流倒回压缩机，一直到管网压力降到低于压缩机出口压力时，压缩机又向管网供气，压缩机恢复正常工作。当管网压力又恢复到原来压力时，流量仍小于机组喘振流量，压缩机又产生旋转失速，出口压力下降，管网中的气流又倒流回压缩机。如此周而复始，使压缩机的流量和出口压力周期的大副波动，引起压缩机的强烈气流波动，这种现象就叫做压缩机的喘振。

4.2.4.2 喘振的危害及判定

（1）喘振的危害

喘振现象对压缩机十分有害，主要表现在以下几个方面，喘振时由于气流强烈的脉动和周期性振荡，会使供气参数大幅度地波动，破坏了工艺系统的稳定性；会使叶片强烈振动，叶轮应力大大增加，噪声加剧；引起动静部件的摩擦和碰撞，使压缩机的轴产生弯曲变形，严重时会产生轴向窜动，碰坏叶轮；加剧轴承、轴颈的磨损，破坏润滑油膜的稳定性，使轴承合金产生疲惫裂纹，甚至烧毁；损坏压缩机的级间密封及轴封，使压缩机效率降低，甚至造成爆炸、火灾等事故；影响和压缩机相连的其他设备的正常运转，干扰操作人员的正常工作，使一些测量仪表仪器准确性降低，甚至失灵。

（2）喘振的判定

压缩机的喘振一般可从以下几个方面判别：

① 听测压缩机出口管路气流的噪声。当进入喘振工况时，噪声立即大增，甚至出现爆音。

② 观测压缩机出口压力和进口流量的变化。喘振时，离心式压缩机出口压力和进口流量会出现周期性的、大幅度的脉动，从而引起测量仪表指针大幅度地摆动。

③ 观测压缩机的机体和轴承的振动情况。接近喘振工况运行时，由于气体在压缩机和管路之间产生周期性的气流脉动，引起机组的强烈振动，机体、轴承的振动振幅将显著增大。

（3）压缩机的运行中造成喘振的原因

① 系统压力超高。造成这种情况的原因有压缩机的紧急停机，气体未进行放空或回流；出口管路上单向逆止阀门动作不灵或关闭不严；或者单向阀门距离压缩机出口太远，阀门前气体容量很大，系统突然减量，压缩机来不及调节，防喘系统未投自动等。

② 吸入流量不足。由于外界原因使吸入量减少到喘振流量以下。而转速未变，使压缩机进入喘振区引起喘振，压缩机入口过滤器阻塞，阻力太大，而压缩机转速未能调节；滤芯过脏，或冬天结冰时都可能发生这种情况。

（4）压缩机的喘振预防及解决办法

① 操作中注意事项。

a. 防喘振系统未启动的情况下，机组的操作状态必须远离喘振区，留有足够的防喘余度。

b. 气压机开停和调整时，必须严守“升压先升速，降速先降压”的原则。操作中应缓慢、均匀，多次交替完成升压和变速。

c. 在压缩机负荷变化范围内，使其工作点沿着喘振安全线变化来防止压缩机的喘振。

② 喘振现象的处理办法。

a. 针对低流量工况，应立即适量打开旁通阀。

b. 针对出口阻塞工况，应立即适当打开出口放气阀。

c. 发生喘振工况时，先开出口放气阀消除喘振状态，再进行针对性处理的原则来操作。

d. 有时生产上需要减少供气量，当供气量减少到低于喘振点所对应的气量时，必将导致喘振的发生。故一般在离心式压缩机的管路中常装有放空阀门或者在压缩机出口的管道之间装有旁通管路。

4.2.5 转子的临界转速及平衡试验

4.2.5.1 振动和临界转速的概念

对于高速回转的机器，它的转动部分由于制造、装配、材质不均等原因的影响，会使回转中心与质心不重合，即有一定的偏心距。当转子运转时，整个回转系统就会受到一个方向作周期性变化的不平衡力（离心力）的作用，该力作用在转轴上并通过轴承传递给机座，从而引起机器振动。如果作用在转子上的不平衡力引起振动的频率恰好与转子的固有频率相等或接近时，系统就会发生剧烈的振动现象，这种现象称为共振。转子发生共振时的转速称为临界转速，用 n_k 表示，在数值上等于转子的固有频率。

转动系统的固有频率（临界转速）有时不止一个，固有频率的数目与弯曲方式即振型有关。一个轴上只有一个转子可以简化为只有一个集中载荷的杆，弯曲方式只有一种振型，则固有频率只有一个，相应的只有一个临界转速；如果一根轴上有两个转子，则有两个振型，相应的该轴有两个固用频率，也就有两个临界转速。以此类推，轴上有几个转子，就有几个振型，也就有几个临界转速。临界转速中数值最小的为一阶临界转速，比它大的为二阶临界转速、三阶临界转速等。

为了避免机器振动过大，除了尽可能先做好转动部件的平衡以降低干扰力外，更重要的是必须使机器的工作转速远离该机器的固有频率，即要求机器的工作转速远离其临界转速。

4.2.5.2 刚性轴与挠性轴

当轴的工作转速低于临界转速（即 $n/n_k<1$）时，轴的挠度随转速的增加而增加；当转速超过临界转速（即 $n/n_k>1$）时，挠度随着转速的增加而减小，并趋近于转子的偏心距 e 值。所以，轴的工作转速在远低于临界转速时工作比较安全，在远高于临界转速时工作也比较安全。我们把工作转速低于临界转速（对于多转子轴而言，则为一阶临界转速）的轴称为刚性轴，工作转速高于一阶临界转速的轴称为挠性轴。

刚性轴与挠性轴是根据轴的工作状态来区分的，是相对的概念。如果不与它本身的临界转速相比较，就无所谓刚性轴和挠性轴。而且刚性轴和挠性轴在一定的条件下也是可以互相转化的，这个条件就是工作转速。改变工作转速，刚性轴可以变为挠性轴，挠性轴也可以变为刚性轴。

对于挠性轴来说，当轴从开始启动到达到其工作转速，轴的转速一定有与其固有频率相等的时候，此时，轴的挠度理论上为无穷大，这意味着机器必然损坏。但是由于周围介质、支承及材料内部摩擦等各种因素引起的阻尼作用，即使在发生共振的情况下，如果时间很短，轴的挠度还来不及达到危险值，就迅速将转速提高到超过临界转速，机器的运转又可以趋于平稳。

为了使机器安全平稳地运转，轴的工作转速必须在各阶临界转速一定的范围之外，一般要求如下：

对单转子轴，刚性轴的工作条件应为工作 $n \leqslant 0.7n_k$，挠性轴的工作条件应为 $n \geqslant 1.5n_k$；

对多转子轴，刚性轴的工作条件应为 $n \leqslant 0.75n_{k1}$，挠性轴的工作条件应为 $1.4n_{kI} \leqslant n \leqslant 0.7n_{k(I+1)}$（$I=1，2，3，\cdots$）。

现代工业上一般使用的多转子轴高速机器，若采用挠性轴则大多在一阶和二阶临界转速之间工作，很少有超过二阶临界转速的。至于某台机器是设计成刚性轴还是挠性轴，则要根据机器的工作情况和结构形式来具体考虑。

采用挠性轴时，要特别注意轴强度和减振问题。因为在越过临界转速时，尽管时间很短，但振动还是有的，这时候轴的强度问题就会成为较突出的矛盾。因此不能为了尽量降低临界转速而将轴做得过分细而长。此外，为了减小通过临界转速时振动的有害影响，一般挠性轴的机器还附加有各种减振或隔振装置，如弹簧或橡胶减振器等。

4.2.5.3 转子的平衡试验

（1）转子平衡试验的形式

转子的平衡试验有静平衡试验和动平衡试验。

静平衡，在转子一个校正面上进行校正平衡，校正后的剩余不平衡量，以保证转子在静态时是在许用不平衡量的规定范围内，为静平衡又称单面平衡。

动平衡，在转子两个校正面上同时进行校正平衡，校正后的剩余不平衡量，以保证转子在动态时是在许用不平衡量的规定范围内，动平衡又称双面平衡。

（2）转子平衡试验的选择

动平衡、静动平衡的选择，由以下几个因素确定：

① 转子的几何形状、结构尺寸，特别是转子的直径 D 与转子的两校正面间的距离尺寸 b 之比值，以及转子的支撑间距等。

② 转子的工作转速。

③ 有关转子平衡技术要求的技术标准。

（3）转子做静平衡的条件

在 GB 9239《机械振动 恒态（刚性）转子平衡品质要求》中，仅需要单面校正的转子，盘类转子中，只要：支撑间距足够大；盘类转子旋转时轴向跳动足够小；适当地选择成不平衡的正平面。一般地，当刚性转子的轴向宽度 b 与其直径 D 之比 $b/D<0.2$（径宽比 $D/b \geqslant 5$）时，通常只需对转子进行静平衡试验。

① 盘状转子：主要用转子的直径 D 与转子的两校正面间的距离尺寸 b 之比值来确定。在 API610 第 8 版标准中规定 $D/b<6$ 时，转子只做单面平衡就可以了；$D/b \geqslant 6$ 时可以作为转子是否为盘状转子的条件规定，但不能绝对化，因为转子做何种平衡还要考虑转子的工

作转速。

② 支撑间距要大：无具体的参数规定，但与转子校正面间距 b 之比值≥5 以上均视为支撑间距足够大。

③ 转子的轴向跳动：主要指转子旋转时校正面的端面跳动，因为任何转子做平衡试验都是经过精加工的，加工后已保证了转子的孔与校正面之间的行为公差，端面跳动很小。

4.2.6 离心式压缩机安装的无垫铁施工法

大型离心式压缩机组的安装精度高，提高机组的安装质量是关键，特别是底座与下机体的安装质量，是机组安装的重要环节。

以往大型机组通常采用有垫铁施工法。垫铁法安装技术工艺复杂、精度要求高，垫铁的预埋、研磨费工、费时，延长施工工期，劳动强度大，且垫铁重量约占机组重量的 2%，浪费钢材。

目前大型机组的安装多采用无垫铁施工法，机器的自重及地脚螺栓的拧紧力均由二次灌浆层来承担。无垫铁施工法适用于大型机组底座为平面或框形结构的安装。

4.2.6.1 无垫铁施工法特点

无垫铁施工是在安装过程中利用小型千斤顶或机器上已有的安装顶丝找平机器，用微膨胀混凝土（或无收缩水泥砂浆）灌注并随即捣实二次灌浆层，待二次灌浆层达到设计强度 75%以上时，取出千斤顶填实空洞或松掉顶丝，并复测水平度及轴对中。机组重量及运转时所产生的载荷由灌浆层承受，并传送到基础中去。其特点如下：

① 安装速度快、精度高、工作效率高、机组使用寿命长。

② 机器变形小、工程质量好。

③ 安装工序简单，施工周期短。

④ 机组找正调整方便、稳定性好。

⑤ 减少斜垫铁加工费用，节省垫铁钢材。

⑥ 运行中没有垫铁腐蚀问题。

4.2.6.2 施工工艺及操作要点

（1）施工工艺

① 临时支撑安装形式：机器底座上没有调节螺钉（顶丝）时，可用自制螺纹千斤顶进行机组的找平找正，其位置留出不灌，使用无收缩混凝土一次灌浆完成，待砂浆强度达到 75%以上，取出千斤顶，然后补灌留出位置，如图 4-28 所示。

② 调节螺钉的安装形式：机器底座上带有调节螺钉（顶丝）时，安装中只需在基础与调节螺钉相对应的位置上埋设一块 100mm×100mm 的钢板，钢板厚度在 10～20mm 之间，按负荷进行选择，机组找正找平后，用无收缩混凝土一次灌浆完成即可，无需分二次灌浆，如图 4-29 所示。

（2）操作要点

① 采用小型千斤顶进行调整时，其布置的位置和数量，应根据机器的重量、底座的结构等具体情况而定。先在基础上铲出千斤顶支承板窝，然后浇注一层稠密的高强度砂浆，并

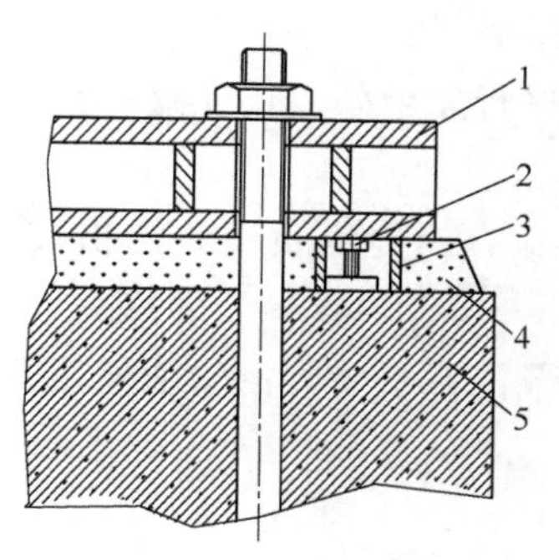

图 4-28 临时支撑形式

1—设备底座；2—千斤顶；3—模板；4—二次灌浆；5—基础

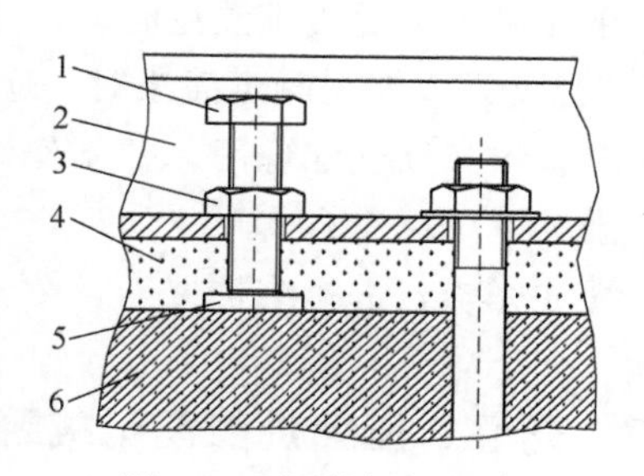

图 4-29 调整螺钉形式

1—顶丝；2—设备底座；3—固定螺母；4—二次灌浆；5—垫板；6—基础

将支撑板放在砂浆之上，再用粗水平尺找平。等砂浆达到一定强度后，将机器吊装就位、找正找平。

② 采用调节螺钉调节时，基础上只需在顶丝的相应位置基处，按照支撑板的规格，铲出比支撑板每边大 20mm，深度 15～20mm 的坐浆坑，然后浇注支撑板的砂浆墩，埋设支承板，其水平度允许偏差为 2mm。各支撑板平面标高允许偏差为±5mm。支撑板及砂浆墩见图 4-30。

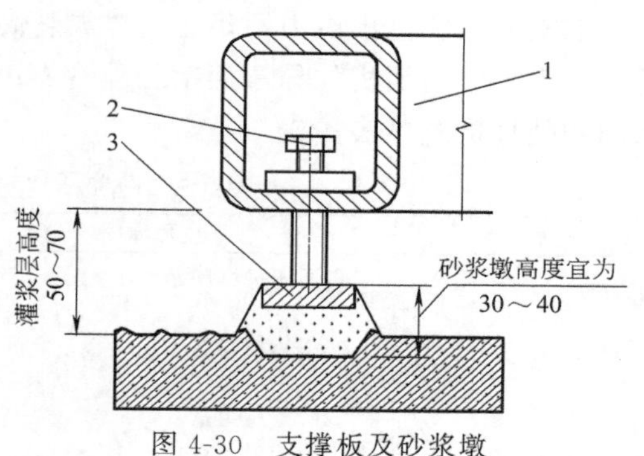

图 4-30 支撑板及砂浆墩

1—设备底座；2—顶丝；3—支撑板

③ 坐浆砂浆的材料配合，可参见表 4-4。

表 4-4 坐浆砂浆的材料配合比（质量比）

配合比		水灰比	备注
水泥	砂子		
1	2	夏季 0.33～0.37	水泥为 625 号浇注水泥，砂子为河砂，中偏细，细度模数 1.83
		冬季 0.3 左右	

④ 基础表面及底座面要认真清理，严禁有油污和锈蚀等。

⑤ 机组二次灌浆前，在机器底座的内侧支好模板，底座的调整螺钉上涂抹甘油，并用塑料薄膜或牛皮纸包扎。

⑥ 可用水将基础表面冲洗干净，保持湿润不少于 24h，浇注前 1h 应吸干积水。

⑦ 二次灌浆可以从机器的任意一端开始，进行不间断的人工捣注，直至整个浇注部位浇满为止。捣注动作要迅速，并进行充分的捣实。二次浇注应一次完成，不得分层浇注。

⑧ 浇浆完成后 2h 左右，将浇注层外侧表面进行整形。

⑨ 浇浆后，派专人精心养护，并保持环境温度在 5℃以上。

4.2.6.3 施工要求

① 机组若由两个底座组成时，应以汽轮机为基准，调整压缩机底座，并保证机组的轴端距、轴对中符合技术资料要求的规定。

② 二次灌浆前办理中间交接手续，二次灌浆除设计图纸另有规定外，大型机组基础的顶部灌浆余量为 30～70mm。

③ 大型机组底座下二次灌浆应在机组最终找正、找平后24h内进行。

④ 采用微膨胀混凝土灌注时，在施工前除对原材料进行复验外，还应进行配合比试验。若采用高强度无收缩混凝土灌浆时，应对灌浆料进行复验。

⑤ 灌浆料必须现配现用，并制作试块。计量必须准确，有专人负责，严格按操作工艺搅拌配制。

⑥ 灌注完毕，进行维护保养，在24h内不要使机器及灌浆层受到振动或碰撞。

4.2.7 离心式压缩机的常见故障与排除

离心式压缩机的性能受吸入压力、吸入温度、吸入流量、进气分子量组成、原动机的转速和控制特性的影响。一般多种原因相互影响发生故障或事故的情况最为常见，常见的故障有压缩机流量和排出压力不足、气体温度高、叶轮破损、压缩机启动时流量及压力为零、润滑油压力降、压缩机的异常振动和异常噪声、轴承温度升高、油温升高等。常见故障可能的原因和处理措施见表4-5。

表4-5 离心式压缩机的常见故障原因及排除

故障现象	故障原因	排除方法
流量和排出压力不足	①通流量有问题 ②压缩机逆转 ③吸气压力低 ④分子量不符 ⑤运行转速低 ⑥自排气侧向吸气侧的循环量增大 ⑦压力计或流量计故障	①比较、分析排气压力、流量同压缩机特性曲线是否符合 ②检查旋转方向，应与压缩机壳体上的箭头标志方向一致 ③对照说明书，查明原因 ④检查实际气体的分子量和化学成分的组成，与说明书的规定数值对照，如果实际分子量比规定值为小，则排气压力会不足 ⑤检查运行转速，如转速低，应提升原动机转速 ⑥检查循环气量，检查外部配管，检查循环气阀开度，循环量太大时应调整 ⑦检查各计量仪表，发现问题应进行调校、修理或更换
流量降低	①进口导叶位置不当 ②防喘阀及放空阀不正常 ③压缩机喘振 ④密封间隙过大 ⑤进口过滤器堵塞	①检查进口导叶及其定位器是否正常，特别是检查进口导叶的实际位置是否与指示器读数一致，如有不当，应重新调整进口导叶和定位器 ②检查防喘振的传感器及放空阀是否正常，如有不当应校正调整，使之工作平稳，无振动摆振，防止漏气 ③检查压缩机是否喘振，流量是否足以使压缩机脱离喘振区，特别是要使每级进口温度都正常 ④按规定调整密封间隙或更换密封 ⑤检查进口压力，注意气体过滤器是否堵塞，清洗过滤器
气体温度高	①冷却水量不足 ②冷却器冷却能力下降 ③冷却管表面结污垢 ④冷却管破裂或管子与管板间的配合松动 ⑤冷却器水侧通道积有气泡 ⑥运行点过分偏离设计点	①检查冷却水流量、压力和温度是否正常，重新调整水压、水温 ②检查冷却水量，冷却器管中的水流速应小于2m/s ③检查冷却器温差，冷却管是否由于结垢而使冷却效果下降，清洗冷却器管子 ④堵塞已损坏管子的两端或用胀管器将松动的管端胀紧 ⑤检查冷却器水侧通道是否有气泡产生，打开放气阀排出气体 ⑥检查实际运行点是否过分偏离规定的操作点，调整运行工况

续表

故障现象	故障原因	排除方法
压缩机叶轮破损	①叶轮材质不合格，强度不够 ②工作条件不良造成强度下降 ③负荷过大，强度降低 ④异常振动，动、静部分碰撞 ⑤落入夹杂物 ⑥浸入冷凝水 ⑦沉积夹杂物 ⑧应力腐蚀和化学腐蚀	①重新审查原设计和制造所用的材质，如材质不合格应更换叶轮 ②工作条件不符合要求，由于条件恶劣，造成强度降低，应改善工作条件，使之符合设计要求 ③因转速过高或流量、压力太大，使叶轮强度降低造成破坏；禁止严重超负荷或超速运行 ④振动过大，造成转动部分与静止部分接触、碰撞，形成破损，严禁振值过大强行运转；消除异常振动 ⑤压缩机内进入夹杂物打坏叶轮或其他部件；严禁夹杂物进入压缩机，进气应过滤 ⑥冷凝水浸入或气体中含水分在机内冷凝，可能造成水击和腐蚀，必须防止进水和积水 ⑦保持气体纯洁，通流部分和气缸内有沉积物应及时清除 ⑧防止发生应力集中；防止有害成分进入压缩机；做好压缩机的防腐蚀措施
压缩机启动时流量、压力为零	①转动系统有毛病，如叶轮键、连接轴等装错或未装 ②吸气阀和排气阀关闭	①重新安装、调整叶轮、连接轴等 ②打开吸气阀和排气阀
齿轮增速器声音不正常	①由于过载或冲击载荷使齿轮突然断裂(疲劳断裂或载荷集中断裂) ②齿轮齿面的疲劳点蚀、胶合或塑性变形 ③齿轮工作面啮合不良 ④齿轮间隙不适宜	①修理或更换齿轮；启动时要平稳、缓慢，运行要稳定 ②修理、调整齿轮，严重的更换齿轮 ③重新安装调整齿轮的啮合 ④重新调整间隙
润滑油压力降低	①主油泵故障 ②油管破裂或连接漏油 ③油路或油过滤器堵塞 ④油箱油位过低 ⑤油路控制系统不良 ⑥油压自控或压力表失灵 ⑦轴承温度突然升高	①切换检查，修理油泵 ②检查修理或更换管段 ③切换，清洗 ④加油 ⑤检查调整 ⑥检查修理或更换压力表 ⑦停机检查巴氏合金表面
压缩机的异常振动和异常噪音	①机组找正精度被破坏，不对中 ②转子不平衡 ③转子叶轮摩擦与损坏 ④主轴弯曲 ⑤联轴器的故障或不平衡 ⑥轴承不正常 ⑦密封不良 ⑧齿轮增速器齿轮啮合不良 ⑨地脚螺栓松动，地基不坚固 ⑩油压、油温不正常 ⑪油中有污垢，不清洁，使轴承发生磨损 ⑫机内侵入夹杂物	①卸下联轴器，使原动机单独转动，如果原动机无异常振动，则可能为不对中，应重新找正 ②检查振动情况；检查转子，是否有污垢或破损，必要时转子重新做动平衡 ③检查转子叶轮，有无摩擦和损坏，必要时进行修复与更换 ④检查主轴是否弯曲，必要时校正主轴 ⑤检查联轴器，检查动平衡情况，并加以修复 ⑥检查轴承径向间隙，并进行调整，检查轴承盖与轴承瓦背之间的过盈量，如过小则应加大；若轴承合金损坏，则换瓦 ⑦密封片摩擦，振动图线不规律，启动或停机时能听到金属摩擦声，修复或更换密封环 ⑧检查齿轮增速器齿轮啮合情况，若振动较小，但振动频率高，是齿数的倍数，噪声有节奏地变化，则应重新校正啮合齿轮之间的不平行度 ⑨修补地基，拧紧地脚螺栓 ⑩检查各油系统的油压、油温和工作情况，发现异常进行调整；若油温低则加热润滑油 ⑪检查油质，加强过滤，定期换油。检查轴承，必要时更换 ⑫检查转子和气缸气流通道，清除杂物

续表

故障现象	故障原因	排除方法
压缩机的异常振动和异常噪声	⑬机内浸入冷凝水 ⑭压缩机喘振 ⑮气体管道对机壳有附加应力 ⑯压缩机附近有机器工作 ⑰压缩机负荷急剧变化 ⑱部件松动	⑬检查压缩机内部，清除冷凝水 ⑭检查压缩机运行时是否远离喘振点，防喘余度是否足够，按规定的性能曲线改变运行工况点，加大吸入量检查防喘振装置是否正常工作 ⑮气体管路应很好固定，防止有过大的应力作用在压缩机气缸上；管路应有足够的弹性补偿，以应付热膨胀 ⑯将其基础、基座互相分离，并增加连接管的弹性 ⑰调节节流阀开度 ⑱紧固零部件，增加防松设施
轴承温度升高	①油管不通畅，过滤网堵塞、油量小 ②轴承进油温度高 ③轴承间隙太小不均匀 ④润滑油带水或变质 ⑤轴承侵入灰尘或杂质 ⑥油冷却器堵塞，效率低 ⑦机组剧烈振动 ⑧止推轴承油楔刮小或刮反 ⑨轴承的进油口节流阀孔径太小，进油量不足 ⑩冷油器的冷却水量不足，进油温度过高 ⑪轴衬巴氏合金牌号不对或浇铸有缺陷 ⑫轴衬存油沟太小	①检查清洗油管路和过滤器，加大给油量 ②增加油冷却器的水量 ③刮研轴瓦，调整瓦量 ④分析化验油质，更换新油 ⑤清洗轴承 ⑥清洗油冷却器 ⑦分析原因，消除振动 ⑧更换轴瓦块 ⑨适当加大节流圈直径 ⑩调节冷油器冷却水的进水量 ⑪按图纸规定的巴氏合金牌号重新浇铸 ⑫适当加深加大存油沟
主油泵振动发热或产生噪声	①油泵组装不良 ②油泵与电动机轴不同心 ③地脚螺栓松动 ④轴瓦间隙大 ⑤管路脉振 ⑥零件磨损或损坏 ⑦溢流阀或安全阀不稳定	①重新按图组装 ②重新找正对中 ③紧固地脚螺栓 ④调整轴瓦间隙 ⑤紧固或加管卡 ⑥修理零件或更换 ⑦调整阀门或更换阀门
油温升高	①出口水温高 ②冷却水量不足 ③润滑油系统内有气泡，变质 ④油冷却器积垢使冷却效果下降	①增加冷却循环水量 ②增加冷却循环水流量 ③放出油系统中的气体，换油 ④检查油冷却器，清除积垢

参考资料

GB 50252《工业安装工程施工质量验收统一标准》

GB 50275《压缩机、风机、泵安装工程施工及验收规范》

GB 50231《机械设备安装工程施工及验收通用规范》

思考题

1. 转子包括哪些部件？什么叫离心式压缩机的级、段、缸？
2. 什么是迷宫密封、浮环密封及抽气密封？其原理各是什么？
3. 什么是喘振？如何防止喘振？
4. 转子临界转速与转子的哪些参数有关？

5. 什么叫挠性轴，什么叫刚性轴？

6. 静平衡实验用到哪些设备和工具？适用什么样的转子？

7. 静平衡实验得出的直径积加在试件的不同端面上，对静平衡结果有无影响？说明为什么？影响静平衡精度的因素是什么？

8. 动平衡实验用到哪些设备和工具？适用于何种回转构件？

9. 刚性转子动平衡的条件是什么？动平衡试验时在需要平衡的转子上如何选择平衡面？经动平衡后的转子是否满足静平衡要求？

10. 两孔同轴度的检测与调整有哪些方法？

11. 离心式压缩机组找正、找平和联轴器的对中应注意什么问题？

12. 离心式压缩机组的交工验收包括哪些内容？

13. 大型旋转机组轴对中的方法有哪些？

14. 汽轮机驱动的离心式压缩机组安装工序有哪些？

5 塔设备

5.1 塔设备的安装

5.1.1 塔设备的安装方法及施工工序

5.1.1.1 常用安装方法及适用场合

各种塔设备是炼油、化工生产装置中的关键设备之一。它的特点是重、高、大，属于超限设备。经过多年的施工实践，目前已逐步形成了一套完整的安装工艺，其安装技术要求也非常规范，国内各个行业均有相应的施工质量验收规范予以支撑。

按照塔设备结构形态有整体安装和分段安装两种工艺，选择的依据主要根据现场吊装机械的施工能力决定。随着大型吊装机械的投入，为了减少高空作业，目前发展的方向是“塔起灯亮”，即整体安装工艺。

塔设备分段空中组对安装一般采用正装法（又称顺装法），先将塔设备底部带裙座段塔节吊放到基础上，找正后拧紧地脚螺栓加以固定，再将上面塔段吊放到底部塔段上，塔段之间一般采用焊接，也有采用螺栓连接的方式。

利用履带吊分段吊装塔类设备见图 5-1。这种方法需高空作业，安全风险大，施工工期较长，优点是使用吊车型号小，节约机械台班费。塔分段吊装需根据履带吊性能表选好塔的分段长度、重量。

利用大型吊车整体安装塔类设备见图 5-2。此法优点是减少了高空作业，操作安全，安装质量易保证，但使用吊车型号较大，机械台班费较高。

5.1.1.2 塔设备安装主要施工程序

分段安装的塔，主要施工工序为塔段的吊装、组对、焊接、焊缝热处理及无损检测、校准垂直度、压力试验、内件安装、检查封闭、交工验收等；整体安装施工工序有整体吊装、校准垂直度、压力试验、检查封闭、交工验收等。

筒体吊装组对前应在筒体内外壁画出 0°、90°、180°、270°四条对口基准线，以利于设备的对口组对。对于直径较大，刚性较差的筒体，应采取“十”字形临时加固措施，加固件应支撑在圆弧加强板上。

图 5-1 正装法示意图

图 5-2 塔整体安装示意图

5.1.1.3 塔设备安装直线度要求

塔体组装时，其直线度允差 L 应符合以下的规定：

$H \leqslant 20000$mm 时，$L \leqslant 2H/1000$，且 $L < 20$mm；

20000mm $< H \leqslant 30000$mm 时，$L \leqslant H/1000$；

30000mm $< H \leqslant 50000$mm 时，$L \leqslant 35$mm；

50000mm $< H \leqslant 70000$mm 时，$L \leqslant 45$mm；

70000mm $< H \leqslant 90000$mm 时，$L \leqslant 55$mm；

$H > 90000$mm 时，$L \leqslant 65$mm。

塔体在组装和焊接过程中，应经常测量检查其直线度，以满足安装要求。

直线度的测量可以采用激光测定、经纬仪测定和拉线测定等方法。经纬仪测定法和拉线测定法是较为常用的方法。

对于直线度超差的筒体，若组装中已不便再行矫正，还可以利用焊接变形或焊缝的收缩来达到要求，例如先焊凸弯侧的环焊缝部分，再焊接其余环焊缝部分。若焊接后仍需要矫直时，也可通过安装人孔接管的办法，矫正筒体的轴向弯曲。

5.1.2 吊装前的准备工作

5.1.2.1 施工准备

（1）技术准备

吊车、运输机械及工机具、材料的准备。要求施工机具性能可靠，工卡具、样板经检验合格，计量器具在周检期内。编制吊装方案。吊装工艺核实确认。熟悉塔设备施工验收常用标准规范。技术安全交底，施工人员熟悉施工程序和施工要求，技术交底内容和记录应存档。技术交底主要包括吊装规划、方案、作业工序方法及质量标准、特殊安全技术措施等内容。

（2）施工现场准备

施工现场按照业主确认的施工平面图进行布置，大型吊车进出场道路畅通，组焊平台和施工机具按规定位置摆放，施工场地“五通一平”。

半成品、零部件及焊材按照施工方案要求运进施工现场。现场的消防器材、安全设施符合要求，并经安全检查部门验收通过。

5.1.2.2 基础验收

安装施工前，组织相关方进行设备基础验收。由施工单位提交基础测量记录及其他施工技术资料。基础上必须清晰地标出标高基准线、中心线，有沉降观测要求的设备基础要设沉降观测基准点。基础验收检查要符合如下规定：

① 基础外观不得有裂纹、蜂窝、空洞及露筋等缺陷；

② 基础混凝土强度达到75%以上，周围土方回填并夯实、整平完毕；

③ 结合设备平面布置图和设备本体图，对基础的标高及中心线，地脚螺栓和预埋件的数量、方位进行复查；

④ 基础外形尺寸、标高、表面平整度及纵横轴线间距等必须符合设计文件要求，其尺寸允许偏差符合表5-1的要求。

表5-1 塔设备安装允许偏差

检查内容		允许偏差/mm
基础坐标位置(纵横轴线)		±20
基础上平面外形尺寸		±20
基础上平面的水平度	每米	5
	全长	10
竖向偏差	每米	5
	全长	10
预埋地脚螺栓	标高(顶端)	+20
	中心距(在根部和顶部测量)	±2

5.1.2.3 到货验收

① 所有到货塔器必须提供下列出厂技术文件：装箱单；压力容器产品安全质量监督检验证书；产品合格证；质量证明书；竣工图。

② 分段到货的塔器筒体在接口部位标有明显的方位标记，与排板图相符，并根据业主要求对制造质量进行抽查。

③ 分段筒体的坡口表面应符合：坡口加工表面平滑，溶渣、氧化皮清理干净；坡口表面不得有裂纹、分层、夹渣等缺陷；坡口方向及形式符合设计及合同技术条件规定。

④ 随塔器到货的零部件应符合：具有装箱清单和安装说明书等技术文件；材质合格证；法兰、接管、人孔和螺栓等有材质钢印标记；零部件表面不得有裂纹，分层现象；法兰、人孔的密封面不得有刻痕和影响密封的损伤。

⑤ 塔内件的验收要符合规定：交付安装的塔内件必须符合设计要求，并附有出厂合格证明书及安装说明书等技术文件。

塔内件开箱时有相关方人员参加，对照装箱单及图样，按下列项目检查与清点：

箱号、箱数及包装情况；内件名称、规格、型号、材质、数量；内件的尺寸、表面损伤、变形及锈蚀情况；内件表面损伤、变形及锈蚀状况。

填写“塔内件验收清点记录”，且应妥善保管，防变形、损坏、锈蚀。

清洁表面油污、焊渣、铁锈、泥砂及毛刺等，还应对塔盘编号。

所有到货塔器筒体均按照吊装技术措施的要求在施工现场卸车、摆放，避免二次搬运。

5.1.3 塔体的吊装与找正

5.1.3.1 吊装准备

① 塔设备的就位一般要结合方案中选用的吊车大小确定是整体吊装还是分段吊装。

② 检查塔设备的基础，铲麻面、放置垫铁，注意地脚螺栓的中心距及顶标高情况。

③ 根据吊装方案规划好设备的场内运输线路及设备的摆放位置，注意塔设备的管口方位。一般设备采用大型平板车进行场内运输，设备转场运输见图 5-3。

5.1.3.2 塔设备的吊装、就位

吊前再一次检查吊车站位、索具、地基及周围作业环境等，符合要求后方可进行起吊。塔设备的吊装应依照编制好的吊装方案进行，一般分为试吊和正式吊装两个步骤。

图 5-3 设备转场运输

① 试吊，各项工作准备就绪后，进行试吊，设备吊离地面 200mm 后对主副吊车、机索具、吊耳及设备变形等进行检查，无异常情况后继续进行吊装作业。

② 正式起吊，在吊装过程中主副吊车要保持协同一致，吊车钩头要保持铅垂，严禁斜拉硬拽情况的发生。吊装要一气呵成，中途不需停止作业。吊装过程中要保证统一指挥、协调一致，以保证设备吊装安全。

塔设备就位时，应在悬空状况下对准地脚螺栓，如果有偏差，应采取相应的措施。对误差很小的情况，可以用钢丝绳、借助起重机具直接调整就位；对于误差较大的情况，可对个别塔裙座螺栓孔进行扩孔处理，但需事前征得业主和监理、设计等同意。

5.1.3.3 塔设备的找正和固定

（1）塔体的找正

塔体的找正包括找标高和垂直度。标高检测主要是依据设备底座或者是有特殊要求的管口中心的标高来控制；垂直度可使用两台成 90°布置的经纬仪测量。

塔的找正与找平按照基础上的安装基准线（中心标记和标高标记），对应塔上的基准测量点进行调整和测量，调整和测量的基准确定如下：

① 塔支撑的底面标高以基础上的标高基准线为准。

② 塔的中心线位置以基础上的中心划线为基准。

③ 塔的方位以基础上距离最近的中心划线为基准。

在找平时，采用垫铁调整，常用垫铁为平垫铁和斜垫铁，垫铁可自行采办加工。地脚螺栓要对称紧固，受力均匀，调整后将各块垫铁焊接牢固。筒体找平、找正、固定后，垫铁露出设备底座环外缘 10～20mm，垫铁伸入底座环底下的长度，应超过塔内壁，合格后将地脚螺栓按要求，依次拧紧固定。裙座或底板上的螺母垫板按设计要求进行焊接固定。

（2）校正工作

塔体放置在垫铁上，在吊车未脱钩前，进行塔的垂直度找正工作，主要包括标高和垂直度，按基础的安装基准线对应塔设备上的基准测量点进行调整和测量。调整和测量基准规定如下：

① 塔设备支撑（裙座、耳座等）的底面标高以基础上的标高基准线为基。

② 塔设备的中心线位置应与基础上中心线重合。

③ 立式设备的垂直度以设备两端部的测点为基准。

④ 找正、找平的补充测量点可采用主法兰口，水平或垂直的轮廓面，其他指定的基准面或加工面。

(3) 检查工作

标高的检查，检查塔设备的标高时只需测量底座的标高（因经验收的设备其顶端出口至底座间的距离均已知），可用水准仪进行测量。若标高不符合要求，用斜垫铁或吊车进行调整。

垂直度的检查方法，常用方法有铅垂线法和经纬仪法两种。

① 铅垂线法：由塔顶互成垂直的0°和90°两个方向上各挂一根铅垂线至底部，然后在塔体上部 A 点、下部 B 点两测点上用直尺进行测量，设塔体上部在0°和90°两个方向上的塔壁与铅垂线间的距离为 a_1、a_1'，下部的距离为 a_2、a_2'，上下两测点间的距离为 h，则塔体在0°和90°两个方向上的垂直度偏差分别为：

$$\Delta=a_1-a_2 \text{ 和 } \Delta'=a_1'-a_2'$$

故塔体在0°和90°两个方向上的垂直度分别为：$\Delta/h=(a_1-a_2)/h$ 和 $\Delta'/h=(a_1'-a_2')/h$

② 经纬仪法：吊装前，在塔体上、下部做好测点标记，塔体竖立后，用经纬仪测量塔体上下部的 A、B 两个测点。若 A 点垂直投影下来与 B 点重合，说明塔体垂直，不重合则塔体不垂直，用测量标杆测出其偏差 Δ，塔体垂直度为 Δ/h。

如检查不合格，用垫铁来调整。校正合格后，拧紧地脚螺栓，进行二次灌浆。

(4) 找正找平符合下列要求：

① 找正、找平应在同一平面互成直角的两个或两个以上的方向进行。

② 高度超过20m的直立设备，为避免气象条件影响，垂直度的调整和测量避免在一侧受阳光照射及风力大于4级的条件下进行。

③ 找平时，根据要求用垫铁（或其他专用调整件）调整精度，不应用紧固或放松地脚螺栓螺母及局部加压等方法进行调整。

④ 紧固螺栓前后设备的允许偏差（中心线位置、标高、垂直度、方位）应符合要求。

⑤ 设备找正后，即可进行二次灌浆，一次灌完，不得分次浇灌。

⑥ 安装找正完毕后，填写设备施工记录。

5.1.3.4 吊装安全技术措施

① 起重工必须持证上岗，遵守安全操作规程，高空作业必须佩戴安全带，进入现场必须戴安全帽。

② 吊装时，任何人不得在工件下面、受力索具附近及其他危险地方停留。

③ 吊装作业警区应设明显标志，吊装时，严禁无关人员进入或通过。

④ 各种机、索具和材料在使用前应认真检查，清除发现的缺陷和隐患。

⑤ 无吊装作业令严禁吊装，正式吊装前应进行试吊，试吊中检查全部机、索具受力情况，发现问题应先将设备放回地面，故障排除后，重新试吊，确认一切正常方可正式吊装。

⑥ 吊装作业（包括卸车）不得在夜间、大雾或能见度低，大雨、雷电、风力大于6级的情况下进行。吊装期间专人负责每天监听天气预报工作。

⑦ 试吊与正式吊装均应遵循下列规定：

a. 对设备吊点处、变径、变厚度的危险截面宜提前核算加固。

b. 吊装时应观测臂杆和设备的间距及吊车支腿处地基变化情况。

c. 主吊车必须按吊装平面布置图中所示的位置准确站位，吊车支腿所垫枕木与地面接触均匀，吊车支腿应完全伸出，地面耐压力大于支腿对地面产生的最大压力值。

d. 大件设备卸放位置也应按平面布置图所示位置摆放。

e. 吊车性能应满足吊装工艺要求，警报和液压系统必须可靠。

f. 禁止用吊车在地面上直接拖拉设备。

g. 臂杆、超起配重等的组装、拆除应符合主吊车的技术要求，且在随车技术人员的指导下进行。

h. 主、辅助吊车吊装速度应相匹配。吊车不宜同时进行两种运动。

i. 辅助吊车开始松钩时，设备的仰角不宜大于 75°。

j. 设备就位后，不得使吊索松得太多，待设备地脚螺栓压紧，螺母全部装上后，由吊装人员乘专用吊篮到塔顶卸下吊装索具，操作人员在吊篮中操作完成后，人先回到地面然后主吊车带卡环和绳索回到地面。

⑧ 吊装指挥应把信号向全体吊装人员交代清楚，尤其是吊车司机，应进行预演，哨声必须准确、响亮，旗语应清楚，操作人员如对信号不明确时，应立即询问，严禁凭估计猜测进行操作。双车抬吊时，应使两车同步运动，及时纠正偏载。

⑨ 设备未固定前不得松钩。起钩、回钩、转杆时应缓慢，避免所吊设备与其他物件相碰撞。

⑩ 吊装现场应配备必要的灭火器材、通信器材、救援车辆和医务人员，防止突发事件。

⑪ 吊装时，凡钢丝绳与设备本体接触处，均应垫以木板（$\delta>50$mm）或胶皮（$\delta>5$mm），以防损伤设备。

⑫ 设备吊装就位后应及时通知电气人员进行防雷接地作业。

5.1.3.5 塔设备的水压试验

塔设备可以通过水压试验或气压试验，检验其强度以及焊缝和法兰密封面有无泄漏。

大多数塔设备，由于尺寸较大而无法整体到货，一般需要现场组焊。现场组焊完成后需要进行水压试验。压力试验要求如下：

① 压力试验介质一般为清洁水，有特殊要求的情况除外。

② 压力试验前，对设备质量证明文件和组焊资料全面检查。主要包括：设备出厂质量证明书；设计修改和现场补修记录；焊接材料合格证；设备组装记录；焊接记录；焊缝热处理及无损检测报告。

③ 压力试验时，各部位的连接螺栓必须齐全。试验时装两块压力表，压力表应设在设备的最高处和便于观察处，试验压力以装在设备最高处的压力表读数为准。压力表须经校验，压力表精度不低于 1.6 级；量程为最大被测压力的 1.5～2 倍。

④ 试验压力按照设备装配图中的规定；水温不得低于 5℃。

⑤ 设备充满水，缓慢升至到规定试验压力，稳压 30min，然后将压力降到设计压力至少保持 30min。设备无渗漏、可见变形、异常响声为合格。试验过程中，如发现有异常响声，压力下降，油漆剥落或加压装置发生故障等不正常现象时，立即停止试验，并查明原因。

⑥ 水压试验完成后，及时排水，并填写《设备压力试验记录》。

⑦ 注水过程中对基础作沉降观测，并详细记录沉降情况。

⑧ 需在基础上做水压试验时，应和设计单位联系基础能否承受充满水的荷载。

5.1.4 塔设备的现场组装

主要施工程序：施工准备→基础验收→设备检验→梯子平台安装→塔下段吊装、找正→各段吊装、组对、焊接→焊缝热处理→焊缝无损检测→塔整体找正→水压试验（气压试验）→塔盘内件安装→塔盘水平度检查、人孔封闭。

以某石化100万吨/年乙烯装置乙烯精馏塔现场组焊施工为例，仅供学习参考。精馏塔设计参数如表5-2所示。

表5-2 精馏塔主要设计参数

序号	名 称	规格型号
1	尺寸/mm	ϕ6000×100500×48
2	材质	09MnNiD
3	设计压力/MPa	1.95
4	设计温度/℃	−45
5	介质	乙烯、易燃
6	重量/kg	860000
7	热处理	整体
8	压力试验/MPa	2.44

工程特点，塔体的直径为ϕ6000mm，相对而言塔壁δ30mm较薄，现场的椭圆度很难控制，吊装时容易产生变形，将给现场环缝组对造成很大困难。

5.1.4.1 交货状态

乙烯精馏塔分4段到货。

资料包括质量证明书、竣工图及主体材料的复验报告、规定的检试验报告、装箱单等。

检验塔体的几何尺寸、管口方位、焊接质量等，并做好记录。

5.1.4.2 施工准备

施工机具及胎具的准备：焊机、索具、工具棚运入组装现场，施工机具设备性能应可靠，所用计量器具要检测合格。

在距分段口上、下各200mm位置处划出环口组对基准圆，标出组对环口基准点，并做出明显标记。

设备基础施工单位提供基础质量合格证明书，测量记录及其他施工技术资料，基础应有明显的标高基准线、纵横中心线。

基础各部位尺寸及位置偏差数值不得超有关规定。

基础混凝土强度应达到设计强度，周围土方应回填，夯实整平，基础表面不得有疏松层、露筋、气孔、裂纹、蜂窝、空洞等缺陷，地脚螺栓的螺纹部分应无损坏和生锈。

5.1.4.3 吊装前检验

设备中心线应准确无误，环缝对口上、下环口划好明显组对基准圆周线，定位基准标记及找正测量标记是否齐全、准确。

分段口处的椭圆度允差≤25mm。组对环口上、下应点焊定位板、限位板。

核对塔底座圈上的地脚螺栓孔距离尺寸，应与基础地脚螺栓位置相一致。

5.1.4.4 垫铁安装

清理摆放垫铁的基础表面污物并铲平。

每个地脚螺栓两侧各放一组垫铁，垫铁组尽量靠近地脚螺栓，相邻地脚螺栓间距大于500mm必须增加一组垫铁。

每组垫铁不超过4块，斜垫铁搭接长度不小于全长的3/4。

垫铁放置平稳，接触良好。垫铁放置合格后基础四周100mm×100mm范围内砸麻点不得少于3～5个。

5.1.4.5 二次灌浆

设备找正、找平后将垫铁安装齐全，用0.25kg手锤逐块轻击，听音检查。

设备调整后，垫铁露出设备底座环外缘10～20mm，立式设备垫铁组伸入底座环底面的长度应超过地脚螺栓孔，且保证裙座受力均衡，地脚螺栓全部拧紧，把同组各块垫铁互相点焊牢固，外侧切割成阶梯状，进行二次灌浆。

5.1.4.6 设备找正找平

① 找正找平应按基础上的安装基准线（中心标记、水平标记）对应塔上的基准测点进行调整和测量，调整和测量的基准确定如下：裙座的底面标高应以基础上的标高基准线为基准；塔的中心线位置应以基础上的中心划线为基准；塔的方位应以基础上距离最近的中心划线为基准；塔的垂直度应以塔上下封头切线部位的中心划线为基准，允许偏差≤50mm。

② 设备的找正及找平应符合下列规定：找正与找平应在同一平面内相互垂直的两个或两个以上的方向进行；由于塔超过20m，为避免气象条件影响，其垂直度的调整和测量应避免在一侧受阳光直射及风力大于4级的条件下进行；塔体找平时，根据要求用垫铁调整精度，不应用紧固或放松地脚螺栓及局部加压等方法进行调整。

紧固地脚螺栓前后，塔的允许偏差要求如下：设备安装方位（沿底座环圆周测量）允许偏差≤15mm；中心线位置允差≤10mm；标高允差≤5mm；各段垂直度允差≤10mm；上口基准圆水平度允许偏差2mm。

5.1.4.7 组对工艺及组对质量要求

（1）组对

环缝组对之前应先核对各段方位，按排板图进行组对，且对环缝坡口及两侧各50mm范围内进行清理，清除氧化物、油污、铁锈等杂物，先将单节端口周长全部进行测量，核算相邻筒节周长差值，以便在组对过程中控制错边量。

设备四心线应准确无误，环缝对口上、下环口划好明显组对基准圆周线，定位基准标记及找正测量标记是否齐全、准确。

上段与下段组装时，调整其方位使之与下段心线在同一直线上，采用经纬仪测量控制上段塔的整体垂直度，控制塔的整体垂直度≤30mm，同时复测上下口基准圆的间距，其偏差应不大于3mm。调整环缝的组对错边量，其允许偏差≤4mm，各部位尺寸满足要求后点焊环缝，采用与塔体材料相匹配的焊条点焊牢固，点焊长度≥50mm。

在上段及下段筒体组对环缝时，使用专用卡具，沿周向均布点焊，以便于上段筒体顺利就位及调整。

在上段筒体沿周向均布点焊限位板，以便于上段筒体顺利就位在下节筒节的上口，在中心线左侧点焊一块立板，在上节筒节的下口，在中心线右侧点焊一块立板，以保证上段筒体方位正确。

分段组装首先确定分段位置，然后按排板图进行分段组装。分段宜参照下列原则进行：有利于现场施工作业，尺量减少高处作业；符合现场吊装能力；接口宜设在同一材质、同一厚度的直筒段，并避开接管。

组对时，在上口内或外侧约每隔 1000mm 焊一块定位板，再将上面一圈筒节吊放上去，在对口处每隔 1000mm 放间隙片一块，间隙片的厚度应以保证对口间隙为原则，同时上、下两圈筒节的四条方位母线必须对正，其偏差不得大于 5mm。

用调节丝杠调整间隙，用卡子、销子调整对口错边量，使其沿圆周均匀分布，防止局部超标，符合要求后，进行定位焊。筒体成段后的允许偏差应符合表 5-3 的规定。

表 5-3 塔设备组装允许偏差

项目	允许偏差/mm	检测手段
对口错边量	≤5	焊缝检验尺
相邻筒节外圆周长差	≤15	盘尺
不圆度	≤25	盘尺
棱角度	≤5	1m 以上样板
筒体高度	$H/1000$	盘尺

（2）整体尺寸检验

① 设备安装方位（沿底座环圆周测量）允许偏差≤15mm。

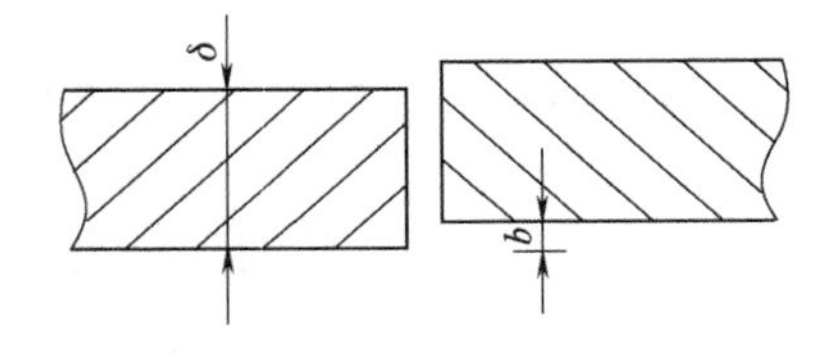

图 5-4 对口错边量示意图

② 中心线位置允差：10mm。

③ 标高允差 5mm。

④ 垂直度允差≤50mm；整体高度允差 30mm。

（3）组对质量要求

B 类焊接接头（环焊缝）对口错边量 b，见图 5-4，其错边量要求应符合表 5-4 的规定。

表 5-4 B 类焊接接头对口错边量 mm

对口处钢材厚度 δ	按焊接接头类别划分对口错边量 b
>20～40	≤4
>50	≤$1/8\delta$,≤20

筒体椭圆度允差不大于 25mm。

组对完成后，测量筒体直线度，总长 $L \leqslant 15000$mm 时，总偏差≤1‰L；总长 $L>15000$mm 时，总偏差≤0.5‰L+8mm。

在焊接接头轴向形成的棱角 E，见图 5-5，用长度不少于 300mm 的直尺检查，其 E 值不得大于（$\delta/10+2$）mm，且不大于 5mm。

5.1.4.8 焊接质量控制

（1）焊材管理

施工所用焊材应符合国家相关标准的规定并具有合格的质量证明书；焊条烘干参数符合

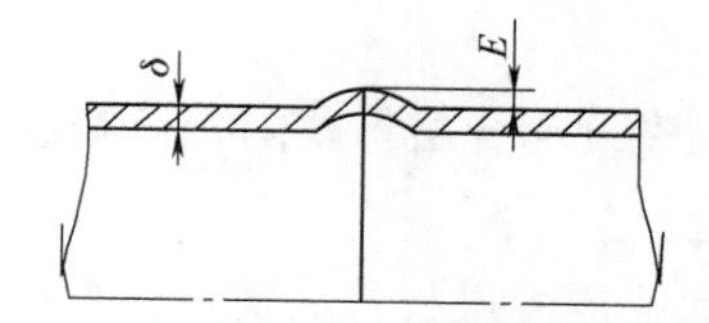

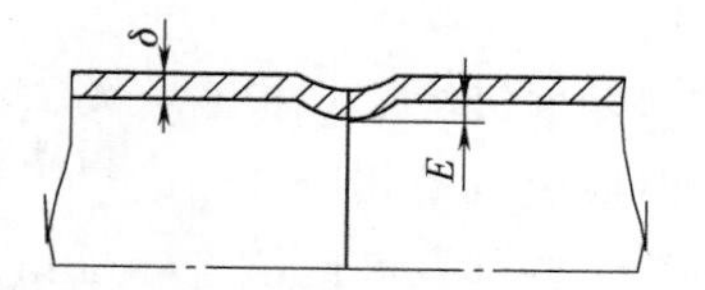

图 5-5 在焊接接头轴向形成的棱角 E 检查示意图

标准要求并做好发放、回收记录；现场组焊压力容器场所必须配备合格的焊材库。焊条烘干参数见表 5-5。

表 5-5 焊条烘干参数

焊条牌号	高温		存放温度/℃
	温度/℃	恒温时间/h	
J507	350	1	100～150
W707	350	1	100～150

（2）焊工资格

施焊焊工应具备相应资格。施焊筒体环缝的焊工应具有 SMAW-Ⅱ-2G（K）-12-F3J 的资格，施焊接管角焊缝的焊工应具有 SMAW-Ⅱ-6FG（K）-12/60-F3J 的资格等。

（3）施焊环境

焊接环境出现下列任一情况时，必须采取有效防护措施，否则禁止施焊：风速大于 10m/s；相对湿度大于 90%；雨雪环境。

（4）焊接工艺

筒体环向坡口形式为 X 形坡口，见图 5-6。

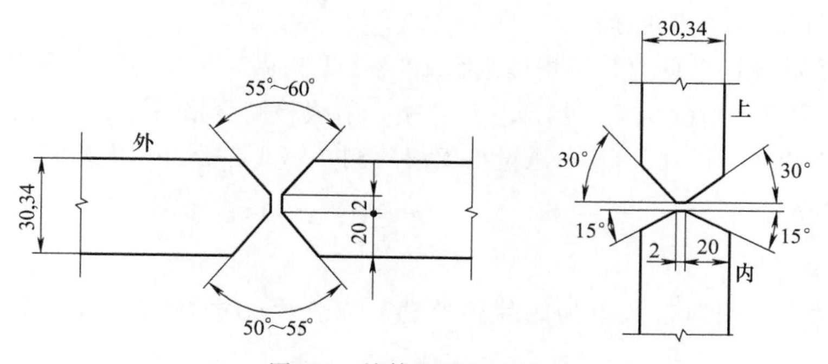

图 5-6 筒体环缝焊接坡口

筒体的环缝在施工现场进行组对焊接，采用手工焊施焊位置为横焊；焊接时，先焊接内侧，后焊接外侧，每一条环缝应采用多名焊工进行同时、同步施焊。

（5）焊接材料及焊接参数选用

乙烯精馏塔壳体焊接材料：选用 W707/ϕ3.2mm、ϕ4.0mm 焊条。焊接参数见表 5-6。

表 5-6 焊接工艺参数

塔名称	母材牌号	厚度/mm	焊材牌号	工艺评定号	电流/A	电压/V	焊速/(cm/min)
乙烯精馏塔	09MnNiD	48	W707	0808WV-BV	130～150	24～26	12～15

(6) 焊接技术要求

① 焊前，坡口表面进行宏观检查，不得存在裂纹和分层等缺陷，否则应采用修补措施。

② 补焊作业时应由具备相应资格的焊工进行。

③ 所有焊缝坡口内部及其两侧各50mm宽的范围内进行打磨清理，且露出金属光泽。

④ 筒体段（δ30）焊接前应进行预热，预热温度为100℃以上，筒体段（δ48）焊接前应进行预热，预热温度为≥50℃以上预热范围应以对口中心线为基准，两侧各取不小于总厚度的3倍，且不得小于100mm，预热时应在焊口两侧均匀进行，以防止过热，预热在焊接的背面进行，采用点式测温仪测温，并在火焰加热的另一侧测量，在焊接过程中，层间温度100～150℃。

⑤ 焊接时，宜采用多层多道焊，即进行排焊。焊接时的摆动宽度不应大于4倍的焊条直径。

⑥ 由施工人员和检验人员分别严格进行过程的控制和检查。

⑦ 焊缝同一部位的返修，一般不允许超过2次，超次返修时须由制造厂的质保工程师或现场组焊质保工程师批准。

⑧ 每层焊接之后，对表面成形差的部位用砂轮机修整后再焊接，以免出现夹渣、未熔合等缺陷。

⑨ 焊接完毕，及时清除焊缝表面焊渣、飞溅等物，并在设备外表面距焊缝适当位置标注焊工钢印；低温设备乙烯精馏塔根据规定不许打钢印，应在相关图纸上标注。

(7) 焊接检验

① 所有焊缝表面不允许存在咬边、裂纹、气孔、弧坑、夹渣等缺陷，焊缝上的熔渣和两侧飞溅物必须打磨和清理干净。

② 乙烯精馏塔现场组焊的B类焊缝进行100%RT检验，依据JB/T 47013.2《承压设备无损检测　第2部分：射线检测》标准Ⅱ级合格，射线检测合格后，还必须进行超声波附复验，复验要求按NB/T 47013.3《承压设备无损检测　第3部分：超声检测》进行20%超声波检测，Ⅰ级合格。

5.1.4.9 热处理

① 加热方法：采用履带式电加热片热处理，加热片尺寸为320mm×640mm，加热宽为320mm。

② 加热片数量：单条环缝的长度为18850mm，需要履带式加热片30片，另需备用100片，(耗量比较大)，合计共需130片。

③ 加热片的固定：必须在各段塔整体热处理前，采用40mm×3mm的扁铁条焊接在壳体外壁上，扁铁条长度2000mm，材质为Q235系列即可，与壳体的焊接采用塔体材料匹配的焊条。扁铁条的固定位置距环缝上下各约400mm处，各段塔整体热处理后，再在扁铁条上点焊ϕ5mm长度为120mm的铁钉用以固定加热片及保温被。

④ 热电偶的数量及分布：壳体每条环缝均布5支热电偶，焊缝的T形接头处必须布置1支热电偶，其余沿圆周均布。

⑤ 保温：采用保温效果良好的硅酸铝保温棉制作的保温被（2000mm×1000mm×50mm）及保温毡。加热片沿环焊道在铁钉上固定好后，把保温被宽度方向挂在铁钉上，向

焊道相反方向把铁钉折弯，然后用 8# 铁线两道沿圆周方向将保温被捆扎牢固，保温被之间的搭接接头需错开 150mm 左右，保温宽度为 1000mm，保温厚度两层为 100mm。

5.1.4.10 压力试验

（1）工机具及材料的准备

熟悉施工措施，对施工人员进行技术和安全交底。配备扬程泵，扬程为 125m，流量为 $50m^3/h$ 的上水设备，配备试压泵。施工机具准备：试压泵、消防带，试压用钢板、压力表等运到施工现场，施工机具设备性能应可靠，施工中所用的测量仪表等要检测合格。测量每个开孔法兰所应使用的盲板尺寸，加工好试压用的盲板及垫片，人孔螺栓运到相应的人孔平台上。

（2）试压系统配备

首先制造一个 3000mm×1500mm×1500 mm 水箱，供试压及水循环用。施工时根据现场情况进行合理安排试压设备的位置，所有主管线均采用 ϕ89mm×6mm 的无缝管，材质为 20 钢，主管线阀门的规格采用 *PN*2.5MPa、*DN*80mm，与压力表及试压泵相连的采用 *PN*2.5MPa、*DN*25mm 的阀门，组装完成后进行试运行。

（3）乙烯精馏塔准备

分馏塔进料口及顶部出口管线用预先准备好的试压用盲板封堵。将顶部引出管的接口配管至法兰处加盲板封堵，管线上的阀及各种管口盲板采用封死，管线底部的接管加阀作为管线的放水阀（塔试压时将此管线同时试压）。其他所有工艺管线法兰之间加上盲板及石棉垫，用螺栓紧固，没有配管线的接管用盲板封住。

（4）试压前的准备

在水压试验前，设备所有附件应安装齐全，外观检查、无损检验全部合格后进行。试压时为防止杂质进入塔内，试压用水选用纯净的自来水，水温要求≥5℃。

设备试压前应对设备内部清扫干净，内件安装要经检查、确认合格。

现场试压管路上所用阀门的公称压力必须大于水压试验压力加液柱静压力，在使用前，需在公称压力下对阀门进行压力试验。

（5）试验要求

塔试压时，在顶部最高点设置放空口，最低点设排放口，并装设 2 块量程相同并经计量部门检定合格的压力表，压力表的量程 5.0MPa，精度等级不低于 1.6 级，表盘直径不得小于 150mm，压力表应分别装于设备最高处和最低处，且避免安置在加压管路附近，试验压力以最高处压力表读数为准。在试压过程中，不得对受压元件进行任何修理，如发现缺陷应先卸压经处理后，再重新试压。

（6）试压程序

塔内充水，打开进水阀门，打开放空阀，通过扬程泵从设备底部管口进行注水，每次上水高度以 7～10m 为宜，注水后 24h 观测一次，按预先标定的观测点做基础沉降观测，沉降观测每天都要在同一固定时间进行，（避开阳光较足的时间）故选择每天上班后首先进行此项工作，这样可保证观测值准确。边注水边观察设备情况，基础不均匀沉降不超过基础中心圆直径的 1/1000，观测时要做好沉降记录。

水压试验合格后进行卸压时，首先打开顶部放空口，以防止塔抽真空，再从塔底部通过排水口将试压废水排放到指定下水道里，不能就地排放。塔最下部排水管口以下排不掉的水可通过打开底部法兰盲板将余水排净，塔内的水放净后，应进入塔内进行检查，将排放不掉死角的残余水清理干净。

（7）试压过程

乙烯精馏塔通过试压泵对其进行加压，升压至设计压力 1.95MPa，检查设备无异常后，继续升压至试验压力 2.44MPa，保压 30min，检查所有焊道和连接部分，无渗漏和异常变形为合格，然后降压至试验压力的 0.8 倍，即 1.95MPa 再保压 30min，检查所有焊道和连接部分，无渗漏和异常变形为合格。如发现有异常响声、压力下降或加压装置发生故障等现象，应立即停止试验并查明原因，重新按上述方法试压。

5.1.4.11 塔设备安装通用技术要求

① 参加施工的人员必须熟悉施工现场情况，熟悉工作内容、施工程序、检验要求等，并严格按施工技术方案要求进行施工。

② 施工现场设置合适的安全标志，标志牌的数量视现场生产情况确定。标志牌的式样和警示用语符合 GB 2894《安全标志及其使用导则》。

③ 在自然光线不足的作业点或者夜间作业，采取合适的方式进行人工照明。

④ 当风力大于 4 级时，停止所有吊装作业和高处作业。

⑤ 所有工作面与通道回转空间合理、清洁无杂物，无积水，通道保持畅通无阻。

⑥ 高处组对、焊接作业时应采取防坠落措施。

⑦ 有明火作业的区域周围，严禁放置易燃易爆物品。氧乙炔瓶应放置在划定的区域内。采用集中供气时，应保证供气管线和阀门等无泄漏。

⑧ 施工用电严格执行“三相五线制”“三级控制两级保护”，定期进行绝缘检测和接地电阻测量，维修电工进行日常检查。避免出现漏电保护器失灵、插头、插座破损、电缆老化绝缘不好等现象；电线、电缆必须按规定进行架空、过路保护，休息室、金属构架上使用安全照明。

⑨ 在使用砂轮机打磨等机具时，必须保证机具完好合格，电焊机应经常保养；操作规程必须展现在机具室内。

⑩ 漏电保护器应设在设备负荷线的首端，并与用电设备相匹配。经常接触用电设备的人员还应加强个人防护。严格执行“一闸一机一保”制，严禁一闸多用。现场禁止使用闸刀开关，一律换用空气开关加漏电保护器。

⑪ 所有把线电缆必须绝缘良好，且电焊机接地良好。

5.1.4.12 人员保护

① 进入现场人员按规定穿戴劳保服装、安全鞋和安全帽。

② 焊接、切割、打磨作业时有合适的防护眼镜、手套和工作服。

③ 要求进入施工现场的职工穿防砸压、防刺穿工作鞋。

④ 在噪声高于 85dB 的环境中使用听力保护器具。

⑤ 一切高处作业（2m 及以上）人员，必须持身体检查合格证办理高处安全作业票，方能上岗。作业时，必须戴好安全带、安全帽，必要时作业处下方要设置安全网。禁止上下抛掷工具或物件，并设专人监护。

⑥ 雨天进行高处作业时，通道和作业面的采取有效的防滑措施。当风速在 10.8m/s 及

以上或雷电、大雾等气象条件下，不能进行露天高处作业。夜间进行高处作业有充足的照明。

5.1.4.13 风险评估和环境影响

① 建立判别准则，确定相应的法规要求。

② 熟悉施工方案、了解施工工序、作业环境，制定实现健康、安全、环境保护目标的施工规程。

③ 识别危险，正确判别凡能造成人员伤亡、财产损失、环境破坏的各种因素，包括人的违章操作，设备的失控等。

④ 分析人的不安全行为、物的不安全状况等触发事件。

⑤ 确定危害及其影响。

⑥ 评价危害和影响。

⑦ 记录重要危害和影响。

⑧ 制定相应的纠正与预防措施，确保工程各工序的顺利进行。

5.1.5 塔内件的安装

5.1.5.1 内件的检查、验收、存放和保管

① 塔内件必须有出厂合格证、质量证明书、复查记录和移交凭证，其质量符合设计文件和规范的规定。

② 塔内件开箱时，对照装箱单及图纸，按下列项目检查清点，并填写“塔内件验收清点记录”。

③ 检查箱号、箱数及包装情况。

④ 检查内件名称、规格、型号及材质。

⑤ 检查内件的尺寸及数量。

⑥ 检查内件表面的损伤、变形及锈蚀状况。

⑦ 检查易损易失零部件，应按类按规格做好标记后存放在库房内保存。

5.1.5.2 板式塔内件安装

塔盘构件安装主要程序：

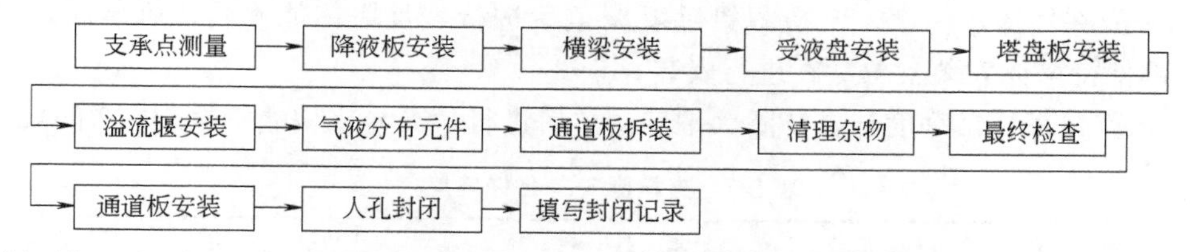

浮阀塔、泡罩塔、筛板塔等的塔板多半是在制造时已装配好，并保证了塔板的水平度，吊装后一般不进行调整。

塔盘安装有卧装和立装两种。卧装安全，无高空作业，且可分组同时安装，但测量水平度数据处理较麻烦，既有塔体本身挠度，也有日照影响。采用卧装则塔体制造出厂时要标出准确的中心线才能交货。一般多采用立式安装塔盘。

对于立式安装塔盘则是在塔体安装完成后进行的，塔体垂直度和水平度验收合格。首先要检查塔盘及其附件的质量、规格和位号，然后自下而上地逐一安装，并保证其塔盘间距、可靠性、强度、密封性。安装要求和步骤如下。

（1）塔盘构件的安装

支持圈安装：将特制水平仪放在上一层支持圈上或特殊的支架上，刻度尺下端放在支持圈上测量各点的水平度偏差。支持圈与塔壁焊接后，重新测量各点的水平度偏差。相邻两支持圈距离符合要求。

施工人员进入塔内，注意穿干净胶底鞋，站在支撑梁或木板上，不能踏在塔板两支撑点中间，以免塔板变形。注意塔板的承载力。水平仪检测支持圈与塔壁焊接成型前后各点的水平度是否在允许范围内，以便调整。相邻支承圈间距应符合设计要求。

支持板安装：支持板与降液管、降液板与受液盘、降液板与塔内壁、支持板与支持圈安装后偏差应符合要求。

支撑横梁安装：水平度、弯曲度及与支持圈的偏差应符合要求。

塔盘的安装：在降液板、横梁螺栓紧固并检查合格后进行安装。先组装两侧弓形板，再向塔中心装矩形板，最后装通道板。塔盘安装时，先临时固定，待各部位尺寸与间隙调整符合要求后，再用卡子或螺栓紧固，然后用水平仪校准塔盘的水平度。合格后，拆除通道板，以便出入。其水平度要求如下：

D（塔径）$\leqslant$ 1600mm，水平度偏差 3/1000；D = 1600 ～ 3200mm，水平度偏差：4/1000；D＞3200mm，水平度偏差≤5/1000。

合格后拆除通道板，以便出入。

受液盘的安装与塔板相同，偏差应符合要求，溢流堰安装后，堰顶水平度和堰高偏差在允许范围内，检查方法同塔盘。

塔盘气液分布元件的安装根据塔的类型不同而不同，浮阀安装应开度一致，无卡涩现象；筛板开孔均匀，大小相同；泡罩不能歪斜或偏移，以免影响鼓泡的均匀性等。工程中可采用塔盘上注水、下方通入压缩空气，检验浮阀（或泡罩）的升降灵活程度和鼓泡性能。

最后检查塔盘之间的密封性能：主要是通过注水试验，检查塔盘之间的密封性能，防止漏液。

（2）塔盘安装支承点的测量

① 塔盘支承点的安装要求。

a. 卧装应在塔体水平度、支持圈铅垂度调整后进行，且塔体能旋转；卧装时，塔盘上易掉落之部件待塔体安装就位后在进行安装；

b. 立装应在塔体铅垂度与支持圈水平度调整后进行，其允许偏差符合表 5-7 的规定；

表 5-7 支持圈安装允许偏差 mm

项目	塔体内径	允许偏差
支承圈上表面水平度	$D\leqslant1600$ $1600<D\leqslant4000$ $4000<D\leqslant6000$ $6000<D\leqslant8000$ $8000<D\leqslant10000$	≤3 ≤5 ≤6 ≤8 ≤10
支承圈铅垂度	$H/1000$	

c. 卧装和立装的测量工作，都不应在塔体一侧受太阳光线照射下进行。

② 塔盘支持圈水平度、间距的复测方法、部位及标准应符合下列规定。

a. 卧装时，塔体水平放置托轮上，在塔体端部做一垂直于整个塔体纵向轴线的基准圆周线，测量支持圈上表面各测点与基准圆周线的垂直距离，该距离的差值即为支持圈水平度偏差值。

b. 立装时，塔体安装合格后，将水平仪的储液罐固定上一层支持圈上或特设的支架上，刻度尺下端放在支持圈测点上，各测点玻璃管液面计读数的差值即为水平度偏差值。

c. 支持圈水平度复侧点位置及数量按图 5-7 规定。

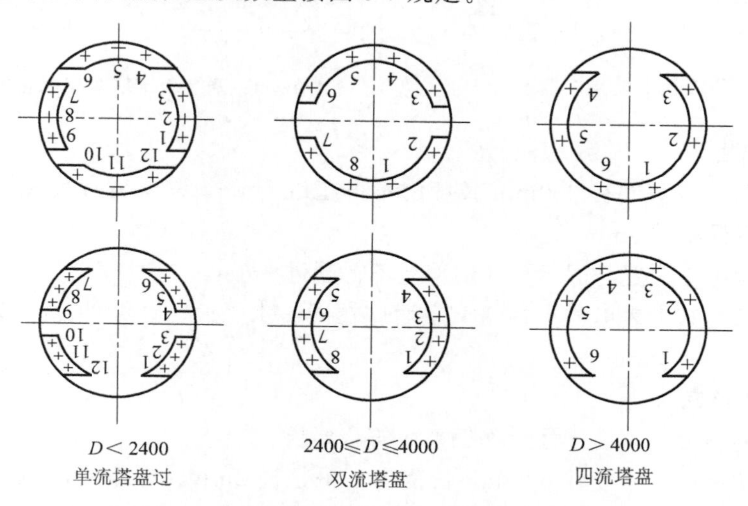

图 5-7 塔盘支持圈测量点位置及数量

d. 支持圈与支持圈塔壁焊接后，其表面在 300mm 弦长上的局部水平度偏差不得超过 1mm，整个支持圈表面水平度偏差应符合要求。

e. 相邻两层支持圈的间距允许偏差不得超过±3mm，每 20 层内任意两层支持圈的间距允许偏差不得超过±10mm。

(3) 降液板安装

① 降液板的长度、宽度尺寸允许偏差按表 5-8 的规定，降液板的螺孔距离允许偏为 1mm。

表 5-8 塔盘板尺寸允许偏差

mm

部件名称	长度允许偏差	宽度允许偏差
塔盘板 受液板 降液板	$^{0}_{-4}$	$^{0}_{-2}$

② 降液板安装位置要求。降液板低端与受液盘上表面垂直距离 K 允许偏差值为 3mm (图 5-8)；降液板与受液盘立边或进口堰边的水平距离 D 允许偏差值为$^{+5}_{-3}$mm；降液板与塔内壁通过设备中心垂直距离 A 允许偏差值为±6mm，见图 5-8；中间降液板 B 允许偏差值为±6mm，见图 5-9。

③ 固定在降液板塔板支承件，其上表面与支承圈上表面应在同一水平线上，允许偏差为$^{+1}_{-0.5}$mm。

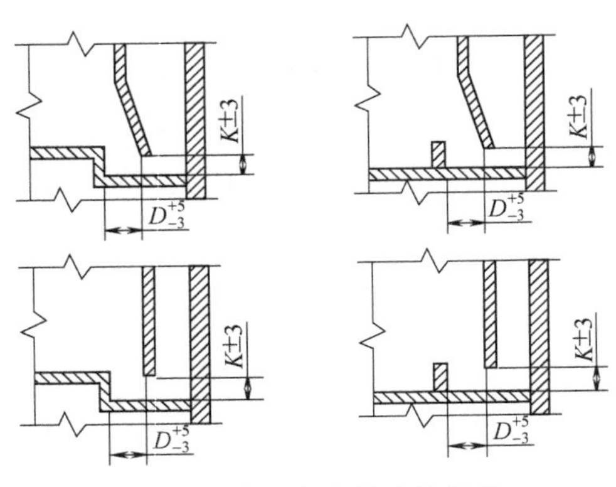

图 5-8 降液板安装允许偏差

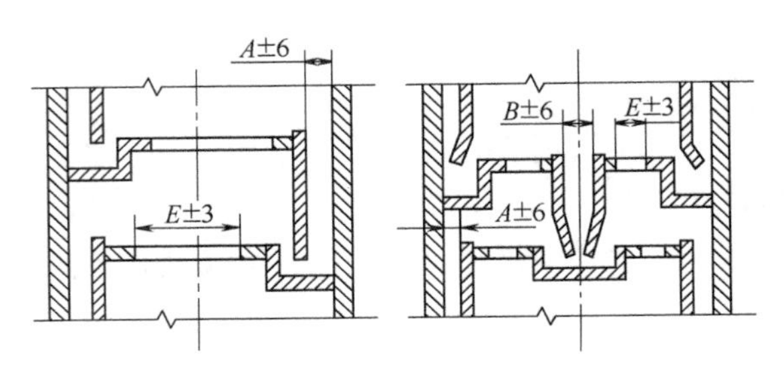

图 5-9 降液板、塔盘支承板安装允许偏差

(4) 横梁安装

① 梁上表面的水平度在 300mm 长度内不得超过 1mm，总长弯曲度允许偏差为梁长度的 1/1000，但不得超过 5mm。

② 梁安装的中心位置与图示尺寸的偏差不得超过 2mm。

③ 梁安装后，其上表面与支持圈上表面应在同一水平面上；梁的水平度允许偏差按相关规定。

(5) 受液盘安装

① 受液盘的长度、宽度尺寸允许偏差应符合要求。

② 受液盘的局部水平度在 300mm 长度内不得超过 2mm。整个受液盘的弯曲度，当受液盘的长度小于或等于 4m 时不得超过 3mm，长度大于 4m 时不得超过其长度的 1/1000，且不得大于 7mm。

③ 受液盘其他安装要求与塔盘板相同。

(6) 塔盘板安装

① 分块式塔盘板安装。

a. 分块式塔盘板安装：塔盘板两端支承板间距 E 允许偏差为±3mm；塔盘板长度、宽度尺寸允许偏差应符合要求；塔盘板局部不平度在 300mm 长度内不得超过 2mm，塔盘板在整个板面内的弯曲度按表 5-9 的规定。

表 5-9 整块塔盘板允许弯曲度 mm

塔盘板长度	弯曲度	
	筛板、浮阀、圆泡罩、塔盘	舌形塔盘
<1000	2	3
1000～1500	2.5	3.5
>1500	3	4

塔盘板的安装应在液压板、横梁的螺栓紧固后进行，先组装两侧弓形板，再由塔壁两侧向塔中心循序组装塔盘板；塔盘板安装时，先临时固定，待各部位尺寸与间隙调整符合要求后，再用卡子、螺栓予以紧固；每组装一层塔盘板，即用水平仪校准塔盘水平度，水平度合格后，拆除通道板放在塔板上。

b. 塔盘板水平度测量方法及合格标准：卧装塔盘板水平度测量方法，位置及数量：塔体水平放置在托轮上，测量塔盘板各测点与铅垂线的垂直距离，该距离的差值即为水平度偏差；立装塔盘板水平度测量方法、位置及数量：将水平仪刻度尺下端放在塔盘板各测点上，其玻璃管液面计度数的差值即为水平度偏差值，见图 5-10；测点位置及数量按图 5-11 的规定。

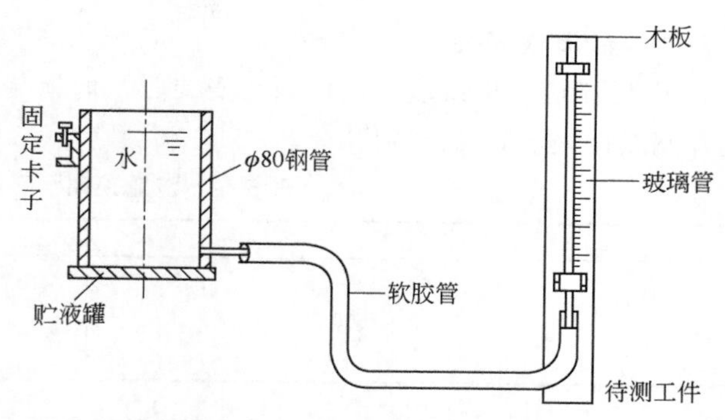

图 5-10　用水平仪测量支持圈水平度

塔盘板安装后，塔盘面水平度允许偏差按表 5-10 的规定。

安装在塔盘面上的卡子、螺栓的规格、位置、紧固度应符合图纸的规定；板样排列、板孔与梁距离、板与梁或支持圈塔接尺寸及密封填料等应符合图纸的规定。

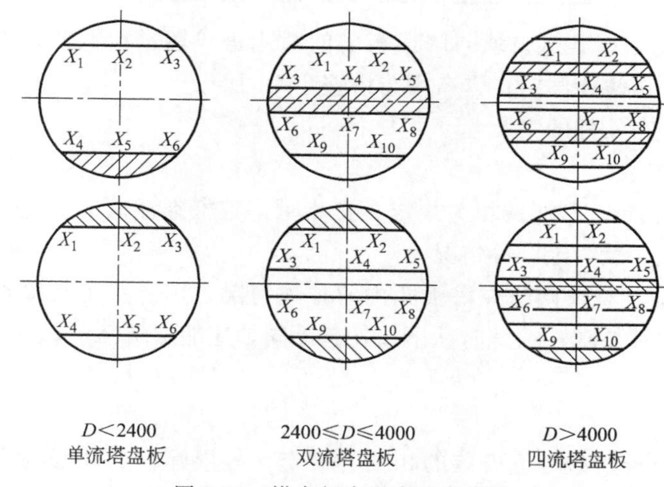

图 5-11　塔盘板水平度测点位置

表 5-10　塔盘面上水平度允许偏差

mm

塔体内径	水平度允许偏差
$D \leqslant 1600$	4
$1600 < D \leqslant 4000$	6
$4000 < D \leqslant 6000$	9
$6000 < D \leqslant 8000$	12
$8000 < D \leqslant 10000$	15

② 整块式塔盘的安装。整块式塔盘板的安装要求：塔盘原则上应立装；塔盘安装前应检测塔体在塔盘处的不圆度，应符合表 5-11 的规定，并核对塔体最小的内径与塔盘外径的尺寸；塔体内壁在塔盘处应光滑平整，接管伸入塔内或焊缝金属等的凸出物（设计规定除外）应磨平；塔节支座螺孔与塔盘底座螺孔尺寸应符合图样要求；定距管、拉杆、螺栓、填料的压板、压圈、填料等的规格尺寸、材质应符合图样要求。

表 5-11　不圆度 e 允许偏差

塔受压形式	筒体部位	不圆度 e
内压	筒体	$\leqslant 1\% D_G$且不大于 25
外压	筒体	$\leqslant 0.5\% D_G$且不大于 25
内外压	塔盘处	$\leqslant 0.5\% D_G$且不大于 25

（7）溢流堰安装

① 溢流堰（出口堰及进口堰）安装后，堰顶端水平度允许偏差按表 5-13 的规定；堰高允许偏差按表 5-12 的规定。

表 5-12 流堰顶端水平度允许偏差 mm

塔盘直径	允许偏差
$D\leqslant1500$	3
$1500<D\leqslant2500$	4.5
$D>2500$	6

表 5-13 溢流堰高度允许偏差 mm

塔盘直径	允许偏差
$D\leqslant3000$	±1.5
$D>3000$	±3

② 组装可调进口堰时，进口堰与降压板的间隙用进口堰进行调整，进口堰固定后，在其两端安装调整板并用螺栓固定；进口堰与塔壁应无间隙。

（8）塔盘气液分布元件的安装

① F_1 型浮阀的安装。

a. 浮阀质量应符合 F_1 型阀的相关规定。安装时，宜检查浮阀的重量，并且测浮阀腿的高度、弯曲度、伤痕、表面毛刺等情况。

b. 浮阀安装后应检查浮阀腿在塔板孔内的挂连情况，用专用工具检查浮阀腿煨弯长度及角度，均应符合设计要求；检查时从下边托起浮阀，应能上下活动，开度一致，没有卡涩现象。

② 筛板的安装。

a. 筛板质量应符合筛板塔盘安装的相关的规定，各层筛板的孔径与孔距均应符合图样要求。

b. 筛板孔边应无毛刺，孔中应无杂物。

③ 舌形塔盘的安装。

a. 舌形塔盘质量应符合舌形塔盘安装的相关规定，检查固定舌片在任何方向上的弯曲度不得超过 0.5mm。

b. 每层安装的舌形塔板的规格及舌片方向应符合图样规定。

④ 浮动喷射塔盘。

a. 托板梯形孔、浮动板两端凸出部分的质量应符合相关规定。

b. 托板、浮动板的弯曲度允许偏差不大于 1mm，托板、浮动板的表面应无毛刺。

c. 托板安装后，梯形孔底面的水平度允许偏差不大于 $2D/1000$；托板平行度及间距允许偏差不大于 1mm。

d. 浮动板安装后，应作转动和负荷试验；用手轻轻转动浮动板便可开启，开度一致，没有卡涩现象；浮动板在气液介质操作条件下，不得有弯曲脱落现象。

⑤ 圆泡罩的安装。

a. 圆泡罩质量应符合圆泡罩安装的相关规定。

b. 圆泡罩安装时，应调节泡罩高度，使同一层塔盘所有泡罩齿根到塔盘上表面的高度符合图样规定，其允许偏差不得超过±1.5mm。

c. 圆泡罩安装后，泡罩与升气管的不同心度不得超过 3mm。

泡罩塔盘安装后，如需进行充水试验与鼓泡试验时，应符合下列规定：

塔盘充水试验时，应将所有泪孔堵死，充水后 10min 内水面下降不超过 5mm 为合格，合格后应将泪孔穿通。

鼓泡试验时，应将水不断地注入受液盘内，在塔盘下部通入空气，风压应在 100mm 水柱以下，风量不宜过大，要求所有的齿缝都均匀鼓泡，且泡罩不得有震动现象。

⑥ 条形泡罩的安装。

a. 条形泡罩、升气槽板的质量应符合相关要求的规定。

b. 相邻升气槽板中心距离，允许偏差不得超过±3mm；任意中心距离允许偏差不得超过±6mm。

c. 条形泡罩安装时，应调节泡罩高度，使同一层塔盘所有泡罩齿根到塔盘上表面的高度符合图样规定，其允许偏差不得超过±1.5mm。

d. 条形泡罩安装后，泡罩与升气管的不同心度不得超过 3mm。

e. 泡罩上角钢的螺栓孔与塔盘板螺栓孔位置应一致，允许偏差不得超过 1mm。

(9) 最终检查、通道板安装、人孔封闭

塔盘全部安装完成后，检查人员应会同有关人员按规定要求进行检查；在最终检查之前，应清除塔盘上及塔底的杂物；最终检查之后安装塔盘通道板、人孔盖，并进行封闭，同时填写《塔盘安装检查记录》。

5.1.5.3 填料塔的安装

填料支承结构的塔内件主要安装内容包括支承点测量、支承件安装、填料安装、填料压盖安装、液体分布装置安装、除沫器安装、精度检查及人孔封闭等。

(1) 填料支撑结构的安装

填料支撑结构（栅板、波纹板）安装后应平稳、牢固，并保持水平，气体通道不堵塞。实体填料安装：填料清洗干净，质量符合要求，安装过程防止填料破碎或变形，破碎变形者必须拣出。

网体填料安装：填料质量符合要求，安装时保证波纹方向与塔轴线夹角，允差±5°。

填料床层压板安装：规格、质量及安装符合要求。

液体分布装置安装：位置符合要求，安装牢固；喷孔不得堵塞；允差符合要求；安装完做喷淋试验，检查喷淋液体是否均匀。

液体再分布器安装同塔盘安装。

塔内件安装合格后，填写安装记录。

安装合格后，填写安装记录。

(2) 填料支承结构安装规定

① 填料支承结构安装后应平稳、牢固。

② 填料支承结构的通道孔径及孔距应符合设计要求，孔不得堵塞。

③ 填料支承结构安装后的水平度（指规整填料）不得超过 $2D/1000$，且不大于 4mm。

(3) 填料的安装

① 颗粒填料（环行、鞍形、鞍环行及其他）安装应符合下列规定：颗粒填料应干净，

不得含有沙泥、油污和污物；颗粒填料在安装过程中应避免破碎或变形，破碎变形者必须拣出。塑料环应防止日晒老化；颗粒填料在规则排列部分应靠塔壁逐圈整齐正确排列，颗粒填料排列位置允许偏差偏差为其外径的 1/4；乱堆颗粒填料也应从塔壁开始向塔中心均匀填平。鞍形填料及鞍环形填料填充的松紧度要适当，避免架桥和变形，杂物要拣出，填料层表面要平整；颗粒填料的质量，填充体积应符合设计要求。

② 丝网波纹填料安装应符合下列规定：丝网波纹填料填充时，应保证设计规定的丝网波纹片的波纹方向与塔轴线的夹角，其允许偏差为±5°；如无设计规定时，可参照下列规定进行：最下一层填料盘的丝网波纹方向应垂直于支承栅板，其余各层填料盘丝网波纹的波纹方向与塔轴线成 30°（或 45°）；一层填料盘的相邻网片的波纹倾斜角度应相反；组装相邻填料盘波纹方向互成 90°。

丝网波纹填料分块装填时，应从人孔装入，每层先填装靠塔壁一圈，后逐圈向塔中间装填，每块用特制的夹具固定，填装时要压紧。

填料盘与塔壁应无空隙，塔壁液流导向装置应完好。丝网波纹填料的质量、填充的体积应符合设计要求。

③ 填料床层压板的安装：填料床层压板的规格、重量、安装中心线及水平度应符合设计要求；在确保限位的情况下，不要对填料层施加过大的附加力。

④ 液体分布装置的安装：

a. 液体分布装置（分布管、分布盘、莲蓬喷头、溢流盘、溢流槽、宝塔式喷头）的质量应符合下列要求：喷雾孔径（液流管）的大小和距离应符合图样要求；溢流槽支管开口下缘（齿底）应在同一水平面上，允许偏差为 2mm；宝塔式喷头各个分布管应同心，分布盘底面应位于同一水平面上，并与轴线相垂直、盘表面平整光滑、无渗漏。

b. 液体分布装置位置安装允许偏差应符合表 5-14 的规定。

表 5-14 液体分布装置位置安装允许偏差 mm

部件名称	水平度	中心线	安装高度
分布管 分布盘	$D \leqslant 1500$ 3 $D > 1500$ 4	3	3
蓬蓬喷头	安装轴线偏差最大不超过 1	3	3
液流盘 液流槽	$D/1000$，且不大于 4	5	10
宝塔喷头	安装轴线偏差最大不超过 1	3	3

c. 喷头及其他分布装置安装应牢固，在操作条件下不得有摆动现象；液体分布装置安装后应做喷淋试验，喷淋试验时，塔截面内喷淋应均匀，喷孔不得堵塞。

⑤ 除沫器安装规定：

a. 除沫器如不是整体供货，丝网结构应按设计规定铺设，如无设计规定时可采用平铺，每层之间皱纹方向应相错一个角度；分块的丝网安装时彼此之间及器壁之间均应挤紧。

b. 除沫器安装的中心、标高及水平应符合设计规定。

⑥ 填料塔内件安装 合格后，应即填写《填料塔填充检查记录》。

5.1.5.4 施工中应注意的问题

① 塔盘上易掉落之部件等塔体安装就位后再进行安装。

② 卧装和立装的测量工作，都不应在塔体一侧受太阳光线照射下进行。

③ 塔内件安装时，塔盘板、降液板、横梁等可放置在现场保管，但要防止变形、损坏、腐蚀等情况发生，现场应保持平整、清洁，不影响其他工程施工，易损易失零部件应按类、按规格存放在库房保存。

④ 内件前应清除表面油污、焊渣、铁锈、泥沙、毛刺等杂物，对塔盘零部件还应编注序号以便安装。

⑤ 塔盘安装前宜进行预组装，预组装时应在塔外按组装图把塔盘零部件组装一层，调整并检查塔盘是否符合图样要求。

⑥ 安装塔盘人员应遵守下列规定：

a. 一层塔盘的承载人员一般不宜超过规定人数，见表 5-15。

表 5-15 塔盘的承载人数

塔内径/mm	<1500	1500～2000	2000～2500	2500～3200	3200～4000	4000～5000	5000～6300	6300～8000	>8000
人员	2	2	3	4	5	6	7	8	9

b. 塔内施工人员必须穿干净的胶底鞋，且不得将体重加在塔板上，应站在梁上面或站在木板上。

c. 人孔及人孔盖及密封面及塔底管口应采取保护措施，避免砸坏或堵塞；搬运塔盘零部件时应轻拿轻放，防止碰撞弄脏。避免变形损坏。

d. 施工人员除携带该层紧固件和必需工具外，严禁携带多余的部件；每层塔盘安装完毕后，必须进行检查。不得将工具遗忘在塔内。

e. 内件安装应在塔体安装压力试验合格，并清扫干净后进行，应严格按图样规定施工，以确保传质、传热时气液分布均匀。

塔内施工时所使用的安全行灯电压不得超过 36V，潮湿时不得超过 12V。

5.1.5.5 质量检验

（1）保证项目

① 设备内件必须有出厂合格证、质量证明书、复查记录和移交凭证，其质量符合设计文件和规范的规定。

检查方法：检查出厂合格证、质量证明书和复查记录。

② 设备装配完成后，必须进行清理、检查、封闭，对内件有脱脂要求的，还必须做脱脂处理。其质量符合设计文件和规范的要求。

检查方法：检查设备清理、封闭记录、设备脱脂记录，并检查签证是否齐全。

③ 施工记录必须齐全、准确、真实。

检查方法：逐项检查。

（2）基本项目

① 塔盘构件安装质量检验：支承圈与梁等构件安装齐全牢固；塔盘卡子密封垫片安装位置正确；塔盘平整无明显变形；塔盘搭接均匀；各处连接螺栓紧固均匀；连续焊缝无漏焊。

检查方法：观察检查及用扳手试拧。

检查数量：每一个人孔抽查一层。

② 浮阀塔气液分布元件安装质量检验：浮阀装配齐全正确，结构符合图样要求；浮阀没有卡涩现象、上下活动自如、开度一致；浮阀重量抽查符合图样要求。

检查方法：观察检查、用手托动检查、检查浮阀重量抽查记录。

检查数量：每一个人孔抽查一层。

③ 筛板塔气液分布元件安装质量检验：结构符合设计要求，装配齐全、正确；塔盘表面平整；塔盘及筛孔内清洁无杂物；筛板孔边无毛刺。

检查方法：观察检查。

检查数量：每一个人孔抽查一层。

④ 舌形塔气液分布元件安装质量检验：结构符合设计要求，装配齐全、正确；塔盘表面平整；舌板规格及舌片内清洁无杂物；塔盘及舌片内清洁无杂物。

检查方法：观察检查。

检查数量：每一个人孔抽查一层。

⑤ 浮动喷射塔气液分布元件安装质量检验：浮动板装配齐全、正确、结构符合图样要求；浮动没有卡涩现象、开启灵活、开度一致；塔盘及浮动板内清洁无杂物。

检查方法：观察检查，用手转动检查。

检查数量：每一个人孔抽查一层。

⑥ 泡罩塔气液分布元件安装质量检验：泡罩装配齐全、正确、结构符合图样要求；泡罩安装固定牢固；塔盘及齿缝清洁无杂物。

检查方法：观察检查。

检查数量：每一个人孔抽查一层。

⑦ 颗粒填料塔颗粒填料安装的质量检验：填料支承结构平衡牢固；填料干净；排列方式与高度符合设计要求；整齐排列符合规范，乱堆排列松紧适度；塔内无杂物清理干净。

检查方法：观察检查。

检查数量：各人孔处。

⑧ 丝网波纹填料塔丝网波纹填料安装质量：填料支承结构平衡牢固；填料干净；填充体积和压紧程度符合规范与图样；波纹方向与倾角符合规范与图样；塔内无杂物，清理干净。

检查方法：观察检查。

检查数量：各人孔处。

⑨ 液体分布装置安装的质量检验：装置装配安装牢固；装置安装牢固；喷淋试验时，喷淋在塔截面上均匀，喷孔不堵塞；内部清理干净。

检查方法：观察检查。

检查数量：全部检查。

5.1.5.6 允许偏差项目

板式塔内件安装尺寸的允许偏差及检查方法、检验数量应符合表 5-16 的规定。

填料塔内件安装尺寸的允许偏差及检查方法、检验数量应符合表 5-17 的规定。

表 5-16 板式塔内件安装尺寸的允许偏差及检查方法、检验数量 mm

<table>
<tr><th colspan="3">项 目</th><th>允许偏差</th><th>检查方法</th><th>检验数量</th></tr>
<tr><td rowspan="11">塔盘与受液盘</td><td colspan="2">300mm 范围内的不平度</td><td>2</td><td rowspan="6">拉粉线检查</td><td rowspan="23">每个人孔检查层</td></tr>
<tr><td rowspan="3">整块塔盘板弯曲度</td><td>塔盘板长度<1000</td><td>2(3)</td></tr>
<tr><td>塔盘板长度 1000～1500</td><td>2.50(3.50)</td></tr>
<tr><td>塔盘板长度>1500</td><td>3(4)</td></tr>
<tr><td rowspan="2">受液盘弯曲度</td><td>受液盘长度≤4000</td><td>3</td></tr>
<tr><td>受液盘长度>4000</td><td>$L/1000$ 且≤7</td></tr>
<tr><td rowspan="5">塔盘面上水平度</td><td>$D\leqslant 1600$</td><td>4</td><td rowspan="5">用玻璃管水平仪检查</td></tr>
<tr><td>$1600<D\leqslant 4000$</td><td>6</td></tr>
<tr><td>$4000<D\leqslant 6000$</td><td>9</td></tr>
<tr><td>$6000<D\leqslant 8000$</td><td>12</td></tr>
<tr><td>$8000<D\leqslant 10000$</td><td>15</td></tr>
<tr><td rowspan="2">降液板</td><td colspan="2">底端与受液盘上表面的垂直距离</td><td>±3</td><td rowspan="4">用钢板尺检查</td></tr>
<tr><td colspan="2">降液板与受液盘立边或进口堰边的水平距离</td><td>+5
−3</td></tr>
<tr><td rowspan="5">溢流堰</td><td rowspan="2">高度</td><td>$D\leqslant 3000$</td><td>±1.5</td></tr>
<tr><td>$D>3000$</td><td>±3</td></tr>
<tr><td rowspan="3">顶端水平度</td><td>$D\leqslant 1500$</td><td>3</td><td rowspan="3">用玻璃管水平仪检查</td></tr>
<tr><td>$1500<D\leqslant 2500$</td><td>4.5</td></tr>
<tr><td>$D>2500$</td><td>6</td></tr>
<tr><td rowspan="5">气液分布元件</td><td colspan="2">舌形塔盘固定舌片任何方向弯曲度</td><td>0.50</td><td>拉粉线检查</td></tr>
<tr><td rowspan="2">浮动喷射塔盘</td><td>托板安装后，梯形孔底部水平度</td><td>$2D/1000$</td><td>用玻璃管水平仪检查</td></tr>
<tr><td>托板、浮动板弯曲度过</td><td>1</td><td>拉粉线检查</td></tr>
<tr><td rowspan="2">圆形、条形泡罩</td><td>与升气管不同心度</td><td>3</td><td rowspan="2">用钢板尺检查</td></tr>
<tr><td>泡罩齿根到塔盘上表面</td><td>±1.50</td></tr>
</table>

注：D 为塔的内径；L 为受液盘长度；括号内的数字为舌形塔盘弯曲度。

表 5-17 填料塔内件安装尺寸的允许偏差及检查方法、检验数量 mm

<table>
<tr><th rowspan="2">项 目</th><th colspan="3">允许偏差</th><th rowspan="2">检查方法</th><th rowspan="2">检验数量</th></tr>
<tr><th>水平度</th><th>中心线</th><th>安装高度</th></tr>
<tr><td>分布管、分布盘</td><td>$D\leqslant 15003$
$D>15004$</td><td>3</td><td>3</td><td>用玻璃管水平仪及钢尺测量</td><td rowspan="4">全部检查</td></tr>
<tr><td>莲蓬喷头</td><td>安装轴线偏斜≤1</td><td>3</td><td>3</td><td>吊垂线及钢尺测量</td></tr>
<tr><td>溢流盘 溢流槽</td><td>$D/1000$
且≤4</td><td>5</td><td>10</td><td>用玻璃管水平仪及钢尺测量</td></tr>
<tr><td>宝塔喷头</td><td>安装轴线偏斜≤1</td><td>3</td><td>3</td><td>吊垂线及钢尺测量</td></tr>
<tr><td>丝网波纹、填料波纹片的波纹方向与塔轴线夹角</td><td colspan="3">±5°</td><td>拉线并用角度尺检查</td><td rowspan="2">检查层</td></tr>
<tr><td>液体分布装置溢流槽支管开口下缘（齿底）在同一水平面上</td><td colspan="3">2</td><td>用玻璃管水平仪测量</td></tr>
</table>

注：D 为塔的内径。

5.2 知识解读

5.2.1 塔设备的类型及构造

5.2.1.1 塔设备类型

塔设备作为一种常见的传质、传热设备，已成为石油、化工、医药等生产中重要的设备之一。塔设备的基本作用是实现气（汽)-液相或液-液相之间的充分接触，迅速有效地进行质量传递和热量传递，从而达到相际间进行传质及传热的目的。塔设备可以进行精馏、吸收、解吸、萃取、气体的增湿、冷却等单元操作。

塔设备种类繁多，按操作压力分为减压塔、常压塔、加压塔；按用途和在工艺中的作用分为精馏塔、吸收塔、萃取塔、反应塔、干燥塔等；最常用的是按塔内件结构特征分为板式塔和填料塔。

5.2.1.2 塔设备的结构特点

塔设备主要由塔体、塔内件、支座、塔附件等组成。塔体是塔设备的外壳，通常由筒体和椭圆封头组成，塔内件因塔的类型不同而异，支座是塔体与基础的连接部件，塔设备的支座一般为裙座，塔附件包括人孔、进出料接管、各类仪表接管液体和气体的分配装置，以及塔外的扶梯、平台、保温层等。

（1）板式塔总体结构

板式塔的内部装有一定数量相隔一定间距的开孔塔板，气体自塔底向上以鼓泡喷射的形式穿过塔板上的液层，而液体从塔顶进入，顺塔而下，两相在塔板上充分接触进行传质、传热，两相的组分呈阶梯式变化。

板式塔基本构成，塔体与裙座结构；塔盘结构，包括塔盘板、降液管、溢流堰、紧固件和支承件；除沫装置，用于分离气体夹带的液滴，多位于塔顶出口处；设备管道，人孔、接管等；塔附件，保温圈、吊柱、扶梯、平台等。结构见图 5-12。

（2）填料塔总体结构

填料塔由塔体、填料、喷淋装置、液体分布装置、填料支撑装置、支座以及进出口等组成，结构见图 5-13。填料塔的内部装有一定高度的填料，气体作为连续相自塔底向上穿过填料的间隙流动，而液体从塔顶进入，沿填料表面向下流动，两相在填料层表面上连续逆流接触进行传质、传热。两相的组分沿塔高呈连续变化，是一种连续型的气液传质设备。

各层之间设置液体再分布器的作用是将液体重新均匀分布于塔截面上，以防止壁流。栅板和支撑圈的作用是支撑填料重力。在每一层填料都设有填料保护栅板，以防止液泛引起填料层跳动和破坏填料。为了便于取出填料，在填料支撑栅板处设有填料卸除口，对于塔体，在适当的位置还开设有人孔。

填料塔结构简单、压力降小、传质效率高、便于采用耐腐蚀材料制造 对于热敏性和容易发泡的物料，更显出其优越性。近年来，随着新型填料的开发、利用，填料塔的应用越来越广。

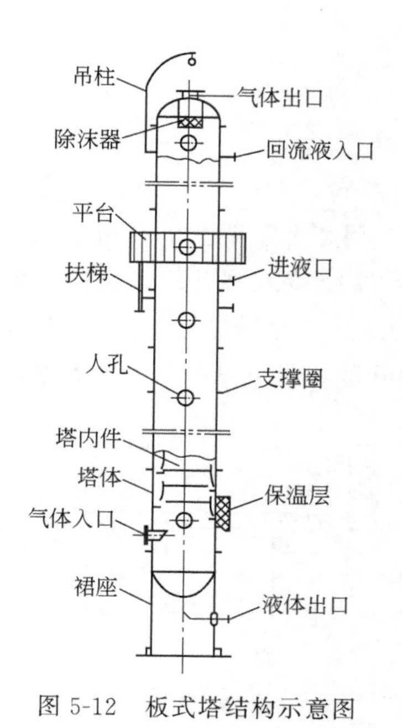

图 5-12 板式塔结构示意图

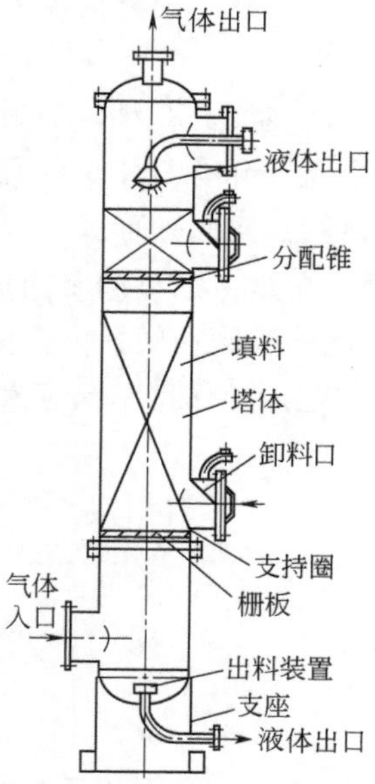

图 5-13 填料塔结构简图

5.2.2 板式塔及主要零部件

5.2.2.1 板式塔常用类型

板式塔的塔盘是主要传质元件。按气液接触元件的不同，分为泡罩塔、筛板塔、浮阀塔、舌形塔及浮动喷射塔等；按气液两相流动方式有错流板式塔和逆流板式塔，或称有降液管的塔板和无降液管的塔板；按液体流动形式有单溢流型、双溢流型。目前应用最广的是筛板塔及浮阀塔。

（1）泡罩塔

泡罩塔是工业上最早使用的塔设备之一，如图 5-14 所示。塔盘板上开许多圆孔，每个孔上焊接一个短管，称为升气管，管上再罩一个“帽子”，称为泡罩，泡罩周围开有许多条形空孔。工作时，液体由上层塔盘经降液管流入下层塔盘，然后横向流过塔盘板、流入再下一层塔盘；气体从下一层塔盘上升进入升气管，通过环行通道再经泡罩的条形孔流散到液体中。

泡罩有圆形和条形两大类，应用最广泛的是圆形泡罩，圆形泡罩的直径有 ϕ80mm、ϕ100mm、ϕ150mm，一般采用 ϕ80mm，泡罩小，可取得好的分离效果，在处理易结垢的物料时，用大尺寸。所用材料有两种，碳钢与不锈钢。

泡罩在塔盘上等边三角形排列，中心距为泡罩直径的 1.25～1.5 倍。两泡罩外缘的距离应保持 25～75mm，以保持良好的鼓泡效果。

泡罩塔盘具有如下特点：气、液两相接触充分，传质面积大，因此塔盘效率高；操作弹性大，在负荷变动较大时，仍能保持较高的效率；具有较高的生产能力，适用于大型生产；不易堵塞，介质适用范围广；结构复杂、造价高，安装维护麻烦；气相压降较大，能耗高。

目前几乎被浮阀塔和筛板塔所代替，只在某些情况，如生产能力变化大，操作稳定性要求高，要求有相当稳定的分离能力时才用。

（2）浮阀塔

浮阀塔是 20 世纪 50 年代前后开发和应用的，应用最广泛。

浮阀塔塔盘上开有阀孔，阀孔里装有可上下浮动的浮阀，如图 5-15 所示。浮阀可分为盘形和条形浮阀。浮阀的形式主要有 F-1 型、V-4 型、A 型和十字架型等，目前应用最广的是 F_1型浮阀，它是由钢板冲压而成的圆形阀片，把三条阀腿装入阀孔后，将阀腿的腿扭转 90°，则浮阀就被限制在阀孔内，随气速的变化而上下运动。浮阀的周边还有 3 个朝下倾斜的定距片，定距片的作用是保证最小气速时还有一定的开度，避免浮阀与塔板粘住。

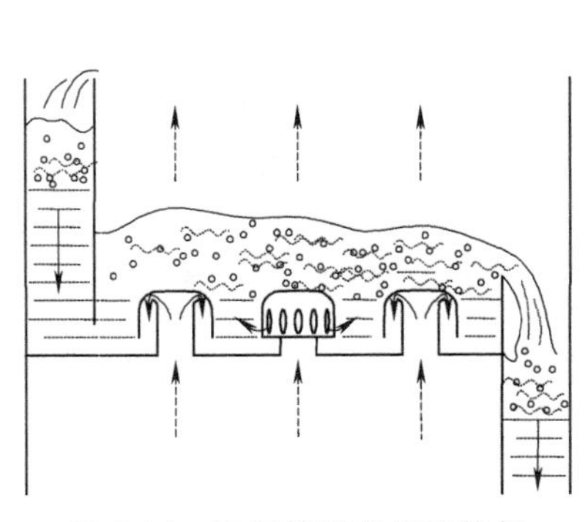

图 5-14 泡罩塔塔盘气液接触

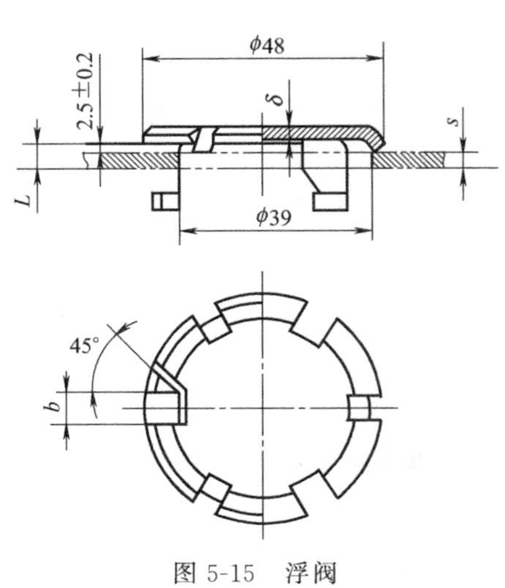

图 5-15 浮阀

我国 F_1型浮阀已标准化，有轻型代号 Q 和重型代号 E 两种。轻阀厚度 1.5mm，重为 25g，阀轻惯性小，振动频率高，关阀时滞后严重，在低气速下有严重漏液，宜用在处理量大并要求压降小的场合。重阀厚度 2mm，重为 33g，关闭迅速，需较高气速才能吹开，故可以减少漏液、增加效率，但压降稍大些，一般采用重阀。操作时气流自下而上吹起浮阀，从浮阀周边水平地吹入塔盘上的液层；液体由上层塔盘经降液管流入下层塔盘，再横流过塔盘与气相接触传质后，经溢流堰入降液管，流入下一层塔盘。最小开度 2.5mm，最大开度 8mm。

浮阀塔盘具有如下特点：处理量较大，比泡罩塔提高 20%～40%，这是因为气流水平喷出，减少了雾沫夹带，同时浮阀塔盘可以具有较大开孔率的缘故；操作弹性比泡罩塔要大；分离效率较高，比泡罩塔高 15%左右。因为塔盘上没有复杂的障碍物，所以液面落差小，塔盘上的气流比较均匀；压降较低，因为气体通道比泡罩塔简单得多，因此可用于减压蒸馏；塔盘的结构较简单，易于制造；浮阀塔不宜用于易结垢、结焦的介质系统，因垢和焦会妨碍浮阀起落的灵活性。

（3）筛板塔

筛板塔盘是在塔盘板上开许多小孔，操作时液体从上层塔盘的降液管流入，横向流过筛板后，越过溢流堰经降液管导入下层塔盘；气体则自下而上穿过筛孔，分散成气泡通过液层，在此过程中进行传质、传热。由于通过筛孔的气体有动能，故一般情况下液体不会从筛孔大量泄漏。

筛板塔盘的小孔直径小则气流分布较均匀，操作较稳定，但加工困难，容易堵塞，目前工业筛板塔常用孔径为 3～8mm。筛孔一般按正三角形排列，孔间距与孔径之比通常为 2.5～5。

筛板塔具有如下的特点：结构简单，制造方便，便于检修，成本低；塔盘压降小；处理量大，可比泡罩塔提高 20%～40%；塔盘效率比泡罩塔提高 15%，但比浮阀塔盘稍低；弹性较小，筛孔容易堵塞。

(4) 舌形塔和浮动舌形塔

舌形塔的塔盘上开有舌形孔，舌孔方向与液流方向一致，气体经舌孔流出，其沿水平方向的分速度促进了液体流动，液面落差小；而且气液两相是并流流动，故雾沫夹带少，结构如图 5-16 所示。舌片与塔盘板呈一定倾角，舌孔与塔盘板的倾角一般有 18°、20°和 25°三种，通常是 20°。舌孔三面切口，大小有 25mm 和 50mm 两种，见图 5-16。

舌形塔盘具有结构简单、安装检修方便，处理能力大，压力降小，雾沫夹带少等优点，但由于舌孔的倾角是固定的，在低负荷下操作时易产生漏液现象，故操作弹性较小。

浮舌塔盘是结合浮阀塔和舌形塔的优点而发展出起来的一种塔盘，将舌形塔的固定舌片改成浮动舌片而成，与浮阀塔类似，随气体负荷改变，浮舌可以上下浮动，调节气流通道面积，从而保证适宜的缝隙气速，强化气液传质，减少或消除漏液。当浮舌开启后，又与舌形塔盘相同，气液并流，利用气相的喷射作用将液相分散进行传质。浮动舌形塔的特点：生产能力大，压降小，雾沫夹带少，操作弹性大，塔板效率高，缺点是操作过程中浮舌易磨损，结构见图 5-17。

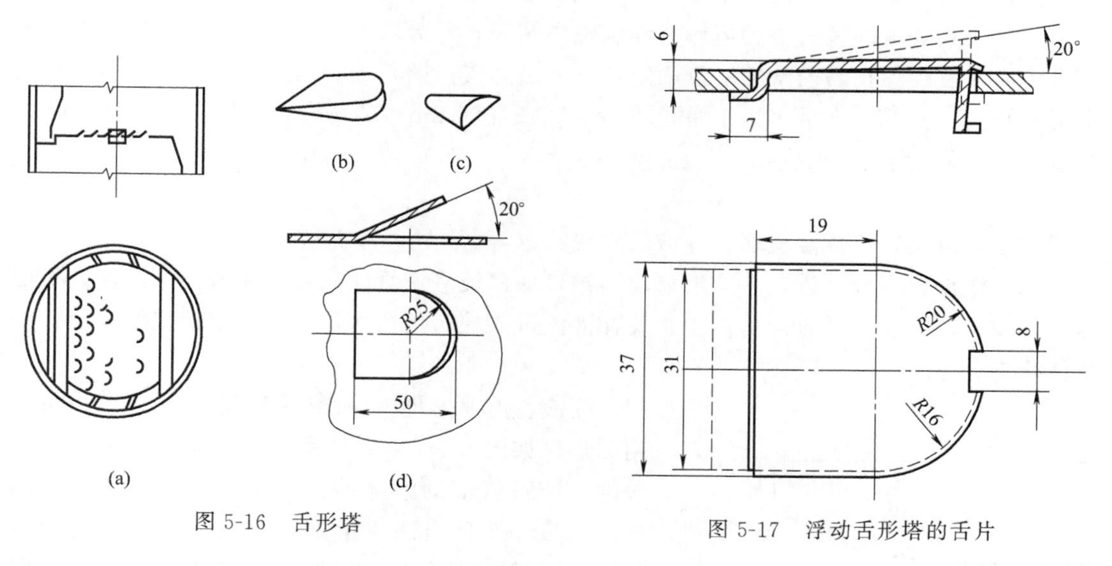

图 5-16　舌形塔

图 5-17　浮动舌形塔的舌片

(5) 垂直筛板塔

垂直筛板塔属于并流喷射塔板，其气液接触过程可描述为：气体从板孔进入罩内，将帽罩底隙进入的液体提升，气液两相在罩内剧烈撞击、破碎、湍动，然后气液从帽罩侧孔喷出，罩间对喷，液滴落回塔盘，气体上升进入上层塔盘。新型垂直筛板的气液接触是以气液两相在喷射状态下进行的，气相为连续相、液相为分散相，与传统的泡罩、筛板、浮阀塔板有着本质的不同，后者的气液接触是以鼓泡状态进行，气相为分散相、液相为连续相。

垂直筛板塔的特点：传质效率高，塔板效率高，操作弹性大，气相负荷大，雾沫夹带少，生产能力大，不易堵塔。

5.2.2.2 板式塔主要零部件

（1）塔盘

塔盘又称塔板，是塔中的气、液通道。为了满足正常操作要求，塔盘结构本身必须具有一定的刚度以维持水平，塔盘与塔壁之间要保持一定的密封性以避免气、液短路。塔盘应便于制造、安装、维修并且要求成本低。按塔盘的结构，塔盘可分为整块式和分块式。

① 整块式塔盘：用于直径为 800mm 以下的小塔中。此种塔的塔体由若干塔节组成，塔节与塔节之间用法兰连接。每个塔节中安装若干块层层叠置起来的塔盘，为便于安装，每个塔节内的塔板数一般不宜超过 6 块。塔盘与塔盘之间用管子支承，并保持需要的间距。一定数量的塔盘利用 3～4 根两端带螺纹的拉杆与定距管连在一起，最后用螺母将拉杆紧固在焊在塔壁的塔盘支座上。定距管支承着塔盘并使塔盘保持规定的间距。

在这类结构中，由于塔盘和塔壁有间隙，故对每一层塔盘须用填料来密封。为此，塔盘可采取两种结构之一，角钢结构，这种塔板制造方便，但要防止焊接变形；翻边结构，可以整体冲压或加做一个塔盘圈与塔盘板对接。塔盘圈的高度不得低于溢流堰高。

② 分块式塔盘：在直径较大的板式塔中，如果仍用整块式塔盘，则由于刚度的要求，塔盘板的厚度势必增加，而且在制造、安装与检修等方面很不方便。因此，当塔径在 800mm 以上时，由于人能进入塔内，故都采用分块式塔盘。塔盘板的分块，应结构简单，装拆方便，有足够刚性，并便于制造、安装、检修。

采用分块式塔盘的板式塔的塔体为焊制整体圆筒，不分塔节。塔盘板分成数块，通过人孔送进塔内，装到焊在塔内壁的塔盘固定件（一般为支持圈）上。塔盘的支承有支承圈和支承梁两种结构，支承圈支承多用于塔径较小（$D_i \leqslant 2000$mm）的场合；而塔径较大时（$D_i >$ 2000mm）必须采用支承梁支承。

（2）溢流装置

板式塔溢流装置包括溢流堰、降液管和受液盘等。

溢流堰根据位置分为进口堰及出口堰，进口堰保证降液管的液封，使液体均匀流入下层塔盘，并减少液流在水平方向的冲击，设在液流进入端；出口堰保持塔盘上液层的高度，并使流体均匀分布。

受液盘有平板形和凹形两种结构形式，一般采用凹形，如图 5-18 所示，因为凹形受液盘不仅可以缓冲降液管流下的液体冲击，减少因冲击而造成的液体飞溅，而且当回流量很小时也具有较好的液封作用，同时能使流液均匀地流入塔盘的鼓泡区。凹形受液盘的深度设计也不一致，一般在 50～150mm。此外在凹形受液盘上也要开有 2～3 个泪孔。在检修前停止操作后，可在 0.5h 内使凹形受液盘里的液体流净。

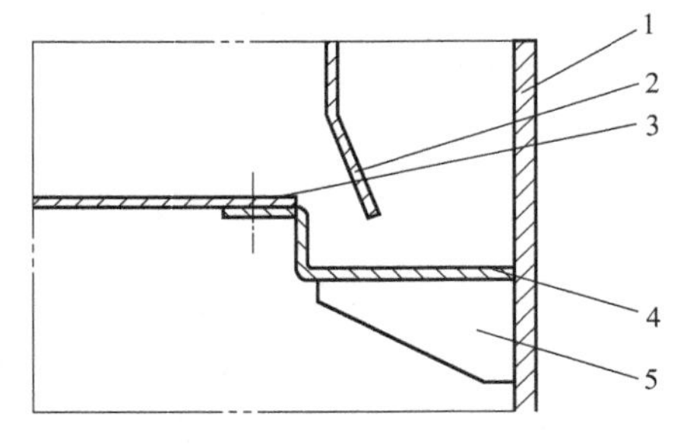

图 5-18 受液盘结构
1—塔壁；2—降液管；3—塔盘板；4—受液盘；5—筋板

降液管的作用是将进入其内的含有气泡的液体进行气液分离，使清液进入下一层塔盘。为了更好地分离气泡，一般取液体在降液管内的停留时间为 2～5s，由此决定降液管的形式和尺寸。常见的降液管有圆筒形和弓形两种。圆筒形降液管常用于负荷小的场合；弓形降液管能充分利用塔板空间，具有较大的降液面积，气液分离效果好，降液能力大，应用较广。

(3) 除沫器

在塔内气速较大时，会出现塔顶雾沫夹带，造成物料损失和效率降低，需在塔顶设置除沫装置。除沫器的作用是分离塔顶出口气体中夹带的液滴和雾沫，保证传质效率和改善后续设备的操作。常用的除沫器有丝网除沫器、离心分离除沫器等。

① 丝网除沫器：大型丝网除沫器是由若干层平铺的丝网被夹在上、下格栅之间形成的一个组合件；而直径小于 600mm 的小型丝网除沫器往往是由带状卷成盘形。丝网的材料可根据介质的物性及操作条件选择。

丝网除沫器具有比表面积大、重量轻、除沫效率高、压降小、使用方便的特点。应用广泛，已标准化。丝网除沫器适用于洁净的气体，不适用气液混合物中含有颗粒或黏性物料的场合。

丝网除沫器的网块结构有盘形和条形两种。盘形结构采用波纹形丝网缠绕至所需的直径。网块的厚度等于丝网的宽度；条形网块结构是采用波纹形丝网一层层平铺至所需的厚度，然后上下各放置一块隔栅板。再使用定距杆使其连成一整体。标准为 HG/T 21618《丝网除沫器》。

② 离心分离除沫器：利用离心力的作用，实现气、液的分离。除沫效果不如丝网除沫器好，通常用于分离含有较大液滴或颗粒的气液分离。

此外，还有由固定的叶片组成的折流板除沫器、孔材料除沫器、玻璃纤维除沫器等。

(4) 塔体支座

裙座是最常见的塔设备支撑结构，按所支撑设备的高度与直径比，裙座有圆筒形和圆锥形。圆筒形裙座制造方便和节省材料，被广泛采用。但对于承受较大风载荷和地震载荷的塔，需要配置较多的地角螺栓和承受面积较大的基础环，则采用圆锥形裙座支撑结构。

① 裙座的结构：裙式支座简称裙座，由裙座体（也称座圈）、基础环和地脚螺栓座组成，如图 5-19（a）所示。裙座体上开有人孔、引出管孔、排气孔和排污孔，裙座体焊在基础环上，并通过基础环将载荷传给基础；在基础环上面焊制地脚螺栓座如图 5-19（b）所示，地脚螺栓座有两块筋板、一块压板和一块垫板组成。地脚螺栓通过地脚螺栓座将裙座固定在基础上。基础上的地脚螺栓是预先填埋固定好的，为了便于安装，裙座基础环上的地脚螺栓孔是敞口的，如图 5-19（b）所示的 $B—B$，地脚螺栓座上的压板和垫板要在塔体吊装定位后再焊上去，最后旋紧垫板上的螺母将塔固定。裙座体除圆筒形外，还可做成半锥角不超过 15°的圆锥形。当地脚螺栓数量较多，或者基础环下的混凝土基础表面承受压力过大时，往往需采用圆锥形裙座。

塔底部的接管一般都需伸出裙座，裙座上的引出孔结构如图 5-20 所示，引出孔的加强管上一般应焊有支撑筋板，考虑到管子的热膨胀，支撑板与引出孔加强管之间应留有间隙。为方便检修，裙座上必须开设检查孔。检查孔有圆形和长圆形两种。圆形孔直径为 250～500mm，长圆孔 400mm×500mm。裙座体上部的排气孔和下部排污孔是用来排除有毒气体的聚积和及时排除裙座体内的污液，其位置和数目尺寸可参见 NB/T 47041《塔式容器》。

根据安全规范规定，应在裙座上装设静电接地板，目的是防止介质在流动过程产生静

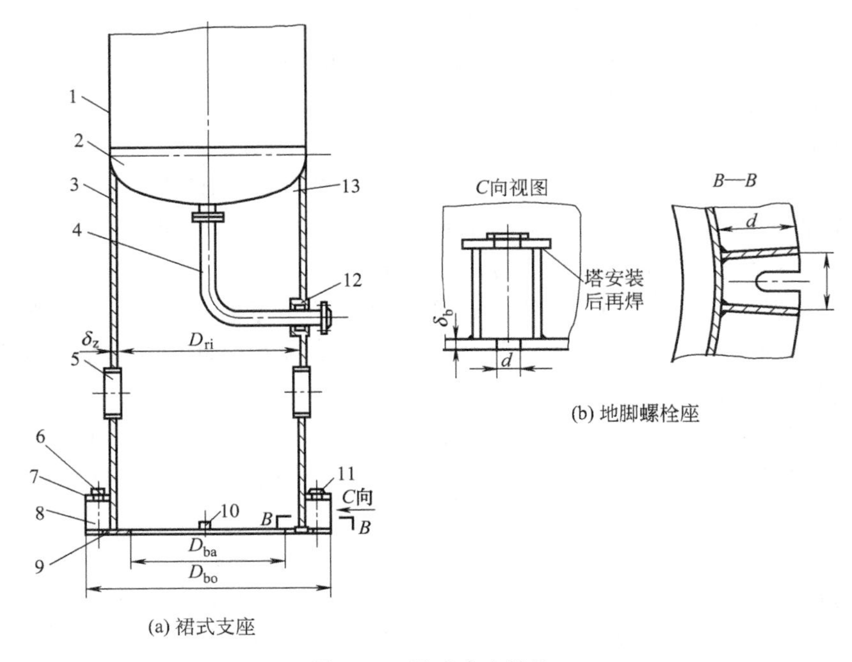

图 5-19 裙式支座结构

1—塔体；2—封头；3—裙座体；4—引出管；5—检查孔；6—垫板；7—压板；8—筋板；9—基础环；10—排污孔；11—地脚螺栓；12—引出孔；13—排气孔

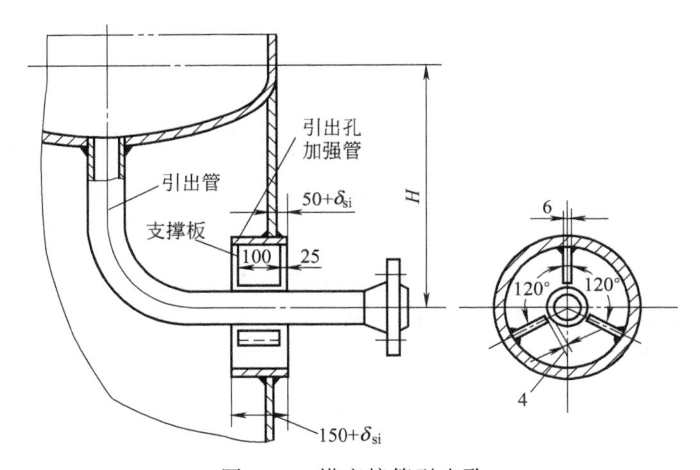

图 5-20 塔底接管引出孔

电，以避免火灾或爆炸。

② 裙座与塔体的连接。裙座体与塔体的焊接可以采用搭接焊接或对接焊接接头。如图 5-21 (a)、(b) 所示是对接焊接接头形式，裙座体外径与塔的下封头外径相等，焊缝为全焊透的连续焊，焊缝受压，封头局部受力，可承受较大的轴向载荷，用于大塔。如图 5-21 (c)、(d) 所示是搭接焊接接头形式，裙座体内径稍大于塔体外径，角焊缝连接，搭接接头的位置既可以在塔的下封头直边处，也可以在筒体上。这种连接结构，在不考虑风载或地震载荷时，塔体自重使焊缝受到剪切载荷，焊缝受力不好，因此一般多用于直径小于 1000mm 的塔设备。当采用图 5-21 (d) 连接结构时，塔体与封头的对接环向焊缝的焊缝余高必须磨

平，并应进行 100%检测检查。

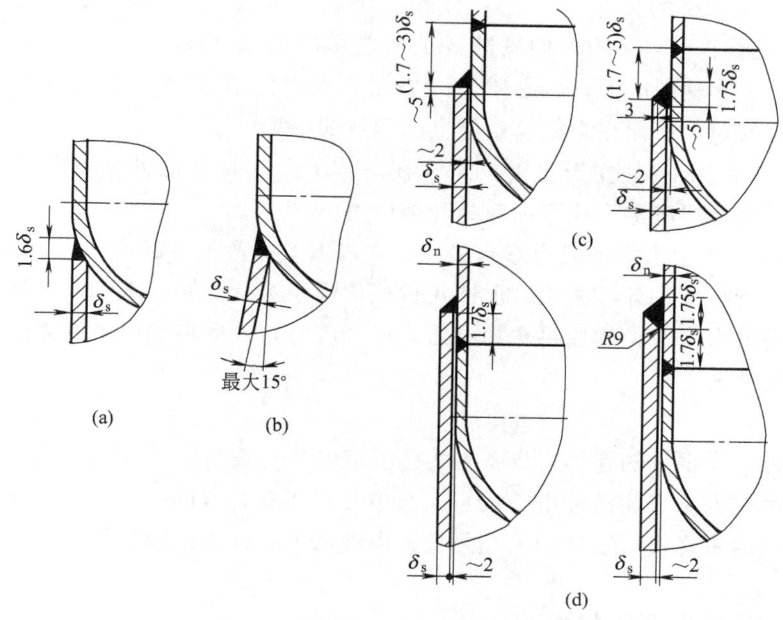

图 5-21　裙座与塔体的焊接结构

当大直径塔体底封头有拼接焊缝时，要避免出现十字焊缝，通常将裙座在封头拼接焊缝处开槽，如图 5-22 所示。裙座体的壁厚 δ_s 不得小于 6mm。

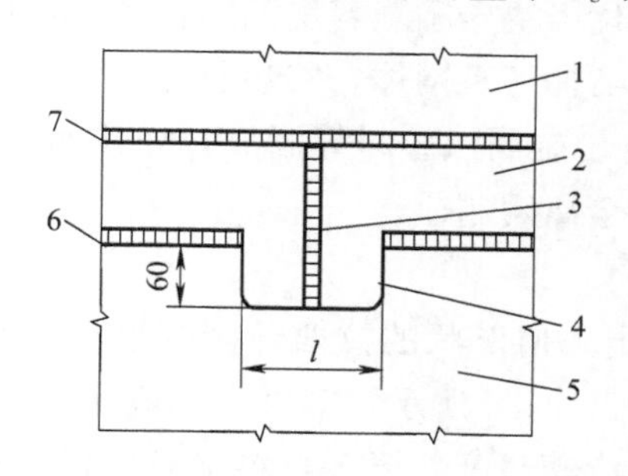

mm

封头厚度	槽宽 L
6~8	70
10 ~18	100
20 ~26	120
28 ~32	140

图 5-22　裙座开槽防止出现十字焊缝

1—塔体；2—塔底封头；3—封头的拼接焊缝；4—裙座座体开槽；5—裙座体；6—底封头与裙座的环向焊缝；7—塔体与封头连接环缝

③ 裙座的材质：裙座不与介质直接接触，不受介质特性的限制，因此可选用普通碳素结构钢。但在选取裙座的材质时，仍需考虑与之相连接的塔体材料、塔的操作条件、载荷大小以及环境温度等因素。常用的裙座圈及地脚螺栓材质为 Q235A 和 Q235AF，这两种材质不适用于温度过低的条件，当设计温度小于－20℃时应选 Q345。当塔的封头材质为低合金或高合金钢时，裙座应增设与塔封头相同材质的短节，短节的长度一般取保温层厚度的 4 倍。

④ 塔设备承受的载荷分析：塔体及裙座可能受以下几种载荷的作用，计算可查阅 NB/T 47041《塔式容器》等相关标准的使用。

a. 操作压力：在塔体的圆筒及封头壁上引起膜应力，对裙座没有影响。

b. 塔的质量：包括塔体和裙座本身的质量（m_{01}）；内件的质量（m_{02}）；保温材料的质量（m_{03}）；平台及扶梯的质量（m_{04}）；操作时物料的质量（m_{05}）；水压试验时充水质量（m_{w}）；人孔、接管、法兰等附件的质量（m_{a}）及偏心质量（m_{e}）。与塔体轴线同心的质量在塔壁及裙座上引起轴向应力，偏心质量（如偏心安装的塔顶冷凝器或在塔侧悬挂的再沸器）则引起偏心弯矩，从而在塔壁及裙座上引起弯曲应力。

c. 风载荷：塔设备一般露天安装，风吹在塔体上，此时可把塔设备视作支撑于地基上的悬臂梁，在塔壁及裙座上形成弯曲应力和剪应力。

d. 地震载荷：其中水平地震力影响最大，在塔壁及裙座上引起弯曲应力和剪应力。

对塔设备进行机械设计，必须对上述几种载荷逐一进行计算，求出需要计算的横截面上各种载荷引起的最大应力，然后再叠加出最大组合应力，最后根据有关判据进行应力校核或据以确定塔体及裙座等的几何尺寸。

（5）吊柱

安装在室外，无框架的整体塔设备，为了安装及拆卸内件，更换或补充填料，往往在塔顶设置吊柱。吊柱方位应使吊柱中心线与人孔中心线间有合适的夹角，使人能站在平台上操纵手柄，使吊柱的垂直线可以转到人孔附近，以便从人孔装入或取出塔内件。

5.2.3 填料塔及主要零部件

5.2.3.1 填料

填料是填料塔气液接触的元件，填料性能的优劣决定了填料塔的操作性能和传质效率。

填料的种类很多，通常按制作填料的材料是实体还是网体，将填料分为实体填料和网体填料两大类，如图 5-23 所示。主体填料可由陶瓷、金属或塑料等制成，如拉西环、鲍尔环、阶梯环、弧鞍形和矩鞍形填料等，网体填料则由金属网制成。

（1）拉西环填料

1914 年拉西（F. Rasching）发明了具有固定几何形状的拉西环瓷制填料。常用的拉西环为外径与高度相等的空心圆柱体，结构如图 5-23（a）所示，其大小一般在 6～50mm。拉西环的材质常用陶瓷，在特殊情况下还可用金属、塑料及石墨等材料制成。其壁厚在满足机械强度要求时，可尽量薄。

（2）θ形环和十字环填料

θ环及十字环填料是在拉西环内分别增加“十”字和“一”字如图 5-23（c）、（d）所示。与拉西环比较，虽然它们表面积增加分离效率有所提高，但总体而言，其传质效率并没有显著改善。

（3）鲍尔环填料

鲍尔环填料是在拉西环的基础上经改进而得到一种性能优良的填料，并有逐渐用其代替其他填料的趋势。其形状是在拉西环的侧壁上开有两层长方形窗孔，每层几个，每个孔的舌叶弯向环心，上下两层窗孔的位置是错开的，如图 5-23（b）所示。开孔的面积占环壁总面积的 35%左右。由于环壁窗孔可供气、液流通，使环的内壁面得以充分利用，因此同样尺寸与材质的鲍尔环与拉西环相比，其相对效率要高出 30%左右；由于气、液流通截面积增加，通过填料层的气流阻力大为降低，流体的分布状况也有所改善，因此在相同条件下，鲍尔环比拉西环处理能力大、压力降小。

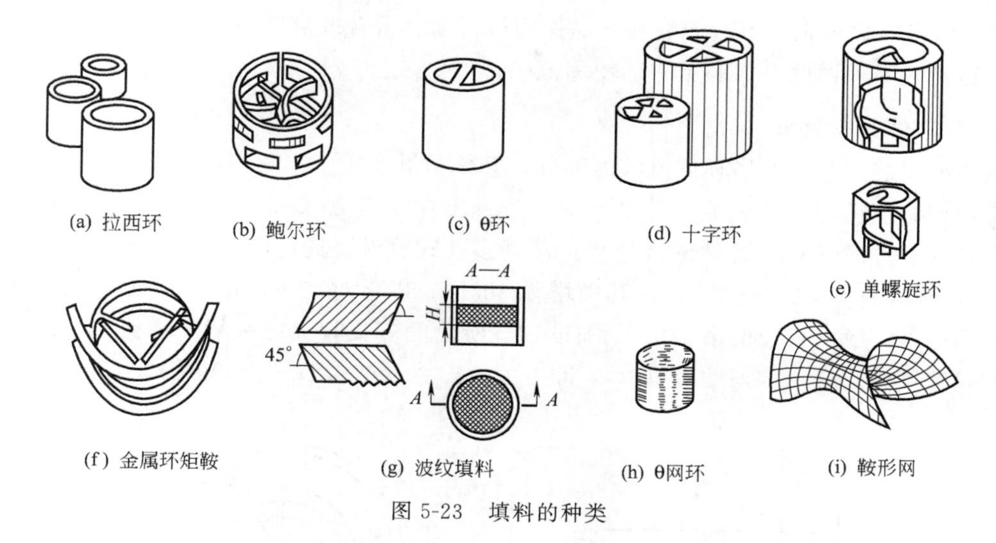

(a) 拉西环 (b) 鲍尔环 (c) θ环 (d) 十字环 (e) 单螺旋环 (f) 金属环矩鞍 (g) 波纹填料 (h) θ网环 (i) 鞍形网

图 5-23 填料的种类

(4) 阶梯环填料

阶梯环是 20 世纪 70 年代初期，由英国传质公司开发所研制的一种新型短开孔环形填料，是对鲍尔环加以改进的产物。其结构类似于鲍尔环，是在环壁上开窗孔，被切开的环壁形成叶片向环内弯曲，填料的一端扩为喇叭形翻边，但其高度通常为直径的 1/2，且喇叭口的高度约为环高的 1/5。这样不仅增加了填料环的强度，而且使填料在堆积时相互的接触由线接触为主变成为以点接触为主，从而不仅增加了填料颗粒的空隙，减少了气体通过填料层的阻力，而且改善了液体的分布，有利于液膜的不断更新，提高了传质效率。因此，阶梯环填料的性能较鲍尔环填料又有了进一步的提高。目前，阶梯环填料可由金属、陶瓷和塑料等材料制造而成。

(5) 鞍形填料

鞍形环分两大类：即弧鞍形填料和矩鞍形填料。弧鞍形填料通常由陶瓷制成。这种填料虽然与拉西环比较有改进，但与相邻填料容易产生叠合和架空的现象，使一部分填料表面不能湿润，不能成为有效的传质表面，目前基本被矩鞍形填料所取代。

矩鞍形填料是在弧鞍形填料的基础上发展起来的，可用瓷质材料，两端由圆弧改为矩形，克服了弧鞍填料容易相互叠合的缺点，该填料在床层中相互重叠的部分较少，空隙率较大，填料表面利用率高，传质效率提高。

(6) 金属环矩鞍填料

1978 年美国 Norton 公司首先开发出金属环矩鞍填料。这种填料将开孔环形填料和矩鞍填料的特点相结合，吸取了环形和鞍形填料的优点，是一种开敞的结构，所以流体的通量大、压降低、滞留量小，也有利于液在填料表面的分布及液体表面的更新，从而提高传质效率。

(7) 波纹填料

波纹填料是属于整砌类型的规则填料，它是将许多波纹形薄板垂直反向叠成盘状。各层薄板的波纹成 45°，而盘与盘之间填料成 90°这样有利于液体重新分布和气液接触。气体沿波纹槽内上升，其压力降较乱堆填料低。另外由于结构紧凑，比表面积大，传质效率较高。

波纹板材料可根据物料的温度及腐蚀情况，采用铝、碳钢、不锈钢、陶瓷、塑料等材料制造。波纹填料的缺点是：不适于容易结晶、固体析出、聚合或液体黏度较大物料，清洗填料困难；造价较高。因此，限制了它的使用范围。

5.2.3.2 液体分布装置

液体分布装置是分布塔顶回流液的部件，又称喷淋装置。工业上应用的分布装置类型很多，常用的有喷洒型、溢流型、冲击型等。喷洒型中又有管式和喷头式两种。一般在塔径 1200mm 以下时都可采用如图 5-24 所示的环管多孔式喷淋装置，但直径 600mm 以下时多采用图 5-25 所示的喷头式喷淋装置，其中塔径 300mm 以下时往往用图 5-26 所示的直管式或弯管式喷洒器。较大直径的塔则可采用图 5-27 所示的多支管喷淋装置。溢流型喷淋装置用在大型填料塔中，结构如图 5-28 所示，冲击型喷淋装置结构如图 5-29 所示。

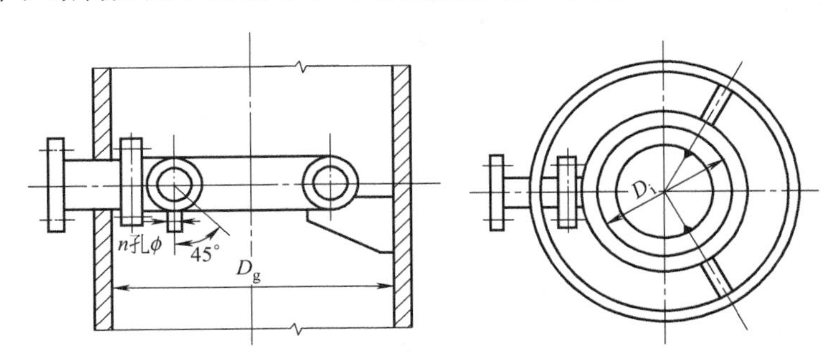

图 5-24 环管多孔式喷淋装置

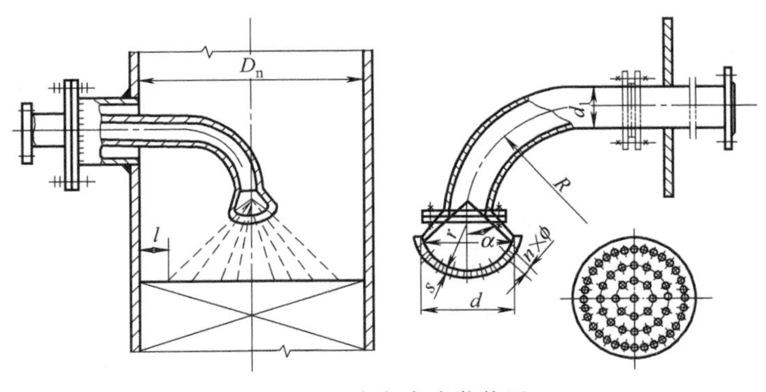

图 5-25 喷头式喷淋装置

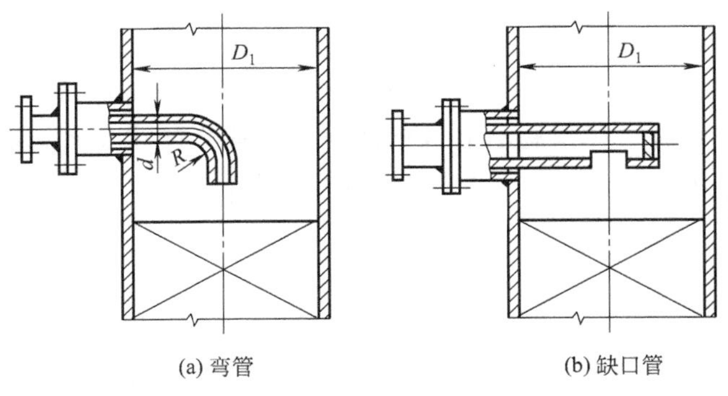

(a) 弯管 (b) 缺口管

图 5-26 管式喷淋装置

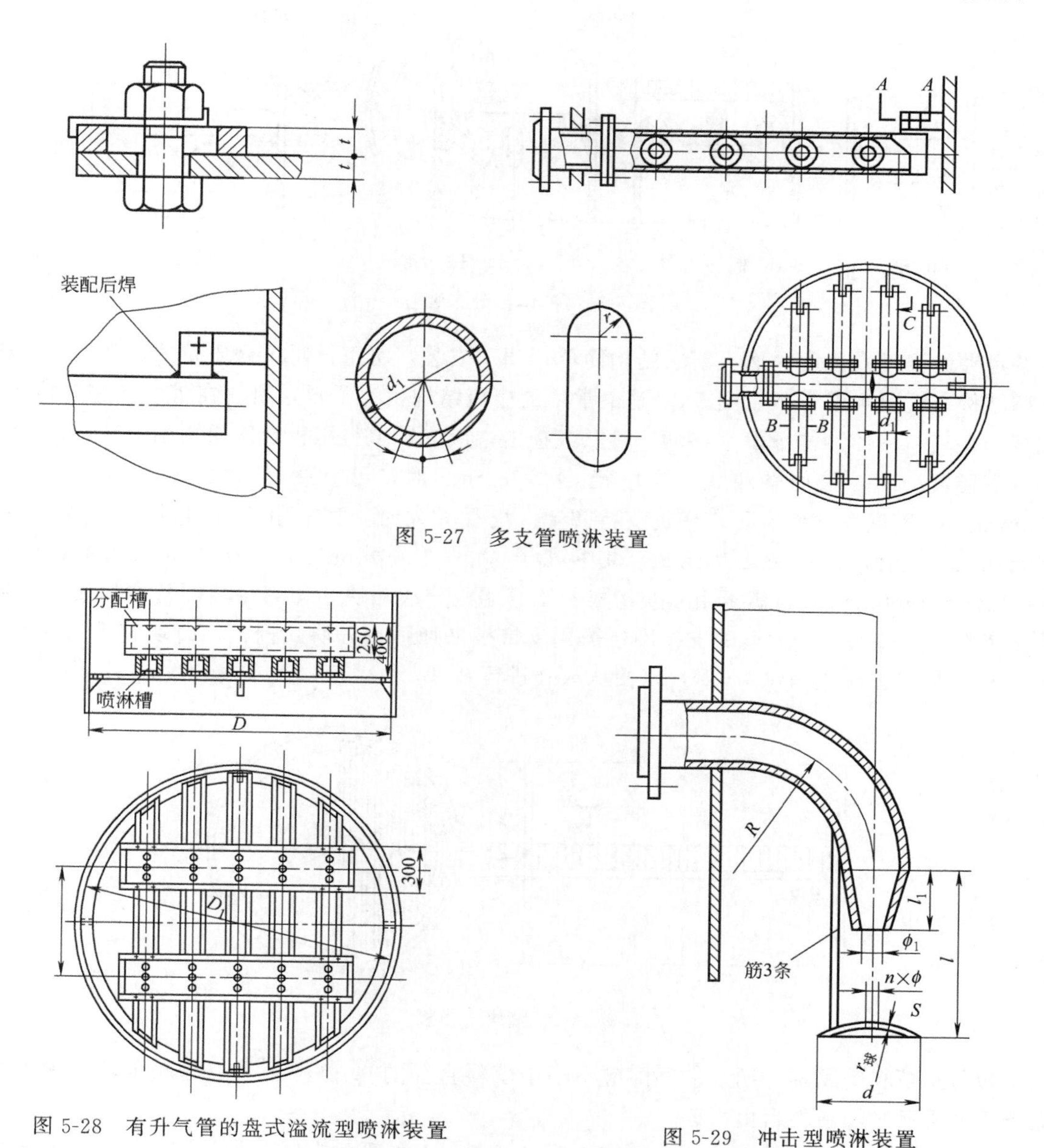

图 5-27 多支管喷淋装置

图 5-28 有升气管的盘式溢流型喷淋装置

图 5-29 冲击型喷淋装置

5.2.3.3 液体再分布装置

液体沿填料向下流动时，由于向上的气流速度不均匀，中心气流速度大，靠近塔壁处流速小，使液体逐渐流向塔壁，形成“壁流”现象，使液体沿塔截面分布不均匀，减少了气、液的有效接触，降低了传质效率。随着填料层的增高，“壁流”现象加剧，严重时会使塔中心的填料不能被润湿而形成“干锥”。因此，为提高塔的传质效率，应将填料层分段，段间安装液体再分布器，使液体流经一段距离后在重新均匀分布。最常见的液体再分布装置是锥形分布器（分配锥），如图 5-30 所示。

5.2.3.4 填料支撑装置

填料的支撑结构安装在填料层的底部，其作用是支撑填料及填料层中所载液体，同时还要保证气流能均匀地进入填料层，并使气流的流通面积无明显减少。因此不仅要求支撑结构

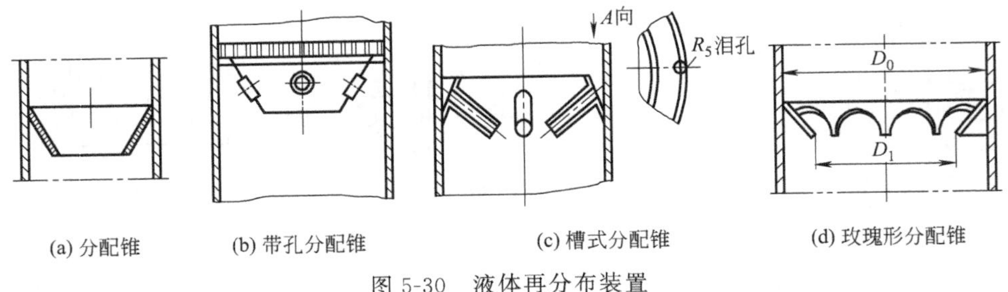

图 5-30 液体再分布装置

具备足够的强度及刚度，而且要求结构简单，便于安装，所用材料耐介质腐蚀。常用的填料支撑结构有栅板和波形板。图 5-31 是最常用的栅板结构，为了限定填料在塔中的相对位置，不至于在气、液体冲击下发生移动、跳跃或撞击，应安装填料压板或床层限制板。

塔径较小时，采用整块式，当塔径 $D \leqslant 350$mm 时，可直接焊在塔壁上；$D=400\sim500$mm 时，需搁置在焊接于塔壁的支持圈上。塔径较大时，宜采用分块栅板，当塔径 $D=600\sim800$mm 时，栅板由 2 块组成；塔径 $D=900\sim1200$mm 时，栅板由 3 块组成；塔径 $D=1400\sim1600$mm 时，栅板由 4 块组成。不管栅板分成几块，均需将其搁置在焊接于塔壁的支持圈或支持块上，大塔的支持圈还需用支持板来加强。分块式栅板，每块宽度为 300～400mm，每块重量不超过 700N，以便从人孔进行装卸。

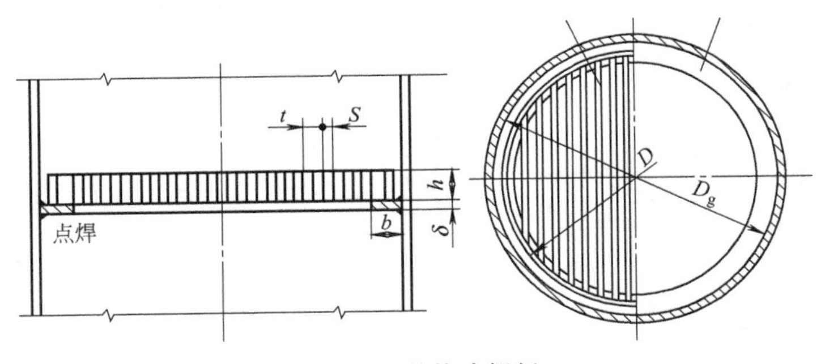

图 5-31 整块式栅板

为防止填料的跌落，栅条的间隙应不小于填料直径的 0.6～0.8 倍，栅板的流通截面要等于或大于所装填料的自由截面。

对较长的栅板应做强度校核，计算方法是将栅条看作受均布载荷的简支梁，各栅条上的负荷等于该栅条所分担的填料重量和最大持液重量。

为防止液泛时填料层的跳动，在填料层顶端设置填料保持栅板，其结构除略轻巧外和支撑栅板相同。

5.2.3.5 工艺接管

① 液体进出口管：液体进口管多是直接通往液体分布器，其结构按液体分布器的要求而定；液体出口管应保证能不停排出所有的液体，不易堵塞，且能将塔设备的内部与大气隔离。

② 气体进出口管：气体进口管的结构，要能防止液体淹没气体通道，防止固体颗粒的沉淀。一般情况下，气体进口管伸至塔的中心线位置，管端切成 45°的向下切口。

气体的出口结构，为防止液滴滞出和积聚，可采用同气体进口管相似的开口向下的引出管，或在出口接管前加装除沫挡板或开口向上的分离袋囊。

③ 填料装卸口：可按塔径大小在人孔标准尺寸中选择，为便于卸料，多采用倾斜安装方式。

④ 其他接管：如压力计口、温度计口、液位计口、排污口等，与一般压力容器同。

⑤ 其他附件：如支撑保温材料的保温支承圈、平台、扶梯、吊柱等，可参阅相关资料。

5.2.4 塔设备故障及维护

塔设备在日常运行过程中，受到内部介质压力、操作温度的作用，还受到物料的化学腐蚀和电化学腐蚀作用，是否出现故障，能否及时排除，与操作中的维护有很大关系。为了保证塔安全稳定运行，必须做好日常的维护检查，并记录检查结果，以作为定期停车检查、检修的资料。塔设备点检项目见表 5-18，常见故障及处理方法见表 5-19。

表 5-18 塔设备点检事项

检查内容	检查方法	问题的判断或说明
操作条件	查看压力表、温度计和流量表 检查设备操作记录	压力突然降低，说明泄漏；压力上升，说明塔板（或填料）阻力增加，或设备、管道阻塞 如果塔底温度低，应及时排水，并彻底排净
物料变化	目测观察 物料组成分析	内漏或操作条件被破坏 混入杂物、杂质或工艺原因产生的积料
防腐层、保温层	目测观察	对室外保温的设备，着重检查温度在 100℃以下的雨水进入处、保温材料变质处和长期受外来微量的腐蚀性流体侵蚀处
附属设备	目测观察	进出管阀门的连接螺栓是否松动、变形、腐蚀 管架、支架是否变形、松动 人口是否腐蚀、变形、启用是否良好
基础	目测观察 水平仪	基础如出现下沉或裂纹，会使塔体倾斜、塔板不水平，应及时解决
塔体	目测观察 渗透检测 磁粉检测 敲打检查 超声波斜角检测 发泡剂（皂液或其他）检查 气体检测器	塔本体的焊缝及接管、支架处容易出现裂纹或泄漏。注意：寒冷地区的塔器，其管线最低点排冷凝液结构不得造成积液和冻结破坏

表 5-19 塔故障原因与处理

故障现象	故 障 原 因	处 理 方 法
工作表面结垢	①被处理物料中含有机械杂质（如泥、砂等） ②被处理物料中有结晶析出和沉淀 ③硬水所产生的水垢 ④设备结构材料被腐蚀而产生的腐蚀产物	①加强管理，考虑增加过滤设备 ②清除结晶、水垢和腐蚀产物 ③采取防腐蚀措施 ④清理
连接处不能正常密封	①法兰连接螺栓没有拧紧 ②螺栓拧得过紧而产生塑性变形 ③由于设备在工作中发生振动，而引起螺栓松动 ④密封垫圈产生疲劳破坏（失去弹性） ⑤垫圈受介质腐蚀而破坏 ⑥法兰面上的衬里不平 ⑦焊接法兰翘起	①拧紧松动螺栓 ②更换变形螺栓 ③消除振动，拧紧松动螺栓 ④更换受损的垫圈 ⑤选择耐腐蚀垫圈换上 ⑥加工不平的法兰 ⑦更换新法兰

续表

故障现象	故障原因	处理方法
塔体厚度减薄	设备在操作中,受到介质的腐蚀、冲蚀和摩擦	减压使用;或修理腐蚀严重部分;或设备报废
塔体局部变形	①塔局部腐蚀或过热使材料强度降低,而引起设备变形 ②开孔无补强或焊缝处的应力集中,使材料的内应力超过屈服点而发生塑性变形 ③受外压设备,当工作压力超过临界工作压力时,设备失稳而变形	①防止局部腐蚀产生 ②矫正变形或切割下严重变形处,焊上补板 ③稳定正常操作
塔体出现裂缝	①局部变形加剧 ②焊接的内应力 ③封头过渡圆弧弯曲半径太小或未经退火边弯曲 ④水力冲击作用 ⑤结构材料缺陷 ⑥振动与温差的影响 ⑦应力腐蚀	①若裂纹或腐蚀深度小于塔壁厚10%,且不大于1mm时,可用手砂轮打磨并圆滑过渡,应进行表面检测 ②若裂纹深度大于塔壁厚10%或穿透,可用手砂轮彻底清除后,进行补焊 ③若应力腐蚀、晶间腐蚀一般不宜继续使用
塔板操作区不稳定	①气相负荷减少或增大,液相负荷减少 ②塔板不水平	①控制气相、液相流量、调整降液管、出入口高度 ②调整塔板水平度
塔板上鼓泡元件脱落	①安装不正 ②操作条件破坏 ③材料不耐腐蚀	①重新调整 ②改善操作,加强管理 ③选择耐蚀材料、更换鼓泡元件

5.2.5 塔设备整体吊装工艺

在工程建设中，我国传统的起重设备为起重桅杆，利用起重桅杆进行设备吊装，技术成熟，操作简单，但需要大量机索具，工艺复杂，劳动强度大，施工周期长。随着大型吊装工程的形成，吊装工艺已由过去以时间控制空间的单件组合吊装方式趋向以空间控制时间的设备、结构整体吊装，起重机械向大型化方向发展，特别是大吨位履带起重机在大型吊装工程中的优势日益突出。

采用重型吊车吊装设备的方法，按所使用吊车的数量有单机、双机、多机吊装；按设备立起的形式有滑移法、旋转法等。常用的有单机旋转法、双机抬吊旋转法、单机滑移法、双机抬吊滑移法、单主机递送法、双主机抬吊递送法等。这些方法工艺原理透彻清晰、力学计算简单准确、工艺设计简捷方便，吊装过程操作简便，吊装平面布置机动灵活，对现场适应性较好。

5.2.5.1 单机旋转法吊装

起重机边起钩边回转使设备绕底座旋转而吊起设备的方法，称为旋转法，见图5-32。其工艺如下：

① 塔平置于地面的枕木支撑上，塔底在基础近旁处，使吊点、底座中心和设备基础中心同处于以吊车停机点为圆心，以停机点到设备吊点的水平距离为半径的圆弧上。

② 用边提吊钩边转杆的方法将塔体立直。

③ 继续转杆将塔落在基础之上。

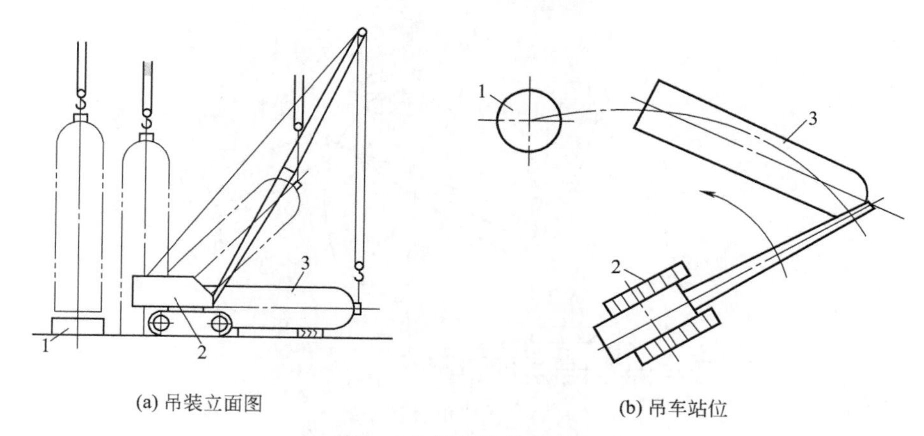

(a) 吊装立面图　　(b) 吊车站位

图 5-32　单机旋转法吊装

1—设备基础；2—吊车；3—塔设备

5.2.5.2　双机抬吊旋转法

双机抬吊旋转法见图 5-33，其工艺如下：

① 主副起重机同时起钩，使设备离开地面。当副起重机吊点离地高度大于绑扎点到设备底部的距离时，停止吊升。主机继续提升至设备呈直立状态。

② 主、副起重机同时向基础方向旋转，至设备竖立在基础上方。

③ 两机同时松钩，使设备就位于基础上。

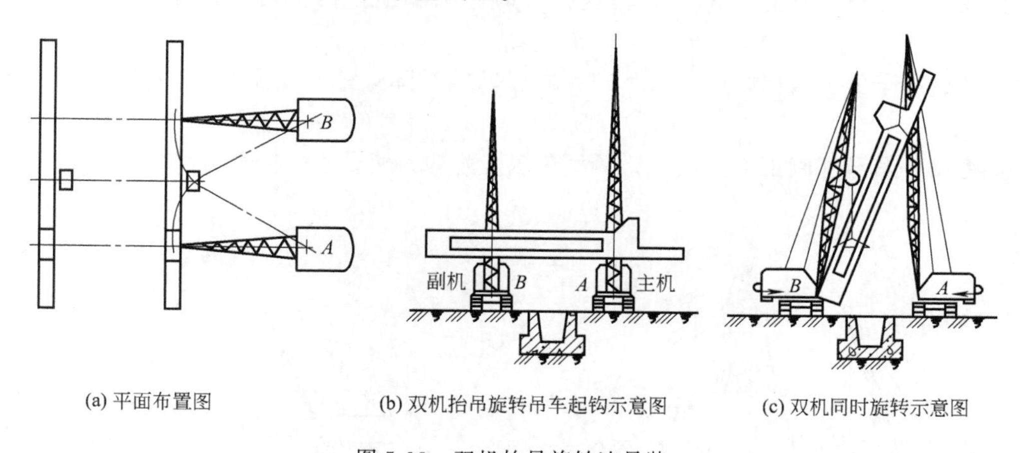

(a) 平面布置图　　(b) 双机抬吊旋转吊车起钩示意图　　(c) 双机同时旋转示意图

图 5-33　双机抬吊旋转法吊装

5.2.5.3　单机滑移法

单机滑移法吊装设备时，吊装机具挂钩设在塔上部的吊耳上，塔尾摆在拖排上面，随塔体的吊升拖排始终支撑着塔体向前方滑移前行，直至脱排后才由吊装机具承担全部质量。起重机只起升吊钩。单机滑移法吊装见图 5-34。工艺如下：

① 起吊绑扎点布置在基础附近，并与基础中心同在起重机的工作半径上。

② 设备吊离地面后转动起重机臂架即可就位。

③ 设备底座下设施排滚杆并铺设滑行道。

吊装技术特性分析：塔体最大受力在起吊初始，即塔头刚抬起离开支垫物时；吊装机具

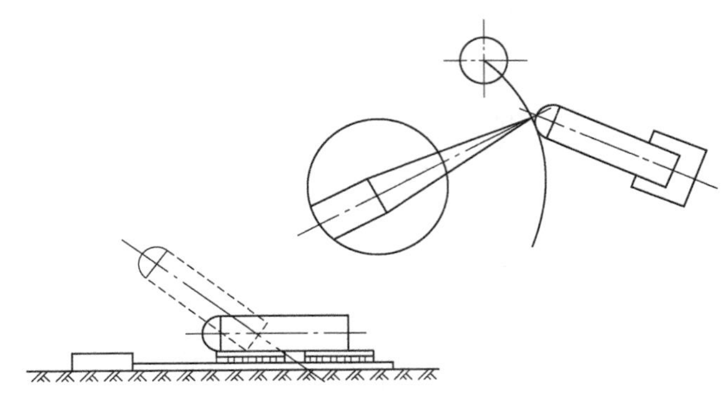

图 5-34 单机滑移法吊装

最大负荷是在脱排后，塔体呈直立吊升时；脱排前，塔尾不离开拖排，吊装稳定；滑移法不适用于既高又刚性不够的高塔吊装。

5.2.5.4 双机抬吊滑移法

选用两台相同或相近的吊车完成吊装作业，见图 5-35。工艺如下：

① 设备斜向布置，绑扎点尽量靠近基础。

② 两机停在基础中心线和设备吊点连线的两侧，两机吊装时的运行方向与此连线平行。

③ 设备尾部设置拖排，两吊车垂直提升时，尾部拖排向前滑行，至脱排后设备离开地面。

④ 两台吊车负重以相同速度向基础方向移动或升降臂杆，应注意移动和变幅不可同时进行。

⑤ 将设备吊至基础正上方以后，两吊车缓慢落钩，使设备就位于基础之上。

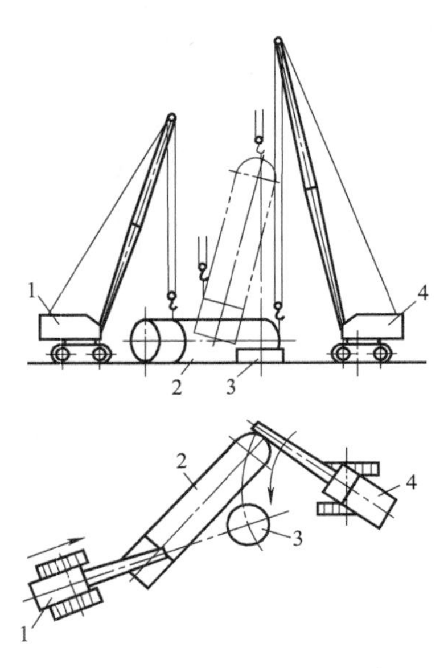

图 5-35 单主机递送法吊装

1—辅助吊车；2—塔设备；3—设备基础；4—主吊吊车

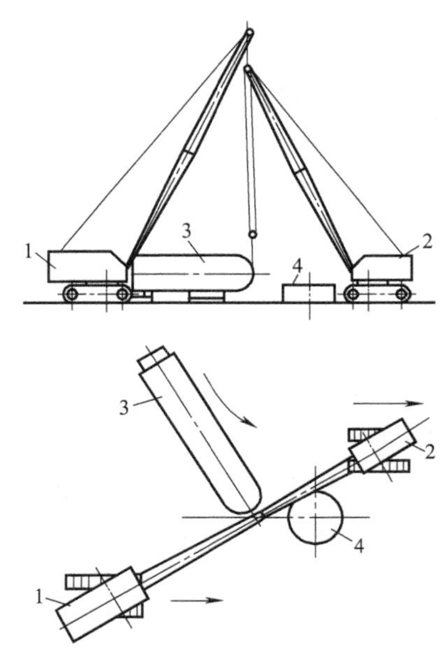

图 5-36 双机抬吊滑移法吊装

1—吊车 1；2—吊车 2；3—塔设备；4—拖排

5.2.5.5 单主机递送法

单主机递送法，也称双机抬吊滑移递送法，见图 5-36。吊装工艺如下：

① 用主辅两台吊车配合吊装。

② 塔体斜置于基础旁，主机转杆时，其杆顶可达到基础中心正上方。

③ 辅机在基础的对面，其臂杆和吊车的前进方向均对正基础。

④ 主机边吊装边转杆，辅机边吊装边负重前行（辅机应用履带吊车），将塔移送到基础上方并就位。

5.2.5.6 双主机抬吊递送法（三机抬吊法）

双主机抬吊递送法，又称三机抬吊法，三台起重机中两台性能应相同或相近，起重机站位因设备高度不同而有所区别。

设备较低时，见图 5-37，其吊装工艺如下：

① 两主机对称站在基础正后方，臂杆斜置，吊钩在基础中心正上方。

② 吊装时，两主机同时起钩，吊于设备尾部的辅机配合将设备向前送进。

③ 最后由两主机将设备直立吊起并放于基础之上。

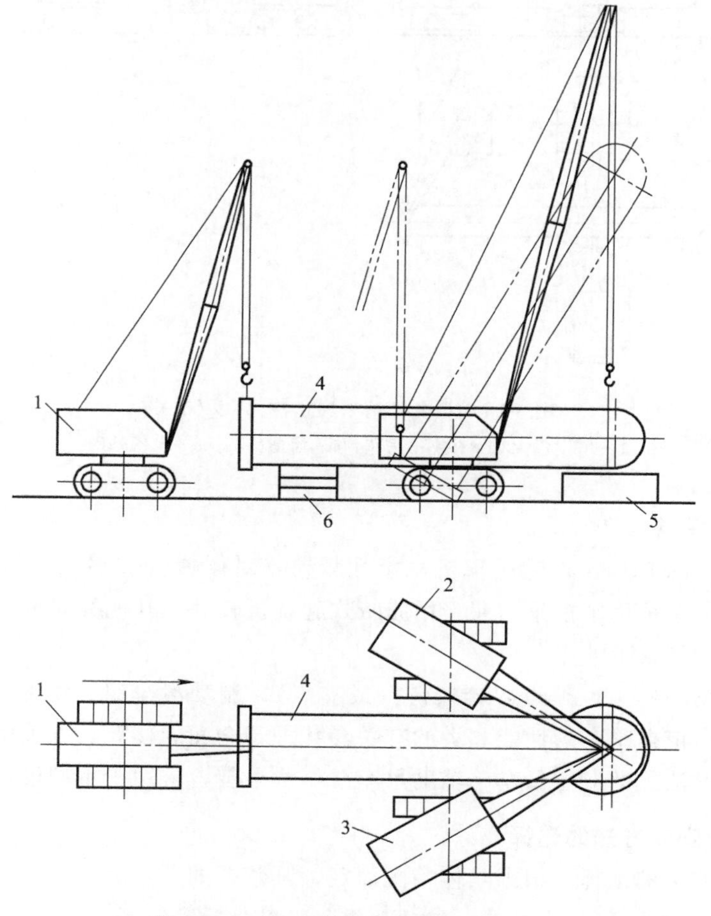

图 5-37 双主机抬吊递送法吊装（一）

1—辅助吊车；2,3—主吊吊车；4—塔设备；5—设备基础；6—枕木

④ 两主机臂杆不变幅不转杆。

设备较高时，见图5-38，吊装工艺如下：

① 备置于基础正上方，两主机站于垂直设备的基础两侧，吊钩分别吊于设备侧向的两个吊耳上。

② 辅机立于侧后方，吊钩吊于设备尾部。

③ 吊装时，两主机起钩，辅机转杆配合向基础方向送进设备。

④ 最后由两主机将设备吊起直立并放于基础之上。

此种三机抬吊方法，可吊装比起重机臂杆高的设备，两主机臂杆不变幅不转杆。

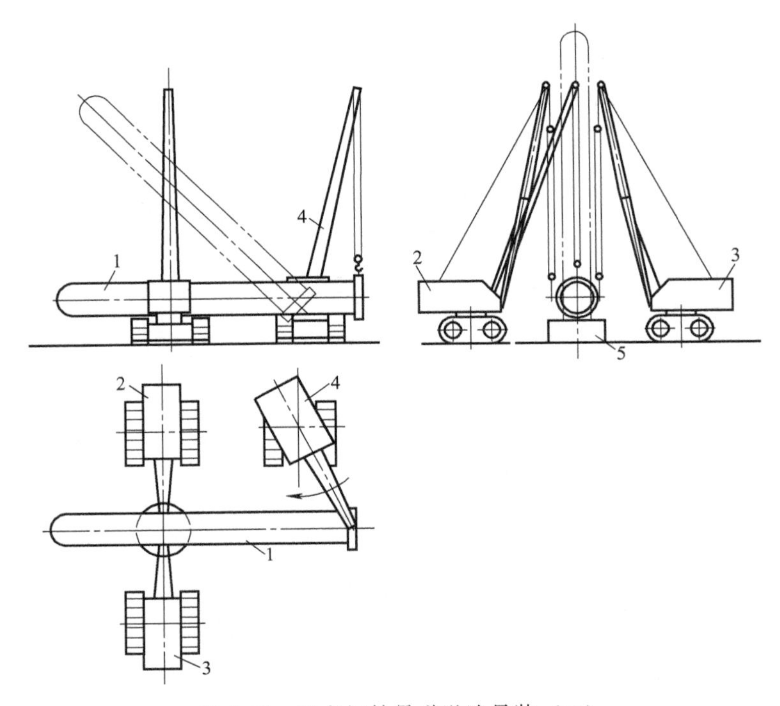

图5-38 双主机抬吊递送法吊装（二）

1—塔设备；2，3—主吊吊车；4—溜尾吊车；5—设备基础

5.2.5.7 单机扳吊法

单机扳吊法见图5-39，移动起重机稳定性较差，对倾覆较敏感，在其臂杆上加两根主背绳，可构成稳定系统用于扳吊作业，用履带式起重机较好，其他类起重机应慎用。此吊装工艺目前施工现场已很少使用。

同用桅杆扳吊一样，也须设回转铰链（或支点）、制动滑车组、防侧向倾斜滑车组等。用此种方法还必须依据吊车的性能和塔的有关参数进行全面的核算，以确保吊装安全。

还有三机抬吊法，即双主吊车单辅助吊车滑移法吊装，常用于重型设备吊装。

5.2.5.8 塔设备安装方法的选择

塔设备安装方法的选择，根据具体情况而定。其依据如下：

① 塔类设备的条件和安装要求：包括总重量、整体重心位置、直径、高度、塔体的刚度、裙座的结构，到货状态，有无试压、热处理，现场是否允许焊接吊耳或铰轴等。

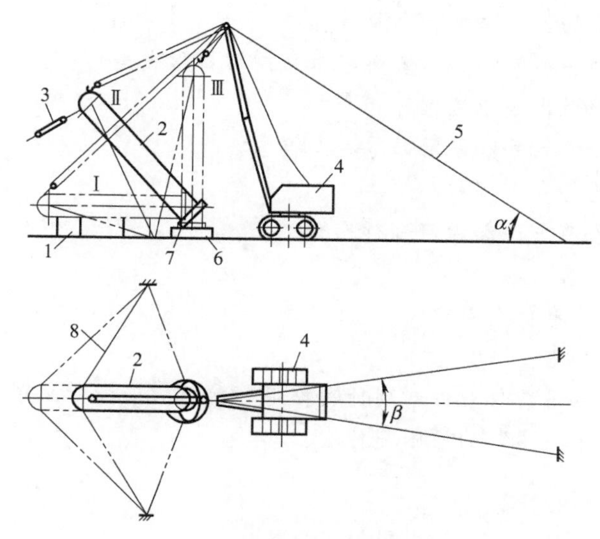

图 5-39 单机扳吊法吊装

1—枕木；2—设备；3—滑车组；4—吊车；5—主绳；6—基础；7—支点；8—防侧倾滑车组

② 设备安装的部位及周围环境：包括设备基础结构形式，基础高度；吊装作业场地情况，能否满足设备进向和吊装机械的设置等。

③ 吊装机索具的条件：包括本单位的机索具条件和地区能租赁到的机索具条件。已有起吊机具的种类、起重能力、数量、采取改制措施的可行性。就近租赁起吊机具的途径及其经济合理性的评估。

④ 吊装施工技术力量和技术水平：这是考虑吊装施工人员的数量和质量的问题，以适应选择吊装方法的难易程度。

吊装作业开工前须制定吊装方案，选用合适的吊点和起重机具；合理布置施工场地，确定机械运行路线和构件堆放地点；铺设道路及机械运行轨道；测定建筑物轴线和标高；安装吊装机械，准备各种索具、吊具和工具。索具主要为高强度钢丝捻绕而成的多股钢丝绳；吊具包括吊钩、钢丝绳夹头（卡扣）、卡环（卸甲）吊索、铁扁担等；工具有滑轮、倒链、卷扬机、撬杠等。

参考资料

NB/T 47041《塔式容器》

SH 3524《石油化工钢制塔、容器现场组焊施工工艺标准》

SH 3515《大型设备吊装工程施工工艺标准》

GB 50278《起重设备安装工程施工及验收规范》

思考题

1. 常用板式塔的类型及特点有哪些？

2. 塔设备上有哪些载荷？分别对塔设备有何影响？

3. 简述板式塔各零部件的结构特点及其标准。
4. 填料塔内部构件主要有哪些？填料塔常用的填料形式是什么？
5. 为什么填料塔需要再分布装置？
6. 我国设备吊装技术水平和发展趋势是怎样的？
7. 大型设备吊装的特点有哪些？
8. 塔设备有哪些吊装方法？如何进行选择？
9. 塔体组装有什么具体要求？
10. 塔内件安装应注意什么问题？
11. 怎样测量塔体的垂直度？
12. 平衡梁在塔设备吊装作业中起到什么作用？常用的平衡梁的形式有哪些？
13. 起重作业中“十不吊”的原则是什么？

6 换热器

6.1 换热器的安装

换热设备的形式有多种，其中管壳式换热器在工业中的应用最为广泛。它通过换热管的管壁进行传热，具有结构简单牢固、制造简便、使用材料范围广、可靠程度高等优点。

6.1.1 管壳式换热器的安装

换热器一般都在设备制造厂制作完成后运到现场安装，换热器筒体、封头与附件等零部件的制造应满足 GB/T 151《热交换器》的要求。换热设备安装主要工序包括施工准备、换热器到货检验、基础处理与验收、换热器的安装、水压试验等，对于已经使用过的旧设备安装前还需清洗。

6.1.1.1 施工准备

① 施工现场的“三通一平”已具备。

② 施工方案已编制，并已审批。

③ 施工所需的机具、人员已经到位。

④ 所有用于测量的仪器已进行校核，并在使用合格周期内。

⑤ 熟悉相关标准规范。

⑥ 换热器装配图；业主提供的施工程序文件等。

6.1.1.2 换热器及其附件检查

① 设备及其附件进场后应进行检验，并需提供出厂合格证及安装说明书。

② 设备开箱应在相关人员共同参加的情况下进行，按照装箱清单，逐一核实设备及零部件的名称、型号和规格。

③ 检查设备和零部件的外观和包装情况，如有缺陷损坏和锈蚀，应做出记录，并报建设单位进行处理。

④ 开箱检查完好的设备如不能马上就位，必须对设备及其零部件和专用工具妥善保管，不得使其变形、损坏、锈蚀、错乱或丢失。

⑤ 设备和备件、附件及技术文件等验收后，应清点登记，并妥善保管。

⑥ 设备存放地点，应设在地势较高、易排水、道路通畅的场所。在露天存放的设备，

应用不透明的覆盖物遮盖，所有管口必须封闭。

⑦ 不锈钢换热设备的壳体、管束及板片等不得与碳钢设备及碳钢材料接触混放。

⑧ 采用氮封或其他惰性气体密封的换热设备，应保持气封压力。

⑨ 设备及内件、附件检验合格后，方可进行设备及其附件的安装。

6.1.1.3 换热器基础验收

① 换热器安装前，对基础进行检查，混凝土基础的外形尺寸、坐标位置及预埋件，应符合设计图样的要求。

② 预埋地脚螺栓的螺纹，应无损坏、锈蚀，且有保护措施。

③ 滑动端预埋板上表面的标高、纵横向中心线及外形尺寸，应符合设计图样的要求。

④ 预埋板表面应光滑平整，不得有挂渣、飞溅及油污，水平度偏差不得大于 2mm/m。基础抹面不应高出预埋板的上表面。

⑤ 换热器安装后利用垫铁进行找正，因此在基础验收合格后，在放置垫铁的位置处凿出垫铁窝，其水平度允许偏差为 2mm/m。

⑥ 换热器安装前设备验收工作内容：基础交工资料的审查；基础混凝土外表检查；基础几何尺寸（坐标、标高等）及位置偏差检查；填写交接记录；基础混凝土强度应达到设计要求，周围土方应回填、夯实、整平，地脚螺栓的螺纹部分应无损坏及锈蚀。

6.1.1.4 换热器的安装

换热器安装主要程序为吊装就位、换热器找正找平、换热器固定、活动支座安装、附件安装等。

重叠式换热器安装时，重叠支座间的调整垫板应在压力试验合格后点焊于下面的换热器支座上，并在重叠支座和调整垫板的外侧标注永久性标记，以备现场组装对中。

（1）换热器吊装就位

对大型换热器，因直径大换热管多，起吊质量大。因此，起吊捆绑部位应选在壳体支座有加强垫板处，并在壳体两侧设方木用于保护壳体，以免起吊时壳体被钢丝绳压瘪变形。

设备安装前应该核对出厂质量说明书的主要技术数据，并对设备进行复测，检查设备壁上的基准圆周线，应与设备主轴线垂直。

安装前，换热器外部检查包括下列内容：

① 设备壳体有无损伤。

② 设备连接管、排出管、法兰密封面等处有无变形和缺陷。

③ 设备接管法兰面与支座支撑面是否平行或垂直；法兰的规格、型号、压力等级是否符合设计图样的规定。

设备安装前，设备上的油污，泥土等杂物均应清除干净，所有开孔的保护塞或盖，在安装前不得拆除。按照设计图样核对管口方位、中心线和重心位置，确认无误后方可就位。

（2）换热器的找平、找正

换热设备找正、找平的测定基准点，应符合下列规定：

① 找正与找平应按基础上的安装基准线（中心标记、水平标记）对应设备上的基准测点进行调整和测量。

② 设备各支撑的底面标高应以基础上的标高基准线为基准。

③ 测定设备支架（支座）的底面标高，应以基础标高基准线为基准。

④ 测定设备的中心线位置及管口方位，应以基础平面坐标及中心线为基准。

⑤ 测定立式设备的垂直度，应以设备表面上 0°、90°或 180°、270°的母线为基准。

⑥ 测定卧式设备的水平度，应以设备两侧的中心线为基准。

⑦ 设备找平，应采用垫铁或其他调整件进行，严禁采用改变地脚螺栓紧固程度的方法。其允许偏差，应符合表 6-1 的要求。

表 6-1 允许偏差

检查项目	允许偏差/mm	
	立 式	卧 式
中心线位置	±5	±5
标高	±5	±5
垂直度	$H/1000$	
水平度		轴向 $L/1000$；径向 $2D/1000$
方位	±5(沿底座环圆轴测量)	

⑧ 卧式设备的安装坡度，应按设计图样或技术文件的要求确定。

（3）基础灌浆

① 基础一次灌浆应在初找正完成后进行；设备基础二次灌浆在设备最终找正后进行。

② 灌浆前基础应具备条件：麻面已凿；表面清洁；表面充分湿润。

③ 灌浆前应检查垫铁：与基础表面充分接触；放置位置及数量符合规范要求；外露长度不大于 20mm；每组块数不超过 4 块；点焊完毕，除去焊渣。

④ 灌浆时支模；操作时不能碰歪地脚螺栓；灌浆后有养护措施。

（4）滑动支座的安装

① 滑动支座上开孔位置、形状尺寸、应符合设计图样的要求。

② 地脚螺栓与相应的长圆孔两端的间距，应符合设计图样或技术文件的要求。不符合要求时，允许扩孔修理。

③ 换热器安装合格后应及时紧固地脚螺栓。

④ 换热器的工艺配管完成后，应松动滑动端支座螺母，使其与支座板面间留出 1～3mm 的间隙，然后再安装一个锁紧螺母。

（5）安装注意事项

① 设备找正、找平且二次灌浆合格后，方可进行设备的梯子、平台安装。

② 预埋地脚螺栓的螺纹，应无损坏、锈蚀，且有保护措施。

③ 滑动端预埋板上表面的标高、纵横向中心线及外形尺寸、地脚螺栓，应符合设计图样的要求。

④ 预埋板表面应光滑平整，不得有挂渣、飞溅及油污。水平度偏差不得大于 2mm/m。基础抹面不应高出预埋板的上表面。

⑤ 换热器安装后利用垫铁进行找正，因此在基础验收合格后，在放置垫铁的位置处凿出垫铁窝，其水平度允许偏差为 2mm/m。

⑥ 安装换热器连接管时，严禁强力装配。液面计、安全阀等附件安装前应经检查、试

压、调试合格。

6.1.2 换热器水压试验

换热设备的类型繁多，结构差异较大，试压的要求和程序也有所不同，以固定管板换热器为例。对于固定管板式换热器，先试壳程，合格后，再装上管箱试压管程。

6.1.2.1 换热器耐压试验基本要求

① 换热器安装完成后，进行压力试验，拆卸、检查、清扫过的换热器，在回装后也必须进行试压，试验压力按设计压力的 1.25 倍。

② 对于不允许有微量残留液体或由于结构或支架等原因不允许用水进行试压的换热器，可采用气压试验，气压实验的压力为设计压力的 1.15 倍。

③ 换热器进行试压时，应把与之相对应的管口全部用盲板封死。

④ 进行压力试验时，必须采用两个量程相同，经过校验，并在有效期内的压力表，压力表的量程宜为试验压力的 2 倍，但不得低于 1.5 倍和高于 3 倍，精度不得低于 1.6 级，表盘直径不得小于 100mm。

⑤ 压力表应安装在换热器的最高处和最低处，试验压力值应以最高处的压力表读数为准，并用最低处的压力表读数进行校核。

⑥ 试压前，应对换热器进行外观检查，其表面应保持干燥。

⑦ 换热器液压试验充液时，应从最高处将空气排尽。

⑧ 对在压力试验中，可能承受外压的壳体或部件，当设计图纸注明有压差限制时，试压过程中两侧压差不得超过设计压差。

⑨ 液压试验后，应将液体排净，并用压缩空气吹干，气压试验后，应及时泄压。

⑩ 压力试验结束后，所有试压用辅助部件，应尽快全部拆除。

6.1.2.2 换热器压力试验程序

固定管板式换热器的压力试验，应按以下程序进行：

① 先进行壳程试压，再进行管程试压。

② 壳程试压时，拆除两端管箱，对壳程加压，检查壳体、换热管与管板的连接部位。

③ 管程试压时，安装上两端管箱，对管程加压，检查两端管箱和法兰密封处和有关部位。

6.1.2.3 液压试验要求

① 换热设备液压试验时，试验介质宜采用洁净水或其他液体，奥氏体不锈钢制作的换热器，用水进行液压试验时，水中氯离子的含量不应大于 25PPM（25×10^{-6}）。

② 换热器进行液压试验时：用碳素钢 Q345R 和正火 15MnVR 钢制作的设备，试压时的液体温度不得低于 5℃，对于其他低合金钢制的换热设备，试压时的液体温度不得低于 15℃。

③ 设备充满水后，待设备壁温与试验水温大致相同后，缓慢上升到试验压力后，保压时间不宜小于 30min，然后将压力降至设计压力，保持足够长的时间对所有焊缝和连接部位进行检查。无渗漏，无可见的异常变形及试压过程中无异常的响声为合格。否则应将压力泄

净进行修补，修补后应重新进行试压。

6.2 知识解读

6.2.1 换热器的类型与结构

6.2.1.1 换热器的类型

换热器是用于将高温流体的热量向低温流体传输的传热设备的总称，广泛用于石油、化工、电力、食品等工业部门，并且占有相当重要的地位。换热器的种类划分方法很多。

按用途可将换热器分为加热器、冷却器、冷凝器、蒸发器、再沸器等；按传热方式和作用原理可分为混合式换热器、蓄热式换热器、间壁式换热器等。其中间壁式换热器为工业应用最为广泛的一种换热器。它按传热面形状可分为管式换热器、板面式换热器、扩展表面换热器等，这其中又以管壳式换热器的应用最为广泛。

6.2.1.2 管壳式换热器的结构形式及基本构造

（1）管壳式换热器的形式

管壳式换热器又称列管式换热器，管壳式换热器根据其结构的不同，可以分为固定管板式换热器、浮头式换热器、U形管式换热器、填料函式换热器、釜式重沸器等。

① 固定管板式换热器：固定管板式换热器由管箱、管板、换热管、壳体、折流板或支撑板、拉杆、定距管等组成。管板与壳体之间采用焊接连接。两端管板均固定，可以是单管程或多管程，管束不可拆，管板可延长兼作法兰。其特点是结构简单，制造方便，在相同管束情况下其壳体内径最小，管程分程较方便。但壳程无法进行机械清洗，壳程检查困难，壳体与管子之间无温差补偿元件时会产生较大的温差应力，即温差较大时需采用膨胀节或波纹管等补偿元件以减小温差应力。

② 浮头式换热器：浮头式换热器由管箱、管板、换热管、壳体、折流板或支撑板、拉杆、定距管、钩圈、浮头盖等组成。一端管板与壳体固定，另一端管板（浮动管板）与壳体之间没有约束，可在壳体内自由浮动。只能为多管程，布管区域小于固定管板式换热器，管板不能兼作法兰，一般有管束滑道。其特点是不会产生温差应力，浮头可拆分，管束易于抽出或插入，便于检修和清洗。但是结构较复杂，操作时浮头盖的密封情况检查困难。

③ U形管式换热器：U形管式换热器由管箱、管板、U形换热管、壳体、折流板或支撑板、拉杆、定距管等组成。只有一个管板和一个管箱，壳体与换热管之间不相连，管束能从壳体中抽出或插入。只能为多管程，管板不能兼作法兰，一般有管束滑道，总重轻于固定管板式换热器。其特点是结构简单，造价较低，不会产生温差应力，外层管清洗方便。但管内清洗因管子成U形而较困难，管束内围换热管的更换较困难，管束的固有频率较低易激起振动。

④ 填料函式换热器：填料函式换热器由管箱、管板、管束、壳体、折流板或支撑板、拉杆、定距管、填料函等组成。一侧管箱可以滑动，壳体与滑动管箱之间采用填料密封，管

束可抽出，管板不兼作法兰。其特点是填料函结构较浮头式简单，检修清洗方便；无温差应力，（具备浮头式换热器的优点，消除了固定管板式换热器的缺点）。但密封性能较差，不适用于易挥发、易燃、易爆和有毒介质。

⑤ 釜式重沸器：釜式重沸器是固定管板式换热器、浮头式换热器、U形管式换热器壳体的变形，主要是将壳程空间加倍增大，结构上留有一定的蒸发空间，类似于现在的容积式换热器。

（2）管壳式换热器的基本构造

管壳式换热器主要由壳体、前端管箱、后端结构、管板、管束、折流板或支持板、接管、法兰、支座及附件等组成。前端管箱是指有管程入口的那一侧的管箱。后端结构是指与前端管箱相应的另一侧的管箱结构。壳体是指处于前端管箱和后端结构之间、由钢管或金属板焊接而构成的筒体。

换热管置于由壳体围成的空间中，两端与管板相连，管板与壳体及管箱相连，把换热器分为两大部分空间，即壳程和管程。换热器中的换热管内及与换热管相通的空间，称为管程。换热器中的换热管外及与其相通的空间，称为壳程。

分程的目的是为提高流速以提高传热系数，但程数不宜太多。管程数指介质在换热管内沿换热管长度方向往返的次数。一般为偶数，主要有 1、2、4、6、8、10、12 等。壳程数指介质在壳程内沿壳体轴向往返的次数。一般为单壳程，最多双壳程。

6.2.2 固定管板换热器的结构及主要零部件

6.2.2.1 固定管板式换热器的总体结构

固定管板式换热器主要是由壳体、管束、管板、管箱及折流板等组成，管束两端固定在管板上，管板和壳体之间是刚性连接在一起，相互之间无相对移动，如图 6-1 所示。在相同直径的壳体内可排列较多的换热管，而且每根换热管都可单独进行更换和管内清洗；但管外壁清洗较困难。当两种流体的温差较大时，会在壳壁和管壁中产生温差应力，一般当温差大于 50℃时就应考虑在壳体上设置膨胀节以减小温差应力。但当管、壳温差大于 70℃，壳程压力超过 0.6MPa 时，导致膨胀节过厚失去温差补偿作用。因此，固定管板式换热器适用于壳程流体清洁，不易结垢，管程常要清洗，冷热流体温差不太大的场合。

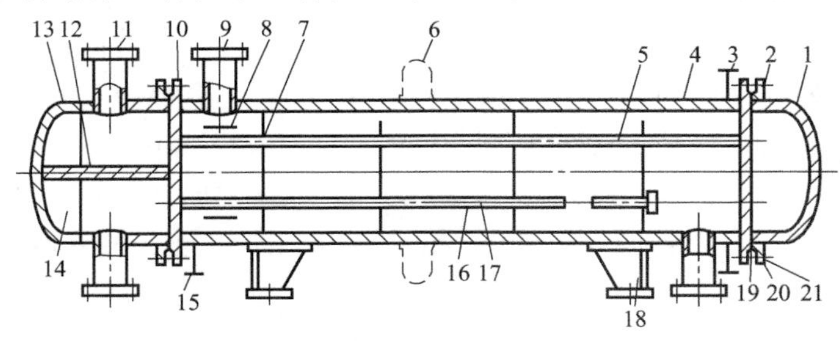

图 6-1 固定管板式换热器

1,13—封头；2—法兰；3—排气口；4—壳体；5—换热管；6—波形膨胀节；7—折流板（或支持板）；8—防冲板；9—壳程接管；10—管板；11—管程接管；12—隔板；14—管箱；15—排液口；16—定距管；17—拉杆；18—支座；19—垫片；20,21—螺栓、螺母

6.2.2.2 换热管的选择

换热管一般采用无缝钢管，多用光管，因其结构简单，制造容易；为强化传热，也采用异型管、翅片管、螺纹管等。

换热管材料根据压力、温度、介质的腐蚀性能进行选择。常用的金属材料有碳素钢、合金钢、不锈钢、铜、铝等，非金属材料有石墨、陶瓷、聚四氟乙烯、塑料等。

换热管规格一般用外径×壁厚表示，常用碳素钢、合金钢管的规格有 ϕ19mm×2mm 和 ϕ25mm×2.5mm 和 ϕ38mm×2.5mm；不锈钢管的规格有 ϕ25mm×2mm 和 ϕ38mm×2.5mm。换热管的标准管长为 1.5m、2.0m、3.0m、6.0m、9.0m 等。换热管数量、长度和直径根据换热器的换热面积确定，所选换热管直径和长度应符合标准规格。一般小直径管子单位传热面积的金属消耗量小，传热系数稍高，但容易结垢，不易清洗，因此为了提高传热效率，对于较清洁的流体通常选取直径较小的换热管；而对于黏性大或污浊的流体通常选择大直径换热管。

换热管在管板上的排列方式主要有正三角形、转角正三角形，正方形和转角正方形排列，如图 6-2 所示。正三角形和转角正三角排列紧凑，同样的管板面积上排列的管子数比正方形多 10%左右，同一体积传热面积更大，应用最普遍，但管外不易清洗。适用于壳程介质污垢少，且不需要进行机械清洗的场合。一般在固定管板式换热器中多用三角形排列。

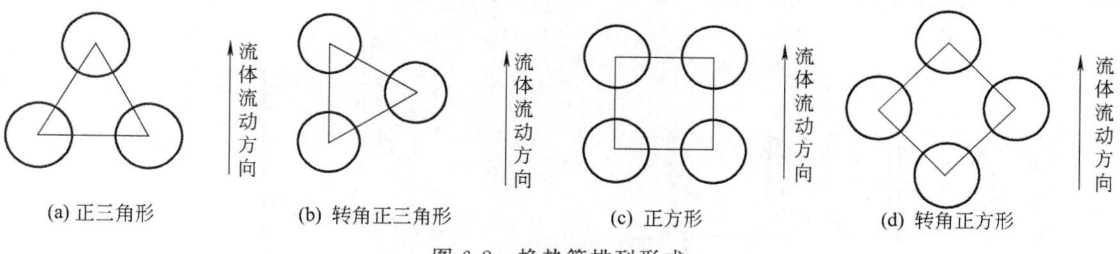

图 6-2 换热管排列形式

正方形和转角正方形排列，管间小桥形成一条直线通道，便于机械清洗。要经常清洗管子外表面上的污垢时，多用正方形排列或转角正方形排列。

为了便于清洗及保证连接质量，换热管间必须保证一定的管间距，要求管间距≥1.25d_0，相邻换热管的管间距数值可查标准 GB/T 151《热交换器》，最外层管壁与壳壁之间的最短距离不小于 8mm，主要是为折流板易于加工，不易损坏。最常用的换热管中心距见表 6-2。

表 6-2 常用的换热管中心距 mm

换热管外径 d	12	14	19	25	32	38	45	57
换热管中心距 s	16	19	25	32	40	48	57	72

6.2.2.3 换热管与管板连接

管板是换热器的主要部件之一，一般采用圆形平板。管板主要用于连接换热管，同时将管程和壳程分隔，避免管程和壳程介质混合。管板和管子的连接方式有胀接、焊接，高温高压下常采用胀、焊并用的方式。

（1）胀接连接

通常采用机械胀接，即利用管子与管板材料的硬度差，把胀管器挤压伸入管板孔中的管子端部，使管端直径变大发生塑性变形，而管板孔只产生弹性变形，这样胀管后撤去胀管器，管板在弹性恢复力的作用下与管子外表紧紧贴合在一起，达到密封和紧固连接的目的，如图 6-3 所示。

由于胀接是靠管子的变形来达到密封和压紧的一种机械连接方法，当温度升高时，由于蠕变现象的作用可能引起接头脱落或松动，发生泄漏。因此，胀接适用于换热管为碳钢，管板为碳钢或低合金钢，设计压力不超过 4MPa、设计温度不超过 300℃，且操作中无剧烈振动，无过大的温度变化及无明显应力腐蚀的场合。

为了提高胀接质量，要求管板材料硬度大于管端材料硬度，否则需采取热处理方法降低管端材料的硬度（注意：有应力腐蚀时不应采用管端局部退火的方法降低管子硬度），然后再胀接。胀接时管板上的孔可以是光孔，也可开槽，开槽数与管板厚度有关。

（2）焊接连接

焊接连接是将换热管的端部与管板焊在一起，工艺较胀接简单，压力较低时可使用较薄的管板，不受管子和管板材料硬度的限制，且在高温高压下仍能保持良好的连接效果，所以对于碳钢或低合金钢，大都采用焊接连接，但是焊接连接在焊接接头处产生的热应力可能造成应力腐蚀开裂和疲劳破裂，同时管子、管板间存在间隙，易出现间隙腐蚀。因此焊接连接不适合于有较大振动及有间隙腐蚀的场合，如图 6-4 所示。

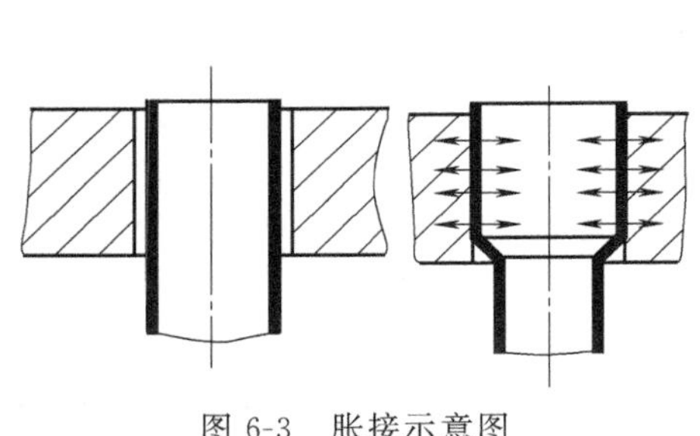

图 6-3 胀接示意图

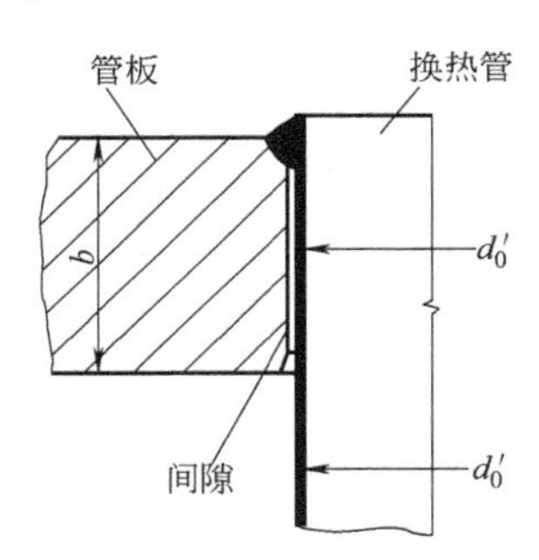

图 6-4 焊接示意图

（3）胀焊结合

胀接和焊接各有优、缺点，因而目前广泛应用了胀焊并用的方法。该方法能提高连接处的抗疲劳性能，消除应力腐蚀和间隙腐蚀，提高使用寿命。胀焊结合连接适用于密封性能要求较高的场合；承受振动或疲劳载荷的场合；有间隙腐蚀的场合；采用复合管板的场合。

胀焊结合连接主要有强度焊＋贴胀（一般先焊后胀）和强度胀＋密封焊（一般先胀后焊）两种形式。

6.2.2.4 管板及与壳体连接

管壳式换热器工作时，一种介质流经换热管内的通道及与其相同部分称为管程，另一种介质流经换热管外的通道及与其相同部分称为壳程。介质沿换热管长度方向往返流动的次数即为管程数。两管程以上就需要在管板上设置分程隔板来实现分程，常用的是单管程、两管程和四管程。壳程有单壳程和双壳程两种，常用的是单壳程，壳程分程可通过在壳体中设置纵向挡板来实现。

固定管板式换热器的管板与壳体连接为不可拆的焊接式连接，通常有管板兼作法兰，见图 6-5，管板不兼作法兰，见图 6-6。其中管板兼作法兰这种结构在生产中应用广泛。

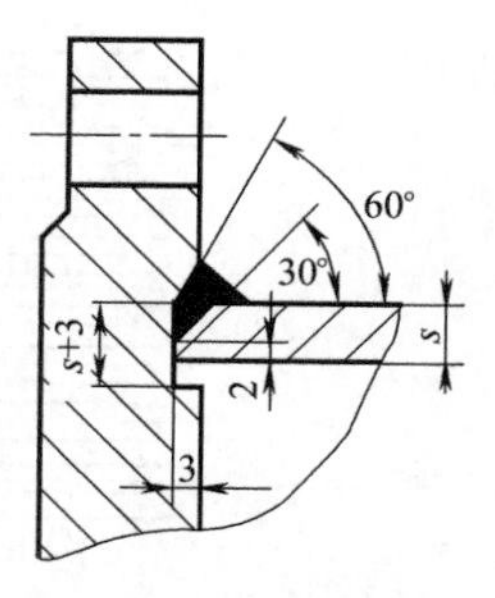

图 6-5 管板兼作法兰的连接结构

由于管板与壳体焊接在一起，当管内介质与管间介质温差较大时，管束、管板与壳体间热膨胀差产生温差应力，所以需在筒体上设置膨胀节，以降低由于管板应力、换热管与壳体上的轴向应力以及管板与换热管间的拉脱力。最常用的是 U 形膨胀节结构简单，补偿力大，价格便宜，普遍应用，已标准化，见 GB 16749《压力容器波形膨胀节》。

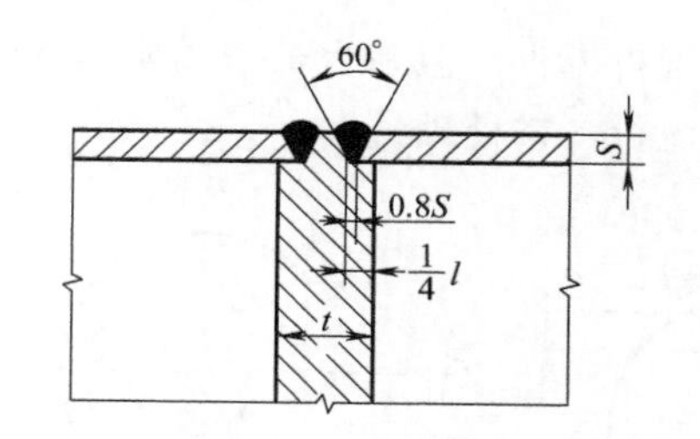

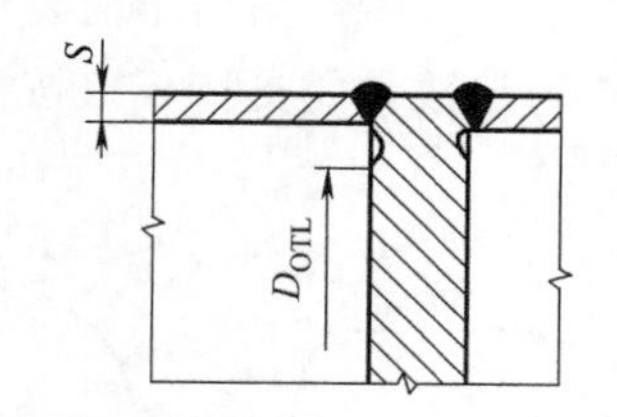

图 6-6 管板不兼作法兰的连接结构

6.2.2.5 折流板与挡板

折流板的作用是使壳程流体反复地改变方向作错流流动或其他形式的流动，提高管间流体的湍动程度，并可调节折流板间距以获得适宜流速，提高传热效率。另外，折流板还可起到支撑管束的作用。

(1) 折流板的类型

常用折流板有弓形和圆盘-圆环形两种，如图 6-7 和图 6-8 所示。弓形的有单弓形、双弓形及三弓形，单弓形和双弓形应用最多。弓形缺口的高度应使流体通过时的流速与横向流过管束时的流速相当，一般取缺口高度 h 为壳体直径的 0.2～0.45 倍。当卧式换热器的壳程为单相清洁流体时，折流板缺口应水平上下布置，如图 6-9 (a) 所示。若气体中含有少量液体时，则应在缺口朝上的折流板的最低处开通液口；若液体中含有少量气体时，则应在缺口朝下的折流板最高处开通气口。当壳程为气、液共存或液体中含有固体物料时，折流板缺口应垂直左右布置，并在折流板最低处开通气口，如图 6-9 (b) 所示。

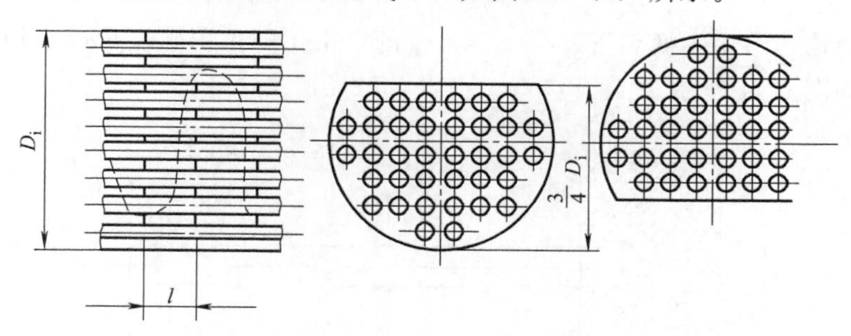

图 6-7 弓形折流板

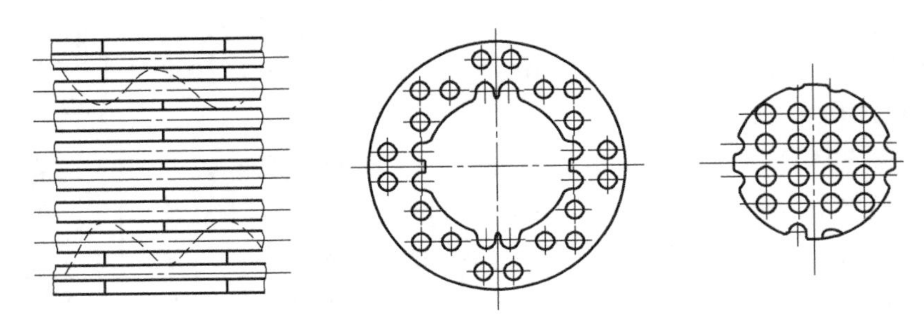

图 6-8 圆盘-圆环形折流板

折流板的最小间距应不小于圆筒内径的 1/5，且不小于 50mm，最大间距应不大于圆筒内直径。从传热考虑，有些换热器不需要设置折流板。但是为了增加换热管刚度，防止管子振动，通常也设置一定数量的支持板（按折流板一样处理）。

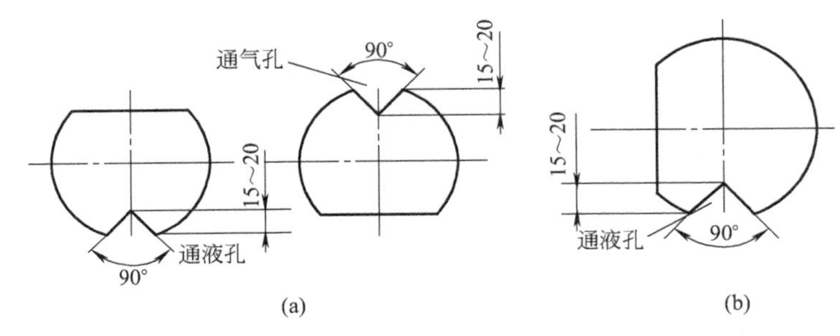

图 6-9 折流板缺口尺寸

（2）折流板固定方式

拉杆-定距管固定方式，适用于换热管外径≥19mm 的管束，如图 6-10 所示，拉杆是一根两端皆带有螺纹的长杆，一端拧入管板。折流板穿在拉杆上，各板之间则以套在拉杆上的定距管来保持板间距离。最后一块折流板可用螺母拧在拉杆上予以紧固。

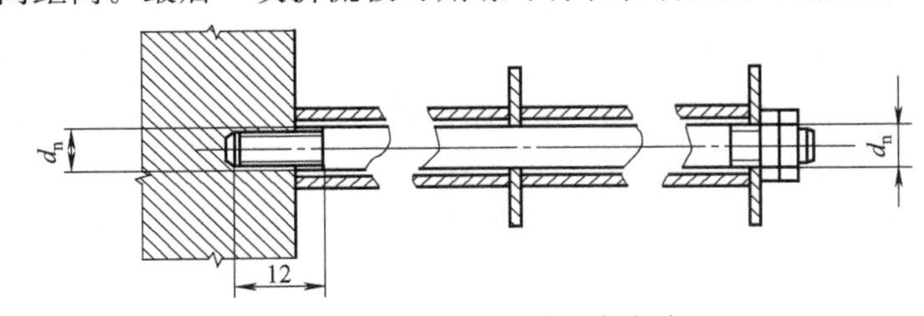

图 6-10 拉杆-定距管固定方式

拉杆点焊结构，适用于换热管外径≤14mm 的管束，即采用螺纹与焊接相结合连接或全焊接连接的，如图 6-11 所示。

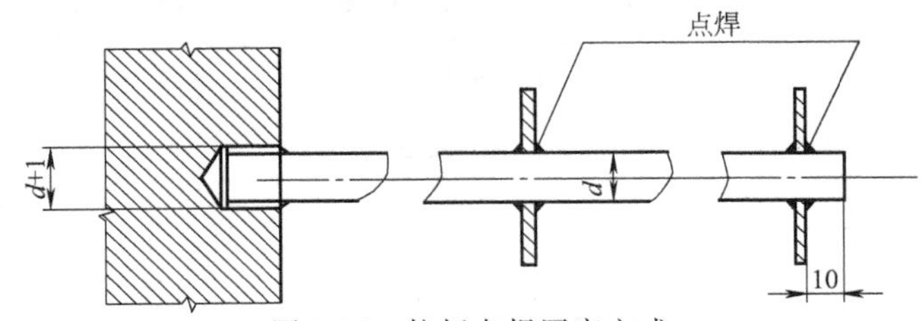

图 6-11 拉杆点焊固定方式

拉杆的数量不少于 4 根，直径不小于 10mm。应尽量布置在管束的外边缘，对于大直径换热器，在布管区或靠近折流板缺口处也应布置适当数量的拉杆。

（3）旁路挡板

为了防止壳程边缘介质短路，常设置旁路挡板以迫使壳程介质通过管束之间与管程流体进行换热。旁路挡板可用钢板或扁钢制成，其厚度一般与折流板相同。

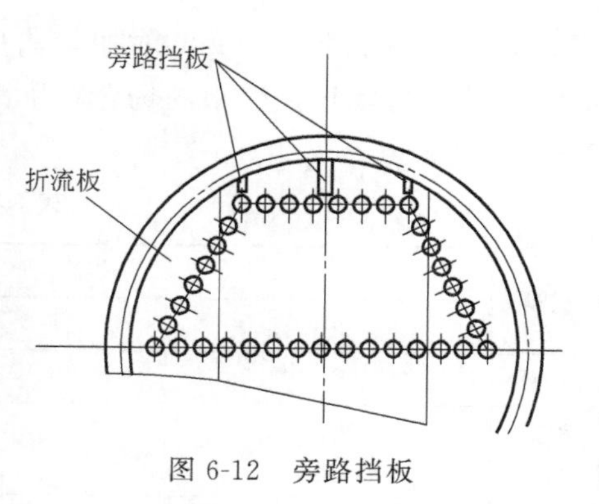

图 6-12　旁路挡板

旁路挡板嵌入折流板槽内，并与折流板焊接。壳体公称直径 $DN \leqslant 500$mm 时，增设一对旁路挡板；$DN = 500$mm 时，增设二对挡板；$DN \geqslant 1000$mm 时，增设三对旁路挡板，如图 6-12 所示。

6.2.2.6　管箱与接管

（1）管箱

管箱位于壳体两端，其作用是控制及分配管程流体。管箱的结构如图 6-13 所示，其中图 6-13（a）为双管程管箱，适用于较清洁的介质，因检查管子及清洗时只能将管箱整体卸下，故不够方便；图 6-13（b）在管箱上装有平盖，只要拆下平盖即可进行清洗和检查，所以工程应用较多，但材料用量较大；图 6-13（c）是将管箱与管板焊成整体，这种结构密封性好，但管箱不能单拆下，检修、清洗都不方便，实际应用较少。

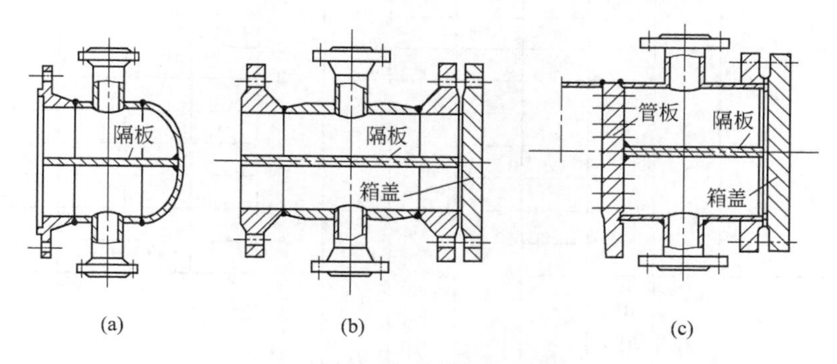

图 6-13　管箱的结构

（2）接管

结构要符合 GB 150《压力容器》的规定。一般与壳体内壁内平齐。排气或放液时应在最高点设排气口，最低点设排液口。

6.2.2.7　容器法兰

在上述固定管板换热器中，管箱与壳体是由容器法兰连接在一起的。目前我国使用的压力容器法兰标准 NB/T 47020～47027《压力容器法兰、垫片、紧固件》。

（1）法兰的类型

压力容器标准法兰有甲型平焊法兰、乙型平焊法兰和长颈对焊法兰三种类型，见表 6-3。甲型平焊法兰是法兰盘直接与容器的筒体或封头焊接，这种法兰在预紧和工作时都会对容器器壁产生一定的附加弯曲应力，法兰盘自身的刚度也较小，所以适用于压力等级较低和筒体直径较小的场合。甲型平焊法兰用板材切削加工制造，其工作温度为－20～300℃。

表 6-3　压力容器法兰分类

<table>
<tr><td rowspan="2">类型</td><td colspan="10">平焊法兰</td><td colspan="6">对焊法兰</td></tr>
<tr><td colspan="4">甲型</td><td colspan="6">乙型</td><td colspan="6">长颈</td></tr>
<tr><td>标准号</td><td colspan="4">NB/T 47021</td><td colspan="6">NB/T 47022</td><td colspan="6">NB/T 47023</td></tr>
<tr><td rowspan="2">公称直径 DN /mm</td><td colspan="16">公称压力 PN /MPa</td></tr>
<tr><td>0.25</td><td>0.60</td><td>1.00</td><td>1.60</td><td>0.25</td><td>0.60</td><td>1.00</td><td>1.60</td><td>2.50</td><td>4.00</td><td>0.60</td><td>1.00</td><td>1.60</td><td>2.50</td><td>4.00</td><td>6.40</td></tr>
<tr><td>300</td><td colspan="2" rowspan="3">按 PN=1.00</td><td></td><td></td><td rowspan="22">—</td><td rowspan="14">—</td><td rowspan="11">—</td><td rowspan="8">—</td><td></td><td></td><td rowspan="14">—</td><td></td><td></td><td></td><td></td><td></td></tr>
<tr><td>350</td><td></td><td></td><td></td><td></td><td></td><td></td><td></td><td></td><td></td></tr>
<tr><td>400</td><td></td><td></td><td></td><td></td><td></td><td></td><td></td><td></td><td></td></tr>
<tr><td>450</td><td rowspan="5">按 PN=1.00</td><td></td><td></td><td></td><td></td><td></td><td></td><td></td><td></td><td></td><td></td></tr>
<tr><td>500</td><td></td><td></td><td></td><td></td><td></td><td></td><td></td><td></td><td></td><td></td></tr>
<tr><td>550</td><td></td><td></td><td></td><td></td><td></td><td></td><td></td><td></td><td></td><td></td></tr>
<tr><td>600</td><td></td><td></td><td></td><td></td><td></td><td></td><td></td><td></td><td></td><td></td></tr>
<tr><td>650</td><td></td><td></td><td></td><td></td><td rowspan="20">—</td><td></td><td></td><td></td><td></td><td></td></tr>
<tr><td>700</td><td></td><td></td><td></td><td rowspan="14">—</td><td></td><td></td><td></td><td></td><td></td><td></td><td></td></tr>
<tr><td>800</td><td></td><td></td><td></td><td></td><td></td><td></td><td></td><td></td><td></td><td></td></tr>
<tr><td>900</td><td></td><td></td><td></td><td></td><td rowspan="17">—</td><td></td><td></td><td></td><td></td><td rowspan="12">—</td></tr>
<tr><td>1000</td><td></td><td></td><td rowspan="11">—</td><td></td><td></td><td></td><td></td><td></td><td></td></tr>
<tr><td>1100</td><td></td><td></td><td></td><td></td><td></td><td></td><td></td><td></td></tr>
<tr><td>1200</td><td></td><td></td><td></td><td></td><td></td><td></td><td></td><td></td></tr>
<tr><td>1300</td><td></td><td rowspan="8">—</td><td></td><td></td><td></td><td></td><td></td><td></td><td></td><td></td></tr>
<tr><td>1400</td><td></td><td></td><td></td><td></td><td></td><td></td><td></td><td></td><td></td></tr>
<tr><td>1500</td><td></td><td></td><td></td><td rowspan="11">—</td><td></td><td></td><td></td><td></td><td></td></tr>
<tr><td>1600</td><td></td><td></td><td></td><td></td><td></td><td></td><td></td><td></td></tr>
<tr><td>1700</td><td></td><td></td><td></td><td></td><td></td><td></td><td></td><td rowspan="4">—</td></tr>
<tr><td>1800</td><td></td><td></td><td></td><td></td><td></td><td></td><td></td></tr>
<tr><td>1900</td><td></td><td></td><td rowspan="7">—</td><td></td><td></td><td></td><td></td></tr>
<tr><td>2000</td><td></td><td></td><td></td><td></td><td></td><td></td></tr>
<tr><td>2200</td><td colspan="4" rowspan="5">—</td><td rowspan="2">按 PN=0.60</td><td></td><td colspan="6" rowspan="5"></td></tr>
<tr><td>2400</td><td></td></tr>
<tr><td>2600</td><td></td><td rowspan="3">—</td></tr>
<tr><td>2800</td><td></td></tr>
<tr><td>3000</td><td></td></tr>
</table>

乙型平焊法兰与甲型平焊法兰相比是除法兰盘外增加了一个厚度大于筒体壁厚的短节，这样既增加了整个法兰的刚度，又可使容器器壁避免承受附加弯曲应力的作用，因此这种法兰适用于较高压力和较大直径的场合。乙型平焊法兰工作温度为－20～350℃。

甲型平焊法兰、乙型平焊法兰最大允许工作压力见表 6-4。

长颈对焊法兰用根部增厚且与法兰盘为一体的颈取代了乙型平焊法兰中的短节，从而更有效地增大了法兰的整体刚度。这种法兰用专用型钢经机加工制造，降低了法兰的成本。长颈对焊法兰的工作温度为－70～450℃，最大允许工作压力见表 6-5。

表 6-4 甲型、乙型法兰适用材料及最大允许工作压力（摘自 NB/T 47020） MPa

公称压力 PN /MPa	法兰材料		工作温度/℃				备注
			−20～200	250	300	350	
0.25	板材	Q235B	0.16	0.15	0.14	0.13	工作温度下限 20℃ 工作温度下限 0℃
		Q235C	0.18	0.17	0.15	0.14	
		Q245R	0.19	0.17	0.15	0.14	
		Q345R	0.25	0.24	0.21	0.20	
	锻件	20	0.19	0.17	0.15	0.14	
		Q345	0.26	0.24	0.22	0.21	
		20MnMo	0.27	0.27	0.26	0.25	
0.60	板材	Q235B	0.40	0.36	0.33	0.30	工作温度下限 20℃ 工作温度下限 0℃
		Q235C	0.44	0.40	0.37	0.33	
		Q245R	0.45	0.40	0.36	0.34	
		Q345R	0.60	0.57	0.51	0.49	
	锻件	20	0.45	0.40	0.36	0.34	
		Q345	0.61	0.59	0.53	0.50	
		20MnMo	0.65	0.64	0.63	0.60	
1.00	板材	Q235B	0.66	0.61	0.55	0.50	工作温度下限 20℃ 工作温度下限 0℃
		Q235C	0.73	0.67	0.61	0.55	
		Q245R	0.74	0.67	0.60	0.56	
		Q345R	1.00	0.95	0.86	0.82	
	锻件	20	0.74	0.67	0.60	0.56	
		Q345	1.02	0.98	0.88	0.83	
		20MnMo	1.09	1.07	1.05	1.00	
1.60	板材	Q235B	1.06	0.97	0.89	0.80	工作温度下限 20℃ 工作温度下限 0℃
		Q235C	1.17	1.08	0.98	0.89	
		Q245R	1.19	1.08	0.96	0.90	
		Q345R	1.60	1.53	1.37	1.31	
	锻件	20	1.19	1.08	0.96	0.90	
		Q345	1.64	1.56	1.41	1.33	
		20MnMo	1.74	1.72	1.68	1.60	
2.50	板材	Q235C	1.83	1.68	1.53	1.38	工作温度下限 0℃ DN<1400 DN≥1400
		Q245R	1.86	1.69	1.50	1.40	
		Q345R	2.50	2.39	2.14	2.05	
	锻件	20	1.86	1.69	1.50	1.40	
		Q345	2.56	2.44	2.20	2.08	
		20MnMo	2.92	2.86	2.82	2.73	
		20MnMo	2.67	2.63	2.59	2.50	

表 6-5 长颈法兰适用材料及最大允许工作压力（摘自 NB/T 47020） MPa

公称压力 PN/MPa	法兰材料（锻件）	工作温度/℃								备注
		−70～−40	−40～−20	−20～200	250	300	350	400	450	
1.00	20			0.73	0.66	0.59	0.55	0.50	0.45	
	Q345			1.00	0.96	0.86	0.81	0.77	0.49	
	20MnMo			1.09	1.07	1.05	1.00	0.94	0.83	
	15CrMo			1.02	0.98	0.91	0.86	0.81	0.77	

续表

公称压力 PN/MPa	法兰材料（锻件）	工作温度/℃								备注
		−70～−40	−40～−20	−20～200	250	300	350	400	450	
1.00	14Cr1Mo			1.02	0.98	0.91	0.86	0.81	0.77	
	12Cr2Mo1			1.09	1.04	1.00	0.93	0.88	0.83	
	Q345D		1.00	1.00	0.96	0.86	0.81			
	09MnNiD	1.00	1.00	1.00	1.00	0.95	0.88			
1.60	20			1.16	1.05	0.94	0.88	0.81	0.72	
	Q345			1.60	1.53	1.37	1.30	1.23	0.78	
	20MnMo			1.74	1.72	1.68	1.60	1.51	1.33	
	15CrMo			1.64	1.56	1.46	1.37	1.30	1.23	
	14Cr1Mo			1.64	1.56	1.46	1.37	1.30	1.23	
	12Cr2Mo1			1.74	1.67	1.60	1.49	1.41	1.33	
	Q345D		1.60	1.60	1.53	1.37	1.30			
	09MnNiD	1.60	1.60	1.60	1.60	1.51	1.41			
2.50	20			1.81	1.65	1.46	1.37	1.26	1.13	
	Q345			2.50	2.39	2.15	2.04	1.93	1.22	
	20MnMo			2.92	2.86	2.82	2.73	2.58	2.45	DN<1400
	20MnMo			2.67	2.63	2.59	2.50	2.37	2.24	DN≥1400
	15CrMo			2.56	2.44	2.28	2.15	2.04	1.93	
	14Cr1Mo			2.56	2.44	2.28	2.15	2.04	1.93	
	12Cr2Mo1			2.67	2.61	2.50	2.33	2.20	2.09	
	Q345D		2.50	2.50	2.39	2.15	2.04			
	09MnNiD		2.50	2.50	2.50	2.50	2.37	2.20		

（2）法兰密封面形式

压力容器法兰的密封面有平面密封面、凹凸密封面和榫槽密封面 3 种形式，法兰密封面形式及其代号见表 6-6。法兰名称及代号见表 6-7。

① 平面密封面是一个突出的光滑平面，如图 6-14（a）所示。这种密封面结构简单，加工方便，便于进行防腐衬里。但上紧螺栓后，垫片材料容易往两侧伸展，不易压紧，密封性能较差，用于所需压紧力较低且介质无毒的场合。

② 凹凸密封面由一个凸面和一个凹面组成，如图 6-14（b）所示。在凹面上放置垫片，由于凹面在外侧有台阶，压紧时垫片不会被挤出且便于对中，密封性能比平面密封面好，可适用于密封易燃、易爆、有毒介质及压力稍高场合。

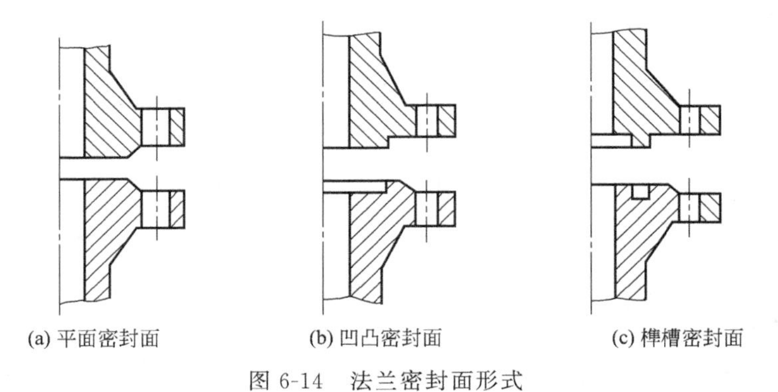

(a) 平面密封面　(b) 凹凸密封面　(c) 榫槽密封面

图 6-14　法兰密封面形式

③ 榫槽密封面由一个榫面和一个槽面组成，如图 6-14（c）所示。垫片放在槽内，压紧时垫片不会被挤出，但其结构较复杂，更换垫片困难。这种密封面不能用非金属软垫片，可

采用缠绕式或金属包垫片，垫片较窄，容易获得良好的密封效果，适用于密封易燃、易爆、有毒介质及压力较高场合。密封面的凸面部分容易碰坏，运输与拆装时应加以注意。

表 6-6 压力容器法兰密封面形式及代号

密封面形式		代号
平面密封面	平密封面	RF
凹凸密封面	凹密封面	FM
	凸密封面	M
榫槽密封面	榫密封面	T
	槽密封面	G

表 6-7 法兰名称及代号

法兰类型	名称及代号	法兰类型	名称及代号
一般法兰	法兰	衬环法兰	法兰 C

④ 压力容器法兰的公称直径和公称压力。

a. 容器法兰的公称直径是指与法兰相配的筒体或封头的公称直径。筒体用钢板卷制时，此容器的公称直径指筒体的内径；若以钢管作筒体时，此容器的公称直径指钢管外径。公称直径用“DN”表示，单位 mm。

b. 容器法兰的公称压力是指在规定的设计条件下，确定法兰结构尺寸所采用的设计压力，用“PN”表示，单位 MPa。压力容器法兰的公称压力分为 0.25、0.60、1.00、1.60、2.50、4.00、6.40（单位均为 MPa）7 个等级。

容器法兰的公称压力以 Q345 或 Q345R 材料制造的法兰，在 200℃时的最大允许工作压力。如公称压力 1.6MPa 的压力容器法兰，就表明用 Q345R 制造的法兰在 200℃时，法兰所允许的最大工作压力为 1.6MPa。同一公称压力级别的法兰，如果材料不是 Q345 或 Q345R，或材料相同但工作温度不是 200℃，则法兰的最大允许工作压力也会有所不同。

容器法兰的尺寸是由法兰的公称直径和公称压力两个基本参数确定的。

⑤ 压力容器法兰的垫片。压力容器法兰常用垫片有非金属软垫片、缠绕垫片和金属包垫片 3 种，对应的标准号为 NB/T 47024～470207。

a. 非金属软垫片（NB/T 47024）指橡胶、石棉橡胶、聚四氟乙烯、柔性石墨等，强度和耐温性较差，橡胶使用温度≤100℃，石棉橡胶使用温度≤300℃。非金属软垫片用于平面密封面、凹凸密封面、衬环平面密封面和衬环凹凸密封面法兰。

b. 缠绕垫片（NB/T 47025）是用碳素钢、06Cr19Ni10（S30408）、06Cr17Ni12Mo2（S31608）等钢带与特制石棉或聚四氟乙烯等填充带相间缠绕一起绕制而成。为防止松散，把金属带的始末端焊牢。为增大垫片弹性，金属带与非金属填充带均轧制成波形，有基本型、带内加强环、带外加强环、内外均带加强环 4 种结构形式，如图 6-15 所示。这种垫片具有多道密封作用，且回弹性好，适用于较高温度和压力的场合。该垫片用于平面密封面时应带外加强环或带内、外加强环；用于凹凸密封面时应带内加强环；用于榫槽密封面时采用基本型。

c. 金属包垫片（NB/T 47026）是以石棉橡胶板作内芯，外包薄金属板构成。薄金属板可以是镀锡薄钢板、镀锌薄钢板、铜等，该垫片强度较高，耐热性良好，适用于较高压力和温度的场合。该垫片用于各种密封面形式。

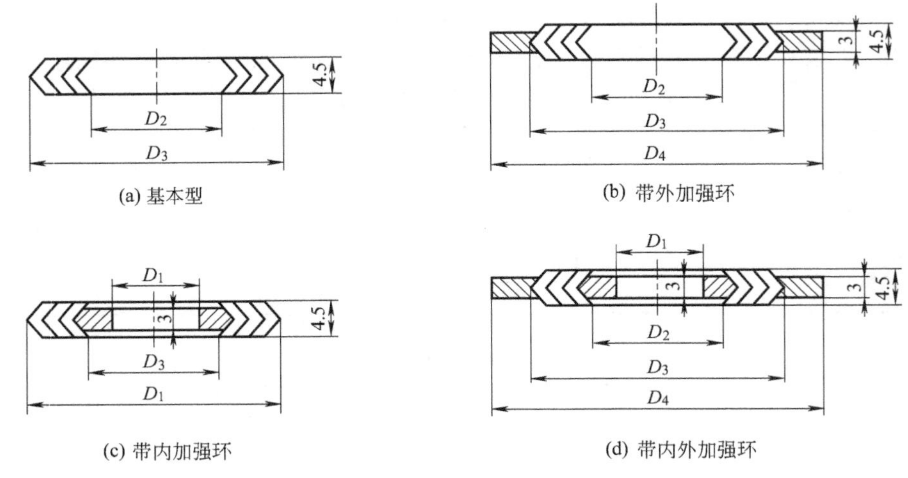

(a) 基本型
(b) 带外加强环
(c) 带内加强环
(d) 带内外加强环

图 6-15 缠绕垫片结构形式

6.2.2.8 **封头**

压力容器由筒体、封头、法兰、支座、接管及人孔、手孔、视镜等组成。通常把筒体和封头称为容器的主要部件，而把筒体和封头之外的部件称为附件。

(1) 封头结构

封头是压力容器的重要组成部分，常用的有半球形封头、椭圆封头、碟形封头、锥形封头和平封头（即平盖），如图 6-16 所示。工程上应用较多的是椭圆形封头、半球形封头和碟形封头，最常用的是标准椭圆封头。以下只介绍椭圆封头的计算，其他形式封头的计算可查阅 GB 150《压力容器》。

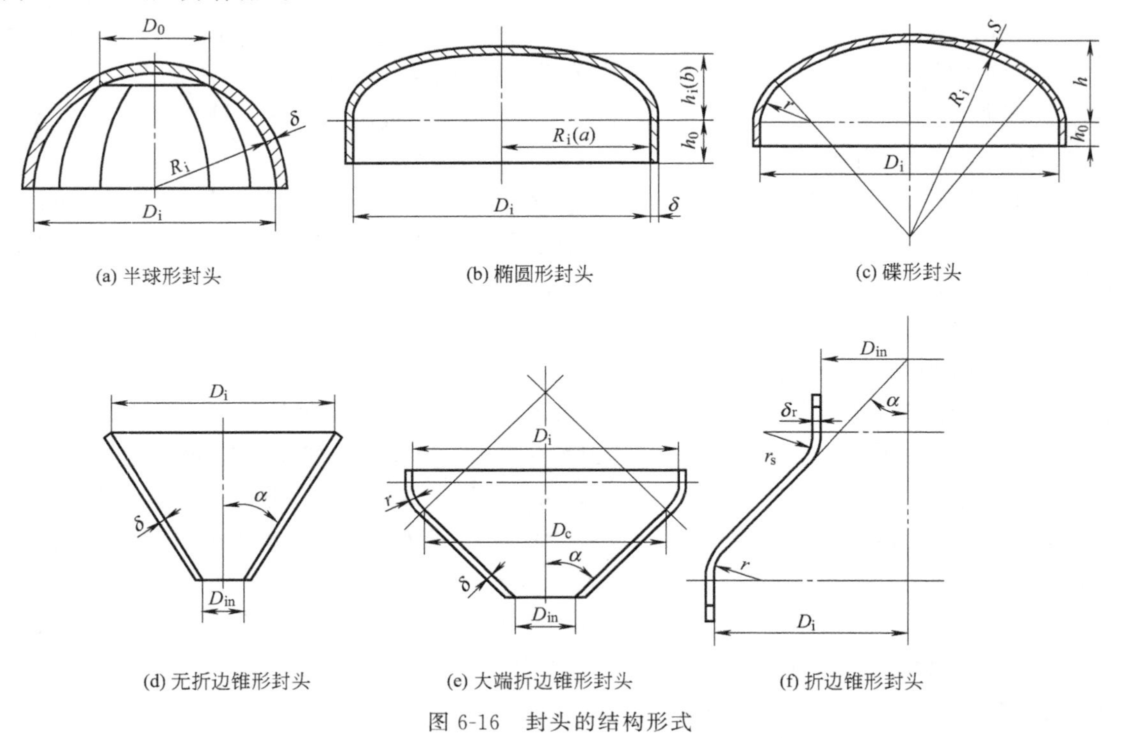

(a) 半球形封头
(b) 椭圆形封头
(c) 碟形封头
(d) 无折边锥形封头
(e) 大端折边锥形封头
(f) 折边锥形封头

图 6-16 封头的结构形式

（2）标准椭圆封头

椭圆形封头由半个椭球面和高为 h 的直边部分所组成，如图 6-17 所示。直边 h 的大小根据封头直径和厚度不同有 25mm、40mm、50mm 三种，直边 h 的取值可查表 6-8。

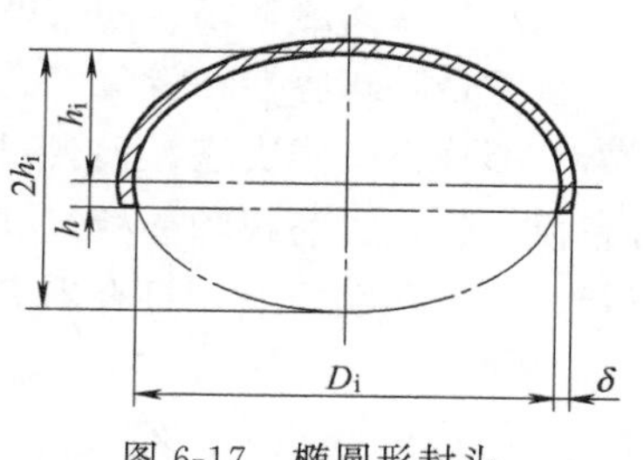

图 6-17 椭圆形封头

椭圆形封头的长、短轴之比不同，封头的形状也不同，当其长短轴之比等于 2 时，称为标准椭圆封头。该类型封头的应力分布均匀，且同等条件下封头壁厚与圆筒体壁厚大致相等，便于焊接，经济合理，因此 GB 150《压力容器》推荐采用标准椭圆封头。

表 6-8 椭圆形封头材料、厚度和直边高度的对应关系 mm

封头材料	碳素钢	普通低合金钢	复合钢板	不锈耐酸钢		
封头厚度 δ_n	4～8	10～18	≥20	3～9	10～18	≥20
直边高度 h	25	40	50	25	40	50

6.2.2.9 卧式容器支座

（1）卧式容器的支座形式

卧式容器的支座可分为 3 种：鞍式支座、圈式支座和支腿式支座，如图 6-18 所示。其中鞍式支座应用最为广泛，在卧式储罐和热交换器上应用较广，简称鞍座；圈式支座用于大直径薄壁容器和真空操作的容器，或多于两个支撑的长容器，圈座能使容器支撑处的筒体得到加强，能降低支撑处的局部应力，采用圈座时除常温常压下操作的容器外，至少应有一个圈座是滑动支撑的；支腿式支座结构简单，但支撑反力集中作用于局部壳体上，一般只用于小型卧式容器和设备。

立式容器支座分为腿式支座、耳式支座、支撑式支座和裙式支座 4 种，如图 6-19 所示。

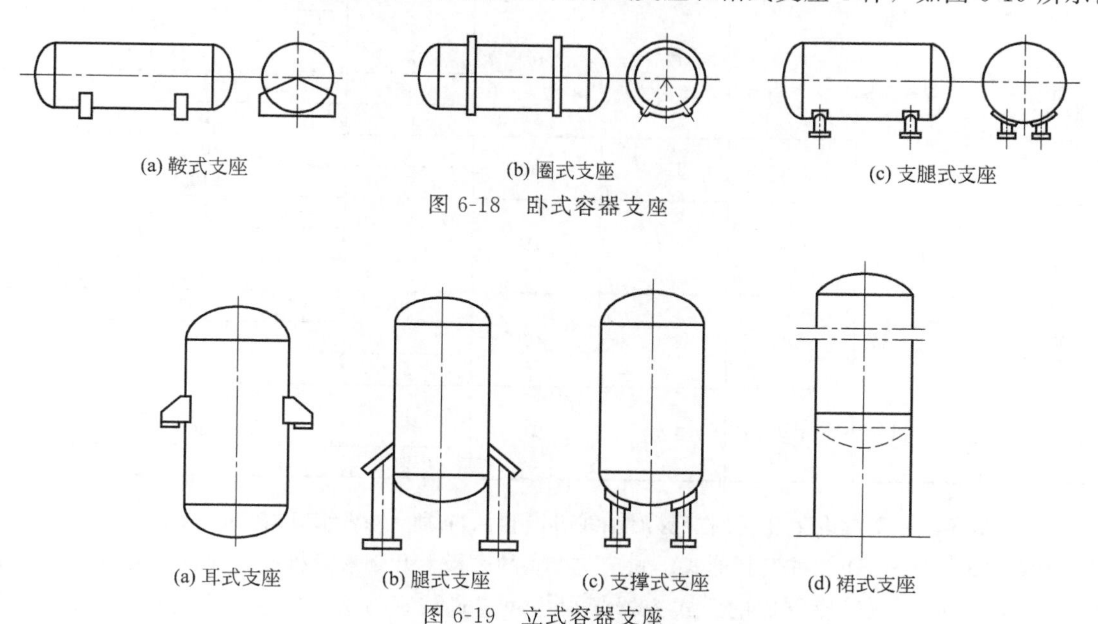
(a) 鞍式支座　(b) 圈式支座　(c) 支腿式支座

图 6-18 卧式容器支座

(a) 耳式支座　(b) 腿式支座　(c) 支撑式支座　(d) 裙式支座

图 6-19 立式容器支座

以下只介绍卧式容器常用的鞍式支座。

（2）鞍式支座的结构和类型

鞍座是卧式容器和设备广泛采用的一种支座，现行鞍座标准为 JB/T 4712.1《容器支座 第一部分：鞍式支座》，其结构分焊制和弯制 2 种，如图 6-20（a）所示。焊制鞍座一般是由底板、腹板、筋板和垫板组焊而成；而弯制鞍座的腹板与底板是由同一块钢板弯制而成，两者之间不存在焊缝，只有当 $DN \leqslant 900$mm 的设备才使用弯制鞍座，如图 6-20（b）所示。

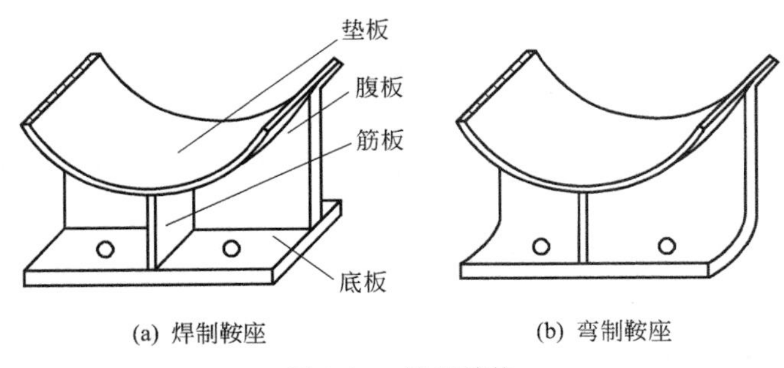

(a) 焊制鞍座　　(b) 弯制鞍座

图 6-20　鞍座结构

鞍式支座分为轻型（代号 A）、重型（代号 B）两种类型，$DN \leqslant 900$mm 的设备鞍座只有重型而没有轻型，因为设备直径较小，轻重型没有明显差异。重型鞍式支座按制作方式、包角及附带垫板情况分 BⅠ～BⅤ五种型号，各种型号鞍座的形式特征见表 6-9。鞍座大部分带垫板，但公称直径 $DN \leqslant 900$mm 的设备也有不带垫板的。

表 6-9　鞍座的形式特征

形式			包角	垫板	筋板数	适用公称直径 DN/mm
轻型	焊制	A	120°	有	4	1000～2000
					6	2100～4000
重型	焊制	BⅠ	120°	有	1	159～426
						300～450
					2	500～900
					4	1000～2000
					6	2100～4000
		BⅡ	150°	有	4	1000～2000
					6	2100～4000
重型	焊制	BⅢ	120°	无	1	159～426
						300～450
					2	500～900
	弯制	BⅣ	120°	有	1	159～426
						300～450
					2	500～900
		BⅤ	120°	无	1	159～426
						300～450
					2	500～900

为了使容器在壁温发生变化时能够沿轴线方向自由伸缩，每种形式鞍座又分为固定式（代号 F）和滑动式（代号 S）2 种安装形式，固定式支座的底板上开圆形螺栓孔，滑动式支座的底板上开长圆形螺栓孔。双鞍座支撑的卧式容器必须是固定式鞍座与滑动式鞍座搭配使用。

（3）鞍座的材料和标记

鞍式支座材料为 Q235A，也可用其他材料。垫板材料一般应与容器筒体材料相同，焊接材料的选用参照有关标准。当鞍式支座设计温度等于或低于－20℃时，应根据实际设计条件，如有必要设计者可以对腹板等材料提出附加低温检验要求，或是选用其他合适的材料。

鞍式支座的标记方法：

```
JB/T 4712.1—2007，支座  ×  ×-×
                       |  | |
                       |  | └—固定鞍座F，滑动鞍座S
                       |  └——公称直径，mm
                       └————型号(A、BⅠ、BⅡ、BⅢ、BⅣ、BⅤ)
```

注：1. 若鞍座高度 h，垫板宽度 b_4 垫板厚度 δ_4 底板滑动长孔长度 l 与标准尺寸不同，则应在设备图样零件名称栏或备注栏注明。如 $h=450$，$b_4=200$，$\delta_4=12$，$l=30$。

2. 鞍座材料应在设备图样的材料栏内填写，表示方法为：支座材料/垫板材料。无垫板时只注支座材料。

示例 1：DN325mm，120°包角，重型不带垫板的标准尺寸的弯制固定式鞍座，鞍座材料为 Q235A，标记为：

JB/T 4712.1—2007，鞍座 BV325-F

示例 2：DN1600mm，150°包角，重型滑动鞍座，鞍座材料为 Q235A，垫板材料 0Cr18Ni9，鞍座高度为 400mm，垫板厚为 12mm，滑动长孔长度 60mm，标记为：

JB/T 4712.1—2007，鞍座 BⅡ1600-S，$h=400$，$\delta_4=12$，$l=60$

（4）鞍座的选用

① 鞍座形式的选定：根据设备的公称直径及鞍座实际承载的大小确定选用轻型或重型鞍座。按容器圆筒强度的需要确定选用 120°包角或 150°包角的鞍座。

② 确定鞍座的允许载荷［Q］：按照鞍座实际承受的最大载荷 Q_{max} 必须小于等于鞍座的允许载荷［Q］的原则，查表确定标准高度下鞍座的允许载荷。当鞍座高度增加时，鞍座允许载荷随之降低，其值可参照 JB/T 4712.1 附录 B 确定。

③ 垫板的选用：公称直径 $DN \leqslant 900$mm 的容器，重型鞍座分为带垫板和不带垫板两种结构形式，当符合下列条件之一时，必须设置垫板：

a. 容器圆筒有效厚度小于或等于 3mm 时；

b. 容器圆筒鞍座处的周向应力大于规定值时；

c. 容器圆筒有热处理要求时；

d. 容器圆筒与鞍座间温差大于 200℃时；

e. 当容器圆筒材料与鞍座材料不具有相同或相近化学成分和性能指标时。

④ 确定基础垫板：当容器基础为钢筋混凝土进滑动鞍座底板下面必须安装基础垫板，基础垫板应保持平整光滑，垫板尺寸参照 JB/T 4712.1 附录 C 确定，基础垫板由设计者在图样上规定其供货关系。

6.2.3 耐压试验

6.2.3.1 耐压试验的形式

容器的耐压试验是在超过设计压力的条件下，对容器进行试运行的过程。目的是检查容器的宏观强度、焊缝的致密性及密封结构的可靠性，及时发现容器材质、制造、安装及检修过程存在的缺陷，是对材料选用、设计、制造及检修等各环节的综合性检查，以保证设备安全运行。

耐压试验分为液压试验、气压试验以及气液组合压力试验 3 种。一般采用液压试验，由于结构或者支撑原因，不能向容器内充灌液体，以及由于运行条件不允许残留试验液体的压力容器，可按照设计图样规定采用气压试验。对因承重等原因无法注灌液体的压力容器，可根据承重能力先注入部分液体，然后注入气体，进行气液组合压力试验。

对需要进行热处理的容器，必须将所有焊接工作完成并经热处理后方可进行液压试验，如果试验不合格需要补焊或补焊后又经热处理的必须重新进行压力试验。对于剧毒介质或不允许有微量介质泄漏的容器，在进行液压试验后还要进行气密性试验。

耐压试验前容器各连接部位的紧固螺栓必须装配齐全、紧固妥当，试验必须用 2 个量程相同并经过校正的压力表，并装于容器便于观察的部位。压力表的量程在试验压力的 2 倍左右为宜，但不应低于 1.5 倍和高于 4 倍的试验压力。

6.2.3.2 液压试验

液压试验是将液体注满容器后，再用泵逐步增压到试验压力，检验容器的强度和致密性。如图 6-21 所示为容器液压试验示意图。

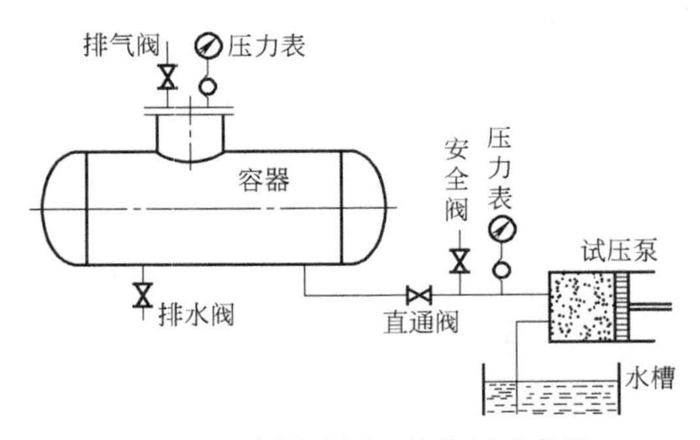

图 6-21 容器液压试验装置示意图

(1) 试验介质及要求

试验介质可采用不会导致发生危险的液体，试验时液体的温度应低于其闪点或沸点。一般采用洁净的水。奥氏体不锈钢制容器进行水压试验后，应将水渍清除干净，当无法达到这一要求时，应控制水的氯离子含量不超过 25mg/L。

碳素钢、Q345R 和正火 15MnVR 钢容器进行液压试验时，液体温度不得低于 5℃；其他低合金钢容器，试验时液体温度不得低于 15℃。如果由于板厚等因素造成材料无延性转变温度升高，则需相应提高试验液体温度；其他钢种容器液压试验温度按图样规定。

(2) 试验方法和过程

第一：确定试验压力。耐压试验压力应当符合设计图样要求，且不小于式 (6-1) 的计算值。

$$p_T = 1.25p\frac{[\sigma]}{[\sigma]^t} \tag{6-1}$$

式中 p_T——试验压力，MPa；

p——设计压力，MPa；

$[\sigma]$——容器元件材料在试验温度下的许用应力，MPa；

$[\sigma]^t$——容器元件材料在设计温度下的许用应力，MPa。

注：容器铭牌上规定有最大允许工作压力时，公式中应以最大允许工作压力代替设计压力 p；容器各元件（圆筒、封头、接管、法兰及紧固件等）所用材料不同时，应取各元件材料的 $[\sigma]/[\sigma]^t$ 比值中最

小者。

试验前应按式（6-2）校核试验压力下的圆筒应力

$$\sigma_T=\frac{p(D_i+\delta_e)}{2\delta_e}$$

$$\sigma_T\leqslant 0.9\varphi\sigma_s(\sigma_{0.2}) \tag{6-2}$$

式中 σ_T——试验压力下圆筒的应力，MPa；

D_i——圆筒内直径，mm；

δ_e——圆筒的有效厚度，mm。

第二：排净容器中的空气。试验时容器顶部应设排气口，以便充液时将容器内的空气排尽。试验过程中，应保持容器观察表面的干燥。

第三：试验时压力应缓慢上升，达到规定试验压力后，保压时间一般不少于 30min（在此期间容器上的压力表读数应保持不变）。然后将压力降至规定试验压力的 80%，并保持足够长的时间以对所有焊接接头和连接部位进行检查。如有渗漏，应做标记，卸压后修补，修好后重新试验，直至合格为止。

第四：对于夹套容器，先进行内筒液压试验，合格后再焊夹套，然后进行夹套内的液压试验。

最后：液压试验完毕后，应将液体排尽并用压缩空气将内部吹干。

（3）液压试验合格标准

无渗漏、无可见的变形、试验过程中无异常响声即为耐压试验合格。

6.2.3.3 气压试验

气压试验之前必须对容器 A 类和 B 类焊接接头进行 100% 的无损检测，并应增加试验场所的安全措施，该安全措施需经试验单位技术总负责人批准，并经本单位安全部门检查监督。试验所用的气体应为干燥洁净的空气、氮气或其他惰性气体。

碳素钢和低合金钢容器，气压试验时介质温度不得低于 15℃；其他钢种容器气压试验温度按图样规定。

试验前确定试验压力

$$p_T=1.10p\frac{[\sigma]}{[\sigma]^t} \tag{6-3}$$

校核试验压力下的圆筒应力

$$\sigma_T=\frac{p_T(D_i+\delta_e)}{2\delta_e}$$

$$\sigma_T\leqslant 0.8\varphi\sigma_s(\sigma_{0.2}) \tag{6-4}$$

式中 $\sigma_s(\sigma_{0.2})$——圆筒材料在试验温度下的屈服点（或 0.2% 的屈服强度），MPa；

φ——圆筒的焊接接头系数。

气压试验合格要求，气压试验过程中，容器无异常响声，经过肥皂液或者其他检漏液检查无漏气，无可见的变形即为合格。

6.2.3.4 气液组合压力试验

对因承重等原因无法注满液体的压力容器，可根据承重能力先注入部分液体，然后注入气体，进行气液组合压力试验。试验之前必须对容器 A 类和 B 类焊接接头进行 100% 的无损检测。

对于气液组合压力试验，应保持容器外壁干燥，经检查无液体泄漏后，再以肥皂液或其他检漏液检查无漏气，无异常响声，无可见的变形即为合格。

6.2.3.5 泄漏试验

耐压试验合格后，对于介质毒性程度为极度、高度危害或者设计上不允许有微量泄漏的压力容器，应当进行泄漏试验。

根据试验介质的不同，泄漏试验分为气密性试验、氨检漏试验以及卤素检漏试验和氦检漏试验等。

（1）气密性试验

气密性试验所用的气体应为干燥洁净的空气、氮气或其他惰性气体。试验压力为压力容器的设计压力。

进行气密性试验时，应当将安全附件装配齐全，保压足够时间经检查无泄漏为合格。介质为易燃或毒性程度为极度、高度危害或设计上不允许有微量泄漏（如真空度要求较高时）的压力容器，必须进行气密性试验。气密性试验的危险性大，应在液压试验合格后进行。

气密性试验的压力大小视容器上是否配置安全泄放装置而定。若容器上没有安全泄放装置，其气密性试验压力值一般取设计压力的1.0倍；但若容器上设置了安全泄放装置，为保证安全泄放装置的正常工作，其气密性试验压力值应低于安全阀的开启压力或爆破片的设计爆破压力，建议取容器最高工作压力的1.0倍。气密性试验的试验压力、试验介质和检验要求应在图样上注明。

气密性试验时，压力应缓慢上升，达到规定试验压力后保压10min，然后降至设计压力，对所有焊接接头和连接部位进行泄漏检查。小型容器亦可浸入水中检查。如有泄漏，修补后重新进行液压试验和气密性试验。

容器检验结束后，检验人员及检验单位应及时整理检验资料，写出检验报告，并纳入压力容器技术档案。

（2）氨检漏试验

氨检漏试验可采用氨-空气法、氨-氮气法、100%氨气法等氨检漏方法，氨的浓度、试验压力、保压时间，由设计图样规定。

（3）卤素检漏试验

卤素检漏试验时，容器内的真空度要求、采用的卤素气体种类、试验压力、保压时间以及试验操作程序，按照设计图样的要求执行。

（4）氦检漏试验

氦检漏试验时，容器内的真空度要求、氦气的浓度、试验压力、保压时间以及试验操作程序，按照设计图样的要求执行。

6.2.4 固定管板换热器常见故障与处理

固定管板换热器常见故障与处理见表6-10。

表 6-10 固定管板换热器常见故障与处理

故障	产生原因	处理方法
振动	壳程介质流动过快 管路振动导致 管束与折流板的结构不合理 机座刚度不够	调节流量和流速 加固管路 改进管束与折流板的结构 加固机座
管板与壳体连接处开裂	焊接质量不好 外壳歪斜,连接管线拉力或推力过大 腐蚀严重,外壳壁厚减薄	清除补焊 重新调整找正 检测后修补
管束、管头泄漏	管子被折流板磨坏 壳体和管束温差过大 管口腐蚀或胀(焊)接质量差	堵管或换管 补胀或焊接 换管或补胀(焊)
传热效率下降	列管结垢 壳体内不凝汽或冷凝液增多 列管、管路或阀门堵塞	清洗管子 排放不凝汽或冷凝液 检查清理

参考资料

GB 150《压力容器》

GB/T 151《热交换器》

NB/T 47014《承压设备焊接工艺评定》

NB/T 47015《压力容器焊接规程》

思考题

1. 选用换热器时，应考虑哪些问题？如何确定冷、热流的走向？
2. 换热器安装前需做哪些准备工作？换热器吊装应注意什么问题？
3. 换热器的安装应怎样进行？安装过程中应注意什么问题？
4. 怎样进行各种类型换热器的压力试验？
5. 管子与管板的连接方法有哪几种？并指出它们的优缺点和适用场合。
6. 管板孔与管子间的间隙大小对胀接质量有何影响？
7. 说明管子在管板上的胀接原理，采用哪些措施可提高管子与管板的连接强度？
8. 收集几种典型设备的安装工艺流程。
9. 什么是压力容器？GB 150《压力容器》适用于什么样的压力容器？《特种设备安全监察条例》中对压力容器是如何界定的？
10. 《固定式压力容器安全技术监察规程》对压力容器的类别是如何划分的？
11. 压力容器常用标准规范的内容和使用要求？
12. 压力容器常用钢材的性能特点、标准规范和选用原则？
13. 压力容器常见的封头有哪些形式？什么是标准椭圆封头？
14. 法兰密封面形式有哪些？各适用什么场合？
15. 法兰标准化有何意义？压力容器法兰标准中的公称压力 PN 的基本意义是什么？
16. 卧式容器常见支座形式及其特点是什么？

7 球形储罐

7.1 球形储罐的安装

7.1.1 球形储罐的安装方法及选用

7.1.1.1 球形储罐常用安装方法

球形储罐现场安装的组装方法有分片组装法、拼大片组装法、环带组装法、拼半球组装法、分带分片混合组装法。上述这些组装方法中，在施工中较常用的是分片组装法（散装法）和环带组装法。

（1）分片组装法

分片组装法也称为散装法，采用分片组装法，施工准备工作量少，组装速度快，组装应力小，而且组装精度易于掌握，不需要很大的吊装机械，也不需要太大的施工场地，缺点是高空作业量大，需要相当数量的夹具，全位置焊接技术要求高，而且焊工施焊条件差，劳动强度大。分片组装法适用于任意大小球形储罐的安装。

（2）拼大片组装法

拼大片组装法是分片组装法的延伸，在胎具上将已预热好、编了号的相邻两片或多片球壳瓣，拼接成较大的球壳片，然后吊装组焊成球壳体。组合的球壳片瓣数多少，要根据吊装能力确定。拼大片组装法由于在地面上进行组装焊接，减少了高空作业，并可以采用自动焊进行焊接，从而提高了焊接质量。

（3）环带组装法

环带组装法一般分两种，一种是在预制厂先将各环带预制成型，然后运输到现场组装，这种方法受多种条件限制，较大的球形储罐很少采用。一般都是在现场进行预制并组装，在临时钢平台上，先后将赤道带，上下温带、上下极板分别组对焊接成环带，然后将各环带组装焊接成球体。

各环带组装成球有两种方法：

① 先安装下温带再安装赤道带。方法是根据图纸把下温带（包括极板）吊放在安装座圈上，然后吊装赤道带并与下温带组对焊接，再分装球形储罐支柱。最后上温带（包括极板）进行组对找正、焊接成形。

② 先安装赤道环带再组装下温带。方法是首先吊装赤道带，就位后找平，按设计规定把下温带大口向上吊装到球形储罐基础中心方位，再进行支柱安装。支柱间拉杆螺栓预紧。

环带组装法组装的球壳，各环带纵缝的组装精度高，组装的拘束力小，减少了高空作业和全位置焊接，施工进度快，提高了工效。同时也减少了不安全因素，并能保证纵缝的焊接质量。但环带组装法现场施工时，需要一定面积的临时钢平台，占用场地大；组装时需用的加固支撑较多；组成的环带重量较大，组装成球时需较大的吊装机械。另外，环缝组对时难以避免强制性组装，强装焊接后产生较大的应力，因此，一般适用于中、小球形储罐的安装。

（4）拼半球组装法

先拼装出两个半球，再拼成一个球体，半球法只适用于 400m^2 以下小型球形储罐的组装。

（5）分带分片混合组装法

它是综合了整体组装和分段组装的方法，以充分利用现场的现有条件，如平台、起重机械等，而采用的一种较为灵活的方法。它兼备了上述两种方法的优点，一般适宜于中小型球体的组装。

7.1.1.2 球形储罐安装方法选用

球形储罐的拼装方法可根据球形储罐的容量、结构形成、施工现场及组装平台的大小、施工单位吊装机具及人力资源情况进行合理选择。目前，国内球形储罐现场组装多采用分片组装法和环带组装法。

7.1.2 3000m^3 液化气球形储罐的安装

球形储罐的制造、安装分球壳板制造与现场组装、施焊两个阶段。

制造工作包括原材料的检验，球壳板放样、下料、成形，坡口加工，极板与接管的组焊，赤道板与支柱的组焊，其他附件加工及相应消除应力热处理等。球壳板制造应按 GB 50094《球形储罐施工规范》，对钢板进行检查和验收后方可使用。下面是 3000m^3 液化气球形储罐施工案例，供学习参考。

7.1.2.1 工程概况

3000m^3 液化气球形储罐为赤道正切支柱四带混合结构，材质为 Q370R。球形储罐零部件包括球壳板、支柱、拉杆、开孔接管及其他附件。球壳板 54 块，支柱 10 根，焊缝约 527.4m。3000m^3液化气球形储罐设计参数见表 7-1。

表 7-1 3000m^3 液化气球形储罐设计参数

序号	设计参数		序号	设计参数	
1	设计压力	1.625MPa	11	容器类别	Ⅲ类
2	设计温度	50℃	12	腐蚀裕量	1.5mm
3	工作介质	液化石油气	13	设备空重	427408kg
4	水压试验压力	2.03MPa	14	设计寿命	20 年
5	气密性试验压力	1.625MPa	15	主体材质	Q370R
6	焊接接头系数	1.0	16	厚度	48mm
7	上极带板	7 块	17	公称直径	18000mm
8	上温带板	20 块	18	支柱	10 根
9	赤道带板	20 块	19	焊缝长度	527.4m
10	下极带板	7 块	20	公称容积	3000m^3

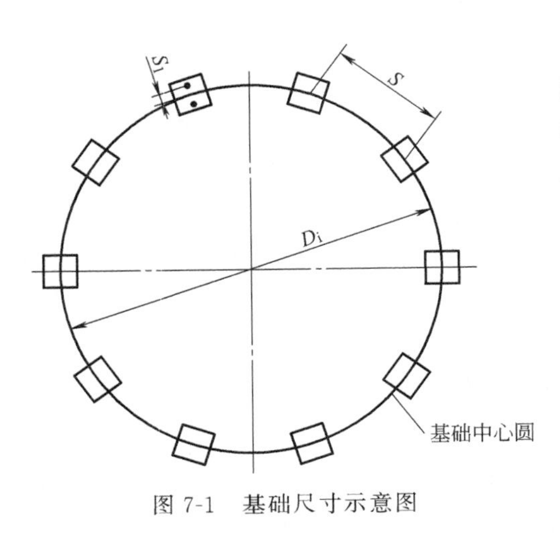

图 7-1 基础尺寸示意图

现场安装主要任务：球形储罐本体组焊、热处理以及无损检测、水压试验、气密性试验；梯子平台安装；球形储罐的防腐涂漆等工作。

7.1.2.2 基础检查验收

球形储罐安装前，应按设计图纸和基础施工单位的交工资料对基础各部位进行检查和验收。

按设计图纸，用钢卷尺、盘尺、直尺及水准仪测量各部位尺寸，包括基础部分几何尺寸、标高、地脚螺栓等，基础尺寸见图 7-1，允差应符合表 7-2 中的规定。

赤道带组装前应进行基础的准备工作，基础准备的目的是使吊装的各支柱到位后能在同一水平面上，基础准备应按设计要求进行，按照施工经验，为保证球形储罐安装符合规范要求，基础可做如下准备。在混凝土基础上平面增加 4 组垫铁，每组高度不应小于 25mm（30mm），且不宜多于 3 块，斜垫铁应成对使用，接触紧密，找平完毕后，应点焊牢固。

表 7-2 检查项目及允许偏差

序号	项目		允许偏差
1	基础中心圆直径 D_i	球形储罐公称容积＜2000m³	±5mm
		球形储罐公称容积≥2000m³	±D_i/2000mm
2	基础方位		1°
3	相邻支柱基础中心距 S		±2mm
4	地脚螺栓中心与基础中心圆的间距 S_1		±2mm
5	地脚螺栓预留孔中心与基础中心圆的间距		±8mm
6	基础标高	相邻支柱基础的标高差	≤4mm
7	单个支柱基础上表面的平面度	地脚螺栓固定的基础	5mm
		预埋基础垫板固定的基础	2mm

7.1.2.3 球壳板的检查与验收

① 现场到货球壳板应逐块进行材质、外观、弧度与几何尺寸及坡口等的严格检验，表面不得有裂纹、气泡、结疤、折叠和夹渣等缺陷。

② 结构形式应符合设计图样要求，每块球壳板本身不得拼接。

③ 球壳板厚度检查，球壳板在压制过程中，由于材质不均匀，或操作不得法等原因，有可能造成球壳板局部减薄，需对成型后的球壳板厚度进行检查。实测厚度不得小于名义厚度减去钢板负偏差。抽查数量应为球壳板数量的 20%，且每带不少于 2 块，上、下极不少于 1 块；用测厚仪测量，每张球壳板的检测不应少于 5 点。抽查若有不合格，应加倍抽查；若仍有不合格，应对球壳板逐张进行检查。

④ 球壳板曲率的检查。检查球壳板弧度用专用样板，样板与球壳板弧形之间的贴合应良好。检查时要将球壳板放在特制的胎架上，避免由于球壳板自重而引起变形，影响球壳板

的几何尺寸（图 7-2）。球壳板曲率用 2m 弦长的样板检测，允许间隙 $e \leqslant 3$mm，见表 7-3。

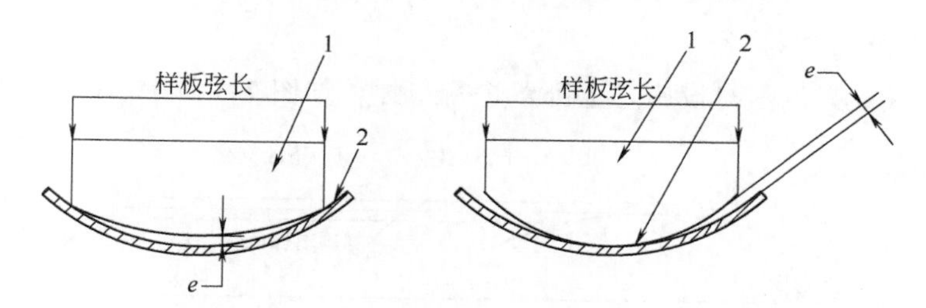

图 7-2 球壳板曲率检查

1—样板；2—球壳板

表 7-3 球壳板测量间隙

球壳板弦长 L	应采用样板弦长	任何部位允许间隙
$L \geqslant 2000$mm	≥2000mm	$e \leqslant 3$
$L < 2000$mm	不得小于球壳板弦长	$e \leqslant 3$

球壳板几何尺寸允许偏差应符合表 7-4 中的规定。

表 7-4 球壳板几何尺寸允许偏差

mm

检验项目	允许偏差	检验项目	允许偏差
长度方向弦长	±2.5	对角线弦长	±3
任意宽度方向弦长	±2	两条对角线间的距离	≤5

⑤ 安装前应对球壳板周边 100mm 范围内进行全面积超声检测抽查，抽查数量不少于 11 块，且每带不少于 2 块，上、下极不少于 1 块，Ⅱ级合格，若发现超标缺陷，应加倍抽查，若仍有超标缺陷，则应 100%检验。对球壳板有超声检测要求的还应进行超声检测抽查，抽查数量应与周边抽查数量相同。

⑥ 坡口：坡口角度的允许偏差±2°30′；钝边厚度的允许偏为±1mm。坡口表面应平滑，表面粗糙 $Ra < 25\mu$m；熔渣与氧化皮应清除干净，坡口表面不得有裂纹和分层等缺陷存在。

7.1.2.4 组装卡具的布置与方铁的点固

① 球壳板安装所用定位块，事先准备好，材质与球壳相同。其作用一是吊装用，二是配合日字形卡具，对球壳板进行固定，调间隙、错口、错边等。方铁间距为 700～800mm，安装位置为：下温带纵缝、横缝方铁均布置在罐内侧，其他焊缝均布置在外侧。焊接时要求与正式焊相同，夹具用三面焊，吊装用四面焊。

② 定位块的布置是为了保证调整错口和间隙达到规定公差要求为目的。根据球壳板的几何尺寸来确定定位块的数量。

③ 定位块的拆除必须在焊接完毕后进行，定位块不能强力拆掉，切割时应保留不小于 2mm 的余量，用磨光机磨平后按无损检测工艺要求进行检验。

④ 定位块应在球壳板吊装前焊完，焊接前应画出焊接位置，确保全部球壳板定位块的一一对应和调整卡具使用合适，允许偏差±5mm。

⑤ 定位块在安装中还是吊装吊点及球壳板支撑点，焊缝应连续满焊，焊角高不小于

20mm，以保证定位块的连接强度。

7.1.2.5 支柱组对

在地面胎具（或其他临时设施）上卧置进行组焊，如图 7-3 所示。

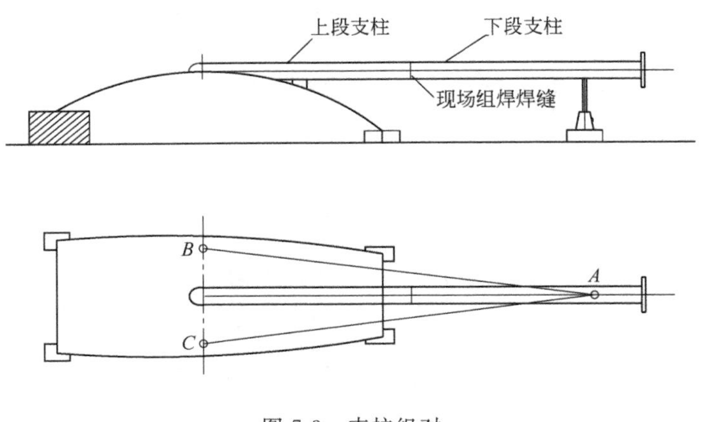

图 7-3 支柱组对

检查数量为全部检查，测量工具采用线坠、直尺、角尺、卷尺等。

支柱全长长度允许偏差为 3mm，支柱与底板焊接后应保持垂直，其垂直度允许偏差为 2mm，上段支柱与下段支柱拼接后，支柱全长的直线度偏差应小于或等于 10mm。

7.1.2.6 球壳板组装

本球形储罐组装采用于 60t 吊车单片散装法。即将每块球壳板逐次吊起，组装成自由球体，再调整点固。应力分散均匀，几何尺寸偏差均匀的约束球体。为下一步焊接提供良好的应力环境。

球体吊装顺序：赤道带板（上拉杆）→下极板→上温带板→上极板。

（1）赤道带组装

① 找出基础圆中心，用划规画出支柱底板框线，用样冲在四周明显位置打上冲眼，以备安装时定位。

② 等外脚手架下半部搭设完成后，进行赤道带的吊装，赤道带吊装顺序见图 7-4。

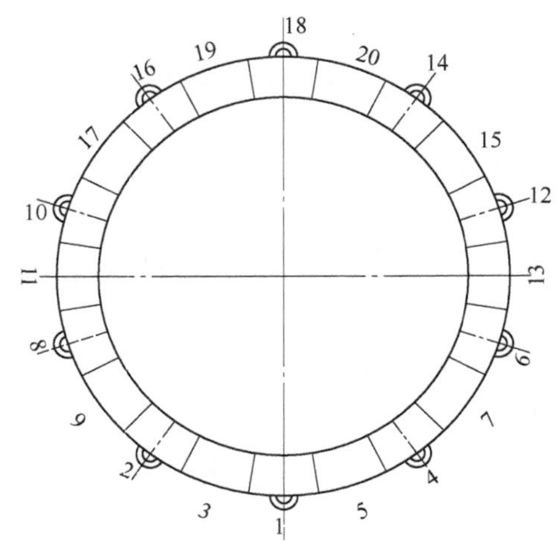

图 7-4 赤道带吊装顺序示意图

③ 吊装第一块带有支柱的赤道板，慢慢放于基础上，找正调好垂直度，用缆风绳笃定，并将底板与预埋板点焊好、支柱螺栓拧紧。

④ 吊装第二块带有支柱的赤道板，慢慢放于基础上，找正调好垂直度，用缆风绳笃定，并将底板与预埋板点焊好、支柱螺栓拧紧。

⑤ 吊装第三块无支柱的赤道板，插入第一块与第二块有支柱的赤道板之间，用龙门卡具来固定。

⑥ 然后每吊一块有支柱的赤道板，再吊另一块没有支柱的赤道板，依次吊装直至闭合，吊装最后一块赤道板前，先检查合口间隙尺寸和赤道

板尺寸是否吻合，否则应调整好后再吊装。

⑦ 赤道板组对成环后，应立即找正，并调整柱间拉杆，使装配尺寸达到要求。

⑧ 赤道带是整个球的基准带，其组装精度如何，对其他各带和整个球形储罐的最终质量影响很大，所以必须精心调好。调整的项目为间隙错边、椭圆度、上下口的齐平度等，组装时一定要防止强制装配，以避免附加应力的产生。

⑨ 调整间隙、错边、角变形、直径及对角线，使其达到规范要求，如图 7-5 所示。

（2）下极带组装

利用吊车、卡具调整的办法进行组装，先组装下极带边板，下极带侧板，再组装中板。

吊装 4 块极边板，利用极边板外侧的定位方铁做吊点进行吊装，极边板下端用卡具固定在温带板上环口，调整好尺寸后，按同样要求吊装第 2～第 4 块极边板。调整间隙、错边、棱角度，使其达到规范要求。

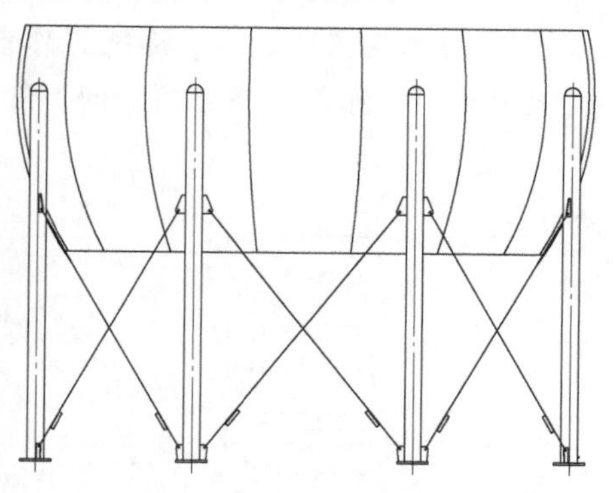

图 7-5　赤道带组装图

边板吊装完以后，吊装 2 块侧板和 1 块极中板，利用极侧板上的定位方铁做吊耳进行吊装，极侧板下端用卡具固定在极边板上环口调整好尺寸后，按同样要求吊装第 2 块极侧板。

按图纸找出接管安装方位，并保护好接管、人孔、法兰面，最后吊装极中板。

调整间隙、错边、棱角度及法兰面水平度，使其达到规范要求。

（3）上温带板组装

上温带板进行吊装前球形储罐内部脚手架应搭设完毕。

内部脚手架搭设也为满堂红方式，确保吊装的安全施工，吊装第一块上温带板时，其下端通过与赤道带板上端的定位块，利用卡具固定，为了避免球壳板由于自身重力的偏离，导致上温带板向下下垂，内侧使用脚手架杆对球壳板进行支撑，外侧使用缆风绳固定住球壳板两端。

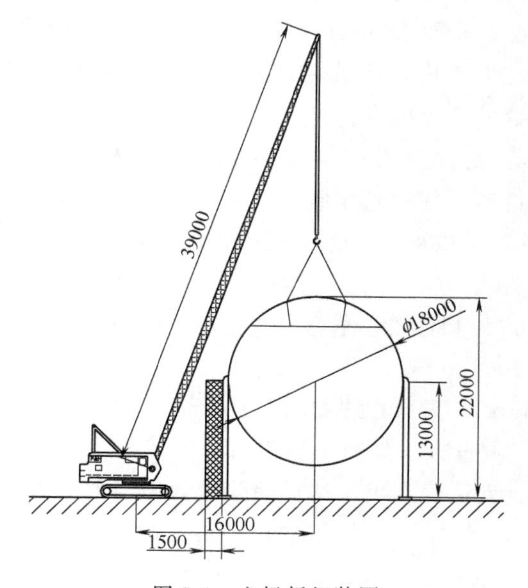

图 7-6　上极板组装图

利用方铁（方块铁）作吊耳，按安装排板图，依次吊装上温带板，利用外侧龙门卡具将上温带板与赤道板固定在一起，这样安装至封闭。

随后进行间隙、错边及角变形的调整，使其达到规范要求。

（4）上极带组装

上极板可以直接利用吊车进行组装，方法与下极板的组对方法相同，通过与温带板之间的定位块，进行卡具的固定，调整间隙、错边及角变形、法兰面水平度，使其达到规范要求，如图 7-6 所示。

为了球形储罐内部的通风，将大型排气扇，

安装在上极人孔，如图 7-7 所示。

7.1.2.7 球体调整及定位焊

① 调整及定位焊顺序：赤道带纵缝→上温带纵缝→上下极板缝→赤道带、上温带环缝→上下极环缝。

② 调整方法：利用球体外侧龙门卡等卡具调整焊缝的根部间隙、错边量、角变形等。如图 7-8 所示。调整时不得采用机械方法进行强力组装。

③ 调整及定位焊必须对称配置作业人员，用对称法进行，如图 7-9 所示。定位焊时以赤道板为基准，赤道带下方由上向下的方法进行，赤道带上方由下向上的方法进行。

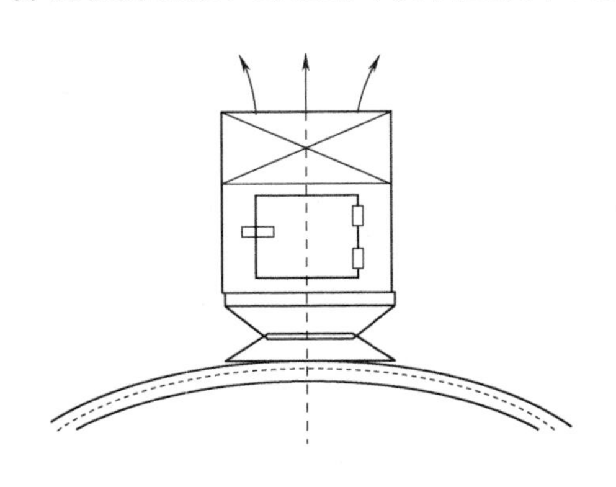

图 7-7 排风扇安装示意图

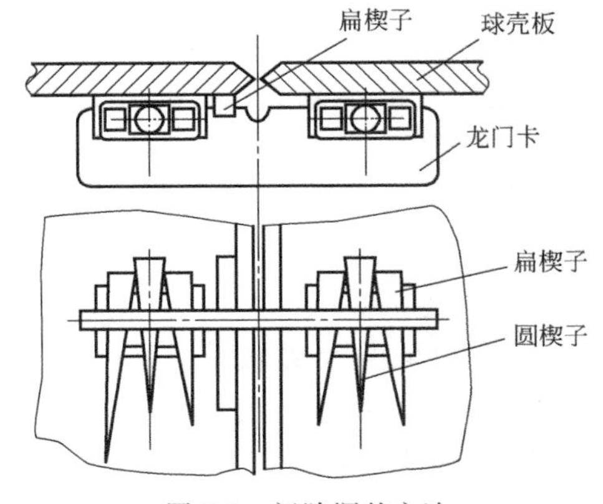

图 7-8 间隙调整方法

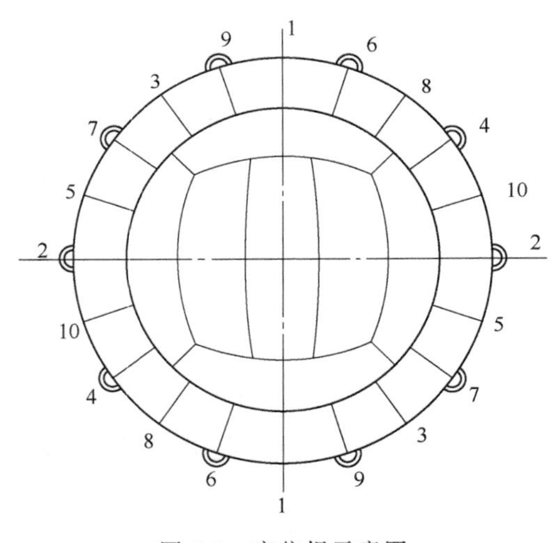

图 7-9 定位焊示意图

④ 调整合格后由铆工划出定位焊位置线，由持证焊工进行定位焊，并采用评定合格的焊接工艺。定位焊在内侧进行，采用两层焊道，定位焊长度不小于 50mm，间距宜为 250～300mm，焊肉厚度大于 8mm。T 形焊缝、Y 形焊缝必须全封 150mm 长，并焊牢。引弧和熄弧均应在坡口内，严禁在球皮上和 T 形焊缝、Y 形焊缝的交合处进行。

⑤ 支柱垂直度调整：松开地脚螺帽及拉杆，进行支柱垂直调整。

⑥ 调整及定位焊结束后，进行球体几何尺寸检查。

a. 对口间隙：管理目标值 (2±1)mm，允许 (2±2)mm。

b. 对口错边量：管理目标值 2mm，允许值 3mm，测量方法如图 7-10 所示。

c. 棱角度：管理目标值 5mm，允许值 7mm，测量方法如图 7-11 所示。

d. 两极净距与设计内径：管理目标值 40mm，允许值宜小于球形储罐设计内径的 0.3%且不大于 50mm。

e. 支柱垂直度：允许值 15mm。目标管理值 10mm。

球形储罐整体组装完毕，在自检合格的基础上，由建设单位代表、监检及监理代表、安装单位代表联合检查验收。组装检验项目汇总见表 7-5。

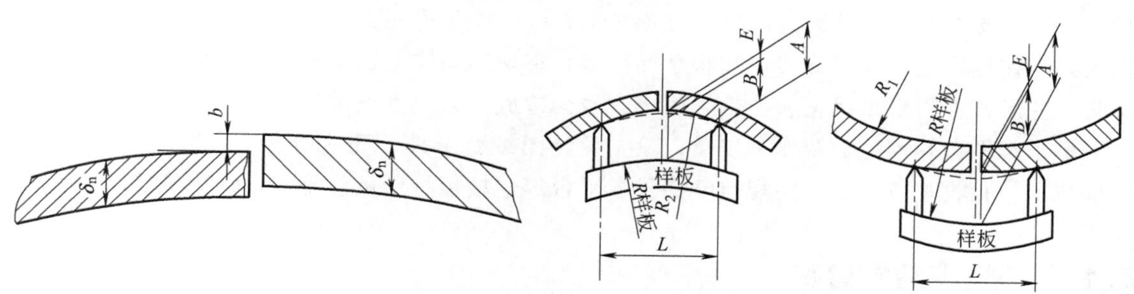

图 7-10　错边量的测量方法

b—表面错边；

δ_n—钢板厚度

图 7-11　角变形的测量方法

$E=A-B$；R—样板弧度；R_1—球罐设计外径；R_2—球罐设计内径

表 7-5　检验项目

序号	项目	允许误差/mm	序号	项目	允许误差/mm
1	对口间隙	2±2	4	赤道截面内径差	≤50
2	对口错边量	≤3	5	支柱垂直度	≤15
3	棱角度	≤7			

注：1、2、3 项沿对接接头每 500mm 测量一点。

然后安装拉杆，拉杆安装时应对称均匀拧紧。接下来进行球形储罐梯子、平台等附件的安装等。

7.1.3　球形储罐梯子平台的安装

球形储罐气密性试验合格后按施工图要求进行梯子、平台、安全阀、液位计等附件的安装。安装前要对各附件进行质量检查，是否符合图纸、标准、规范等要求。

大型球形储罐的外部扶梯一般由两部分组成，赤道线以下为 45°斜梯，赤道线以上为沿着球形储罐外壁盘旋上升的弧形盘梯（简称盘梯）。盘梯下端与中间平台连接，上部与顶部平台连接。

7.1.3.1　球形储罐盘梯的特点

连接中间平台和顶部平台的盘梯，多采用近似球面螺旋线型，又称为球面盘梯。盘梯由内外侧扶手和栏杆（或侧板）、踏步板及支架组成。球面盘梯具有如下特点：

① 盘梯上端连接顶部平台，下端连接赤道线处的中间平台，中间不需增加平台。安全美观，行走舒适，没有陡升陡降的危险感。

② 盘梯内侧栏杆的下边线与球形储罐外壁距离始终保持不变，梯子旋转曲率与球面一致；外栏杆下边线与球面的距离，自中间平台开始逐渐变小，在盘梯与顶部平台连接处，内外栏杆下边线与球面等距离。

③ 踏步板保持水平，并指向盘梯的旋转中心轴。一般均采用右旋盘梯。

④ 盘梯与顶部平台正交，且栏杆下边线与顶部平台齐平。

7.1.3.2　盘梯的组对与安装

盘梯内外侧栏杆放出实样后，应在下边线上画出踏步板的位置线，然后将踏步板对号安装，逐块点焊牢固。

盘梯安装一般采用两种方法，一种方法是先把支架焊在球形储罐上再整体吊装盘梯。这种方法要求支架在球形储罐上的安装位置必须准确，使盘梯能正确就位安装。另一种方法是把支架焊在盘梯上，连同支架一起将盘梯吊起，在球形储罐上找正就位。盘梯吊装时，应注意防止变形，否则将给找正就位带来困难，也会造成支架位置不准确。

梯子、平台等钢结构制作和安装，除按设计图纸要求外，还应符合 GB 50205《钢结构工程施工与验收规范》中有关规定。梯子、平台等连接板材质量应符合设计图纸要求。

7.1.4 球形储罐的验收

球形储罐制成后，根据 GB 50094《球形储罐施工及验收规范》进行检验与验收。

7.1.4.1 焊缝检查

焊接质量检验是保证球形储罐质量不可缺少的重要手段。焊接质量检验包括焊缝外观检查、内部质量检查。对焊缝表面质量检验、检查的方法主要靠目测，也称为焊缝的外观检验。焊缝外观检查时，焊缝及热影响区表面不得有裂纹、气孔、夹渣、凹陷、熔合性飞溅物等缺陷，焊缝的焊角高度、宽度、余高等都应满足有关规定要求。对焊缝内在质量的检验方法，是采用无损检测检验。无损检测检查的具体手段有射线检测、超声波检测、磁粉检测和渗透检测。

7.1.4.2 球形储罐的压力试验

为了考核和检查球形储罐的强度和基础的承压能力、球形储罐装配和焊接质量，并起到一定的消除内应力的作用，在焊接、砂轮打磨、无损检测合格后，应进行压力试验。

球形储罐的压力试验应在球形储罐整体热处理后进行，球形储罐应进行水压试验和气密性试验。水压试验的主要目的是检验球形储罐的强度，试验介质宜用水。气密性试验主要是检查球形储罐的所有焊缝和其他连接部位的密封程度，是否有渗漏，气密性试验介质宜用压缩空气。

（1）水压试验

水压试验是为了检查球形储罐的强度、考核球形储罐组装焊接质量，以保证球形储罐能够承受设计压力不漏。经过水压超载能够改善球形储罐的承载能力。尽管球形储罐在制造、组装焊接过程中和焊后都进行了严格的检验工作，但漏检的缺陷有可能在水压试验中出现。因此水压试验也是比较重要的检验手段。

必须向罐内充水加压，在达到试验压力的条件下，检查球形储罐是否有渗漏和明显的塑性变形，检验球形储罐包括焊缝在内的各种接缝的强度是否达到设计要求，验证球形储罐在设计压力下能否保证安全运行，同时也可以通过渗漏现象，发现球形储罐潜在的局部缺陷，并及时消除。试压时，应先将罐内所有残留物清除干净。将球形储罐人孔，安全阀座及其他接管孔用盖板封堵严密。

① 进行水压试验前，球形储罐应具备下列条件：本体及附件的组装、焊接和检验工作全部结束；球形储罐支柱应找正并固定在基础上，基础二次灌浆达到强度要求；罐体与接管所有焊缝全部焊接完毕，全部焊缝都经过外观检查，超声波检测（或射线检测）和磁粉

检测。

需要进行焊后整体热处理的球形储罐热处理工作已全部结束，并检验合格；只有在球形储罐经过整体热处理后，才可进行水压试验，不要求进行整体热处理的球形储罐，若用高强度钢板制造，其水压试验必须在焊接制造完成 72h 以后进行。

基础二次灌浆已达到设计强度。

支柱拉撑杆调整紧固完毕。

工卡具定位焊痕迹打磨完毕，并检验合格。

② 水质要求：水压试验一般应为清洁的工业用水，应避免使用含氯离子的水，因为氯离子可能造成高强度钢的应力腐蚀。钢板的脆性破坏与试压的水温有关，因此，碳素钢和 Q345R 钢球形储罐的试压水温不得低于 5℃；其他低合金钢球形储罐的水温不低于 15℃。

③ 试验过程：试压水泵与球形储罐底部之间用钢管连接，进水阀与水源连接。当通过进水阀向球形储罐内充水时，球形储罐顶部的放气阀打开不断将罐内空气排出。当水从放气阀泄出时关闭放气阀，同时关闭进水阀。试压水泵开启，球形储罐内水压缓慢上升，当达到试验压力时，关闭关断阀，保持罐内压力。

为了确保试验压力的准确性，一般应安装两块压力表，一块安装在球形储罐顶部，一块安装在关断阀后面。两块压力表的计量值都不应低于试验压力值。压力表的最大量程应为试验压力的 1.5～2.0 倍。

当球形储罐充满水后封闭人孔开始升压，并按以下步骤进行：

球形储罐内灌满水后，启动电动试压水泵，升压前检查球壳表面无结露现象，使罐内压力缓慢上升。升压速度一般不超过每小时 0.3MPa。

升压至试验压力的 50%时保持 15min，然后对球形储罐的所有焊缝和连接部位做初次目视，作渗漏检查，确认无渗漏后继续升压。

压力升至试验压力的 90%时保持 15min，再次做渗漏检查。

压力升至试验压力时保持 30min，然后将压力降至设计压力进行检查，以无渗漏为合格。

水压试验完毕可打开泄水阀排放试验用水。

④ 试验压力：燃气储罐的使用过程中，可能因燃气成分的变化，环境温度的急剧升高，仪器设备出现故障等因素的影响，造成使用压力超过设计压力。为了保证球形燃气储罐在使用过程中的安全性和可靠性，并对球形储罐的承压能力进行实际验证，水压试验时的试验压力应为设计压力的 1.25 倍，设计有特殊规定时按设计文件要求进行，但不应小于球形储罐设计压力的 1.25 倍。如有特殊要求，可采用 1.5 倍的设计压力进行试验。应注意此压力值是罐顶压力表读数。

⑤ 试验注意事项：

a. 强度钢制球形储罐，必须在焊后至少 72h 后进行水压试验。

b. 升压过程中严禁碰撞和敲击罐壁。压力升到 0.2～0.3MPa 时可停止升压，检查法兰，焊缝等有无渗漏现象，如发现渗漏必须及时处理。允许在低于 0.5MPa 压力的情况下拧紧螺栓。

c. 对高强度钢制球形储罐，试验用水应作水质分析，不得含有氯离子，以免产生应力腐蚀裂纹，试验水温最好在 15℃以上，水温低于 10℃时不得试压。

d. 水压试验前，必须先完成基础的二次灌浆及养护，并拧紧地脚螺栓。然后定出测量基准点，用水准仪测量并记录各支柱的标高，并分别在充水50%、充满水、放水后进行测量基础沉降量。充水和放水各阶段均停留一段时间。另外，升压前把支柱之间的斜拉杆松开，切勿拉紧，否则升压过程中可能因升压膨胀引起支柱及拉杆的破坏，造成重大损失。

e. 水压试验时，由于球形储罐的质量陡增，基础要下沉，为了使基础的沉降缓慢和稳定，应按比例50%、90%、100%进水，并放置一定时间，分别为15min、15min、30min，同时进行基础沉降测定，以观察基础沉降情况。相邻基础沉降之差很大时应停止进水，这时放置时间应长一些，待基础的沉降自行调整到符合技术要求为止。

f. 球形储罐水压试验过程中要求进行基础沉降观测，沉降观测应在充水前、充水到球壳内直径的1/3、2/3、充满水、充满水24h和放水后各个阶段进行观测，并做好实测记录。

g. 当水充满球形储罐，空气全部排出后，封闭上部人孔，开始升压。升压速度一般不超过每小时0.3MPa，不得敲击罐壁。压力升到0.2～0.3MPa时，暂时停止升压，检查法兰、焊缝等有无渗漏现象。允许在低于0.5MPa压力的情况下拧紧螺栓。确认无渗漏后，继续升压。当升压到50%、75%、90%时分别停压15min，进行渗漏检查，无异常则继续升压到试验压力，保持20min，并全面检查焊缝及其他各部位有无异常；确认一切正常后，排水降压速度可按每小时1.0～1.5MPa的速度进行降压。压力降到0.2MPa以下时应在罐顶放空，并打开人孔，以免造成真空。

（2）气密性试验

根据规定，球形储罐经水压试验合格后要再进行一次磁粉检测或渗透检测；排除表面裂纹及其他缺陷后，再进行气密性试验。气密性试验是在球形储罐各附件安装完毕、压力表、安全阀、温度计经过校验合格后进行。气密性试验所用气体应是干燥、清洁空气或其他惰性气体，气体温度不得低于5℃。

试验前，球形储罐各附件应安装完毕，并符合设计要求，除气体进出口外，其余所有接管均应装好阀门，所用压力表、安全阀都需经过检验定压，罐内的焊条头、铁屑、药皮等污物必须全部清除干净，用水冲洗。球形储罐内、外壁也用水冲洗干净。不得留有杂物。当球形储罐充满气后开始升压，其步骤如下：

① 首先压力升至试验压力的50%后保持10min，然后对球形储罐所有焊缝和连接部位进行检查，确认无泄漏后继续升压。

② 压力升至试验压力后保持10min，对所有焊缝和连接部位涂刷肥皂水进行检查，以无渗漏为合格。如有渗漏应处理后重新进行气密性试验。

③ 卸压时应缓慢。降压应平稳缓慢，升压速度为每小时0.1～0.2MPa，降压速度为每小时1.0～1.5MPa。

④ 夏季进行气密性试验时应随时注意环境温度的变化，监视压力表读数，防止发生超压事故。

7.1.4.3 球形储罐的测量检定

球形储罐的测量检定应在水压试验后，具有使用压力状态时进行。其项目包括：赤道线圆周长、外径、垂直大圆周长、罐板厚度以及内部总高等，其目的是测定球形储罐的总容积和不同高度上的液体容积。

7.1.4.4 基础沉降检测

球形储罐在进行水压试验充水的同时，应对每根支柱的基础进行检查，通过各支柱上的永久性测定板，检测每根支柱的沉降量。沉降量在下列各阶段都应进行测定：

① 充水前；

② 充水至1/3球形储罐本体高度；

③ 充水至3/4球形储罐本体高度；

④ 充满水的24h后；

⑤ 放水后。

支柱基础沉降应均匀，放水后不均匀沉降量不得大于$D_1/1000$（D_1为基础中心圆直径），相邻支柱基础沉降差不得大于2mm。若大于此要求时，应采取有效的补救措施进行处理。

7.1.4.5 球形储罐及钢结构涂漆

球形储罐组焊完毕，经各项质量检查达到合格要求后，可进行涂漆工作。

涂料选用应按设计要求进行，使用的涂料应具有出厂合格证明书。梯子、平台预制完毕后，安装焊缝处应留出30～50mm宽的范围内暂不涂漆。涂漆前，球形储罐表面应干燥，并清除油污、铁锈氧化皮等杂物。油漆表面涂刷应薄厚均匀、色泽一致，不得有气泡、漏刷，龟裂、脱落、流坠、返锈、皱皮等缺陷。

外表面按图纸要求涂漆。

7.1.4.6 球形储罐安装过程的质量验收

质量验收应采用国家标准或行业标准，若采用企业标准，应征得监制部门同意。过程验收中的每一项验收内容，在验收后都必须提供证明书，验收报告或其他书面资料。

（1）球壳零部件的验收

在组装前应查清数量，检查各种零部件的材质和几何尺寸是否与设计图相符，尤其对球壳板的外形尺寸，坡口要求应认真地检查。

（2）现场组装质量验收

球形储罐组装前必须按设计要求及施工规范对基础进行验收。

组装时，必须使相邻焊缝成“T”“十”或“Y”字形对接，相邻两焊缝的最小边缘距离不应少于球壳板厚度的3倍，且不得小于100mm。

认真检查球壳片组对过程中的对口间隙、错边量和角变形，并做出记录，严禁强力校正对接误差。

支柱的垂直度可用线锤检查，两个方向的垂直度偏差应满足相应要求。

环带组装后，每个环带都应在不少于3个位置上检查环带的椭圆度，球体椭圆度在水平和垂直两个方向上都应满足标准要求。

（3）焊接质量验收

验收内容为焊接工艺评定报告，焊接材料质量，焊工资格，焊缝机械性能试验，裂纹试验，预热及后热记录，缺陷修补状态，以及各种无损检测检验。

每项无损检验必须有两名以上具有国家质量监督检验检疫总局所颁发的Ⅱ级以上考试合格证的无损检验人员参加并签字，其报告才有效。

球形储罐对接焊缝的无损检测报告应齐全。

(4) 现场组焊后整体热处理验收

对热处理工艺，保温条件，测温系统及柱脚处理等逐项验收。

7.1.4.7 球形储罐竣工总验收

球形储罐安装竣工后，施工单位将竣工图纸及其他技术资料移交给建设单位，建设单位应会同设计、运行管理、消防和劳动部门等有关单位按《球形储罐施工及验收规范》的规定进行全面的检查验收。

交工资料内容主要有：球形储罐产品合格证、球形储罐现场安装安全质量监督检验证书、球形储罐交工证明书、球形储罐预制件复验报告、球形储罐支柱安装检查记录、球形储罐焊后外观及几何尺寸检查报告、球形储罐产品焊接试板综合报告、球形储罐焊后热处理报告、球形储罐压力试验报告、球形储罐气密试验报告、球形储罐基础沉降观测记录、焊接记录、无损检测报告、返修记录、竣工图、设计变更等。

7.2 知识解读

7.2.1 球形储罐的构造

7.2.1.1 球形储罐的应用

球形储罐为大容量、承压的球形储存容器，广泛应用于石油、化工、冶金等部门，用于储存有压力、低温、常温、常压油品、化工液体物料、产品以及气体物料等。它可以用来作为液化石油气、液化天然气、液氧、液氨、液氮及其他介质的储存容器。也可作为压缩气体(空气、氧气、氮气、城市煤气)的储罐。一般在现场组对、焊接安装而成，施工要求严格，工作量大，施工技术复杂，已形成独特的现场安装工艺。

球形储罐与圆筒形储罐相比，在相同容积下，球形储罐的表面积最小，故所需钢材少；在相同直径情况下，球形储罐壁内应力最小，而且均匀，其承载能力比圆筒形容器大 1 倍，故球形储罐的板厚只需相应圆筒形容器壁板厚度的一半；另外，球形储罐还具有占地面积少、基础工程量少及受风面积小等优点。

大型球形储罐通常是在现场进行组焊，由于施工现场的条件和环境的限制，要求现场组焊应有更可靠的工艺和较高的技术水平，在运输条件许可的情况下，200m^3 以内的球形储罐也可在厂内制造。

球形储罐除了和其他的压力容器有相同的技术要求外，还有一些特有的、比较严格的技术要求。球形储罐所用材料要求其强度等级在 400～500MPa；在使用温度下，不同强度级别的材料，有不同的韧性指标要求；所用材料的焊接性比其他类型压力容器用材料要求更高，此外，钢板在使用前必须经过严格的检查，对材料应进行必要的化学成分和力学性能复验，表面伤痕及局部凸凹深度不得超过板厚的 7%，且不得大于 3mm。

制造精度要求也较高，球瓣曲率及尺寸必须十分精确，才可能使组对成的球壳误差较小符合制造要求，组对时焊缝间隙应均匀，坡口形状准确，以保证焊接质量。

7.2.1.2 球形储罐的类型

球形储罐的结构是多种多样的，根据不同的使用条件（介质、容量、压力湿度）有不同的结构形式。通常按照外观形状、壳体构造和支承方式的不同来分类。

① 按储存温度分常温球形储罐（$t_{设}\geqslant -20℃$），如储存液化石油气、氨、煤气、氧气、氮气等，压力较高；低温球形储罐（$-100℃\leqslant t_{设}<-20℃$），压力中等；深冷球形储罐（$t_{设}<-100℃$），压力常压，保温要求高，多为双层球壳；一般用于常温或低温，我国设计温度在−40～50℃之间。

② 按形状分为圆球形、椭圆形和水滴形。

③ 按壳体层数分为单层壳体和双层壳体，单层壳体最常见，多用于常温高压和高温中压球形储罐；双层壳体球形储罐，由外球和内球组成，由于双层壳体间放置了优质绝热材料，所以绝热保冷性能好，故能储存温度低的液化气。双层壳体球形储罐采用双金属复合板制造，适用于超高压气体或液化气的储存，目前使用不多。

④ 按球壳的组合方式有橘瓣式罐体、球瓣式罐体、混合式罐体，混合式最常用。

橘瓣式罐体，球壳全部按橘瓣片形状进行分割成形后再组合。其特点是球壳拼装焊缝较规则，施焊组装容易，加快组装进度并实施自动焊；便于布置支座，焊接接头受力均匀，质量较可靠；但球瓣在不同带位置尺寸大小不一，互换有限；下料成形复杂，板材利用率低；球极板尺寸往往较小，人孔、接管等容易拥挤，有时焊缝不易错开。适用于各种容量的球形储罐。

球瓣式罐体，由四边形或六边形球壳板组成。特点是每块球壳板尺寸相同，下料成型规格化，材料利用率高，互换性好，组装焊缝较短，焊接及检验工作量小。但焊缝布置复杂，施工组装困难，对球壳板的制造精度要求高。应用于容积小于 $120m^3$ 的球形储罐。

混合式罐体，上、下极板采用球瓣式，其他带板采用橘瓣式。其特点是材料利用率高，焊缝长度缩短球壳板数量少极板尺寸大，易布置人孔及接管避免球形储罐支座与球壳板焊接接头搭在一起，球壳应力分布均匀。

橘瓣式和混合式罐体基本参数见 GB/T 17261《钢制球形储罐形式与基本参数》。

7.2.1.3 球形储罐的构造

球形储罐由球体、支座、梯子平台及安全附件等构成，支座多采用支柱式赤道正切支座。

(1) 球体（球壳）

罐体作用是储存物料、承受物料工作压力和液柱静压力。球形储罐本体的形状是一个球壳，球形储罐本体又称球体，结构见图 7-12，它由上下极板、中带板拼装焊接而成，包括直接与球壳焊接在一起的接管与人孔。球形储罐本体是球形储罐结构的主体，它是球形储罐储存物料承受物料工作压力和液体静压力的构件。由于球壳体直径大小不同，球壳板的数量也不一样。

球壳由数个环带组对而成。JB 1117《球形储罐基本参数》按公称容积及国产球壳板供应情况将球形储罐分为 3 带（$50m^3$）、5 带（$120\sim1000m^3$）和 7 带（$2000\sim5000m^3$），各环带按地球纬度的气温分布情况相应取名，3 带取名为上极带（北极带）、赤道带和下极带

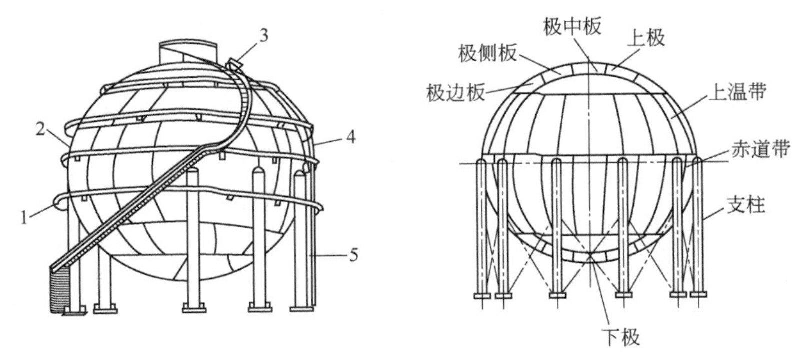

图 7-12 球形储罐的构造

1—喷淋装置；2—球体；3—平台扶梯；4—消防管；5—支柱

(南极带)；5 带取名是在 3 带取名基础上增加上温带（北温带）和下温带（南温带）；7 带取名则是 5 带取名基础上增加上寒带（北寒带）和下寒带（南寒带）。每一环带由一定数量的球壳板组对而成。组对时，球壳板焊缝的分布应以“T”形为主，也可以呈“Y”或“十”形，还有 4 带、6 带等。

为统一名称，减少设计、制造及组焊过程中的混乱，对上、下极的 7 块板球壳确定了名称，分别称极边板、极侧板和极中板，同时对各带的代号做了规定：如 F 为上极，D 为上寒带，B 为上温带，A 为赤道带，C 为下温带，E 为下寒带，G 为下极，见图 7-13。

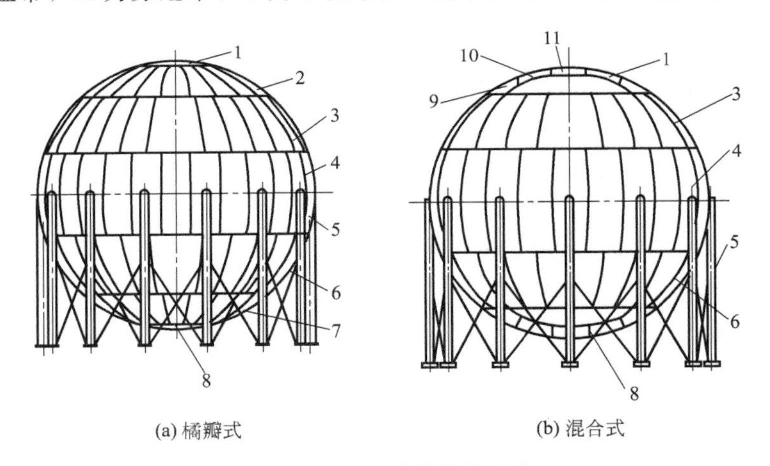

图 7-13 球形储罐结构形式

1—上极（F）；2—上寒带（D）；3—上温带（B）；4—赤道带（A）；5—支柱；
6—下温带（C）；7—下寒带（E）；8—下极（G）；9—极边板；10—极侧板；11—极中板

(2) 球形储罐支座

球形储罐的支撑不但要支承球形储罐本体、接管、梯子，平台和其他附件的重量，而且还需承受水压试验时罐内水的重量、风荷载、地震荷载，以及支撑间的拉杆荷载等。球形储罐支座有柱式、裙式、半埋入式及高架式支座多种，如图 7-14 所示。

柱式支座最为常用，赤道正切柱式支座是使用最多的一种形式，另外，还有 V 形支撑或三柱合一型支撑。

球形储罐总重量由等距离布置的多根支柱支承，支柱正切于赤道圈，故赤道圈上的支承

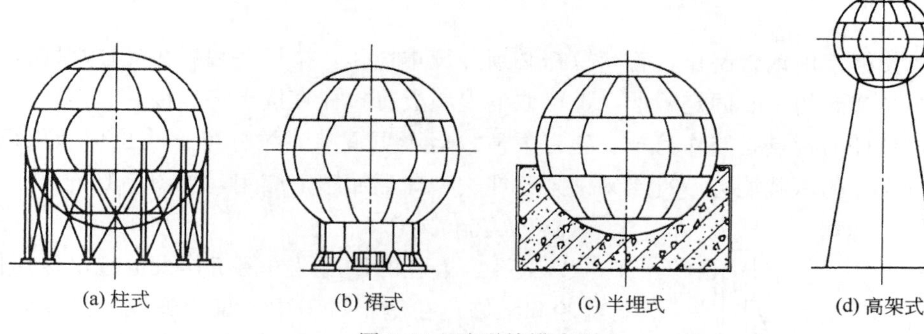

图 7-14 球形储罐支座

力与球壳体相切，受力情况较好。支柱间设有拉杆，拉杆的作用主要是为了承受地震力及风力等所产生的水平荷载。赤道正切柱式支承能较好地承受热膨胀和各类荷载所产生的变形，便于组装、操作和检修，是国内外应用最为广泛的支撑形式。其结构见图 7-15。

支柱本身构造一般由上、下两段钢管组成，现场焊接组装。上段均带有一块赤道带球壳板，上端管口用支柱帽焊接封堵。下段带有底板，底板上开有地脚螺栓孔，用地脚螺栓与支柱基础连接。

支柱焊接在赤道带上．焊缝承受全部荷载，焊缝必须有足够的长度和强度。当球形储罐直径较大，而球壳壁较薄时，为使地震力或风荷载的水平力能很好地传递到支柱上，应在赤道带安装加强圈。支柱分单段式、双段式。

单段式由一根圆管或卷制圆筒组成，其上端与球壳相接的圆弧形状通常由制造厂完成，下端与底板焊好，然后运到现场与球形储罐进行组装和焊接。主要用于常温球形储罐。

双段式适用于低温球形储罐（设计温度为－200～－100℃）；深冷球形储罐（设计温度＜－100℃）等特殊材质的支座。上段支柱必须选用与壳体相同的低温材料，一般在制造厂内与球瓣进行组对焊接，并对连接焊缝进行焊后消除应力热处理，其设计高度一般为支柱总高度的 30%～40%；下段支柱可采用一般材料；上下两段支柱采用相同尺寸的圆管或圆筒组成，在现场进行地面组对．双段式支柱结构较为复杂，但它与球壳相焊处的应力水平较低，故得到广泛应用。

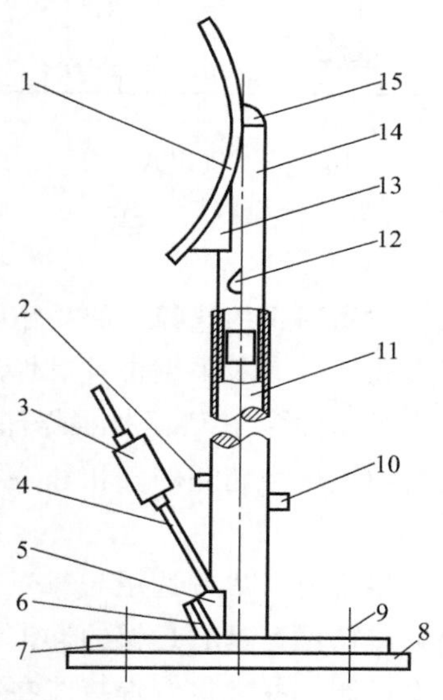

图 7-15 支柱结构

1—球壳；2—通气口；3—紧节；4—拉杆；5—销子；6—下支耳板；7—底板；8—滑板；9—地脚螺栓；10—接地板；11—下段支柱；12—上支耳板；13—托板；14—下段支柱；15—盖板

GB 12337《钢制球形储罐》标准还规定：支柱应采用钢管制作；分段长度不宜小于支柱总长的 1/3，段间环向接头应采用带垫板对接接头，应全焊透；支柱顶部应设有球形或椭圆形的防雨盖板；支柱应设置通气口；储存易燃物料及液化石油气的球形储罐，还应设置防火层；支柱底板中心应设置通孔；支柱底板的地脚螺栓孔应为径向长圆孔。

（3）拉杆

拉杆的作用，用以承受风载荷与地震载荷作用，增加球形储罐的稳定性。其类型有可调式和固定式。可调式以分为单层交叉可调式拉杆、双层交叉可调式拉杆和相隔一柱单层交叉可调式拉杆。

固定式拉杆常用钢管制作，管状拉杆必须开设排气孔。拉杆一端焊在支柱加强板上，另一端焊在交叉节点的中心固定板上。也可取消中心板将拉杆直接十字焊接。

固定式拉杆的特点是制作简单、施工方便，但不可调节。拉杆可承受拉伸和压缩载荷，大大提高了支柱的承载能力，近年来国外已在大型球形储罐上应用，见图 7-16。

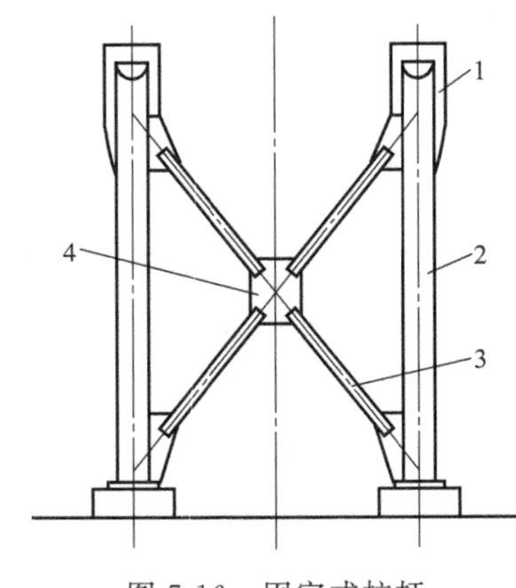

图 7-16 固定式拉杆

1—补强板；2—支柱；3—拉杆；4—中心板

(4) 人孔和接管

① 人孔：人孔的作用是方便工作人员进出球形储罐进行检验和维修；在施工过程中，罐内通风、排烟除尘；脚手架的搬运，内件的组装等；若球形储罐需进行消除应力整体热处理，球形储罐上人孔可用于调节空气和排烟，下人孔方便通进柴油和放置喷火嘴。

球形储罐人孔的位置应适当，一般应开设两个人孔，分别设置在上下极板上；孔直径必须保证工作人员能携带工具进出球形储罐方便。球形储罐人孔直径以 DN500mm 为宜，小于 DN500mm 人员进出不便；大于 DN500mm，削弱较大，导致补强元件结构过大。若球形储罐必须进行焊后整体热处理，人孔应设置在上下极板的中心。

人孔的材质应根据球形储罐的不同工艺操作条件选取。结构形式的选择最好采用带整体锻件凸缘补强的回转盖或水平吊盖形式；在有压力情况下人孔法兰一般采用带颈对焊法兰，密封面大都采用凹凸面形式。

② 接管：接管是指根据储气工艺的需要在球壳上开孔，从开孔处接出管子。例如，液化石油气球型储罐的气相和液相的进出管、回流管、排污管、放散管、各种仪表和阀件的接管等。

接管材料最好选用与球壳相同或相近的材质；低温球形储罐应选用低温配管用钢管，并保证在低温下具有足够的冲击韧性；接管除工艺特殊要求外，尽量布置在上下极板上，以便集中控制，并使接管焊接能在制造厂完成制作和无损检测后统一进行焊后消除应力热处理。

球形储罐上所有接管均需设置加强筋，小接管群可采用联合加强，单独接管需配置 3 块以上加强筋，将球壳、补强凸缘、接管和法兰焊在一起，增加接管部分的刚性；球形储罐接管法兰应采用凹凸面法兰。

接管开孔处是应力集中的部位，壳体上开孔后，在壳体与接管连接处周围应进行补强。接管结构形式一般用厚壁管或整体锻件凸缘等补强措施提高其强度。对于钢板厚度不超过 25mm 的开孔，当材质为低碳钢时，由于其缺口韧性及抗裂缝性良好，常采用补强板形式。补强板制作简单，造价低，但缺点是结构形式覆盖焊缝，其焊接部位无法检查，内部缺陷很难发现。当钢板厚度超过 25mm，或采用高强度钢板时，为了避免钢板厚度急剧变化所带来的应力分布不均匀，以及使焊接部位易于检查，多采用厚壁管插入形式，也可采用锻件形式。

小直径接管的开孔，因直径小，管壁薄，而球壳板较厚，焊接时接管易变形，伸出长度增长易变弯曲，可采用厚壁短管作为过渡接管的过渡形式。

为便于球形储罐的检查与修理，在上、下极带板的中心线上必须设置 2 个人孔，人孔直径一般不小于 500mm。可采用整体锻件补强，如图 7-17 所示。

（5）球形储罐的附件

球形储罐的构成还有梯子和平台、水喷淋装置以及隔热或保冷设施、液面计、压力表、安全阀和温度计等安全附件。选用时要注意其先进、安全、可靠，并满足有关工艺要求和安全规定。

① 梯子平台：为了定期检查和经常性维修，以及正常性生产过程中的操作，球形储罐外部要设梯子和平台，球形储罐内部要装设内梯。一般球形储罐设置顶部平台和中间平台，顶部平台是工艺操作平台，见图 7-18。

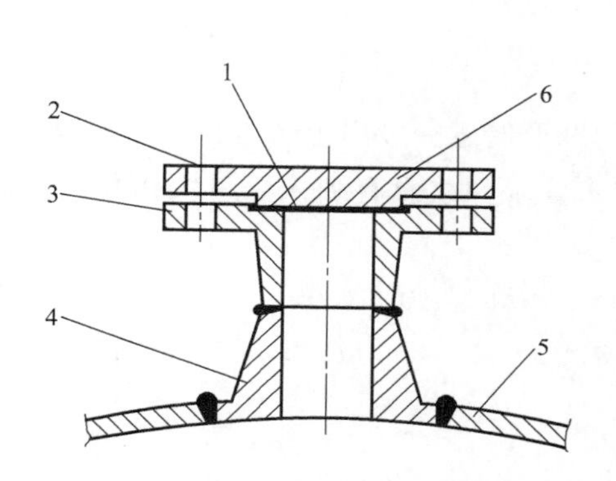

图 7-17　球形储罐人孔和接管形式

1—垫片；2—螺栓、螺母、垫片；3—对焊法兰；4—整体锻制凸缘；5—球壳；6—法兰盖或人孔盖

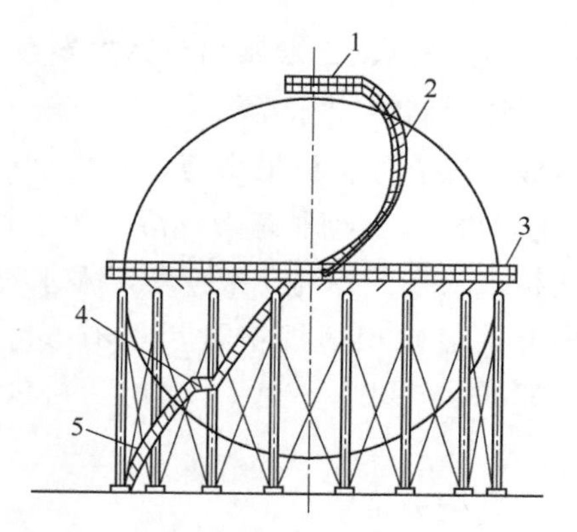

图 7-18　球形储罐平台及盘梯

1—顶部平台；2—盘梯；3—中间平台；4—停留平台；5—斜梯

常见的外梯结构形式有直梯、斜梯、圆形梯、螺旋梯和盘旋梯等。对于小型球形储罐一般只需设置由地面到达球形储罐顶部的直梯，或直梯由地面到达赤道圈，然后改圆形梯到达球形储罐顶部平台；对于小型球形储罐或单个中型球形储罐也可采用螺旋梯；对于中小型球形储罐群可采用各种结构的梯子到达顶部的联合平台；对于大中型球形储罐，由地面到达赤道圈一般采用斜梯直达，赤道圈以上则多采用沿上半球球面盘旋而上到达球顶平台的盘旋梯，根据操作工艺需要，可在中间设置平台，使全部梯子形成阶梯式多段斜梯和盘旋梯的组合梯。

内梯多为沿内壁的旋转梯。这种旋转梯是由球顶至赤道圈，以及赤道圈至球底部沿球壁设置的圆弧形梯子，在球顶、赤道和球底部位设置平台，梯子的导轨设在平台上，梯子可沿导轨绕球旋转，使检查人员可以到达球形储罐内壁的任何部位。也可以设置杠杆式旋转升降装置代替内梯，装置由中心主轴作支承，主轴中部安装一个能做 360°旋转的万向节，检查平台安装在杠杆两端，杠杆由万向节作支承。

② 水喷淋装置及隔热和保冷设施：球形储罐上装设水喷淋装置是为了储存的液化石油气、可燃气体和毒性气体的隔热需要，同时也可起消防保护作用。隔热和保冷一般是为了保证储存介质的一定温度。储存液化石油气、可燃性气体和液化气及有毒气体的球形储罐和支柱，应该设置隔热设施。球形储罐储存低温物料（如乙烯、液氨等）时应设保冷装置。

③ 安全附件：球形储罐上的附件还包括液位计，温度计、压力表、安全阀、静电接地装置、防雷装置以及各种用途的阀门。附件的种类、规格和型号应根据储存的燃气类别，及其储存与输送的工艺要求进行选择和安装。

为了观测球形储罐内液位情况，一般在储存液体和液化气体的球形储罐中装置液面计。液化石油气球形储罐必须安装液位计和消防喷淋装置，而天然气球形储罐则不需要安装。为了测量球形储罐内的压力而设置压力表。考虑到压力表由于某种原因而发生故障或由于仪表检查而取出等情况，应在球壳的上部和下部各设一块压力表，表径≥150mm，便于读数。安全阀多为弹簧式，垂直安装，尽可能分布在平台附近，以便检查、维修。温度计 1 个以上。

7.2.1.4 球形储罐标准系列与基本参数

（1）球形储罐公称容积

球形储罐公称容积最小为 50m^3，小于 50m^{3}的球形储罐一般用于高压、特殊结构和特殊用途，GB 12337《钢制球形储罐》没有配套的技术要求，故没有列入。最大体积是随着我国工业技术水平的提高，根据实际需求确定的。

球形储罐体积的规格常用的有 50、120、200、400、650、1000、1500、2000、3000、4000、5000、6000、8000、10000、12000、15000、18000、20000、23000 和 25000，单位为 m^3。

（2）球壳分带数

为提高材料利用率，减少焊缝总长度，球壳板应尽量采用大规格，选用较少的球壳分带数，这是本标准的基本原则。根据我国目前的压制能力、组焊水平和国产钢板规格可供货范围，并考虑到新旧标准应有一个过渡阶段，以便于制造单位执行，特规定桔瓣式球形储罐为 3～7 带，混合式为 3～7 带。大型球形储罐应尽可能采用混合式球形储罐，以充分利用钢材，缩短焊缝总长度，改善焊工劳动强度，达到保证质量和安全运行的目的。

（3）各带球心角

各带球心角对材料利用率及压制能力有直接影响，其确定原则是：采用相对较大的极板直径，减少温带板长度，增加温带板宽度；在钢板长度及压制能力许可的条件下取较大的赤道带球心角；球壳板用钢板宽度尽可能一致，便于制造单位订购钢板，提高材料利用率。

（4）各带分块数

确定各带分块数时主要考虑以下几方面：

① 赤道带块数是在保证支柱的正确安装和充分利用板宽的条件下确定的，一般取支柱的倍数为宜。工程实例中有采用每 3 块赤道板用 2 根支柱的做法，但这给球形储罐的制造和组焊带来了许多困难。

② 为便于组焊，温带块数取于赤道块数相同。

③ 寒带块数根据钢板宽度取等于或小于温带块数。

④ 为减少焊接应力，各带球壳板宽度应一致。工程实践中有采用不等宽球壳板的例子，这给组焊和使用造成困难。

根据我国钢厂轧板能力，并考虑球形储罐的特点，球壳板的宽度，其值见表 7-6。

表 7-6 球形储罐球壳板最大宽度

公称容积/m³	50	120	200	400	650	1000	1500
球壳板最大宽度/mm	1806	2395	2788	2890	2801	2415	2788
公称容积/m³	2000	3000	4000	5000	6000	8000	10000
球壳板最大宽度/mm	3083	2946	3094	2775	2958	2813	3040
公称容积/m³	12000	15000	18000	20000	23000	25000	
球壳板最大宽度/mm	3222	3204	3176	2941	3081	3167	

7.2.1.5 球形储罐部件的复验

球形储罐部件的复验由有关人员按 GB 12337《钢制球形储罐》及 GB 50094《球形储罐施工规范》等有关标准对所有构件进行复验、清点并做好记录，对误差超出规范要求的部件，应另行摆放，并把缺陷部位圈画好，同时标在示意图中。

（1）球壳板的复检

球壳板几何尺寸，应 100%进行复检。根据球壳板几何尺寸复验、计算球形储罐组装间隙偏差，便于球形储罐组装。球壳板几何尺寸检查要求见表 7-7。

表 7-7 球壳板几何尺寸检查要求

序号	检查项目		允差/mm	测量工具和要求
1	曲率		≤3	用样板检查，符合 GB 12337 要求
2	弦长	长度方向	±2.5	用钢尺检查，符合 GB 12337 要求
		任意宽度	±2	
		对角线方向	±3	
3	两条对角线间的距离		≤5	用拉杆和尺检查，符合 GB 12337 要求
4	坡口	角度 α	±2.5°	用焊接检验尺检查，符合 GB 12337 要求
		钝边 P	±1.5	

外观检查，球壳板应具有良好的表面质量，不应有压坑、麻点、划痕等表面缺陷，其中尖锐有害的伤痕必须修补。

其他检查，球壳板测厚检查、内部缺陷检查按无损检测工艺进行。

（2）附件的检查

人孔、拉杆、接管法兰等所有制造厂供件应符合设计图纸及其标准和规范的要求。

所有配件的油漆、防腐均应良好，法兰的密封面不许有腐蚀坑及机械损伤等缺陷。

球形储罐支柱全长的直线度偏差不大于 12mm。

支柱与底板焊接后保持垂直，其垂直度允许偏差不应超过 2mm。

7.2.2 容器开孔及开孔补强

工程中为了便于设备内部构件的安装以及检查设备内部是否产生裂纹、变形、腐蚀等缺陷，一般应在设备上开设人孔、手孔等检查孔。人孔或手孔都是组合件，包括承压零件筒节、法兰、法兰盖、密封垫片、紧固件以及与人孔启闭有关的非承压零件等。

7.2.2.1 人孔和手孔的结构类型

按是否承受压力人孔分为常压人孔和受压人孔。如图 7-19 所示为常压人孔、手孔，如

图 7-20 所示为水平吊盖带颈对焊法兰人孔。

按人孔所用法兰的结构形式可分为板式平焊法兰人孔、带颈平焊法兰人孔和带颈对焊法兰人孔。在人孔法兰与人孔盖之间的密封面，根据人孔受压的高低、介质的性质，选用突面、凹凸面、榫槽面和环连接面，常采用突面和凹凸密封面。

按人孔盖的开启方式及开启后人孔盖所用法兰的结构形式可分为回转盖快开人孔、垂直吊盖人孔、水平吊盖人孔。这三种人孔启闭结构各有特点：回转盖人孔安装位置比较灵活，它可在水平、垂直以及倾斜等全方位布置，但当它安装于水平位置时，开启人孔盖不如水平吊盖人孔省力；当它安装在垂直位置时，开启人孔盖不如垂直吊盖人孔所占空间紧凑。

按人孔开启的难易程度分类有快开人孔和一般人孔等。

人孔的结构形式常常与操作压力、介质特性以及开启的频繁程度有关。最常见的有常压平盖人孔、快开人孔、受压人孔、手孔等。

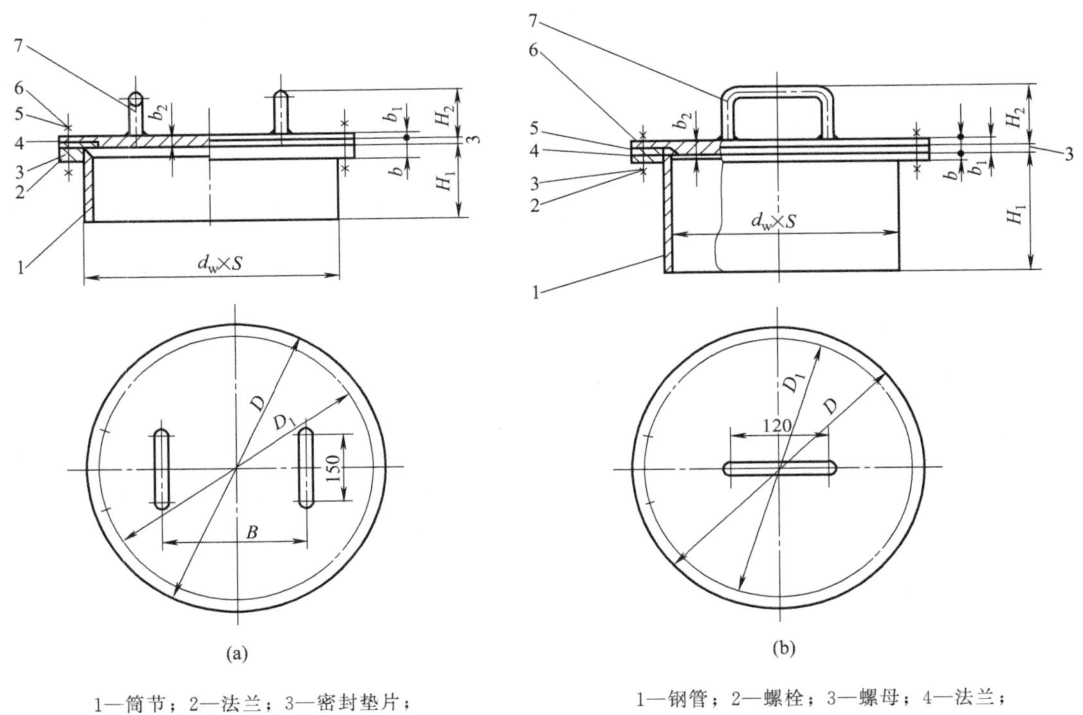

1—筒节；2—法兰；3—密封垫片；4—人孔盖；5—螺栓；6—螺母；7—把手

1—钢管；2—螺栓；3—螺母；4—法兰；5—垫片；6—手孔盖；7—把手

图 7-19 常压人孔和手孔

人孔手孔均已标准化，现行标准是 HG/T 21514～21535《钢制人孔和手孔》。《钢制人孔和手孔》标准中的筒节、法兰和法兰盖所用材料为碳钢、低合金钢和不锈钢。

7.2.2.2 人孔和手孔的选用

一般在下述情况下需要开设人孔或手孔：设备内径为 450～900mm，一般不考虑开设人孔，可开设 1～2 个手孔；设备内径为 900mm 以上，至少应开设 1 个人孔；设备内径大于 2500mm，顶盖与筒体上至少应各开设 1 个人孔。

对于直径较小、压力较高的室内设备，一般可选用公称直径 $DN=450$mm 的人孔。室外露天放置的设备，考虑检修和清洗方便，可选用公称直径 $DN=500$mm 的人孔；寒冷地

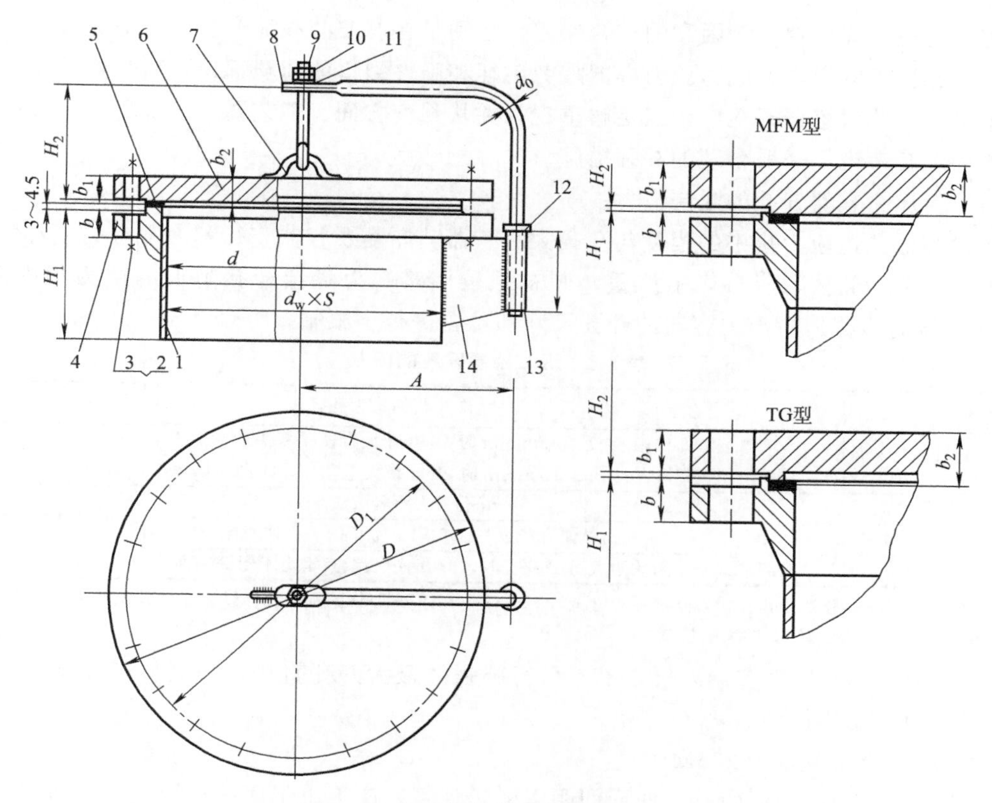

图 7-20 水平吊盖带颈对焊法兰人孔

1—筒节；2—螺栓；3,10—螺母；4—法兰；5—垫片（$\delta=3$）；6—盖；7—吊环；8—转臂；9—吊钩；11—垫圈；12—环；13—无缝钢管；14—支撑板

区应选用公称直径 $DN=500\text{mm}$ 或 $DN=600\text{mm}$ 的人孔。

设备使用过程中，需要经常开启的人孔，应选用快开式人孔、手孔。

受压设备的人孔盖较重，一般均选用吊盖式人孔。吊盖式人孔使用方便，垫片压紧较好。回转盖式人孔结构简单，转动时所占空间较小，如布置在水平位置，开启较为费力。

人孔、手孔的开设位置应便于操作人员检查、清理内件和进出设备，一般所有快开式人孔、手孔和常压人孔、手孔均应安置在容器的顶部，使它们不直接与容器内的液体或固体物料相接处。无腐蚀或轻微腐蚀的压力容器，制冷装置用的压力容器和换热器可以不开设检查孔。

7.2.2.3 开孔补强

为了满足生产工艺操作和设备安装检修的需要，常常在设备的筒体和封头上开设各种孔，例如工艺所需要的物料进出口接管孔；为便于检修设备内部结构而开设的人孔、手孔；安装安全泄放装置、压力表、液位计、温度计等检测仪表的接管孔等。

容器开孔后承载面积减小使整体强度削弱，同时由于开孔使器壁材料的连续性被破坏，在开孔处产生较大的附加应力，结果使开孔附近的局部应力达到很大的数值。这种在开孔附近局部应力急剧增大的现象称为应力集中。

压力容器开孔接管处的应力集中现象以及作用在接管上各种载荷产生的应力、温差应力、容器材质和焊接缺陷等因素的综合作用，特别是在有波动载荷产生交变应力和腐蚀的情况下，开孔接管的根部就成为压力容器疲劳破坏和脆性裂口的薄弱部位，对容器的安全操作带来隐患，因此对容器开孔应予以足够重视，并从强度方面、工艺要求、加工制造、施工条件等方面综合考虑，采取合理的补强措施。

（1）对压力容器开孔的限制

压力容器孔边应力集中的程度与孔径大小、器壁厚度及容器直径等因素有关。若开孔过大，尤其是薄壁壳体，应力集中严重，则补强较困难。为降低开孔附近的应力集中现象，GB 150《压力容器》对压力容器的开孔尺寸和位置进行了限制，见表 7-8。

表 7-8 压力容器开孔的限制

开孔部位	允许开孔的最大孔径 d
筒体	筒体内径 $D_i \leqslant 1500$mm 时，开孔最大直径 $d \leqslant D_i/2$，且 $d \leqslant 520$mm 筒体内径 $D_i > 1500$mm 时，开孔最大直径 $d \leqslant D_i/3$，且 $d \leqslant 1000$mm
凸形封头或球壳	开孔最大直径 $d \leqslant D_i/2$
锥壳（或锥形封头）	开孔最大直径 $d \leqslant D_i/3$，D_i 为开孔中心处的锥壳内直径
在椭圆形或碟形封头过渡部分开孔时，其孔的中心线宜垂直于封头表面	

注：尽量不要在焊缝处开孔。如果必须在焊缝上开孔时，则在以开孔中心为圆心、以 1.5 倍开孔直径为半径的圆中所包含的焊缝，必须进行 100%的无损检测。

同时 GB 150《压力容器》规定了不另行补强的最大开孔直径，即壳体开孔满足下列全部条件时，可不另行补强：

设计压力小于或等于 2.5MPa；

两相邻开孔中心的间距（对曲面间距以弧长计算）应不小于两孔直径之和的两倍；

接管外径小于或等于 89mm；

开孔不得位于 A、B 类焊接接头上；

接管最小壁厚应满足表 7-9 的要求。

表 7-9 不另行补强的接管外径及其最小厚度 mm

接管公称外径	25	32	38	45	48	57	65	76	89
最小厚度	3.5			4.0		5.0		6.0	

注：1. 钢材的标准抗拉强度下限值 $\sigma_b > 540$MPa 时，接管与壳体的连接宜采用全焊透的结构形式。

2. 接管的腐蚀裕量为 1mm。

（2）补强结构

为了保证压力容器开孔后能安全运行，除筒体上有排孔或封头上开孔数目较多时采取增大整个筒体或封头壁厚外，工程中常采用的开孔补强结构有补强圈补强、厚壁管补强及整体锻件补强。

补强圈补强是在开孔接管周围的容器壁上焊上一块圆环状金属板，使局部壁厚增加进行补强的一种方法，又称贴板补强，如图 7-21（a）～（c）所示，焊在设备壳体上的圆环状金属板就是补强圈。补强圈材料一般应与壳体材料相同。补强圈与壳体之间应很好的贴合，使其与容器壳体形成整体共同承受载荷的作用，较好的起到补强作用。在补强圈上开有一个 M10 的螺纹孔以便焊后通入（0.4～0.5MPa）压缩空气检验补强圈与壳体连接焊缝的质量。当开孔直径较大需要较厚补强圈时，可在壳体内外两侧分别焊上一个较薄的补强圈，如图 7-21（c）所示，实践证明图 7-21（c）的结构比图 7-21（a）、（b）的结构更能有效降低接管处的应力集中程度，但在生产中，从腐蚀与制造角度考虑大多采用图 7-21（a）的结构。补强圈已标准化，其标准为 JB/T 4736《补强圈》。

补强圈结构简单、制造方便、造价低、使用经验成熟，广泛用于中低压容器。但与厚壁接管补强和整体锻件补强相比存在以下缺点：

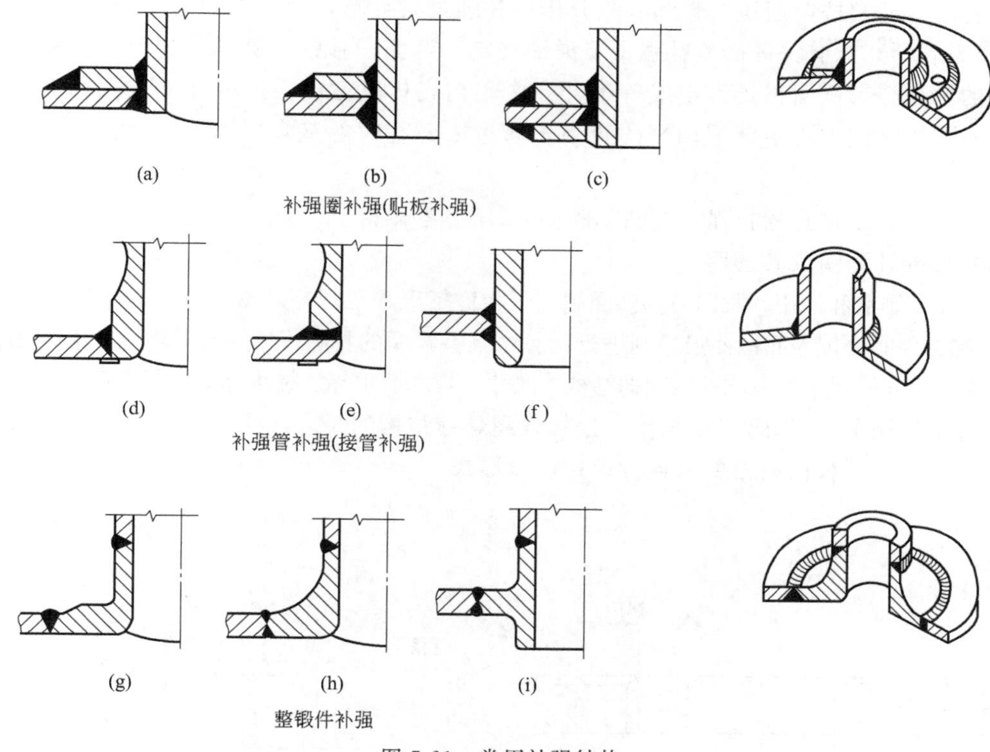

图 7-21 常用补强结构

补强圈提供的补强区域过于分散，补强效率不高；补强圈与壳壁之间不可避免地存在一层空气间隙，传热效果差，在壳体和补强圈之间容易引起附加的温差应力；补强圈与壳体焊接，形成内、外两圈封闭的焊缝，增大了焊件的刚性，对焊缝冷却的收缩产生较大约束作用，容易在焊接接头处形成裂纹，尤其是高强度钢对焊接裂纹比较敏感，更易开裂；补强圈没有和壳体或接管真正熔合成一个整体，抗疲劳性能差。

厚壁接管补强是在开孔处焊上一段厚壁接管，如图 7-21 (d)～(f) 所示。如制造条件许可，图 7-21 (f) 结构补强效果更好，但内伸长度要适当，如过长则补强效果反而降低。

厚壁接管补强结构由于用来补强的金属处于最大应力区域内，故能有效地降低开孔周围的应力集中程度。补强结构简单，焊缝少，焊接质量容易检验，补强效果较好，已广泛应用于各种化工设备，尤其是高强度低合金钢制设备，由于材料缺口敏感性较高，一般都采用该结构。对于重要设备，焊缝处应采用全焊透结构。

整体锻件补强就是将开孔周围部分壳体、接管连同补强部分做成一个整体锻件，再与壳体和接管焊接，如图 7-21 (g)～(i) 所示。其优点是补强金属集中在开孔应力最大的部位，能有效地降低应力集中的程度；而且它与壳体之间采用对接接头，使焊缝及其热影响区离开最大应力点，抗疲劳性能好，所以整体锻件补强的补强效果最好。若采用如图 7-21 (h) 的结构，加大过渡圆角半径，则补强效果更好。但整体锻件补强的机加工量大，且锻件制造成本较高，因此多用于重要压力容器，如核容器、材料屈服点在540MPa以上的容器开孔，受低温、高温、疲劳载荷容器及大直径开孔容器等。

（3）等面积补强

开孔补强通常按等面积补强和极限分析法补强进行计算，常用等面积补强计算。在GB 150《压力容器》对有关等面积补强做了详细规定。等面积补强计算的原则就是在有效补强范围内的补强金属截面积要大于或等于开孔中心在壳体纵截面内因开孔而被削弱的金属面积。使开孔边缘应力集中区域内平均应力不超过未开孔时的基本应力，以保证容器的整体强度。

对多个开孔或排孔的补强可查阅GB 150《压力容器》。

（4）标准补强圈及其选用

为了便于制造和使用，我国对补强圈制定了相应标准，现行补强圈标准为JB/T 4736《补强圈》。标准补强圈是按等面积补强原则进行计算，且补强圈的材料一般与壳体材料相同，并应符合相应材料标准的规定。标准补强圈的结构、尺寸、技术要求等需按本标准进行选用。

标准补强圈的结构如图7-22所示。按补强圈焊缝结构的要求，补强圈坡口分为A、B、C、D、E 5种形式，可根据结构要求自行设计坡口形式。

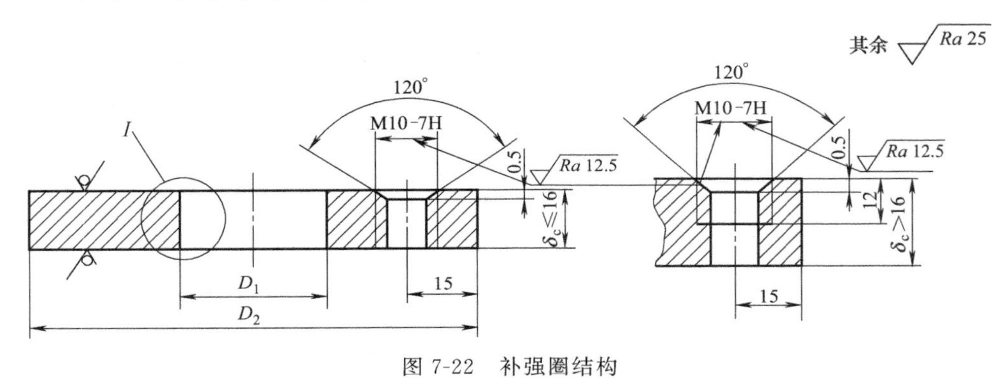

图7-22 补强圈结构

补强圈焊接后应对补强圈角焊缝进行检查，不得有裂纹、气孔、夹渣等缺陷，焊缝的成型应圆滑过渡或打磨至圆滑过渡，保证补强圈与器壁紧密贴合，使其与器壁一起承受载荷，否则起不到补强作用，角焊缝不得有渗漏现象。

为简便，工程中常按补强圈与筒体材质相同、壁厚相等及给定的工艺条件确定补强圈结构，再查相应的表格确定其内径和外径，不进行补强计算。

7.2.3 球形储罐的焊接质量检验及热处理

7.2.3.1 焊接方法选用及焊接程序

球形储罐的焊接可采用焊条电弧焊完成，但焊条电弧焊焊接球形储罐工作量大，效率低，劳动条件差，因此，机械化焊接方法越来越得到广泛的应用，现已采用的有埋弧焊、管状丝极电渣焊、气体保护电弧焊等。

球形储罐安装的特点是焊接工作量大，焊接质量要求严格，焊接工艺复杂，难度高，包括平、立、横、仰各种位置上的施焊；质量要求十分严格，要求100%无损检测。

球形储罐焊缝一般均X形双面坡口，钝边控制在1～2mm，同时外侧坡口大，内侧坡口小，以减少罐内的焊接量。

焊接程序，先焊纵缝，后焊环缝，具体为：赤道带纵缝→上、下温带纵缝→上、下极带板纵缝→赤道带环缝→上、下温带环缝。

每道焊接先大面坡口焊接，全部焊完后，经磁粉或渗透检测合格后，再从小面坡口焊接。

焊工要对称均匀分布，同时施焊，要求步调一致、统一指挥，要同电流、同电压、同焊速，保持一致的焊接规范。

7.2.3.2 焊接技术要求

① 焊条电弧焊焊条应符合现行国家标准GB/T 5117《非合金钢及细晶粒钢焊条》的规定；药芯焊丝应符合GB/T 10045《碳钢药芯焊丝》的规定。

保护用二氧化碳气体应符合GB/T 2537《焊接用二氧化碳》的规定；保护用氩气应符合GB/T 4842《氩气》的规定；二氧化碳气体使用前，宜将气瓶倒置24h，并将水放净。

② 施工现场必须建立严格的焊条烘干和保温使用的管理制度。焊条的烘烤工艺按焊材厂家的要求进行，再放到焊条桶内备用，做到烘多少，用多少，随烘随用。防止使用未经烘干与药皮不全的焊条。

③ 焊好一侧后，必须在另一侧先做好清根工作，才能进行施焊。清根可采用碳弧气刨，清根后还要打磨表面的渗碳层，必要时需经着色检测或磁粉检测合格后才能继续焊接。

④ 焊接时要控制一定的线能量，即单位长度焊缝内的热输入量。一般线能量控制在12～45kJ/cm以内。

⑤ 组对时的点焊、工卡具与起重吊耳的焊接等，应采取与主焊缝相同的焊条与焊接工艺，点焊长度不小于50mm，焊肉高度不低于8mm，焊距不大于300mm。另外，工卡具与起重吊耳在使用后均应使用碳弧气刨去除，用砂轮磨光。

⑥ 凡要求焊接前预热的焊缝，其吊耳、工卡具的焊接也应预热。预热温度对Q345R钢板纵焊缝来说，无论外侧还是内侧施焊均为100～160℃，环缝预热到200℃左右；预热范围应达到焊接部位周边100mm以外；加热方法使用弧形加热器或远红外加热器，其长度为所焊纵缝长，每侧各装燃烧液体燃料或气体燃料；并且里侧加热外侧焊接；外侧加热里侧焊接；同时焊接开始后，只减少预热火焰，而不熄灭火焰。

⑦ 要求预热的焊缝，环境温度低于10℃时，焊后应后热缓冷。后热温度为200～250℃，保温不少于30min，然后熄掉加热器，用800～1000mm的保温被盖上，使之缓慢冷却。

⑧ 施工现场遇有雨、雪和风速8m/s以上，环境温度－10℃以下，相对湿度在90%以上时，要采取有效的防护措施，才能施焊。

⑨ 焊接中一般使用直流反接法。并且以小电流、短电弧、连弧焊方法施焊，同时控制好焊接速度，以减少热影响区，提高焊缝质量。

7.2.3.3 焊缝质量检查

① 球形储罐焊接完成后，其焊缝内外表面应成形良好，表面几何形状达到图纸要求，没有裂纹、气孔、夹渣等缺陷，同时局部咬边深度不得大于0.5mm，咬边长度不得大于

100mm，每条焊缝两侧咬边长度之和不得大于该焊缝总长度的10%。

② 焊缝无损检测量应为100%，并应在至少焊完24h以后进行。有延迟裂纹倾向的材料和刚才标准抗拉强度下限值大于或等于540MPa钢材制造的球储罐，应在焊接完成36h后进行。焊缝如采用超声波检查，T形、十字形焊缝以及超声波有疑义的地方，均应以X射线复查。

③ 发现有不合格缺陷时，首先应将缺陷清除，经磁粉或渗透检测合格后进行补焊，补焊长度不得小于50mm。焊缝同一部位返修不得超过2次。对于深度不小于0.5mm的表面缺陷，用砂轮磨出即可，补焊工艺应与主焊缝相同，但预热温度应比正式焊提高25%。

④ 产品试板焊接。每台球形储罐必须焊接立焊、平加仰焊位置试板各一块，且应在球形储罐焊接前由施焊球形储罐的一般水平焊工，采取相同的焊接工艺并在相同的条件下进行施焊。试板焊后，质量检查标准与球形储罐相同。

7.2.3.4 球形储罐的无损检测

① 对球壳板的复检，根据GB 12337《钢制球形储罐》及有关标准相应规定，应在球形储罐组对前，对球壳板周边宽100mm范围内进行全面积超声波复检，评定标准按NB/T 47013.3《承压设备无损检测第3部分：超声检测》超声波检测Ⅱ级为合格。还应对球壳板进行厚度抽检，抽检数量为球壳板总数的20%。抽检中每带不得少于2块，上、下极带应不少于1块，测厚点每块球壳板不少于5点，检查中如有超标缺陷，应加倍抽检，若仍有超标缺陷，则应进行100%检查。

② 球形储罐组装焊接过程中，外部焊接完成后，内部清根应采用砂轮修整刨槽和磨除渗碳层，并应采用目视、磁粉或渗透检测方法进行检查。

③ 球形储罐全部对接焊缝及$DN\geqslant250$mm接管的对接焊缝应进行100%射线检测，按NB/T 47013.2《承压设备无损检测第2部分：射线检测》为Ⅱ级合格。合格后再进行20% UT复验按NB/T 47013.2《承压设备无损检第3部分：超声检测》Ⅰ级合格。

④ 水压试验前球形储罐对接焊缝及热影响区、接管与罐壁连接、补强圈、支柱与球壳板连接的焊缝及热影响区的内外表面、去除吊耳、工卡具等后焊接部位痕迹及热影响区及缺陷修磨处部位，均应进行100%的磁粉检验，水压后还应对上述焊缝做20%的磁粉检验。按NB/T 47013.4《承压设备无损检第4部分：磁粉检测》表面检测Ⅰ级为合格。经检查发现的表面裂纹、夹层等有害缺陷应打磨消除，清除缺陷后，补焊焊缝表面不低于母材，母材与焊缝之间应平滑过渡，焊缝修补应确认缺陷清除完后进行，补焊的焊缝长度比缺陷两端各长出50mm，坡口堆焊应磨平，保持原坡口形状尺寸，修理或补焊后的部位，应进行同样检查。以上各检测环节的检测项目应做好记录，认真填写，标好检测部位，按规定填写检测报告，报告要字迹工整，不允许涂改。

⑤ 球罐无损检测的超声检测要求，包括衍射时差法超声检测、可记录的脉冲反射法超声检测、不可记录的脉冲反射法超声检测。

行射时差法超声检测（FOFD）是一种依靠内部结构的“端角”和“端点”处得到的衍射能量来检测缺陷的方法。与其它脉冲检测方法相比，定量精度高，可靠性好，简单快捷、可检测厚度大等优点，得到越来越广泛的应用。

7.2.3.5 球形储罐的预热及热处理

（1）焊前预热

预热是指施焊前把焊接的工件加热到比环境更高的温度，再在此温度下进行焊接，球形储罐的材质大多数为高强度的合金钢，在焊接过程中，由于材质焊后冷却收缩，易于产生冷裂纹及脆性断裂。预热的目的就是为了防止焊接金属的热影响区产生裂纹，减少应力变形量，防止金属热影响区的塑性、韧性的降低，并且可以除去表面水分。球形储罐的预热温度根据焊件材质、厚度、接头的拘束度、焊接材料及气象条件确定。

预热时要求对焊接部位均匀加热，使其达到焊接工艺规定的温度，预热范围为焊接接头中心两侧各 3 倍板厚以上且不少于 100mm 的范围内。

（2）焊后热处理

球形储罐多用厚度较大的高强度碳钢或低合金钢板焊接而成，焊缝多而且复杂，焊后均存在有较大的焊接应力。因此，凡碳钢球形储罐壁厚大于 34mm 以及 Q345R 与 15MnVR 球形储罐，都应做焊后消除应力热处理。

焊后热处理的主要目的：释放残余应力，改善焊缝塑性和韧性；更重要的是为了消除焊缝中的氢根，改善焊接部位的力学性能。

球形储罐消除应力热处理的方法有整体高温退火处理，低温消除应力处理，局部处理及超压试验等。目前多采用整体高温退火处理，即在球形储罐内部布置若干燃烧喷嘴，燃烧气体或液体燃料（如液化气），罐外用保温材料进行保温，并在罐壁上安装若干热电偶控制及测量温度。

球形储罐被加热到 500～650℃，按照保温 2h、降温 2h 或一定的退火温度曲线进行整体退火热处理。

球形储罐的焊后消氢处理应由焊接工艺评定结果确定，焊后热处理温度一般应与预热温度相同（200～350℃），保温时间应为 0.5～1h。遇有下列情况的焊缝，均应在焊后立即进行焊后消氢热处理：

① 厚度大于 32mm 的高强度钢。

② 厚度大于 38mm 的其他低合金钢。

③ 锻制凸缘与球壳板的对接焊缝。

（3）整体热处理

① 整体热处理的目的：球形储罐整体热处理的目的是消除由于球形储罐组焊产生的应力，稳定球形储罐几何尺寸，改变焊接金相组织，提高金属的韧性和抗应力能力，防止裂纹的产生。同时，由于溶解氢的析出，防止延迟裂纹产生，预防滞后破坏，提高耐疲劳强度与蠕变强度，改善球形储罐使用性能，目前我国对壁厚大于 34mm 的各种材质的球形储罐都采用整体热处理。

② 整体热处理的方法：球形储罐整体热处理有两种方法，一种是内燃法，燃料可使用轻柴油或液化石油气；另一种是当施工现场不准使用火焰加热时，宜采用电热法加热。

采用内部燃烧法加热，即将球形储罐作为炉体，上人孔加烟囱，球壳外侧设置测温热电偶并加以保温，下人孔安装一组火焰燃烧器，以轻柴油作燃料，用压缩空气雾化后燃烧进行加热，并按规定控制整个热处理过程以达到热处理目的。

球形储罐热处理也可采作履带式电加热和红外线电加热。电加热法比较简便、干净，热处理过程可以用电脑自动控制，控制精度高，温差小。

③ 内燃法的加热方法及要求：球形储罐整体热处理装置包括燃烧系统、油路系统、液

化石油气系统、控制系统、测温系统及柱脚移动系统。

a. 加热方法：球形储罐外部设防雨、雪棚。球壳板外加保温层并安装测温热电偶。将整台球形储罐作为炉体，在上人孔处安装一个带可调挡板的烟囱；在下人孔处安装高速烧嘴，烧嘴要设在球体中心线位置上，以使球壳板受热均匀。高速烧嘴的喷射速度快，燃料喷出后点火燃烧，喷射热流呈旋转状态，能均匀加热。燃料可用液化石油气、天然气或柴油。另外，在球形储罐下极板外侧一般还要安装电热器，作为罐体低温区的辅助加热措施。

b. 操作：点火：点火前，先向罐内送风 10min，清除罐内原有气体和灰尘，点着点火器，用点火器点着点燃器，火焰调至正常后，向喷嘴逐渐送入压缩空气，到 0.4～0.5MPa 时，再次调整火焰，至不跳动、不吹灭、能够正常燃烧为止。这时，压出的油即被雾化、点燃，然后根据升温需要逐渐加大风压与油量。

升温与恒温：在 300℃以下时，为避免球形储罐下部温度明显低于上部，应用短火焰进行加热，以风压 0.2～0.4MPa，油量 80～150L/h 为宜，在 0.4～0.7MPa，油量应在 150～450L/h，在 500～580℃之间，适当减小风油量，靠球壳的热传导，使各部温度趋于均衡，逐渐进入恒温阶段，恒温时应进一步减少，并严格掌握风油量，维护温度不升不降。

降温：达到规定的恒温时间后，停止供油供气，关闭所有阀门，此时应用保温材料适当覆盖下人孔，以免降温过快，至 300℃以后即可打开下人孔与烟囱，自然冷却。

c. 温度的控制：可通过以下措施控制升、降温速度和球体温度场的均匀化：

通过调节上部烟囱挡板的开闭程度来控制升、降温速度；通过调节燃料、进风量的控制来调节升温速度和控制恒温时间；通过调节燃料与空气的比例来调节火焰长度，从而控制球体上下部温差，使球体温度场均匀化；在下极板用加电热补偿器的办法，以防下部低温区升温过缓；通过增加或减少保温层厚度的办法来调节散热量，以使球体温度场均匀化。

④ 保温与测温：保温一般通过外贴保温毡实现。先将焊有保温钉的带钢纵向绕在球体外面，然后贴上保温毡。多层保温时，各保温毡接缝处要对严，各层接缝要错开，不得形成通缝。单层保温时，保温毡接缝要搭接 100mm 以上。在下极板处贴保温毡前要把电热补偿器挂好。保温毡贴好后再用钢带勒紧，以使保温毡贴紧罐壁。球壳板温度的监测用热电偶测量完成。在球体上设有若干个测温点，热电偶的测温触头要用螺栓固定在球壳板上，外侧测温热电偶工作触点周围要用保温材料包严，接线端应露出一定的长度，并注明编号，用补偿导线将其与记录仪连接起来。

⑤ 支柱偏斜与调整：热处理开始前，松开拉杆螺丝和地脚螺丝，热处理过程中，应监测柱脚位移，并按计算位移值及时调整柱脚位移温度，每变化 100℃调整一次。降至常温后，结合水压前的柱子预找正，调到允许偏差范围内，旋紧拉杆螺栓和地脚螺栓。利用支柱基础作为固定点，制作活动支架安装在基础上，使用千斤顶移动柱脚。

参考资料

GB 12337《钢制球形储罐》

GB/T 17261《钢制球形储罐形式与基本参数》

GB 50094《球型储罐施工规范》

GB 150《压力容器》

NB/T 47013《承压设备无损检测》

NB/T 47014《承压设备焊接工艺评定》

NB/T 47015《压力容器焊接规程》

GB 50205《钢结构工程施工质量验收规范》

思考题

1. 试述球形储罐的结构和各带板的名称。

2. 按球壳体的组合方式，球形储罐罐体有几种形式？

3. 球形储罐散装法施工主要工序是什么？其特点是什么？

4. 说明球形储罐带板的组对要求以及工夹具的使用。

5. 球形储罐的焊接工艺及要求是什么？

6. 球形储罐的热处理有哪些？

7. 人孔的结构形式有哪些？常用人孔标准是什么？

8. 为什么要进行开孔补强？开孔补强的结构开试有哪些？

9. 某工程中，一台 5000m^3 氯乙烯球形储罐，重量 423.901t，球形储罐的主要特征参数如下：

参数	规格	参数	规格
设计压力	0.8MPa	容器类别	Ⅲ类
设计温度	−5.5～50℃	设计使用寿命	20 年
水压试验压力	1.0MPa	主体材质	Q345R
气密性试验压力	0.8MPa	厚　度	42mm
焊接接头系数	1.0	公称直径	21200mm

球形储罐的结构形式为四带混合式，采用散装法组装，其主要施工程序有哪些？

8 立式圆筒形钢储罐

8.1 立式圆筒形钢储罐的安装

8.1.1 储罐的安装方法及选用

大型立式圆筒型钢制储罐主体安装方法有正装法和倒装法两种。国外施工企业大都采用正装法；国内企业一般是拱顶储罐采用倒装法，浮顶储罐采用正装法。

8.1.1.1 正装法施工

正装法是传统的大型储罐施工方式，自下而上施工，以罐底为基准平面，罐壁板从底层第一节开始，逐块逐节向上安装，直至顶层壁板、抗风圈及顶端包边角钢等最后组焊完成。正装法有架设正装法（脚手架正装法）、水浮正装法。

（1）内壁简易脚手架正装法——架设正装法

每组对一圈壁板，就在已安装的壁板内侧离上口 1.5m 处沿圆周挂上一圈三脚架，在三脚架上铺设跳板，跳板搭头处捆绑牢固，内悬侧设置护栏，组成环形脚手架作为操作平台，作业人员即可在跳板上组对安装上一层壁板。

大型储罐宜采用此种安装方法，按照正装顺序，从组装罐底板、第一圈壁板开始，利用吊车由下而上逐圈组对壁板，下面一圈壁板组焊合格，进行上面一圈壁板的组焊，如此反复完成全部壁板的组对焊接。壁板采用挂在内部的简易脚手架作为作业平台，罐内壁点焊卡具，进行组装，壁板的焊接采用挂壁自动焊机和自制的挂壁小车进行焊接。

此法施工周期短，便于组装和控制罐壁几何尺寸、节省了搭设脚手架的费用，是目前国内外较流行的施工方法。缺点，由于罐外壁无脚手架，使罐外壁的加强圈、抗风圈等附属结构的施工难度增加。

（2）外脚手架法正装法

利用该方法施工是在罐外沿圆周搭设整圈脚手架作施工作业平台，工装、卡具都点焊在罐壁外侧，在罐壁外侧进行组装，方法与内壁组装法基本相同。优点是减少了挂壁脚手架在罐壁上的点焊点，便于组装罐外壁的结构、附件，施工安全系数高。缺点：由于罐壁板内壁平齐，外侧逐渐减薄，组装壁板时需充分考虑焊接收缩等因素，相对增加了组对难度；脚手架搭设费用大大增加。

（3）水浮正装法

施工方法是从大罐的低层开始进行安装焊接，利用浮盘作为内操作平台，每组装完一圈壁板后，向罐内充水，使浮盘上升，再组装第二圈壁板，直至全部组完。

施工时先施工罐底板，在第一、第二圈罐壁板施工完毕，角缝和罐底所有的焊缝全部完工后，利用这部分罐体作为水槽。在罐体内施工浮船，浮船全部施工完毕检验合格后，向罐内充水，使浮船浮升到需要高度后停止充水，利用浮船作为内施工平台，进行罐壁的组焊，一圈组焊完成后，再向罐内充水，使浮船上升，进行下一圈壁板的组装，直至罐壁安装完毕。

水浮正装法适用于大容量的浮船式金属储罐的施工，它是利用水的浮力和浮船罐顶结构的特点，给罐体组装提供方便，水浮顶升法罐壁组装见图 8-1。

优点：节约了搭设脚手架的费用及部分充水试验时间。缺点：由于罐壁组装过程中间断性地进行充水，实际增加了罐主体的施工工期，施工费用相对增加；试水在主体工程未完前进行，充水试验的许多检验项目无法同时完成，如要完成所有的检验需重新进行充水；充水需对罐壁的所在开孔进行封闭，增加了施工电缆、焊把线的敷设难度；由于罐内充水时间过长，对罐主体的腐蚀相对加大。鉴于此目前国内大型储罐已很少采用此法。

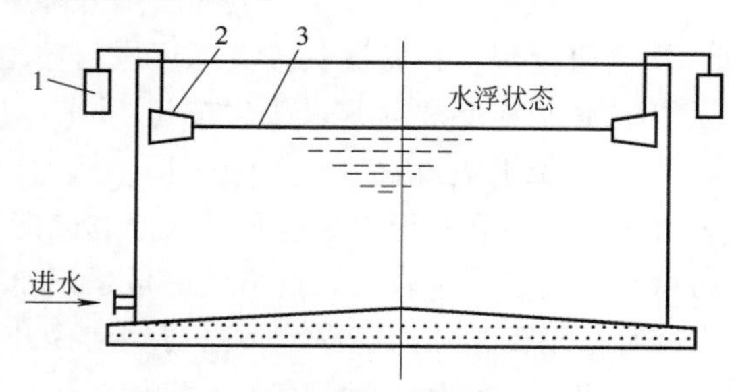

图 8-1 水浮正装法罐壁板示意图

1—环形吊篮；2—浮舱；3—单盘或双盘

8.1.1.2 倒装法施工

倒装法是以罐底为基准平面，在罐底板铺设焊接后，先安装顶圈壁板及包边角钢、组装焊接罐顶。然后自上而下依次组装焊接每层壁板，直至底层壁板，过程中采用机械提（顶）升或充气等方法提升储罐主体，依次直到底圈壁板安装完毕。倒装法又分为中心柱倒装法（抱杆倒装）、边柱倒装法（液压顶升、电动倒链提升等）、充气顶升倒装法和水浮倒装法等。

（1）中心柱倒装施工法

采用中心柱法组装壁板时，在罐底上竖立中心柱，并将伞形架套在中心柱上，见图 8-2 和图 8-3。中心柱、伞形架、拱顶加固圈、滑轮组及索具等应经过计算。

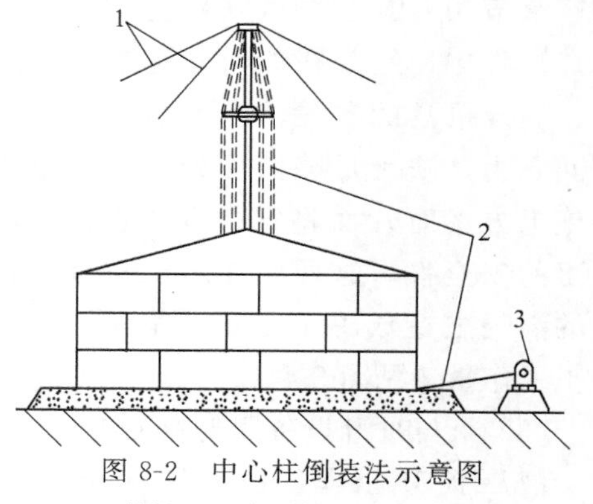

图 8-2 中心柱倒装法示意图

1—拉绳；2—钢丝绳；3—电动绞车

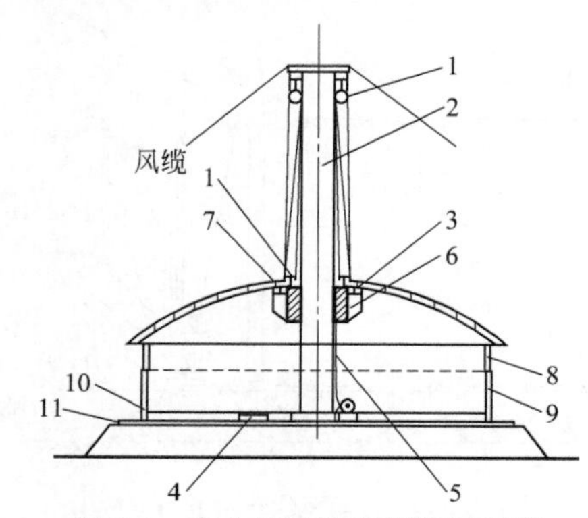

图 8-3 中心柱法壁板组装示意图

1—滑轮组；2—中心柱；3—伞形架；4—加紧丝；5—滑轮组牵引绳；6—加强板；7—套管；8—第一层壁板；9—第二层壁板；10—槽钢胀圈；11—底板

中心柱的规格，应根据储罐容量选用，可参见表 8-1。

表 8-1　中心柱规格选用推荐表

储罐容积/m^3	中心柱规格/mm
5000	$\phi426\times10$
3000	$\phi377\times8$
2000	$\phi325\times8$
1000 以下	$\phi273\times8$

中心柱高度应比储罐高度高出 3m。中心柱需接长时，应采用对接，并应在管内设置加强短管，进行塞焊。伞形架应符合下列规定：

① 伞形架套在中心柱上，应能自由升降，其套管长度约为 1.5m。

② 套管上焊接顶板胎具，其弧度应与储罐顶板的弧度相同。

③ 加强板应呈辐射状，均匀布置。

④ 伞形架上应设置 3～4 组吊耳。

由于中心柱和伞形架结构尺寸大小与储罐大小有关，大型储罐采用此方法中心柱和伞型架的材料和安装成本较大，此方法一般适用于 5000m^3 以下拱顶罐施工。

（2）电动倒链或机械对罐体进行倒装提升法施工

利用均布在罐壁内侧带有提升机构的边柱提升与罐壁板下部临时胀紧固定的胀圈，使上节壁板随胀圈一起上升到预定高度，组焊第二圈罐壁板，然后将胀圈松开，降至第二圈罐壁板下部胀紧，固定后，再次起升，如此往复，直至组焊完。

对 50000m^3 以下中、小型罐采用电动倒链安装方法，根据单个倒链最大承重、罐体质量选用电动倒链的数量、经计算制作无缝钢管中心立柱。中心立柱顶部焊接圆形钢板，圆形钢板周围用钢丝绳呈辐射状将中心柱与边缘提升立柱拉紧。将电动倒链悬挂在边缘柱上端，垂下钩头挂在胀圈上的吊点，电动倒链的控制电缆沿辐射状钢丝绳汇集到中心柱下方的总控制开关上，提升前先逐个操作电动倒链，将倒链拉紧，尽量保证每个倒链的初始受力状态相同，具备提升条件后，同时启动所有倒链，按倒装顺序，从组装底板、罐顶开始，由上而下逐圈提升壁板，当提升到预定高度时，组焊下一圈壁板。如此反复，完成全部壁板的组对焊接。

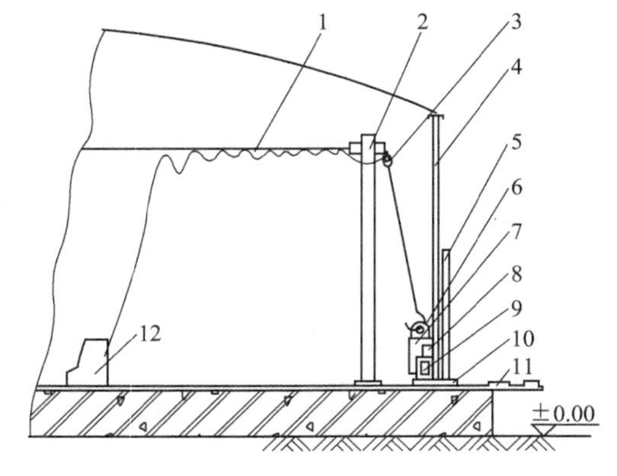

图 8-4　电动葫芦提升装置示意图

1—电缆；2—提升柱；3—电动葫芦；4—已装壁板；5—待装壁板；6—吊耳；7—刀型限位板；8—挡板；9—背杠；10—槽钢垫块；11—罐外操作台；12—控制台

电动葫芦提升技术在钢制储罐施工中得到广泛应用。其技术方案已基本成熟，但在建造过程中，经常在如何确定电动葫芦的数量、提升机具的布置、连接结构的方式等诸多问题上，缺乏足够的理论依据，造成在编制施工方案时片面将安全系数提高，以确保施工的安全性，这样就在施工机具、辅助材料的消耗上造成了不必要的浪费，同时也增加了工作量，见图 8-4。

（3）液压顶升设备倒装施工法

液压提升原理，是利用液压提升装置（成套设备）均布于储罐内壁圆周处，先提升罐顶及罐体的上层（第一层）壁板，然后逐层组焊罐体的壁板。

采用由自锁式液压千斤顶和提升架、提升杆组成的液压提升机，当液压千斤顶进油时，通过其上卡头卡紧并举起提升杆和胀圈，从而带动罐体（包括罐顶）向上提升；当千斤顶回油时，其上卡头随活塞杆回程，此时其下卡头自动卡紧使提升杆不会下滑，千斤顶如此反复运动使提升杆带着罐体不断上升，直到预定的高度（空出下一层板的高度）。

当下一层壁板对接组焊后，打开液压千斤顶的上、下松卡装置，松开上下卡头将提升杆以及胀圈下降到下一层壁板下部胀紧、焊好传力筋板，再进行提升。如此反复，使已组焊好的罐体上升，直到最后一层壁板组焊完成，从而将整个储罐安装完毕。

由中央控制柜输出的高压油，经高压软管进入放置于罐中央的压力油分配器中，再将其分成四路，输出到沿罐内壁布置的环形油路上的互通器中，每组千斤顶的油路再与互通器相连，液压回路分别为上卡头油缸、下卡头油缸、中部千斤顶油缸的各两路高压油。提升架安装及结构见图 8-5 和图 8-6。

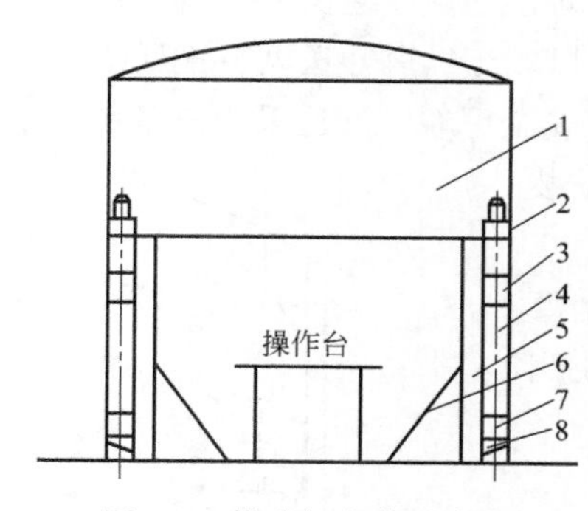

图 8-5　提升架安装示意图

1—罐壁；2—上卡头；3—下卡头；4—提升杆；5—提升架；6—斜撑；7—胀圈；8—托板

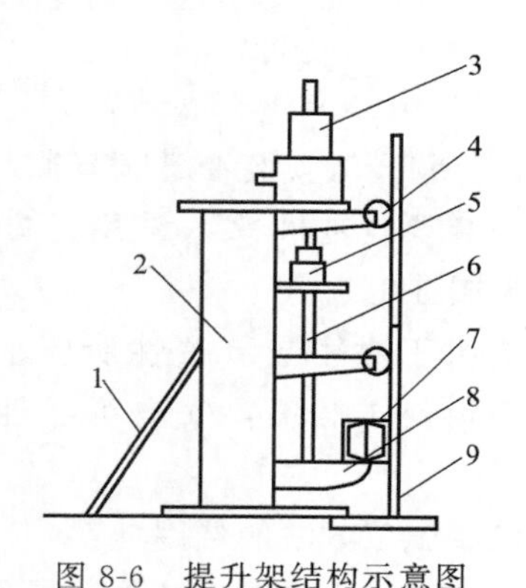

图 8-6　提升架结构示意图

1—斜撑；2—提升架；3—上卡头；4—调整滚轮；5—下卡头；6—提升杆；7—胀圈；8—托板；9—罐壁

液压顶升工艺及技术的优势：

工效高，管理方便。作业面高度始终为每带板的高度，可减少大型吊装机械使用量。且利用罐底基圆与胀圈容易保证罐体垂直度与椭圆度指标的控制，工效提高了 30%。

投入人员少，易于管理。地面作业，取消了正装罐外部搭设脚手架及安装高空作业安全设施的工作。从而减少了辅助工作所需的劳动力。

安全系数高。由于选用高承载量、多支液压缸组成提升装置，避免了高空作业，作业难度及施工风险大为降低。同时高空吊装量减少，只有少量浮舱结构件的吊运，且每件重量均不超过 2t。

施工速度快，工序衔接紧凑，工期短，质量易于保证。罐主体施工与浮顶施工可以同时进行，从而大大提高了施工速度。

液压千斤顶提升和电动葫芦倒升优势和上面的叙述都基本一致，但液压千斤顶提升法相对电动葫芦倒升法，优势是：操作稳定；安全性能好；承载量大。劣势是：提升速度较慢，机械安装量大，机械维护成本较高。

（4）充气顶升法

充气顶升是罐壁倒装法的另一种形式，是利用罐体本身的结构条件和密封性能利用鼓风机向罐内送入压缩风所产生的浮力使上部罐体上升就位，当罐体浮升到一定高度时，逐渐关小风门，控制进风量，罐体即悬空平衡，此时可逐圈组装焊接，直至最后一圈壁板安装完毕，并与罐底连接。

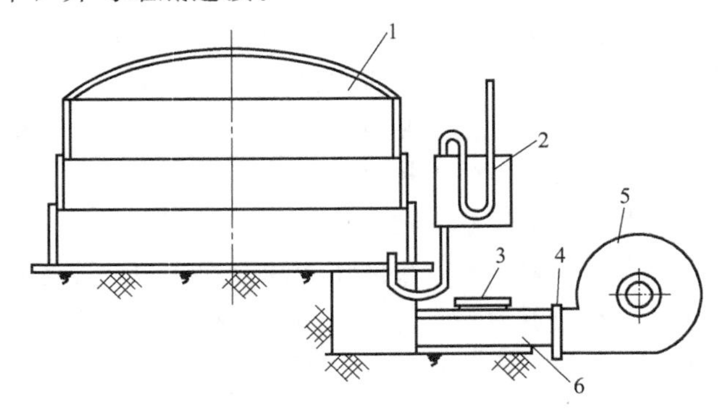

图 8-7　充气顶升送风装置示意图

1—拱顶罐；2—U 形压差计；3—人孔；4—方法兰；5—鼓风机；6—风道

利用充气顶升法施工时，先组装顶圈壁板和拱顶，将罐周围所有缝隙分别用胶皮板密封。启动离心式鼓风机把空气不断送入罐内，罐内空气压力超过所需浮升罐体重量在横断面单位平均压力时，罐体浮升。当罐体上升到要求高度时，调节风门闸板，控制进风量，使鼓风机鼓入罐的空气流量与罐内外泄的空气量相等，罐体即可保持一定高度不动，进行环缝及下一圈壁板的组对和点焊。充气顶升送风装置见图 8-7。

采用充气顶升法安装油罐既节省人力、物力，又安全可靠，远比采用笨重的起重设备进行倒装法安装要优越得多。采用此方法需设置限位装置，结构见图 8-8。

此方法由于对密封装置性能要求、充气量控制要求、罐体平衡要求较高，安全可靠性较差，目前使用较少。

（5）储罐施工方法的选用

储罐施工方法不论是正装法还是倒装法，各有其优点与适用范围，一般情况下对于公称容积≥50000m^3 的储罐宜采用正装法施工，公称容积≤10000m^3 的储罐宜选用倒装法施工，其他容积的储罐根据施工条件选用倒装或正装法施工。

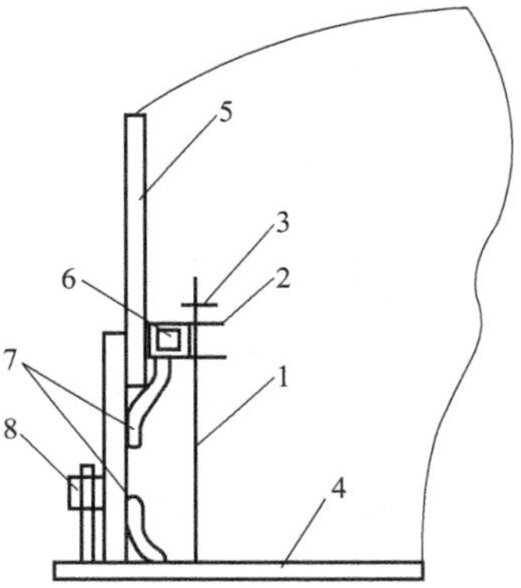

中心柱倒装法一般用于≤5000m^3 的储罐施工，充气顶升法一般用于有拱顶结构的储罐施工，水浮法可用于外浮顶罐的施工，边柱倒装法适用于各种结构的储罐施工。

图 8-8　充气顶升限位装置示意图

1—限位杆；2—挡板；3—卡扣；4—罐底板；5—罐壁板；6—胀圈；7—胶皮；8—拉杆

8.1.2　储罐安装工序及焊接工艺

8.1.2.1　储罐安装基本工序

储罐建造过程分为半成品预制和现场组对安装两部分。罐底、罐壁、罐顶等部件都需要进行预制，预制主要包括钢板矫形、底板预制、壁板预制、拱顶预制、浮顶及内浮顶预制、构件预制等。现场组对安装大致分为倒装法施工、正装法施工和特殊法施工。

储罐安装基本工序为施工准备、材料检验、预制、组对与焊接、检验、充水试验、防腐保温、竣工验收。

8.1.2.2 储罐焊接施工工艺

储罐常用焊接方法可采用手工电弧焊、埋弧自动焊、气体保护焊。焊接工艺评定按照NB/T 47014《承压设备焊接工艺评定》要求进行，焊接工艺评定还要执行GB 50128《立式圆筒形钢制焊接储罐施工规范》附录A的要求。从事储罐焊接的焊工必须具备规范所要求的焊工合格证，并且在合格项目范围进行施焊。

储罐的焊接顺序一般为：中幅板焊接→弓形边缘板靠外缘部位焊缝的焊接→罐顶预制焊接→最上层罐壁板纵缝焊接→罐顶与罐壁焊接→储罐其他层纵、环缝焊接→最底层壁板与弓形边缘板的环角缝焊接→弓形边缘板剩余对接焊缝的焊接→中幅板与弓形边缘板搭接缝（收缩缝）的焊接。

8.1.3 20000m³ 拱顶油罐的安装

以下为某20000m³油罐安装工程实例，供学习参考。油罐施工按GB 50128《立式圆筒形钢制焊接储罐施工规范》进行制造、试验和验收。

8.1.3.1 工程概况

20000m³油罐，罐顶为球形拱顶油罐，采用钢网壳，其储存介质为柴油，设计压力为常压，常温。主要参数如下：罐底板外径ϕ40000mm，罐内径39700mm，罐壁高度17452mm，罐顶高度23235.5mm。罐壁板，底圈至7圈材料均为Q345R（Q345R），尺寸分别为6300mm×2000mm×18mm、16mm、14mm、12mm、10mm、8mm、8mm，8～9圈尺寸6300mm×1800mm×8mm，材料Q235B。罐底板结构，弓形边缘板20块，规格6300mm×2000mm×14mm，材料Q345R；中幅板107块（50×2＋7），板料规格6300mm×2000mm×8mm，材料Q235B；垫板20块，规格1810mm×50mm×5mm，材料Q235B；罐底板中心至边缘坡度为25/1000。

8.1.3.2 安装方法与施工工序

油罐安装方法采用液压提升倒装法，油罐本体由底板、球形拱顶、壁板构成，见图8-9。

油罐施工的主要工作内容为预制和安装。预制包括底板、拱顶、围板、罐体附件以及工装的制作，安装包括底板铺设、拱顶组装、壁板组装以及附件安装等。

主要施工工序为：施工准备→原材料进场、检验→罐底预制→罐顶预制→壁板预制→附件组件制作→预制件防腐→底板安装→球形拱顶安装→壁板安装→附件安装、焊缝的外观和无损检测及气密性试验、罐体几何尺寸检查、充水及沉降试验→交工验收及工程维护。

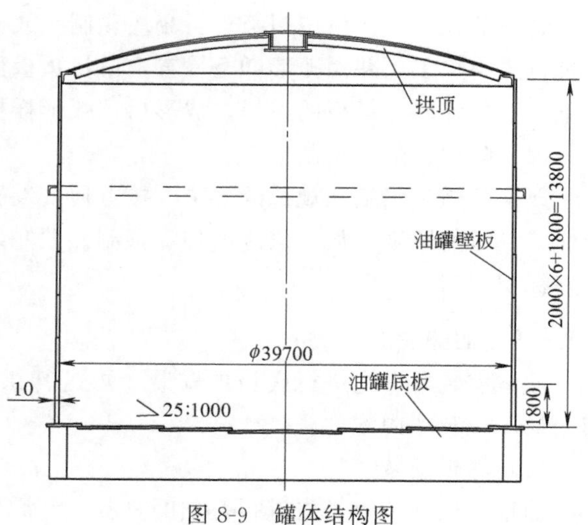

图8-9 罐体结构图

8.1.3.3 材料检验

工程所用材料分主材和辅材，主材包括钢板、角钢、扁钢、钢管和油罐附件以及油漆等，辅材包括焊接材料（如焊条、焊丝和焊剂）、稀释剂等。

① 材料进场：材料员根据材料计划编制采购计划，并进行采购，按照计划安排及时进场。

② 材料存放：进场材料应按类别分区堆放。

③ 材料检验：工程所使用的钢材，应附有钢材材质证明书，各项指标应符合设计要求；质量证明书上的炉批号应与实物相符；钢材表面不得有严重锈蚀，轻微的锈蚀、麻点或划痕深度不应大于钢材厚度负偏差的1/2；所有焊条、焊丝、焊剂应具有出厂质量证明书，并符合设计要求；焊接材料包装应完好，其标识与质量证明书相同。

当对钢材质量有异议时，应对原材料进行抽样检验。

8.1.3.4 油罐预制

油罐安装时先安装底板，再安装球形拱顶及拱顶附件，最后安装壁板和罐体附件。因此，预制时也应按先底板、再拱顶、最后壁板的顺序进行制作，附件的制作穿插在其中。所有预制构件在保管、运输及现场堆放时，应采取有效措施防止变形。

（1）罐底预制

根据规范要求放大罐底直径，绘制罐底排板图，预制弓形边缘板及不规则板，钢板切割用氧乙炔焰，采用半自动切割机切割和手工切割相结合的切割方法。预制好的罐底板应做好标识，然后进行防腐。

（2）罐壁预制

根据钢板到货规格绘制罐壁排板图，确定每张板的几何尺寸，按设计要求加工坡口，切割加工后的每张壁板都应做好标识，并复检几何尺寸、做好自检记录。

壁板切割加工并经检查合格后，上滚板机滚弧。每张壁板滚弧后的曲率偏差，不得大于规范规定的允许值。滚圆后的罐壁板应存放在同壁板弧度的胎具上，运输成型壁板也应设置同样类型的胎具，以防止变形。

（3）罐顶预制

罐顶的预制应严格按图纸进行分块预制，放样下料时应注意安装后焊缝的间距。加强筋应进行成型加工，并用弧形样板检查，单块顶板需拼接时应采用对接。单块顶板成形应在胎具上进行加强筋与顶板的组焊，成形后用弧形样板检查。

（4）附件、配件预制

严格按施工图纸和规范的要求，按方便安装施工，尽可能减少安装工作量，尤其是高空作业工作量的原则，最大限度的加深预制。预制好的附件、配件应严格检查，保证质量，并做好标识。

8.1.3.5 油罐安装

油罐安装时，先进行底板的安装，再进行拱顶和拱顶附件的安装，然后进行壁板的安装，最后安装罐内附件。

（1）底板安装

油罐底板安装时，先进行基础的复测，然后根据排版图用经纬仪配合，划出底板各组件的安装定位线，根据定位线依次安装边缘板和中幅板。

① 基础复测：基础复测，油罐底板安装前，对油罐基础复测，核对基础施工单位提供的基础检查记录及各尺寸是否符合图纸和施工规范要求。

基础表面尺寸复查应符合：基础直径允许偏差为0～30mm，基础中心标高允许偏差为±20mm；基础环墙表面每10m弧长内任意两点的高差不得大于6mm，整个圆周长度内任意两点的高差不得大于12mm；沥青砂垫层表面应平整密实，无突出的隆起、凹陷及贯穿裂纹。

基础放线，用经纬仪和钢卷尺配合，在油罐基础上放十字定位轴线和边缘板及中幅板的安装定位线。通过油罐基础轴线和中心用粉线弹出油罐十字线，并用油漆做出标记。

② 底板安装：安装时先安装底板，然后安装集油槽。注意底板的排版直径，宜按设计直径放大0.1%～0.15%，边缘板沿罐底半径方向的最小尺寸，不得小于700mm。

a. 根据安装定位线依次安装每块边缘板，弓形边缘板的对接接头，宜采用不等间隙。外侧间隙为6～7mm；内侧间隙为8～12mm。

b. 边缘板的对接焊缝采用垫板焊，每条缝靠外端300mm焊缝采用射线检测。

c. 边缘板安装完毕后安装中幅板，中幅板安装需符合下列规定：

中幅板的宽度不得小于1000mm，长度不得小于2000mm，与罐底环形边缘板连接的不规则中幅板最小直边尺寸不应小于700mm。

底板任意相邻焊缝之间的距离，不得小于300mm。

底板铺设前，其下表面应涂刷防腐涂料，每块底板边缘50mm范围内不刷。

罐底采用带垫板的对接接头时，对接焊缝应完全焊透，表面应平整；垫板应与对接的两块底板贴紧，其间隙不得大于1mm；罐底对接接头间隙按设计图纸要求。

中幅板采用搭接接头，其搭接宽度不应小于25mm。

中幅板与弓形边缘板之间采用搭接接头，中幅板应搭在弓形边缘板的上面，搭接宽度可适当放大。

搭接接头三层钢板重叠部分，应将上层底板切角。切角长度应为搭接长度的2倍，其宽度应为搭接长度的2/3。在上层底板铺设前，应先焊接上层底板覆盖部分的角焊缝。

d. 储罐底板中幅板的焊接顺序采用先焊短焊缝后焊长焊缝的顺序。

③ 罐底检验：罐底安装完毕后，应对其安装质量进行检验。罐底检验主要包括外观检验、尺寸检验和焊缝检验等。

a. 外观检验，中幅板和边缘板无明显的变形，板面上无明显的疤痕、超过规范要求的凹坑。

b. 焊缝检验包括焊缝外观检验、无损检测、严密性试验：

焊缝外观不得有咬肉、夹渣、气孔等缺陷，焊缝的连续咬边长度不得超过100mm，咬边深度不得超过0.5mm。焊角高度及焊缝宽度应符合图纸要求。

对罐底边缘板每条对接焊缝外端300mm范围内进行射线检测。质量等级不得低于Ⅱ级。三层钢板重叠部分的搭接接头焊缝的根部焊道焊接完毕后，在沿3个方向各200mm范围内，应进行渗透检测；全部焊完后，应进行渗透检测或磁粉检测。

严密性试验，储罐底板安装完毕后，用真空试漏法进行严密性试验。

试验前应清除焊缝周围一切杂物，除净焊缝表面的锈蚀。在底板焊缝表面刷上肥皂水，将真空箱罩在焊缝上，其周围用玻璃腻子密封。真空箱通过胶管连接到真空泵上，进行抽气，观察经检验合格的真空表，当真空度达到 0.053MPa 时，所检查的焊缝表面如果无气泡产生则为合格，若发现气泡，做好标记并进行补焊，补焊后再进行真空试漏，直至合格。

（2）拱顶安装

本油罐拱顶为网壳结构，钢网壳安装在包边角钢上，包边角钢安装在顶层壁板上缘。网壳安装在顶圈壁板安装完成并报验合格后进行，油罐拱顶安装时，先安装油罐顶层壁板，再安装包边角钢，然后安装拱顶胎架和拱顶，最后安装拱顶附件。

① 包边角钢的组装：拱顶安装前先安装顶层壁板，然后进行包边角钢的安装，安装尺寸及焊接严格按图纸要求进行。

② 蒙皮胎架制作：蒙皮胎架由 2 道环向构件、4 道长径向构件、8 道短径向构件和临时支柱等组成，环型构件、径向构件的节点安装理论线与蒙皮下表面吻合。任意环向与径向构件的连接节点在 Z 向（高度）允差为 2mm，在 X、Y 向（水平）允差为 15mm。胎架制作示意图见图 8-10。

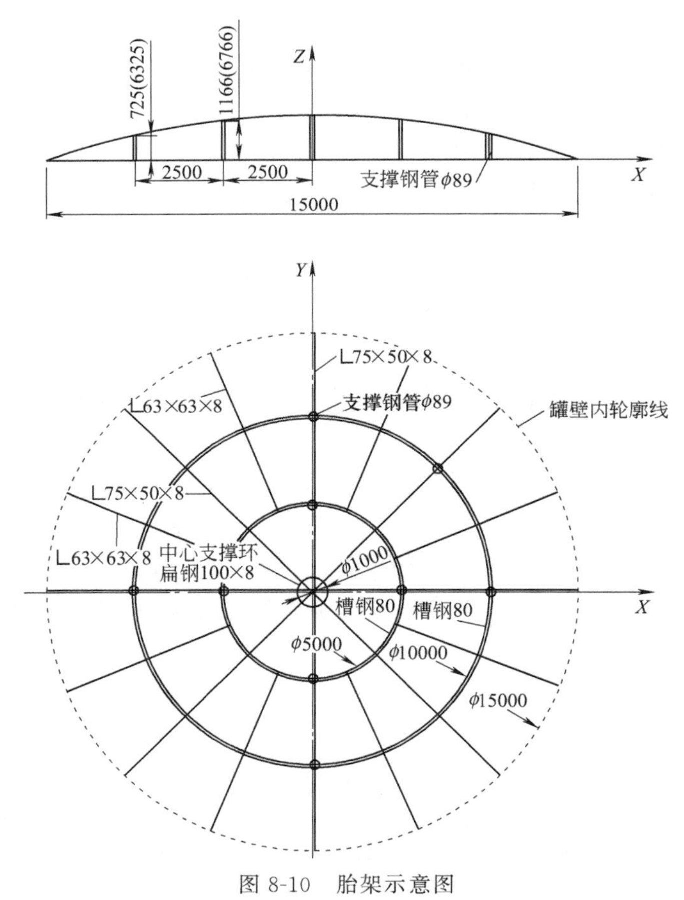

图 8-10　胎架示意图

胎架制作完毕后安装网杆和蒙皮。蒙皮由中心向外对称组焊。

③ 网杆的组装：网壳杆件采用不等边角钢∠125mm×80mm×8mm，组装时按照网壳安装说明书进行组装。

④ 蒙皮的组装：蒙皮的组装采用“人”字形排板方式，顶板任意相邻焊缝的间距，不得小于 200mm；单块顶板本身的拼接，可采用对接或搭接。顶板搭接宽度允许偏差为±5mm。

⑤ 拱顶附件安装：在拱顶板上划出拱顶各附件的安装定位线。按安装定位线安装拱顶栏杆。按安装定位线安装透光孔、量油孔、液位计安装孔、温度计安装孔等。安装拱顶板三组防滑角钢踏步。

⑥ 工装拆除：拱顶各组件安装完毕后，拆除壁板支撑角钢、中心环安装支撑架和拱顶胎架人字支撑等工装，将连接处的焊疤打磨干净，弧坑较大时需补焊并打磨。

⑦ 检验：在铺设蒙皮之前，组焊完毕的网壳结构其节点坐标应符合相关规定。包边角钢预制件之间的对接焊缝应按现行的 GB 50205《钢结构工程施工质量验收规范》中的 3 级焊缝进行检验。蒙皮的表面凹凸度，用弦长不小于 2m 的样板测量，相邻网杆间的最大凹陷量不应超过 25mm。网壳顶的强度，稳定性及严密性试验应在油罐进行充水试验时一并完成，试验压力应符合该油罐施工图的要求。

（3）壁板安装

油罐有九层壁板，1～8 层每层壁板高度为 2000mm，9 层壁板高度为 1800mm。壁板安装时采用液压提升倒装法施工。

① 液压提升倒装法施工原理：为了便于安装油罐壁板时施工人员进出，在油罐基础上预留一个 600mm×800mm 的洞口。安装时先安装油罐底板，在底板边缘板上安装顶层壁板和拱顶，然后在顶层壁板外围设第二圈壁板（预留 2 个收缩活口）。在储罐内壁安装胀圈组件，用于罐体安装。

液压提升装置由液压站、液压传递管道、液压油缸及配件组成的动力系统组成，采用计算机自动监控液压顶升装置，液压油缸均匀分布在罐壁周围，当油缸进油时，活塞上升并带动胀圈上升，相应地带动整体罐壁上升到预定高度，组焊两层壁板之间的环焊缝。然后将油缸回油，使活塞下降，并带动胀圈降至第二层壁板下缘，再固定胀紧。如此往复，实现储罐整体组装和焊接。

② 液压提升装置安装：油罐液压提升装置包括胀圈组件、液压提升机、液压控制系统、活口收紧装置等。具体安装步骤如下：

a. 胀圈组件安装：拱顶安装完毕后，在顶层壁板内下缘处安装胀圈组件，胀圈至壁板下缘口的距离视液压提升机的尺寸而定。胀圈组件用于罐体的撑圆和罐体的提升，组件包括胀圈和千斤顶。胀圈需在拱顶安装前吊至罐底板上，见图 8-11。

胀圈组件安装步骤如下：在现场钢平台上放胀圈 1∶1 大样，检查其圆弧度，整节胀圈与大样偏差不得超过 3mm。

在油罐拱顶安装前将胀圈吊至罐内相应的安装位置附近。

拱顶安装完毕后，在顶层壁板内侧下缘划出胀圈及其定位卡具的安装定位线，每节胀圈设 4 个卡具，卡具安装在距胀圈端部 2m 的位置。

在相邻两胀圈挡板之间放置一台 10t 千斤顶，放置好后同时顶紧 6 台千斤顶，直至胀圈与壁板贴紧为止，胀圈组件即安装完毕。

b. 提升装置安装：胀圈组件安装完毕后进行液压提升机的安装。

按油罐最大提升重量选用 20 台油缸。油缸为双级油缸，其一级行程为 1000mm，二级

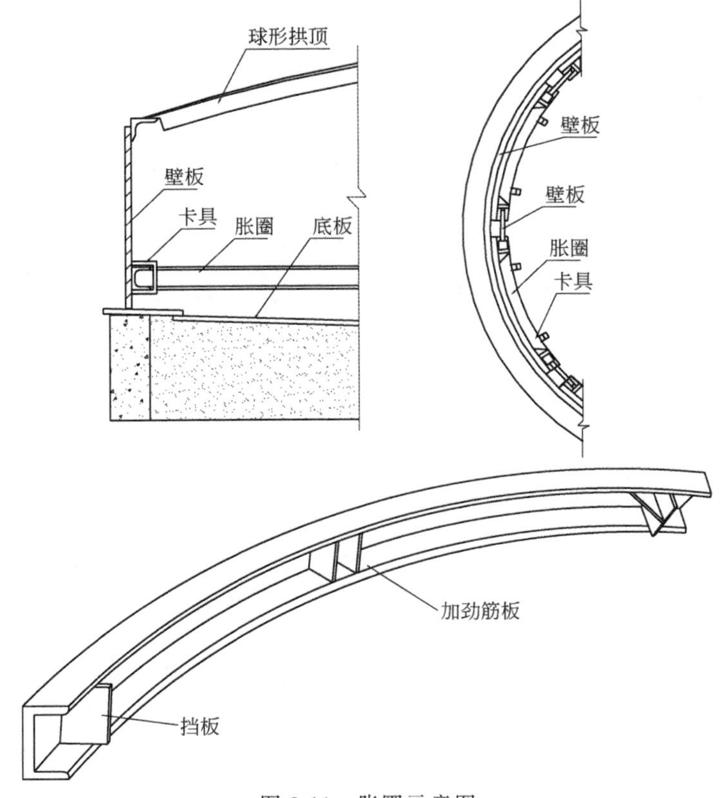

图 8-11 胀圈示意图

行程为 1050mm，最大工作压力为 20MPa。

安装油缸时，先在油罐底板边缘板画出提升装置的安装定位线，应均匀分布在圆周上。油缸中心距壁板距离为 300mm。将油缸垫圈均匀摆放在罐底边缘，并在靠近罐壁板的位置，将油缸支立于垫板上，根据方便油缸挂钩与胀圈连接及施焊的关系位置，调整油缸支立位置。垂直度符合要求后，将其底座板与油罐底板组立并进行定位焊。

油缸附件组装：根据油缸支设位置和油缸外壳顶端固定支架耳扣部位，将油缸支架同步组装，支架底板应与油缸底板可靠焊接。

自定位提升托架组装：油缸顶部与弧形槽钢牢固连接固定并紧贴罐壁板，形成油缸稳定结构。

机械同步活动卡板组装：在托架与胀圈之间形成整体，防止胀圈与托架脱钩。

位移量变送器和托架可同时组装，按油缸数量，每处组装一套，防止顶升罐壁超量。将液压油缸支撑组焊在油缸与储罐底板处，形成油缸下支点，保持油缸的受力平衡稳定。

动力系统组装：液压站设在靠近罐体通道入口处的工作平台上。

高压钢管环路组装：根据液压顶升系统工艺设计要求，高压钢管环路通过两通或三通连接组装在罐体内壁处罐底的边缘板上。

电磁换向阀安装在每个油缸底板上，与油缸底部进油口连接。

高压软管的组装：高压钢管进油环路与电磁换向阀之间、高压钢管回油环路与油缸顶部回油阀之间，通过三通用高压软管连接成油路。高压总软管（升、降软管）连接；升压软管连接液压站出油口和升压环形高压钢管三通入油口；降压软管连接液压站入油口和降压环形高压钢管三通出油口。各软管的连接口处，不得有渗漏油现象。

控制柜装在油罐中部，并设专用线路至各动力部件。

计算机监控系统组装在控制柜台上，便于操作和观察。

c. 活口收紧装置安装：活口收紧装置用于罐体提升时 2 个预留活口的收紧。活口收紧装置由手拉葫芦和拉耳组成，设置在活口两侧沿水平方向，其安装尺寸见活口收紧装置安装示意图，如图 8-12 所示。

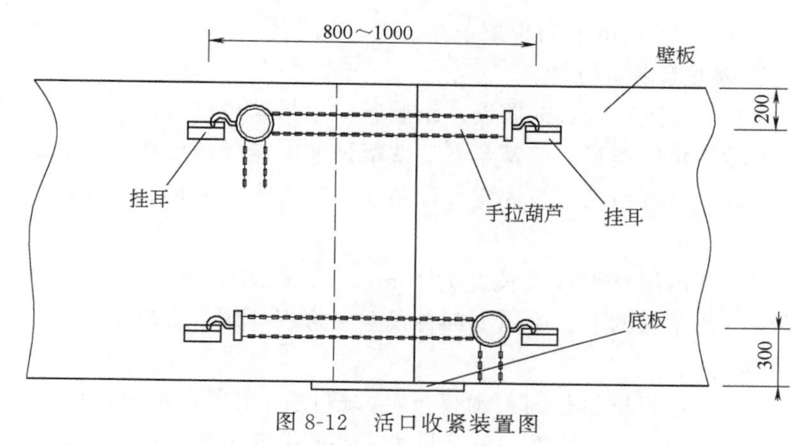

图 8-12 活口收紧装置图

活口收紧装置的安装在下一圈壁板围设之后进行，其安装步骤如下：

下一圈壁板围设之后，按示意图在每个活口画出收紧装置挂耳的安装定位线。

按定位线组立上、下两对拉耳并焊接。焊缝高度 8mm，焊缝表面不得有气孔、夹渣、裂纹等缺陷。

将两台型号为 2t×3m 的手拉葫芦分别挂在两对拉耳上。

③ 限位挡板安装：限位挡板用于罐体提升时调整环缝对接间隙和错边量。

限位挡板包括内挡板和外挡板。限位挡板的安装在下一圈壁板围设之后进行，沿罐壁一周每隔 1m 设置一个。挡板组立焊接时，焊缝高度为 8mm，焊缝表面不得有气孔、夹渣等缺陷，见图 8-13。

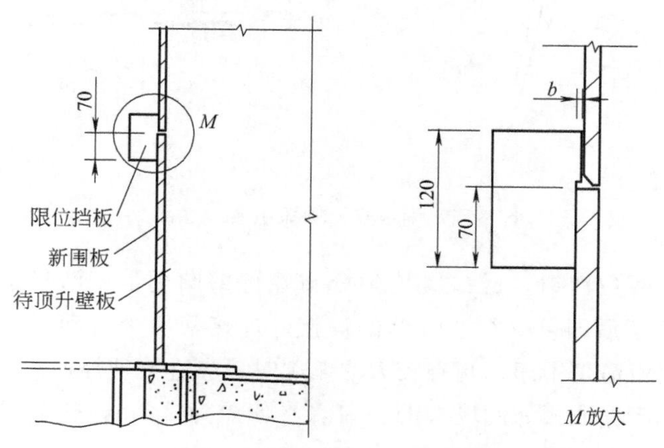

图 8-13 限位挡板安装示意图

④ 罐内照明装置安装：由于罐体安装过程中，罐内光照度很低，需安装照明装置，以便于各种工作的进行。

在罐内布置 6 盏功率为 1kV·A 的防爆安全灯，电缆用 PVC 管进行敷设。

（4）第二层壁板的安装

油罐拱顶安装完毕之后，在首层壁板外按排板图进行第二层壁板的围设。围设前应进行下列准备工作：

① 检查首层壁板上是否有焊疤和较大的弧坑，若有应打磨和修补。

② 在首层壁板上用油脂笔划出标尺，以便于罐体顶升时观察罐体起升高度。标尺最小刻度不得大于 4mm，每隔 14m 左右设置一个。

③ 划出首块壁板的安装定位线。

准备工作完成之后，进行壁板的围设。组装时，用吊车将壁板吊装到位，调整好位置度后，其上部和下部均用角销楔紧，使其与首层壁板贴紧。相邻两块板之间的对接缝间隙调整好后进行组立焊，调整好后用弧形板固定，以防止焊接时产生变形。间隙严格按图纸要求进行调整。

弧形板与壁板之间的组立焊焊点长度为 10mm，焊点间距 200mm，组立焊时只焊上部角焊缝，下部不焊。每条缝的上、中、下部各设置弧形板一块，上部距壁板顶面 40mm，下部距壁板底面 200mm。

弧形板材质尽量与壁板材质相同，圆弧半径与罐壁内侧半径相同，材料厚度为 12mm，长 800～1000mm，宽 140mm，可用边角料制作。弧形板具体尺寸如图 8-14 所示。

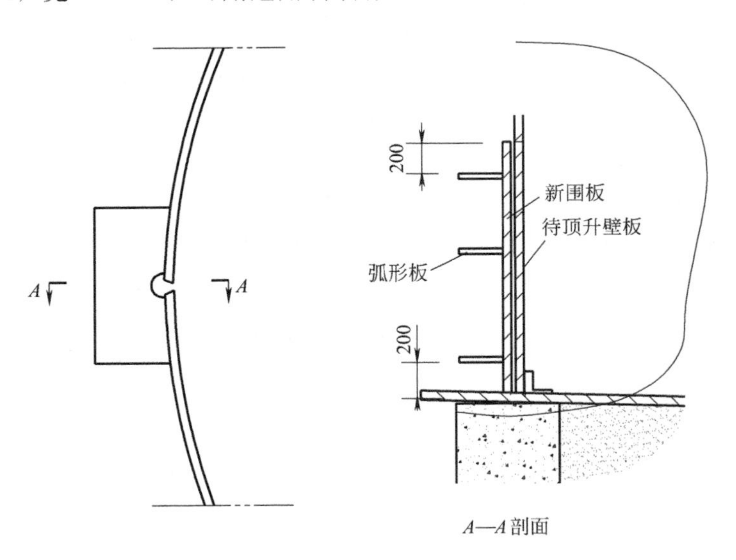

图 8-14 围板立缝圆弧组装示意图

壁板围设时，留两条活口，活口应均匀分布在罐壁圆周上。活口搭接部分长度 100～200mm。壁板组立完毕后即可进行立焊缝的焊接，焊接采用半自动焊。焊接完毕后，用气割割去弧形板，将焊疤清理干净。当有较大的弧坑时，应进行补焊，然后磨平。

壁板焊接之后，应保证相邻两块板的上口水平偏差为 2mm，整个圆周上任意两点水平的允许偏差为 3mm。

壁板焊接和工装安装完毕后，即可进行罐体的顶升工作。

（5）罐体提升

油罐拱顶安装、第二层壁板围设及所有顶升装置安装等工作进行完毕后，进行罐体的提升工作。

① 提升前的准备工作：提升前应进行下列准备工作：检查提升装置安装是否符合要求；胀圈的安装是否牢固可靠；液压控制系统是否正常工作。

② 提升罐体：各种准备工作结束之后，即开始进行罐体提升。提升过程如下：

a. 液压顶升系统接通电源。

b. 计算机开机，设定工作参数，并通过信息传输系统将参数输入动力系统相关信息。

c. 控制系统运作，使液压站工作的液压源通过传输管道上的各种阀门控制液压油进入顶升油缸，顶举壁板使被提升壁板下口高出下层壁板 30mm 左右，收紧活口收紧装置，使限位挡块紧贴上层壁板，下落上层壁板，使上下壁板对接，并保证环缝组对间隙一致。组立环焊缝并进行组立焊。活口两侧各 1000mm 暂不组立，待立缝组立完毕后再进行此段的组立。组立时从每个区的中间开始，依次向收缩口进行；拆除活口收紧装置，划出预留活口处搭接部分的切割线，用气割割掉多余部分，开坡口并将坡口面打磨干净，组立活口立焊缝及其两侧的环焊缝。

d. 关机：壁板焊接完成后，去除胀圈肋板。

（6）纵焊缝及环焊缝的焊接

纵焊缝及环焊缝的焊接采用焊条电弧焊，焊接方法按相关规范及技术要求。

（7）拆卸工装

罐体提升工作完毕后，拆除所用工装。

工装拆除时，与罐体连接处的焊缝应用气割割除，不得采用锤击的方法，以免损伤母材。

拆除完毕后将焊接处的焊疤打磨干净。焊缝处弧坑深度超过 1mm 时需补焊，补焊时不得有气孔夹渣等缺陷，补焊后将焊缝表面打磨平整。

（8）下降（复位）

① 开机。

② 点击油缸排油。卸载，胀圈将随油缸自动整体下降至原位。

③ 关机：复位，下圈壁板顶升工艺的准备。

（9）其他各圈壁板安装

按照上述步骤安装其他 7 圈壁板。

所有壁板安装完毕后进行底层壁板与罐底板角焊缝、边缘板对接焊缝剩余部分焊缝、边缘板与中幅板搭接环缝的焊接。

8.1.4 储罐的附件及安装

储罐附件是储罐自身的重要组成部分，其作用为：保证完成油料收发、储存作业，便于生产；保证储罐使用安全，防止和消除各类储罐事故；有利储罐清洗和维修；能降低油品蒸发损耗。

储罐除一些通用附件外，盛装不同性质油品，用于不同结构类型的储罐，还应配置具有专门性能的附件，以满足安全与生产的特殊需要。

8.1.4.1 通用附件

在各种储罐上，通常都装有下列附件：

① 扶梯和栏杆：扶梯是专供操作人员上罐检尺、测温、取样、巡检而设置的。它有直梯和旋梯两种。一般来说，小型储罐用直梯，大型储罐用旋梯。

② 人孔：人孔是供清洗和维修储罐时，操作人员进出储罐而设置的。一般立式储罐，人孔都装在罐壁最下层圈板上，且和罐顶上方采光孔相对。人孔直径多为 600mm，孔中心距罐底为 750mm。通常 $3000m^3$ 以下储罐设人孔 1 个，$3000\sim5000m^3$ 设 1～2 个人孔，$5000m^3$ 以上储罐则必须设 2 个人孔。

③ 透光孔：透光孔又称采光孔，是供储罐清洗或维修时采光和通风所设。它通常设置在进出管上方的罐顶上，直径一般为 500mm，外缘距罐壁 800～1000mm，设置数量与人孔相同。

④ 量液孔：量液孔是为检尺、测温、取样所设，安装在罐顶平台附近。每个储罐只装一个量油孔，它的直径为 150mm，距罐壁距离多在 1m。

⑤ 脱水管：脱水管亦称放水管，它是专门为排除罐内水杂和清除罐底污油残渣而设的。放水管在罐外一侧装有阀门，为防止脱水阀不严或损坏，通常安装两道阀门。冬天还应做好脱水阀门的保温，以防冻凝或阀门冻裂。

⑥ 消防泡沫室：消防泡沫室又称泡沫发生器，是固定于储罐上的灭火装置。泡沫发生器一端和泡沫管线相连，一端带有法兰焊在罐壁最上一层圈板上。灭火泡沫在流经消防泡沫室空气吸入口处，吸入大量空气形成泡沫，并冲破隔离玻璃进入罐内（玻璃厚度不大于 2mm），从而达到来火目的。

⑦ 接地线：接地线是消除储罐静电的装置。

8.1.4.2 轻质油专用附件

轻质油（包括汽油、煤油、柴油等）属黏度小、质量轻、易挥发的油品，盛装这类油品的储罐，都装有符合它们特性并满足生产和安全需要的各种储罐专用附件。

① 储罐呼吸阀：储罐呼吸阀是保证储罐安全使用，减少介质损耗的一种重要设备。

② 液压安全阀：液压安全阀是为提高储罐更大安全使用性能的又一重要设备，它的工作压力比机械呼吸阀要高出 5%～10%。正常情况下，它是不动的，当机械呼吸阀因阀盘锈蚀或卡住而发生故障或储罐收付作业异常而出现罐内超压或真空度过大时，它将起到安全密封和防止储罐损坏的作用。

③ 阻火器：又称防火器，是储罐的防火安全设施，它装在机械呼吸阀或液压安全阀下面，内部装有许多铜、铝或其他高热容金属制成的丝网或皱纹板。当外来火焰或火星万一通过呼吸阀进入防火器时，金属网或皱纹板能迅速吸收燃烧物质的热量，使火焰或火星熄灭，从而防止储罐着火。

④ 喷淋冷却装置：喷淋冷却装置是为降低罐内介质温，减少介质损失而安装的节能设施。

8.1.4.3 内浮顶罐专用附件

内浮顶罐和一般拱顶罐相比，由于结构不同，并根据其使用性能要求，它装有独特的各种专用附件。

① 通气孔：浮顶罐由于内浮盘盖住了液面，液气空间基本消除，因此蒸发损耗很少，所以罐顶上不设机械呼吸阀和安全阀。但在实用中，浮顶环形间隙或其他附件接合部位，仍然难免有泄漏之处，为防止液气积聚达到危险程度，在罐顶和罐壁上都开有通气孔。

② 静电导出装置：浮顶罐在进出作业过程中，浮盘上积聚了大量静电荷，由于浮盘和罐壁间多用绝缘物作密封材料，所以浮盘上积聚的静电荷不可能通过罐壁导走。为了导走这部分静电荷，在浮盘和罐顶之间安装了静电导出线。一般为 2 根软铜裸绞线，上端和采光孔相连，下端压在浮盘的盖板压条上。

③ 防转钢绳：为了防止罐壁变形，浮盘转动影响平稳升降，在内浮顶罐的罐顶和罐底之间垂直地张紧 2 条不锈钢缆绳，两根钢绳在浮顶直径两端对称布置。浮顶在钢绳限制下，只能垂直升降，因而防止了浮盘转动。

④ 自动通气阀：自动通气阀设在浮盘中部位置，它是为保护浮盘处于支撑位置时，进出料时能正常呼吸，防止浮盘以下部分出现抽空或憋压而设。

⑤ 浮盘支柱：内浮顶罐使用一段时间后，浮顶需要检修，储罐需清洗，这时浮顶就需降到距罐底一定高度，由浮盘上若干支柱来支撑。

⑥ 扩散管：扩散管在罐内与进口管相接，管径为进口管的 2 倍，并在两侧均匀钻有众多直径为 2mm 的小孔。它起到收油时降低流速，保护浮盘支柱的作用。

8.1.4.4 附件的布置

① 梯子和平台：为便于取样、量液及维护和管理，设置上罐的梯子，常用盘梯，起点布置在便于操作的通道附近，靠近罐进出口接合管处。

② 量液孔：操作频繁，设在罐顶梯子平台附近，对设盘梯的罐，宜设在盘梯包角的内侧，距罐壁 1000mm。

③ 透光孔：设在罐顶距罐壁 800～1000mm 外，只设一个时，布置在上罐顶的平台附近，与人孔相对称。

④ 人孔：设在罐壁的下部，距罐底一般取 750mm，避开罐内的立柱、加热器等，当人孔中心距地面的高度大于是 1200mm 时，在其下方设置操作平台。

⑤ 呼吸阀、通气管、液压安全阀、阻火器：布置在罐壁顶的中心部位。以图 8-15 说明附件在 5000m^3 立式拱顶罐上的布置，供参考。

8.1.4.5 消防及其他设施

燃烧的必要条件是可燃物、氧气（空气）、一定的温度（或明火）。国内常见的储罐消防设计是利用空气泡沫来覆盖罐中的可燃介质的表面，使其与氧气隔绝，燃烧中断、扑灭火灾。

储罐泡沫系统安装方式有两种，固定式泡沫灭火系统、半固定式泡沫灭火系统。还有其他方法，如烟雾灭火方式、蒸汽和水雾灭火方式、干粉灭火方式、惰性气体灭火方式等。也是破坏燃烧必要条件中的一项或几项来中断燃烧，扑灭火灾。

其他安全设施还包括防雷、防静电、防爆、防毒设施。

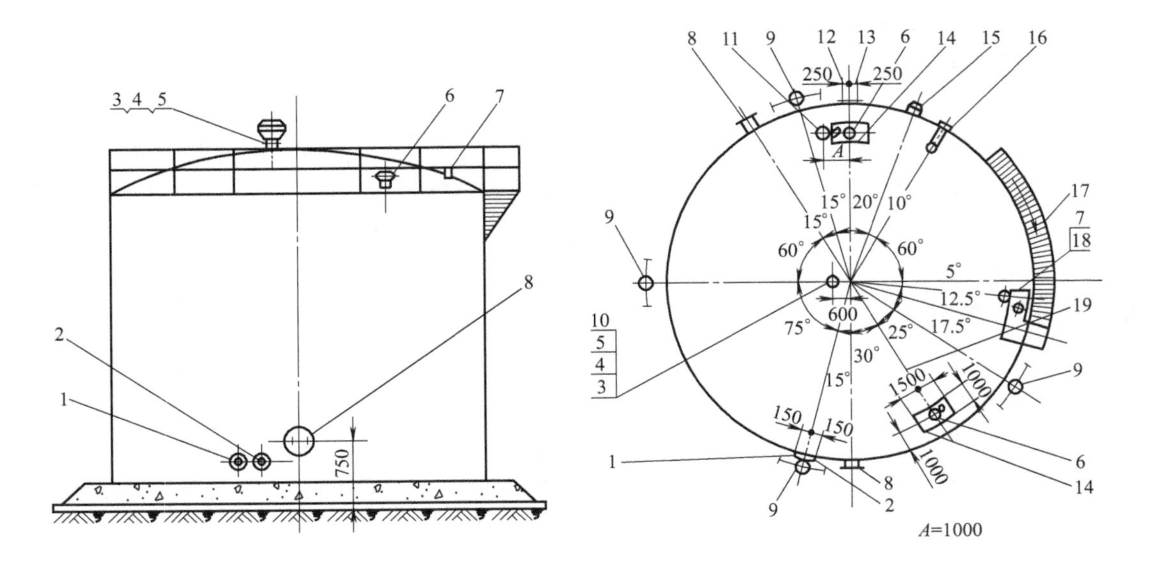

图 8-15 立式拱顶油罐附件布置示意图

1—凝结水出口管；2—蒸汽进口管；3—阻火器接口管；4—阻火器；5—通气管；6—透光孔；7—量油孔接口管；8—人孔；9—泡沫发生器；10—呼吸阀；11—罐顶结合管；12—进油管；13—出油管；14—透光孔平台；15—排污孔；16—液位计；17—盘梯；18—量油孔；19—踏步

8.1.4.6 附件及其他设施的安装

（1）盘梯及平台安装

储罐安装过程中应及时安装盘梯及支架。不带侧板的盘梯可在罐壁安装过程中安装，有侧板的盘梯应在罐壁板全部安装后安装。

储罐壁板安装到第三层时进行盘梯的安装，盘梯组件包括平台、中间转向台、支撑架、踏步安装板、踏步和栏杆等。

按图样要求在罐壁上划出盘梯支架和平台支架的安装位置线；安装罐顶盘梯平台和角钢支撑；在角钢支撑上划出踏步安装板的定位线，然后安装踏步安装板；在踏步安装板上划出踏步和栏杆的安装定位线，依次安装踏步和栏杆。安装随壁板的安装同时进行；当盘梯安装到壁板第 4 层时，安装盘梯中间转向平台。

栏杆其本身的接头及立柱下部的固定端均应采用等强连续焊，立柱间的水平距离不得大于 1000mm，栏杆高度允许偏差±5mm，踏步间距允许偏差±5mm。

（2）浮顶人孔的安装

浮顶人孔在浮船本身的焊缝全部焊完后安装。施工程序：

① 划线依据图样划出人孔安装位置线，开孔补强圈外缘与其他焊缝的距离应不小于 50mm。

② 将补强圈与单盘上的划线对准，将补强板定位焊在浮盘上。

③ 采用手工气割进行开孔时，应清除表面氧化物并打磨。

④ 人孔接管与单盘板的角焊缝进行煤油渗漏。

⑤ 集水坑的安装与单盘上的人孔安装基本相同，但开孔补强为临时补强。

（3）量液孔与导向杆的安装

量液孔与导向管应在上水之前安装完毕。施工程序：

① 导向管由于过长，运输不便，分段预制，现场组对，组对前应先将盖板、密封板和压板按顺序套在导向管上，并将其固定在导向管上部，调整直线度进行焊接。焊接应有防变形措施，焊后应再次检查直线度，导向管接口焊缝余高不得大于1mm。其直线度允许偏差不大于导向管长度的1/1000，且不大于10mm。

② 按图样在浮盘上划出导向管安装位置线，开孔中心偏移不得大于10mm，补强板外缘与其他焊缝间的距离应大于50mm。

③ 浮船开孔，应先开舱顶板上的孔，后开舱底板上的孔，顶板上的孔开好后，用吊线法确定底板上的开孔位置，以保证上下孔同心，并将补强板点焊在浮船板上，用手工气割开孔时，清除表面氧化物并打磨。

④ 安装套管，找正后进行焊接，其垂直度允许偏差为1mm，焊后套管与浮船间焊缝作煤油试漏。

⑤ 安装导向管上下支撑后安装导向管，用经纬仪找正后固定上下端部。

⑥ 盖板、密封板和压板依次安装。

⑦ 安装导轮，导轮与导向管间应留一定的间隙，调整好间隙后将导轮固定。

⑧ 最后安装量液管下端部的喇叭口和导向管下部的盲板。

（4）浮顶支柱和通气阀安装

浮顶支柱和通气阀在浮船本身的焊缝全部焊完后安装。施工程序：

① 在浮盘上划出各支柱安装位置线，如果安装位置与单盘三板重叠时，可向周向错开。

② 用手工气割开孔，清除表面氧化物并打磨。

③ 船舱的支柱开孔，应先开船舱项板上的孔再用吊线法确定船舱底板的开孔位置，以确保上下孔同心。

④ 安装套管，其垂直度允许偏差为1mm，套管与浮船底板的焊缝焊后做渗透检测。

⑤ 安装补强板，并点固立筋板，补强板与套管之间的焊缝焊后做渗透试验。

⑥ 将支柱装入套管，并用销子进行固定。

⑦ 罐底上的支脚垫板，应在底板焊接及检查完后进行安装焊接。

⑧ 罐体放水至浮顶设计检修高度时，停止放水，调整支柱高度。

⑨ 调整浮顶支柱高度的同时调整通气阀杆的高度，确保浮盘落地后顺利启开。

（5）转动浮梯安装

转动浮梯在大罐充水试验前安装完毕。施工程序：

① 划出顶部平台的安装位置线：项部平台安装后，确定浮梯的一个中心点，将这个中心点投影在浮盘上，划出这个点与浮盘中心的连线，即为浮梯安装中心线的投影，也是轨道的安装中心线。

② 分段预制的浮梯：在浮顶上将两节组为一体，检查其不直度。合格后进行焊接，其焊缝为等强连续焊。

③ 安装轨道：以中心线为基准划出各支腿安装位置线，将支脚定位焊后安装横杆，用玻璃管将横杆顶部找平后进行点固焊，最后安装轨道，轨道与中心线平行。

④ 安装浮梯：将顶部固定后，确认转动浮梯轨道中心线与转动扶梯中心线同在一个铅

垂面内为合格。

⑤ 浮梯的检验：应在罐体充水过程中进行，浮梯上端的转轴和下端的滚轮应转动灵活，梯子下端的滚轮应始终处于轨道上，浮梯升降自如。

(6) 密封装置安装

密封装置在罐内壁焊缝余高打磨合格后，罐体充水试验前安装。施工程序：

① 在安装弹性密封前，应首先清除罐内表面和浮顶外边缘表面的毛刺和焊瘤，以防止损伤橡胶带。

② 浮船上安装密封装置的作业现场，应将能损伤橡胶带的杂物清除干净。

③ 把橡胶带平铺在浮船上（沿圆周）不要扭曲，并严禁烟火，按说明书要求，将胶带粘接为环形。

④ 在橡胶带边部，浮船外边缘板上端和罐壁板内侧圆周上按 45°等分，在等分点上用油漆做出标记，作为安装定位点。

⑤ 依照浮船边缘板的开孔情况，在胶带的每一个等分区内开同样数量的均匀分布的孔，这样将皱折部分均匀分在每个孔的间距内。

⑥ 同时安装胶带支撑板和弹性元件，弹性元件安装不能扭曲，弹性元件安装最后一块时其长度按实际情况下料。

⑦ 密封装置安装完后，为作好成品保护，应及时安装二次密封。

(7) 中央排水管安装

中央排水管在集水坑安装后，罐底真空试漏合格，储罐上水前安装。施工程序：

① 在罐底上划出中央排水管的安装位置中心线和位置线。

② 按划线的位置安装支架垫板和支架。

③ 浮顶临时胎架组装前，将预制好的排水管放入罐内，如果整体进入不方便，可分段进入，但拆前必须做好各部相配标记，进入罐内后按原顺序安装。

④ 根据罐底变形情况，调整各支架高度，使坡度符合图纸要求。

⑤ 安装中央排水管道时，不可强行组装，管子接头全部接完后，再将支架上的卡子紧固。

(8) 加热器安装

加热器在罐底焊接完成并检查合格后进行安装。施工程序：

① 在罐底上画出加热器安装位置线。

② 按划线位置安装垫板及支架。

③ 加热器单根管从人孔进入，在支架上预制组焊成整体。

④ 按设计要求做无损检测。

⑤ 加热器安装就位，卡子固定。

⑥ 按设计要求压力进行强度试验。

(9) 罐壁附件安装

罐壁附件包括罐壁加强圈、液位计、温度计安装管、进油口、出油口、人孔、罐外液位计安装孔等。

① 罐壁加强圈安装：罐顶安装前将加强圈应放入罐底上，当罐壁安装到第 4 层时，在第 3 层壁板内侧安装罐壁加强圈。安装前，在壁板上划出安装定位线，然后按照排板图进行

安装。

② 液位计、温度计安装管等附件安装：储罐拱顶安装前将液位计、温度计安装管组件吊至罐内，待储罐壁板安装完毕后在油罐底板上按施工图进行组装。

③ 其他附件安装按施工图进行。

8.1.5 储罐的检验及验收

8.1.5.1 几何尺寸检验

施工完毕后，对罐体的几何形状和尺寸进行检验：

① 罐壁的检查：罐壁高度的允许偏差不大于设计高度的 0.5%，且不应大于 50mm；罐壁垂直度的允许偏差不大于壁高度的 0.4%，且不大于 50mm；罐壁的局部凹凸变形板厚度小于或等于 25mm 时小于 13mm，大于 25mm 时小于 10mm。

② 罐底板凹凸变形要求：罐底焊接后局部凹凸变形不深度不大于变形长度的 2%，且不大于 50mm。

③ 浮顶局部凹凸变形符合：浮舱顶板的凹凸变形用直线样板测量，不大于 10mm；单板板的局部凹凸变形不影响外观及浮顶排水。

④ 固定顶局部凹凸变形，采用样板检查，间隙不大于 15mm。

8.1.5.2 焊缝检验

分为外观检查和无损检测两部分。

焊缝表面质量符合：焊缝表面及热影响区不得有裂纹、气孔、夹渣、弧坑和未焊满等缺陷；对接焊缝的咬边深度不大于 0.5mm，咬边连续长度不应大于 100mm；焊缝两侧咬边总长度不应超过该焊缝长度的 10%；纵向对接焊缝不得有低于母材表面的凹陷，环向对接焊缝和罐底对接焊缝低于母材表面的凹陷深度不大于 0.5mm，凹陷连续长度不大于 100mm；凹陷的总长度不大于该焊缝长度的 10%；浮顶及内浮顶储罐罐壁内侧焊缝余高不大于 1mm。焊缝外观及尺寸偏差应符合图纸或 GB 9856《焊接接头的基本形式与尺寸要求》。

壁板对接焊缝，需进行无损检测，检测方法有 X 射线、γ 射线及超声波检测等。

8.1.5.3 罐底严密性试验

罐底板对接焊缝、T 形接头焊接完毕后先进行渗透检测。

罐底板焊缝焊接完毕后，全部进行真空试漏，试验压力不低于 53kPa。

8.1.5.4 浮顶的检验

对于浮顶罐，浮顶底板和顶板均进行 53kPa 的真空试验。

试验方法为在焊缝上涂抹肥皂水，用真空泵将真空箱内压力抽至试验压力后，观察有无气泡涌出，无气泡为合格。

浮顶顶板与浮顶隔板间及隔板间的焊缝进行煤油试漏，试验时在焊缝满焊一侧涂白垩粉，待干燥后在另一侧涂抹煤油，0.5h 后观察白垩上有无煤油痕迹，无渗漏为合格。浮顶施工完毕后对浮舱进行气密性试验。

8.1.5.5 充水试验

充水试验是储罐投用前检验罐质量的重要一环。

充水试验前检查下列内容：罐底严密性、罐壁强度及严密性、浮顶的升降试验及严密性、浮顶排水管的严密性、基础的沉降观测。

充水试验时，充水、放置和放水时间的控制按设计文件要求执行。

充水前及充水过程中进行基础沉降观测。储罐充水前进行一次观测。大型罐的环墙设沉降观测点不少于 24 点，可设在环墙上，也可高以壁板距罐底 200mm 左右处。基准点的布设应保证在观测每一个观测点时，至少能同时观测到一个基准点。测量使用的水准仪为高精度水准仪，测量完毕后计算各观测点的沉降值。

充水过程中，如基础发生不允许的沉降（沉降量大于 50mm），或不均匀沉降（在罐壁圆周方向上，每 10m 圆弧长度内的沉降差大于 13mm 时）应立即停止充水，基础处理后方可继续进行充水。

检查完毕后，缓慢放水，放水到调整支柱水位时暂停放水，进行浮顶支柱的调整。

油罐充水试验，应检查下列内容：罐底严密性、罐壁强度及严密性、浮顶的升降试验及严密性、浮顶排水管的严密性、基础的沉降观测。

油罐充水试验时，其充水、放置时和放水时间的控制按设计文件要求执行。

储罐充水试验应具备下列条件：

① 确认安装工作完成，焊接工作结束，检试验合格。

② 罐内外卡具等全部拆除，焊疤清理完。

③ 所有与严密性试验有关的焊缝，均不得涂刷油漆。

④ 罐壁采用普通碳素钢或 Q345R 钢板时，水温不应低于 5℃，罐壁采用其他低合金钢时，水温不应低于 15℃。

⑤ 设观测点，在罐壁下部圆周每隔 10m 左右，设一个观测点，点数宜为 4 的整倍数，且不得少于 4 点。

储罐充水试验应遵守的事项：

① 充水试验时，应按设计文件的要求对基础进行沉降观测，当设计无规定时，可按 GB 50128《立式圆筒形钢制焊接储罐施工规范》附录 B。或其他有关规定进行。

② 在充水试验中，如基础发生不允许的沉降，应停止充水，待处理后方可继续进行试验。

③ 顶罐在充水和放水过程中，应打开透光孔，以防罐内产生正压或负压。

④ 放水应排放到指定位置，不可就地排放使基础浸水。

⑤ 放水后将罐内的积水和杂物清扫干净。

8.1.6 储罐的防腐施工

储罐防腐是一项重要的工作，它关系到储罐的使用寿命。

防腐施工顺序：基层处理→第一遍防锈底漆→扫吹干净→第一遍中间油漆→扫吹干净→第二遍中间油漆→扫吹干净→第一遍面油漆→扫吹干净→现场安装→补刷面油漆→第二遍面油漆。

防腐油漆材料应具有出厂合格证明书，合格方准使用。每一涂层应严格按照图纸所要求的油漆品种进行涂刷，涂层厚度要满足图纸要求。

罐的防腐采用喷砂除锈方式对金属表面进行处理，使金属表面的除锈等级符合设计文件或有关现行国家规范的要求。喷砂后的金属表面必须清扫。除锈后的金属表面应尽快进行防腐蚀施工，其间隔时间不宜超过 8h。当金属表面温度低于露点以上 3℃或相对湿度大于70%时，不宜进行喷砂除锈，不得在雨、雾及风力大于 5 级的气候条件下进行室外防腐蚀工程的施工。

防腐蚀涂料的配制和使用必须按照产品说明书的规定进行。涂料使用前必须搅拌均匀，在施工中如果出现胶凝、结块等现象，应停止使用。根据工艺要求涂料中可以加入与之配套的稀释剂，但其用量不宜大于涂料重量的 5%。

涂刷底漆时采用手工涂刷，涂刷顺序位：先上后下，先难后易，先左后右，先内后外，保持厚度均匀一致。刷第一层油漆时涂刷方向应该一致，接搓整齐。第一遍底漆干燥后，经用细砂纸打磨，除去表面浮漆粉物后，再进行第二遍油漆的涂刷，第二遍涂刷方向与第一遍涂刷方向垂直，这样会使漆膜厚度均匀一致。涂刷完毕后在构件上按原编号标注：重大构件还需要标明重量、重心位置和定位标号。涂刷面漆时，应按照设计要求的颜色和品种规定进行涂刷，涂刷操作方法与底漆操作方法相同。

在焊缝部位，焊缝两边预留 50mm 不进行涂刷，焊缝焊接完毕后，用钢丝刷把预留部位打磨出金属光泽后进行补刷，补刷遍数和油漆品种与主体构件相同。

构件安装完成后，及时对在运输、安装过程中碰撞脱落损坏的部分的油漆，应按正常工艺过程要求进行补刷。

储罐焊缝部分的油漆必须在全部的焊接、试压、试漏、基础沉降观测试验及附件安装等工序完成并经质量检验合格后方能施工。

外壁防腐施工采用吊篮配合，内壁防腐采用搭设脚手架方法进行。

储罐防腐、涂装应符合 GB 50393《钢制石油储罐防腐蚀工程技术规范》或其他有关规定。储罐绝热工程施工应按 GB 50126《工业设备及管道绝热工程施工规范》或其他有关规定执行。

8.1.7 工程验收

储罐完工后，建设单位应组织相关单位进行工程验收。储罐工程验收时，施工单位可参照 SH/T 3503《石油化工建设工程项目交工技术文件规定》或其他有关的规定，向建设单位提交竣工技术文件。

8.2 知识解读

8.2.1 立式圆筒形钢储罐的容积及选材

8.2.1.1 立式圆筒形钢储罐的应用

储罐是储存各种液体或气体原料及成品的专用设备，钢制储罐是石油、化工、粮油、食品、消防、交通、冶金、国防等行业重要的基础设施。

立式圆筒形钢制焊接储罐主要用于储存数量较大的液体介质，如原油、轻质成品油等；大型卧式储罐可用于储存压力不太高的液化气和液体；小型的卧式和立式储罐主要作为中间产品罐和各种计量、冷凝罐用；球形储罐用于储存石油气及各种液化气；无缝气瓶主要用于储存永久性气体和高压液化气体。

8.2.1.2 圆筒形储罐的容量

① 计算容积：按罐壁高度和内径计算的圆筒几何容积。

② 公称容积：圆筒几何容积（计算容积）圆整后以整数表示的容积，通常所说的 1000m^3、10000m^3 储罐指的是公称容积。

③ 实际容积（储存容积）：实际上可存储的最大容积。

④ 操作容积（工作容积）：储罐液面上下波动范围内的容积，即在操作过程中输出最大的满足质量要求容积，如图 8-16 所示。

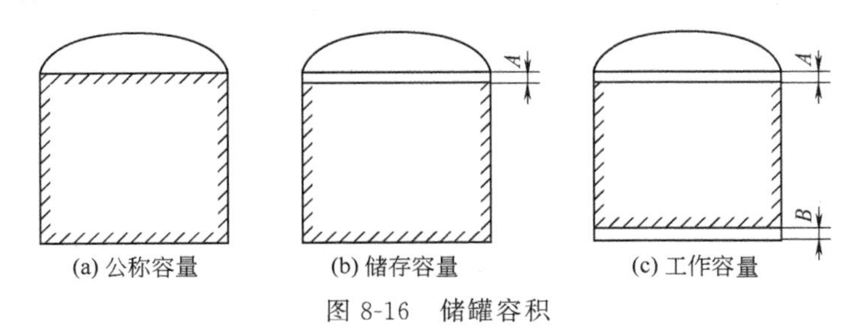

图 8-16 储罐容积

8.2.1.3 钢制储罐的材料

储罐用材按类别分为碳钢（碳素钢、低合金结构钢）、不锈钢、铝及其合金。

（1）钢制储罐用材特点

储罐容量的大型化，促进高强度钢的应用和开发；

最大厚度的限制，由下两个因素引起：其一，随容量的增大，壁板厚度需相应增加；其二，随壁板厚度的增加，为消除其在制造和焊接时的应力，须进行现场消除应力的热处理措施，而目前对储罐大型化还不能解决热处理问题，所以，其最大厚度限制在 45mm 以内；

用材的多样性，从普通碳素钢到焊接结构高强度钢，强度等级范围广。

（2）用材基本要求

强度包括抗拉强度和屈服强度。

可焊性由钢板焊接方法拼接而成，用两个指标来控制，一是碳含量或碳当量，二是热影响区的硬度。

钢板的韧性，夏比（V 形缺口）冲击功，防止储罐脆性破坏的重要数据。

（3）国内储罐用钢材

储罐工程所需材料分为罐体材料和附属设施材料。罐体材料可按抗拉屈服强度或抗拉标准强度分为低强钢和高强钢，高强钢多用于 5000m^3 以上储罐；附属设施（包括抗风圈梁、锁口、盘梯、护栏等）均采用强度较低的普通碳素结构钢，其余配件、附件则根据不同的用途采用其他材质。制造罐体常用的国产钢材有 20、20R、Q345、Q345R 以及 Q235 系列等建造中小型容量（5×10^{4}m^3），大型罐用高强度钢。

8.2.1.4 罐区的现场条件

① 建罐地区温度：温度高低与储液的蒸发损失、能量损耗、材料和检测仪表的选用相关，或者说对储液的储存成本产生直接影响。高温季节为降低蒸发损失，往往对其采用水喷淋装置降低罐体温度，对需低温储存的介质保冷、采用冷冻装置维持其低温。

② 风荷载：对储罐的稳定性和经济性产生影响，风荷载较大地区，储罐设计成“矮胖”形，强风季节空罐或储液少时注意位移和倾覆。

③ 雪荷载：对罐顶的设计和运行有影响，雪荷载大的地区，对直径较大的罐顶荷载增大了，对其附属设施，如泵、呼吸阀、阻火器、检测仪表、绝缘层等，采取防冻、保温措施。

④ 地震荷载：地震烈度有 7 或以上地区，应采取防震措施，9 度区不适宜建罐区。

⑤ 地基的地耐力和地价：地耐力对一定容积的高径比和基础费用起决定作用。

⑥ 外部环境腐蚀（包括大气和土壤）：影响外表面腐蚀。

8.2.2 立式圆筒形钢储罐的构造

8.2.2.1 立式圆筒形钢储罐的类型

由于储存介质的不同，储罐的形式也是多种多样的。

按位置分类：可分为地上储罐、地下储罐、半地下储罐、海上储罐、海底储罐等。

按油品分类：可分为原油储罐、燃油储罐、润滑油罐、食用油罐、消防水罐等。

按用途分类：可分为生产油罐、存储油罐等。

按结构分类：可分立式储罐、卧式储罐、球形储罐、双曲线、无力矩储罐等。

按结构形式的不同，圆筒形钢制储罐有固定顶储罐、浮顶储罐、无力矩顶储罐。目前我国使用范围最广泛、制作安装技术最成熟的是拱顶罐和浮顶储罐。

（1）固定顶储罐

固定顶储罐按罐顶的不同又可分为锥顶储罐、拱顶储罐、自支承伞形储罐和网壳顶储罐。

锥顶储罐，锥顶坡度最小 1/16，最大 3/4。罐顶形状接近正圆锥体表面，容量一般小于 $1000m^3$。有自支撑锥顶和支撑锥顶，见图 8-17 和图 8-18。

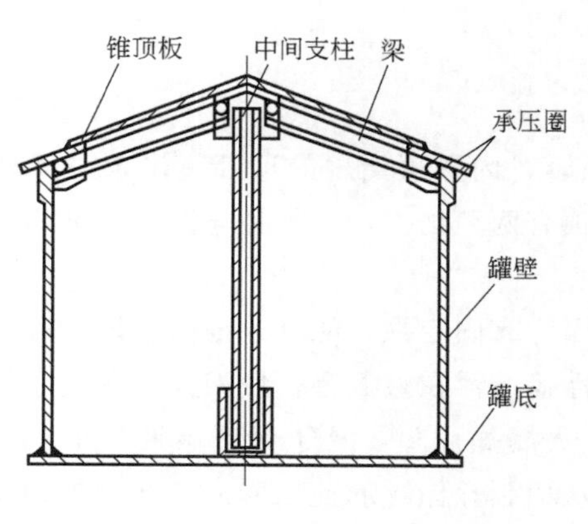

图 8-17 自支撑锥顶罐简图

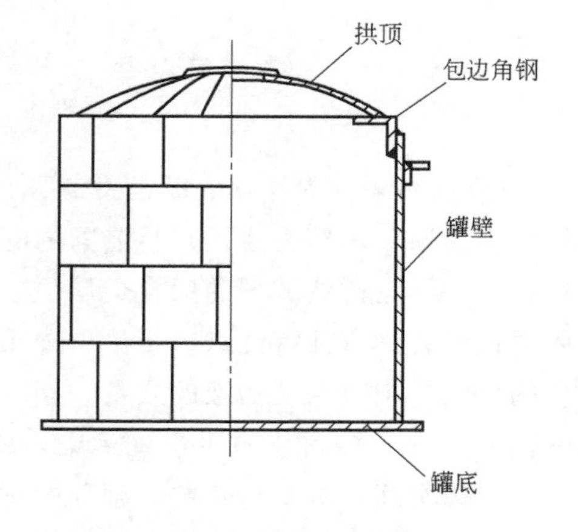

图 8-18 拱顶罐结构简图

拱顶储罐的罐顶为球冠状，罐体为圆柱形，为自支撑拱顶，分无加强筋拱顶（小于 $1000m^3$）和有加强筋拱顶（大于 $1000m^3$）。拱顶储罐制造简单、造价低廉，在国内外许多行业应用广泛，最常用的容积为 $1000\sim10000m^3$。

伞形顶储罐是支撑拱顶的变化，国内少采用。

网壳顶储罐带筋拱顶超过 $10000m^3$ 以上时，罐顶单位面积用钢量增加很多，因此采用此结构。近代大型体育馆层顶结构中已有成熟设计经验。

（2）浮顶罐

浮顶储罐分为浮顶储罐（外浮顶）、内浮顶储罐（带盖内浮顶储罐）。

① 外浮顶罐：外浮顶罐也称浮顶储罐，是由漂浮在介质表面上的浮顶和立式圆柱形罐壁、罐底及附件所构成。浮顶储罐的浮顶是一个漂浮在储液表面上的浮动顶盖，浮顶随罐内介质储量的增加或减少而升降，浮顶外缘与罐壁之间有环形密封装置，罐内介质始终被内浮顶直接覆盖，使罐内液体在顶盖上下浮动时与大气隔绝，从而大大减少了储液在储存过程中的蒸发损失。采用浮顶罐储存油品时，可比固定顶罐减少油品损失 80%左右。

外浮顶罐的浮顶直接露天，容积一般都比较大，罐底板均采用弓形边缘板。

罐壁采用直线式罐壁，储罐上部为敞口，为增加壁板刚度，应根据所在地区的风荷载大小，罐壁顶部需设置抗风圈梁和加强圈。

浮顶罐的形式有双盘式、单盘式、浮子式等。单盘式浮顶罐由若干个独立舱室组成环形浮船，其环形内侧为单盘顶板。单盘顶板底部设有多道环形钢圈加固。其优点是造价低、好维修。双盘式浮顶由上盘板、下盘板和船舱边缘板所组成，由径向隔板和环向隔板隔成若干独立的环形舱。其优点是浮力大、排水效果好。如图 8-19 所示为单盘式浮顶罐。

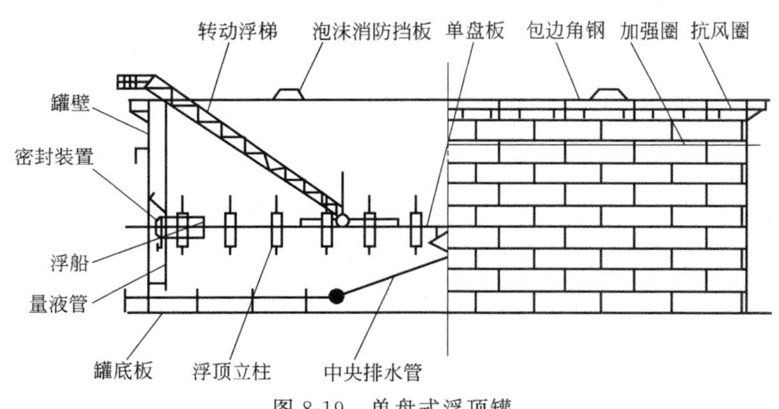

图 8-19 单盘式浮顶罐

② 内浮顶储罐：内浮顶储罐是带罐顶的浮顶罐，内浮顶储罐的顶部是拱顶与浮顶的结合，外部为拱顶，内部为浮顶。目前国内的内浮顶有两种结构：一种是与浮顶储罐相同的钢制浮顶；另一种是拼装成型的铝合金浮顶。

内浮顶储罐具有独特优点，与浮顶罐比较，因为有固定顶，能有效地防止风、砂、雨雪或灰尘的侵入，绝对保证储液的质量。同时，内浮盘漂浮在液面上，使液体无蒸气空间，减少蒸发损失 85%～96%；减少空气污染，减少着火爆炸危险，易于保证储液质量；由于液面上没有气体空间，故减少罐壁、罐顶的腐蚀，从而延长储罐的使用寿命，在密封相同情况下，与浮顶相比可以进一步降低蒸发损耗。其结构如图 8-20 所示。

内浮顶储罐的缺点，是与拱顶罐相比，钢板耗量比较多，施工要求高；与浮顶罐相比，维修不便（密封结构），储罐不易大型化，目前一般不超过 10000m³。

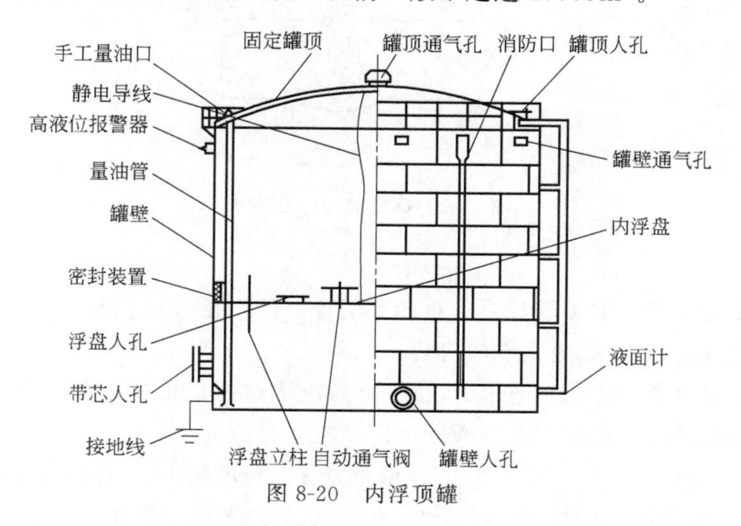

图 8-20 内浮顶罐

目前内浮顶罐在国内外被广泛用于储存易挥发的轻质油品，是一种被推广应用的储油罐。内浮顶罐还可使浮顶上不积雨雪和灰尘，不需做专门的排水折管，更有利于保证储存物料的质量。

此外，还有无力矩顶储罐（悬链式无力矩储罐）。无力矩顶储罐是根据悬链线理论，用薄钢板制造的。其顶板纵断面呈悬链曲线状。由于这种形状的罐顶板只受拉力作用而不产生弯矩，所以称为无力矩顶储罐。

8.2.2.2 立式圆筒形钢制焊接储罐的构造

立式圆筒形储罐的构成基本相同，以拱顶罐为例，主要由罐壁、罐底、罐顶、加强圈、抗风圈及附属设施（进出口接管、量液孔、人孔、清扫孔、透光孔、阻火器、通气孔、呼吸阀、防爆孔、排污孔、梯子平台、加热或冷却装置、温度计、液面计、搅拌装置）以及安全附件包括消防、防雷、防静电、防爆、防毒设施等构成。结构如图 8-21 所示。

（1）罐壁结构

① 罐壁截面与连接形式：罐壁的纵截面由若干个壁板组对焊接而成，其形状为从下至上逐级减薄的阶梯形，上壁板厚度不超过下壁板的厚度，各壁板厚度由计算所得，不锈钢最小厚度 4mm，碳素钢最小厚度 5mm。

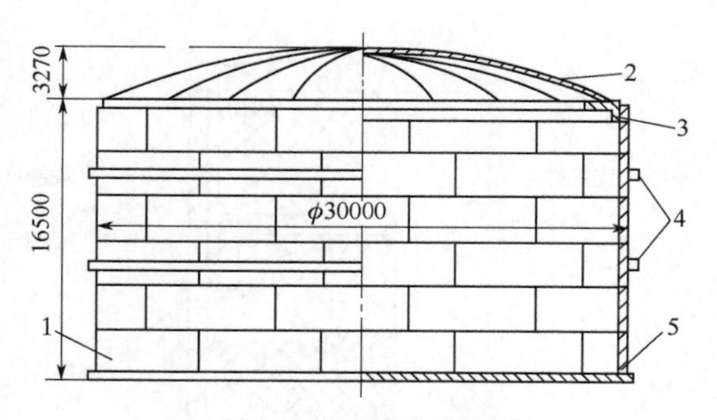

图 8-21 拱顶罐结构简图

1—壁板；2—罐顶；3—包边角钢；4—加强圈；5—底板

纵向接头直接承受液压产生的环向拉力，应力比环向接头高，故纵向焊缝采用全焊透的对接型，坡口基本形式及尺寸符合有关标准。常见接头形式见图 8-22。

为减少焊接影响与变形，相邻壁板的纵向接头宜向同一方向逐渐错开 1/3 板长，焊缝最小间距不小于 1000mm，底圈壁板纵向接头与罐底边缘板对接焊缝接头之间距离不小

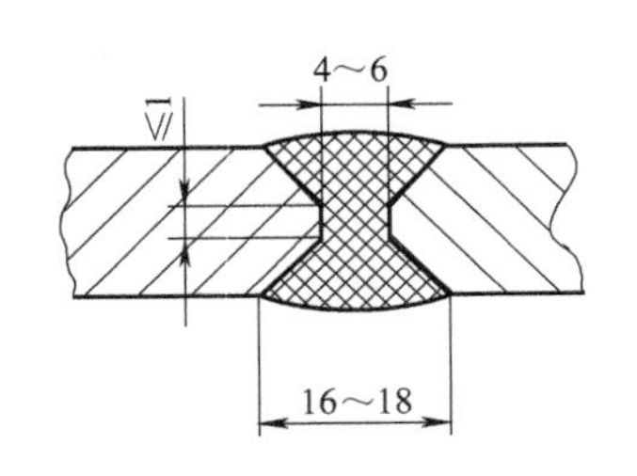

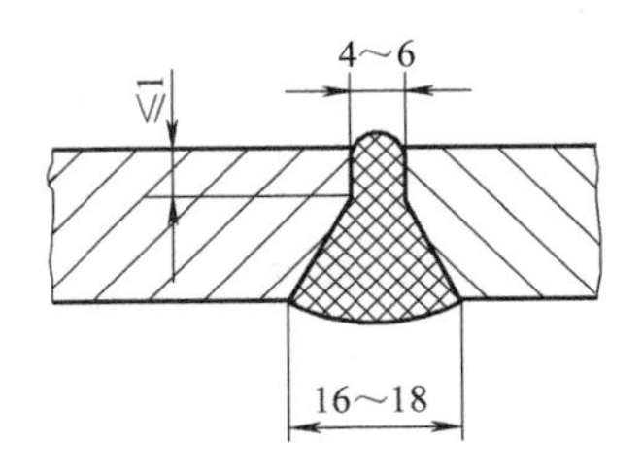

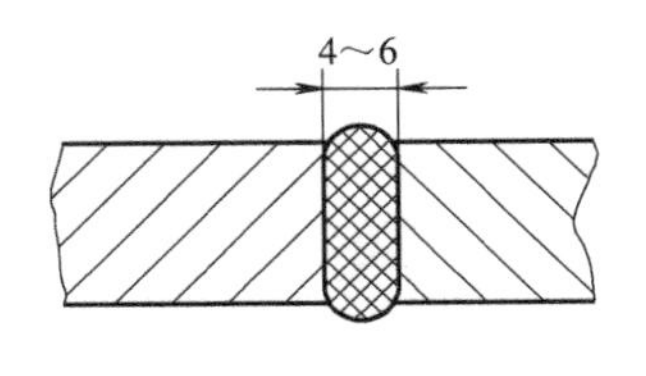

图 8-22 罐壁纵向焊接接头

于 300mm。

环向接头形式较多，主要是对接。对接有两种，以内径为基准的对接（国内采用，便于浮顶的升降与密封），以中径为基准的对接。

底层罐壁板与罐底边缘板的连接，采用两侧连续角焊，角焊接头圆滑过渡。组装底板时，在其内侧焊上挡板，挡板与壁板间加组对垫板，见图 8-23。

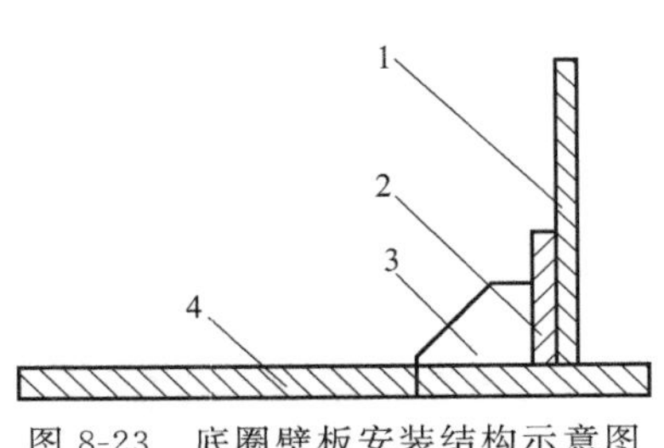

图 8-23 底圈壁板安装结构示意图
1—底圈壁板；2—垫板；
3—挡板；4—罐底板

② 壁板宽度：宽度越小，阶梯形折线越近于直线，材料越省，但环向接头越多，增加了制造安装工作量。国外宽度不小于 1800mm，我国壁板宽度不小于 1600mm。

③ 罐壁保温结构：罐壁是最大散热面，面积大且有一定高度，故保温结构较一般小型设备复杂，由保温支撑件、保温钩钉、保温材料、保温层组成。

与罐壁相焊接的保温结构，采用罐壁焊缝施焊的焊接工艺一与罐壁材料相适应的焊接材料。

保温支撑件可用型钢或扁钢焊接而成，承面宽度小于保温层厚度 10～20mm ，支撑件间距高温介质不大于 2～3m，中低温介质不大于 3～5m，支撑件位置设在阀门或法兰上方，不影响拆卸螺栓，见图 8-24。

保温钩钉用来固定保温材料，用 d3～6mm 低碳钢制作，对于便材料钩钉间距 300～600mm，软材料 350mm。每平方米面积上钩钉个数：侧面不少于 6 个，底部不少于 8 个。支撑件满足承重有固定保温层要求时，可不设钩钉，如图 8-25 所示。

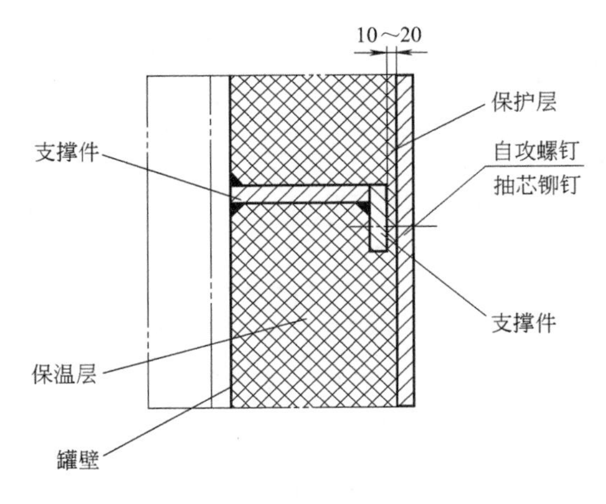

图 8-24 保温支撑件与罐壁连接

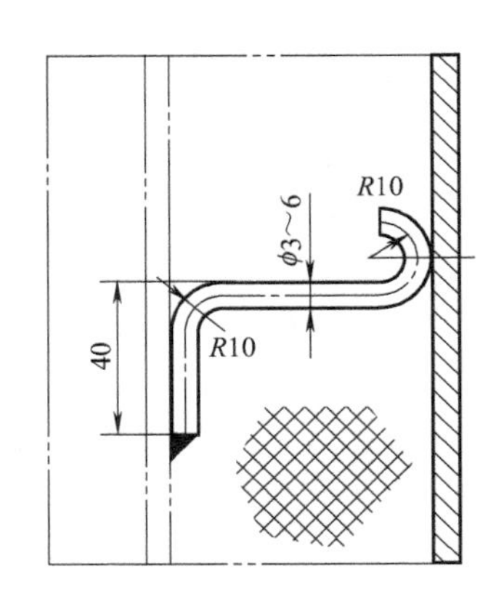

图 8-25 保温钩钉与罐壁连接

保温材料分硬制材料（密度不大于 300kg/m³，如膨胀珍珠岩）和软制材料（密度不大于 200kg/m³，如岩棉），对于高温罐一般用岩棉。

④ 罐壁与罐顶的连接结构形式：大型不锈钢罐当采用拱顶罐或用自支承锥顶罐形式。常用结构形式如图 8-26 所示。

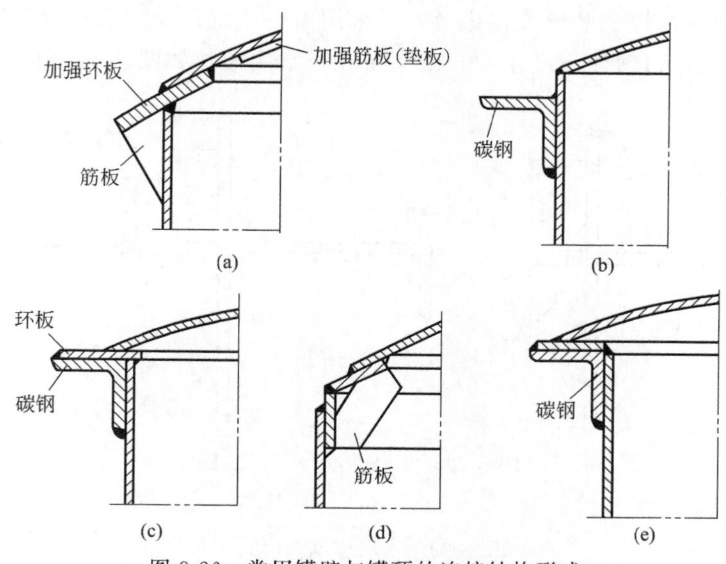

图 8-26　常用罐壁与罐顶的连接结构形式

（2）加强圈

在风荷载作用下，罐壁筒体应进行稳定性校核，防止被风吹瘪。加强圈多采用角钢，通常安装在罐壁外部，为加大惯性矩，安装时使加强圈角钢的长肢保持水平，长肢的肢端与罐壁相焊，上面用连续焊，下面用间断焊。加强圈自身的焊接接头全熔透，加强圈距罐壁环向焊接接头的距离不小于 150mm，见图 8-27。

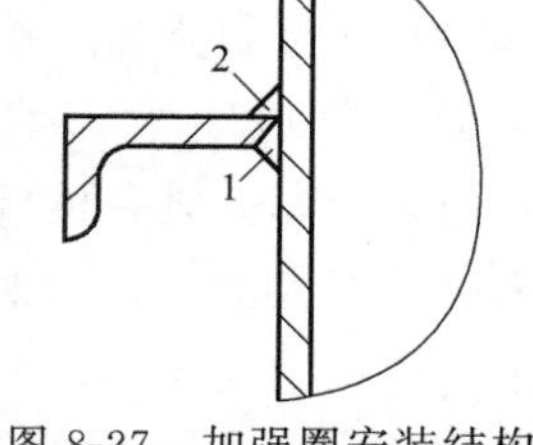

图 8-27　加强圈安装结构

1—间断焊；2—填角连续焊

抗震核算罐厚度不满足要求时，可采取加补强板、加强环、支撑等措施。

加强板在最下层壁板人孔以下罐内（外）沿壁周围设宽度不小于 300mm，厚度不小于 4mm 的钢板加强，与壁板和底板焊牢；加强环可在罐内或外设置，距罐的水平焊缝不小于 150mm，与罐壁连接成形；内部挡板或隔板，对大型拱顶罐增加隔板可提高抗震性，隔板设计与条状，一般以 1m 为宜，见图 8-28。

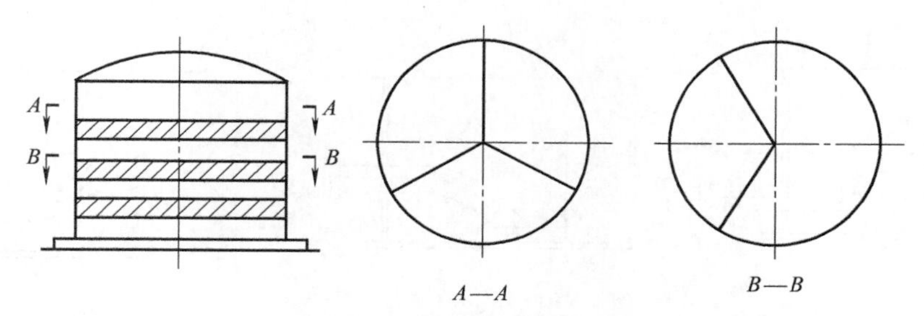

图 8-28　储罐内隔板的设置

(3) 抗风圈

浮顶罐没有固定顶盖，为使其在风荷载作用下保持上口圆度，维持整体形状，上部整个圆周上设置抗风圈，通常设置在离罐顶端 1m 左右的外壁上。抗风圈以上的罐壁承受的是张力，没有失稳的危险。

抗风圈的外周边可以是圆形或多边形，可采用型钢或型钢与钢板的组合件制成，所用钢板最小厚度为 5mm，角钢最小尺寸 63mm×6mm。常用形式如图 8-29 所示。

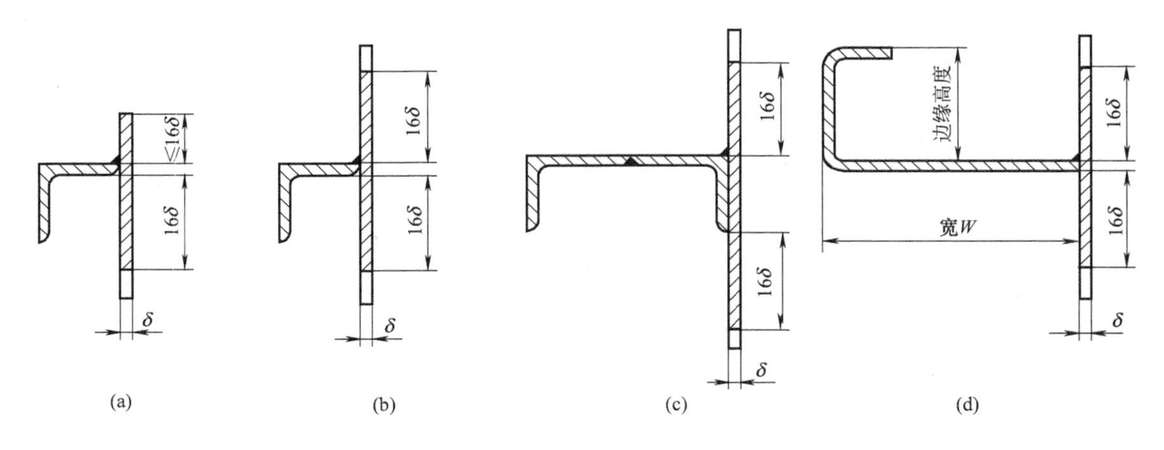

图 8-29 常用抗风圈形式

为满足强度条件，抗风圈本身的接头必须采用多焊透的对接焊缝，抗风圈与罐壁之间的焊接，上表面采用边续满角焊，下面可采用间断焊。当其可能积存液体时（如外缘向上形式），应开适当数量的排液孔。

大容量罐当设置一道抗风圈有些困难或不经济时，可以设计成两道。

(4) 罐壁附属设施

① 出液口：大型罐出液口与排净口分开设置，出液口位置高于排净口，一般采用接管法兰与泵或其他设备连接，见图 8-30 (a)；为减少罐内存液，可将出液口接管弯曲向下伸入罐内，见图 8-30 (b)；为减少罐底沉积物夹带，将接管弯曲向上伸入罐内，见图 8-30 (c)；为出液纯净，采用浮动出油装置，见图 8-30 (d)，罐壁下部固定，出油口通过弯头与旋转接头相连，旋转接头再与浮动油管的下端连接，浮动油管上端依赖浮筒组的浮力，始终位于稍低于液面的位置，随液面升降而升降。

对出液质量没有严格要求时，为减少管口设置，可将出液口与排液口合一，采用的几种结构形式见图 8-30 (e)～(k)。

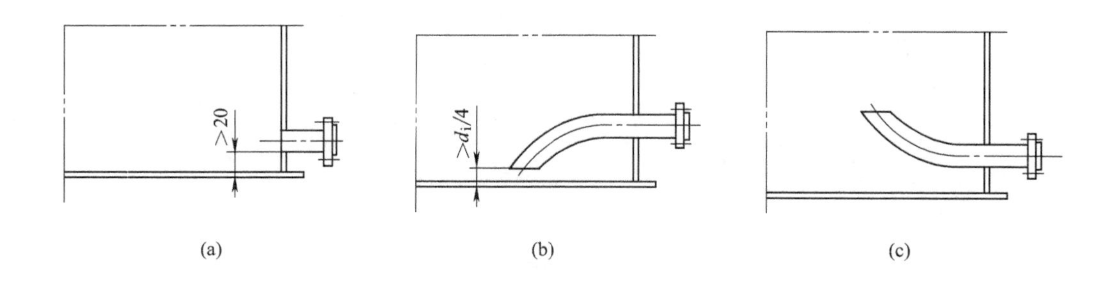

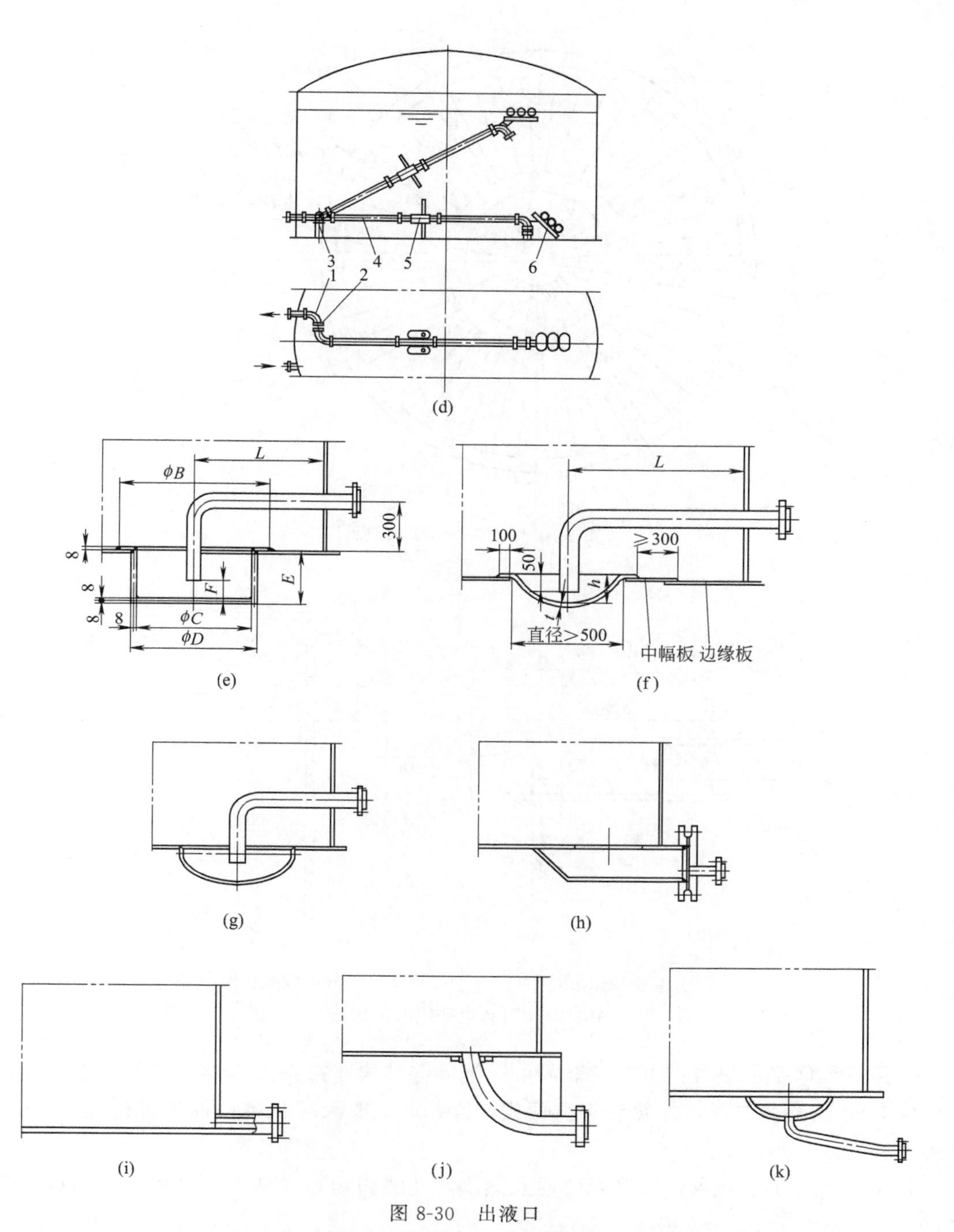

图 8-30 出液口

1—连接弯头；2—旋转接头；3—支座；4—浮动油管；5—稳定浮筒组；6—浮筒组

② 罐外加热、冷却装置。

a. 罐顶外间接加热器：为检修方便分组（周向排列，中心排列），为保证传热效果排管形状与拱顶曲率相吻合，见图 8-31。

b. 顶和罐壁喷淋冷却器：常用于降低罐内温度、减少储液蒸发损失。为收集喷淋下来的冷却水，罐底设置收集器，见图 8-32（a）、（b）。

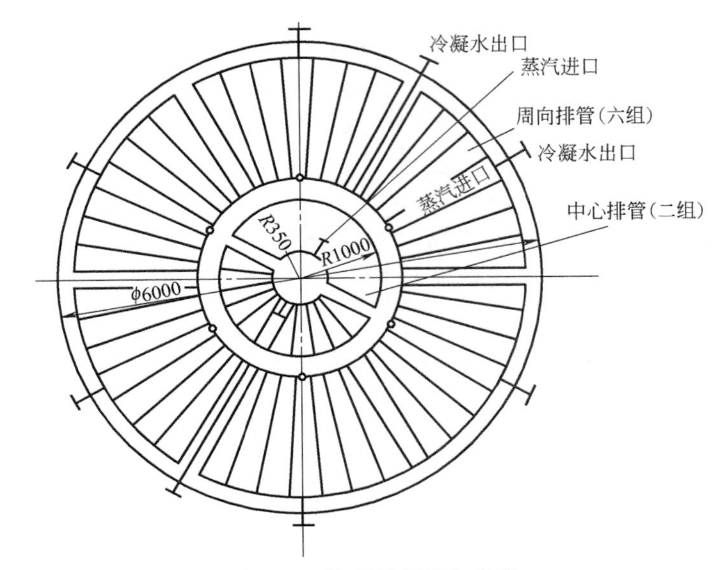

图 8-31 罐顶外间接加热器

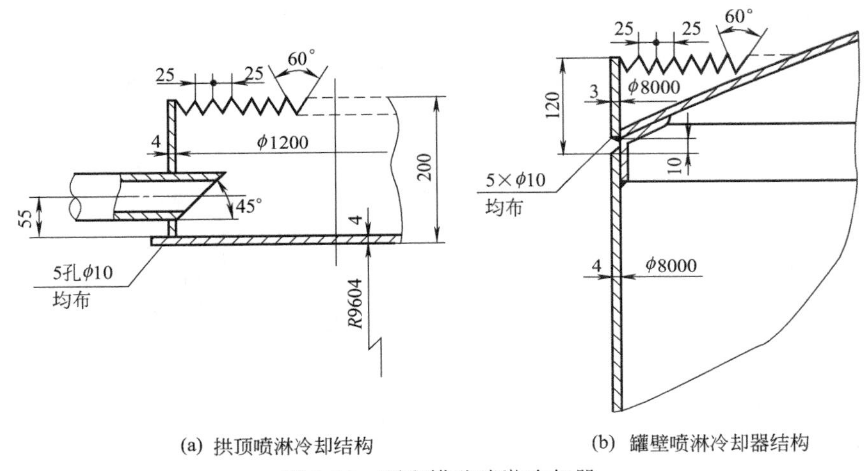

(a) 拱顶喷淋冷却结构

(b) 罐壁喷淋冷却器结构

图 8-32 顶和罐壁喷淋冷却器

c. 罐底外间接加热器：由工字钢和角钢组成钢结构座在条形基础上（便于罐底泄漏时进行检查），为检修方便，加热管束分两组，操作时，管束可从罐底抽出进行检修或更换，见图 8-33。

d. 罐壁外蛇形加热器：加热管内通入蒸汽，使罐内物料在冬季得到保温，结构形式及固定方法见图 8-34（a）～(h)。

由于介质的腐蚀或产品洁净度要求，材料采用 304、316、316L，至 SAF2507 等不锈钢材料。

（5）罐底结构

① 罐底结构形式：

a. 正圆锥形：罐底及基础呈正圆锥形，中间高，四周低。一般地基，罐底坡度 15‰，软弱地基，坡度可适当提高，不大于 35‰。

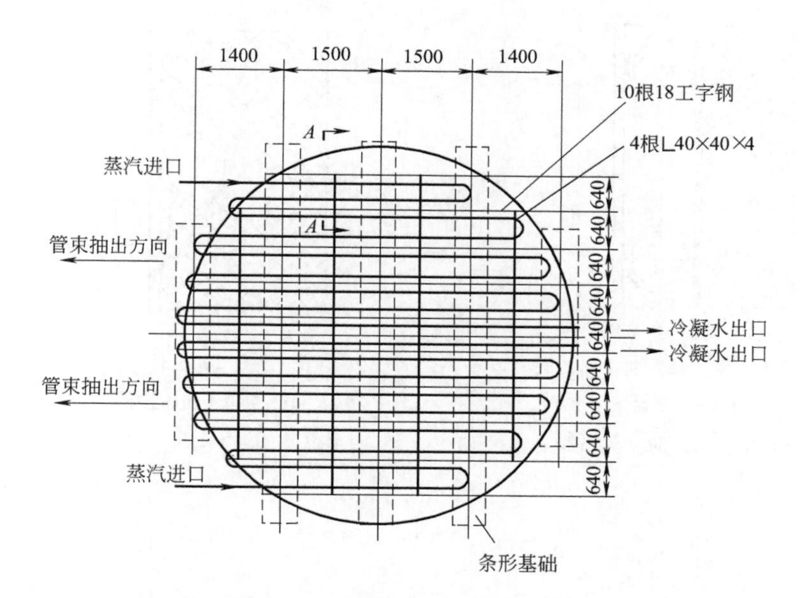

图 8-33 罐底外间接加热器

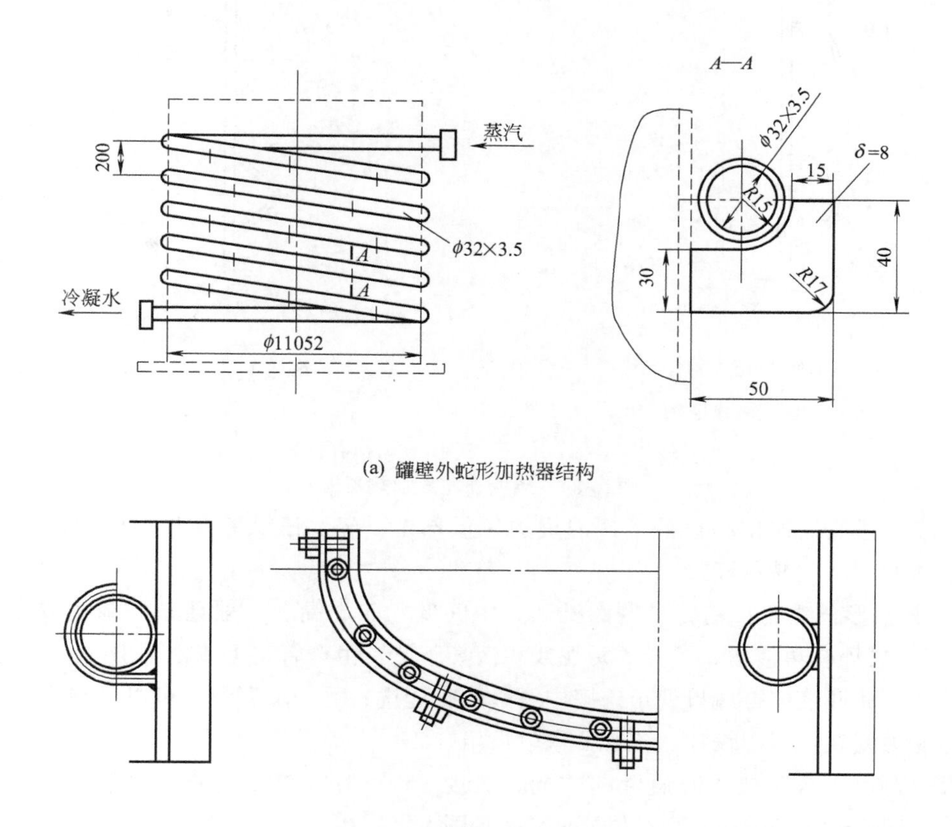

(a) 罐壁外蛇形加热器结构

(b) 蛇形加热器固定方法一 (c) 蛇形加热器固定方法二 (d) 蛇形加热器固定方法三

图 8-34

(e) 罐壁外加热器结构一

1—保温层；2—铝箔；3—丝网；4—保温管；5—罐壁

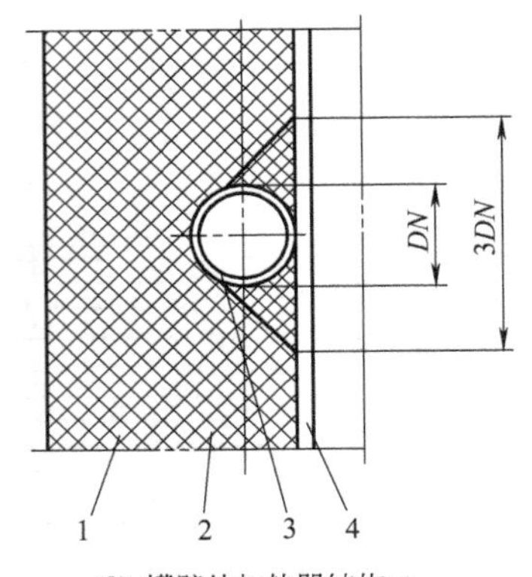

(f) 罐壁外加热器结构二

1—保温层；2—导热胶泥；3—保温管；4—罐壁

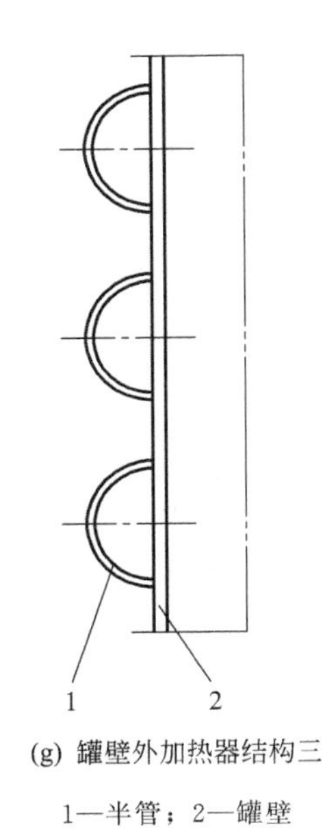

(g) 罐壁外加热器结构三

1—半管；2—罐壁

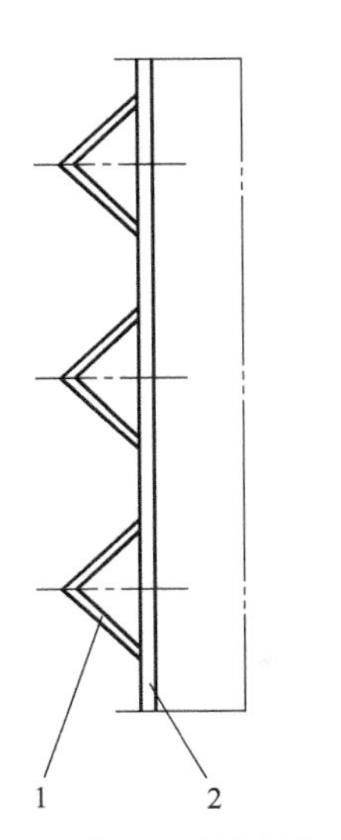

(h) 罐壁外加热器结构四

1—角钢；2—罐壁

图 8-34　罐壁外蛇形加热器

其特点：罐底液体排净口处于罐内周边较低部位；经水压试验及长期使用，罐底渐变平；所形成的凹凸坑易积液。

b. 倒圆锥形：罐底及基础呈倒圆锥形，中间低，四周高。一般地基，罐底坡度 2%～5%。罐底中央焊有集液槽，沉降的污泥或积液集于此，由弯管自上或由下引出。

其特点：罐底液体排净口处于罐底中央；易于清洗；可增加容量；可以改善罐底腐蚀状况；罐底受力复杂，基础设计、施工要求较严格。

c. 倒偏锥形：集液槽偏心设置 0°方向，坡度 3%～5%，270°方向，坡度 0.5%～2%，0°～180°或 180°～360°范围，每个方向的坡度不同。

其特点：锥面坡度处处变化，进料或出料中会产生旋转，对两种或两种以上液体的混全（调和）有利；罐底制造更复杂。

d. 单面倾斜形：多属于小型罐，近年有大型化趋势，用于储存液体化学品。坡度一般取 1%，基础采用钢筋混凝土或直接建于岩层上。底板焊接采用对接，也可一层压一层，放净口位于最低的搭接结构，集液槽设于罐较低点，积液由弯管引出。

特点：表面单倾斜，积液便于集中及时排出；有些罐底设塑料网格垫层，可较好保护底板，及时发现和减少泄漏；由于单面倾斜，重力存在水平方向的分力，加大罐在风压及地震作用下的滑移和倾覆，若不满足稳定条件，应设锚栓。

e. 阶梯形漏斗：与倒圆锥相似但罐底分成不同的阶梯，各阶梯坡度随物料和地基性质而不同。

② 罐底排板形式：罐底排板形式根据储罐大小、控制焊接变形等制造工艺决定。直径小于 12.5m 的罐，罐底受力不大，宜按条形排板，见图 8-35（a），直径大于或等于 12.5m 的罐，采用如图 8-35（b）所示的结构，50000m^3 以上或更大的罐，可采用如图 8-35（c）所示的排板。

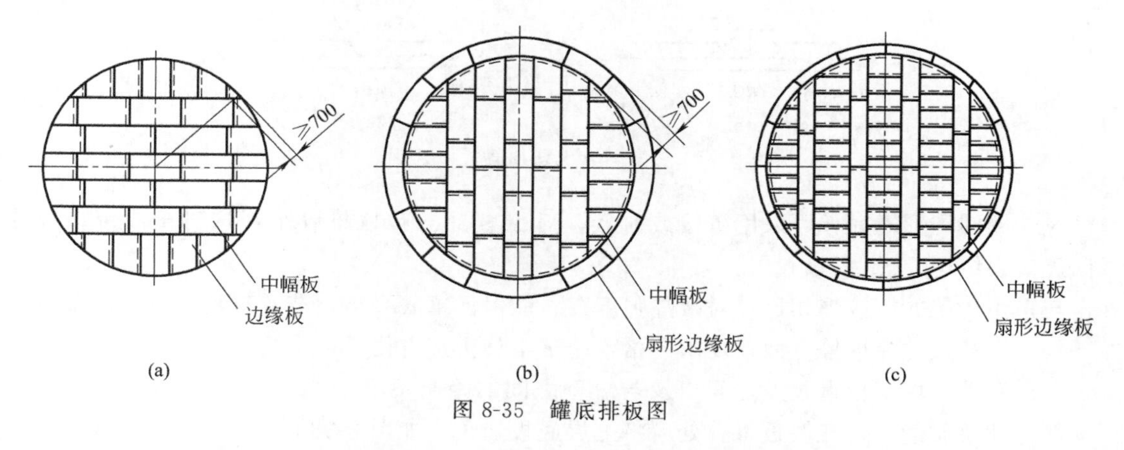

图 8-35 罐底排板图

外周较厚的底板称边缘板或环板，中部较薄的底板称中幅板，边缘板之间，可采用搭接焊，也可采用对接焊。若采用搭接焊，为单面连续焊，在罐底与罐壁连接处边缘板须平整，所以此部分的边缘板由搭接过渡为对接，见图 8-36。

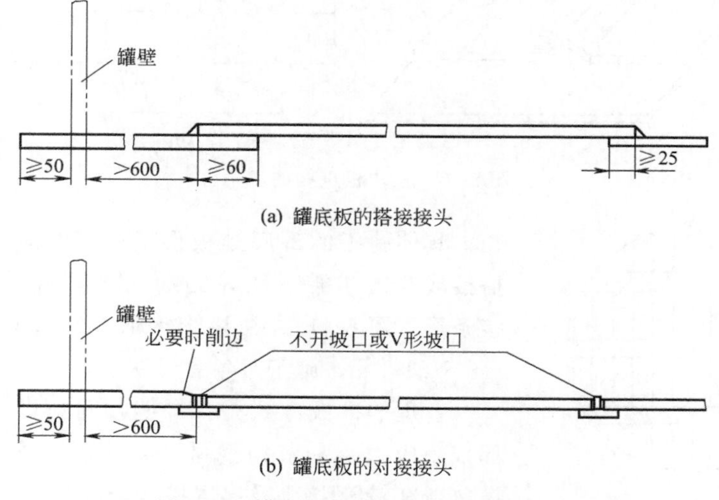

图 8-36 罐底板的搭接接头和对接接头

扇形边缘板由若干块切割好的扇形板组成，外周为圆形、内侧为正多边形的环状，采用对接焊，结构如图 8-37 所示。

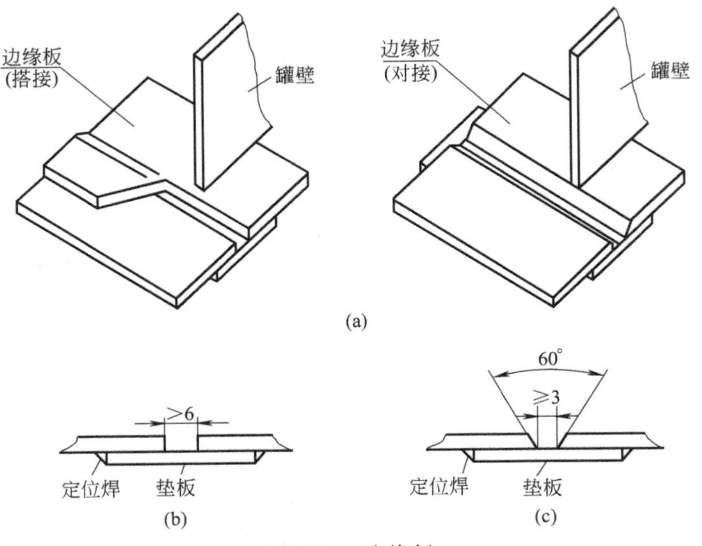

图 8-37 边缘板

对于倒圆锥形罐底，可采用搭接或对接，对 $D \leqslant 30$m 罐底推荐全焊透对接或带垫板的单面焊对接结构。

与采用传统的搭接焊相比，对接焊强度高，能保证罐底平整，节省材料（但需加垫板），在下料、组装及防变形等方面，要求严格，施工不如搭接方便。

在罐底上三块钢板重叠点之间以及与罐壁之间的距离不小于 300mm。为减小焊缝和保证其严密性及质量，在三块板重叠处应将上层底板切角，如图 8-38 所示。

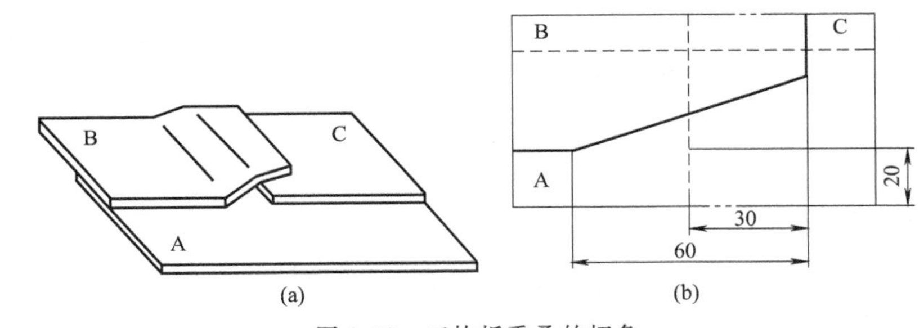

图 8-38 三块板重叠的切角

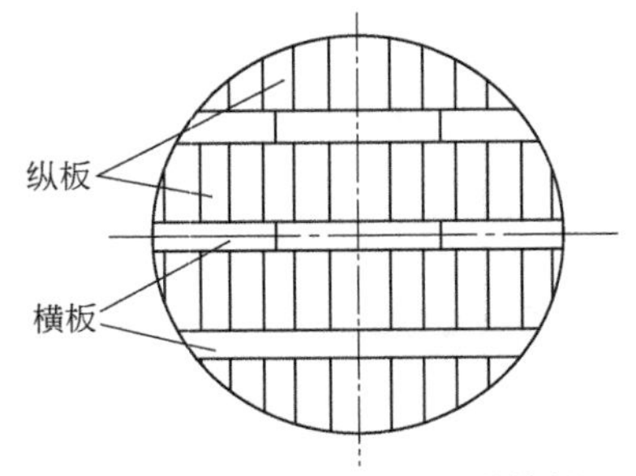

图 8-39 搭接或对接 T 形排板

具体施工的罐底排板形式很多，对中幅板而言，有搭接或对接 T 形（图 8-39）、搭接井字形（图 8-40）、搭接条形（图 8-41）、搭接十字形（图 8-42）、对接十字形（图 8-43）等，施工时各有优缺点。

合理的排板方式是：焊缝质量好、焊接变形小、内部残余应力小和节约钢材，此外，尽量减少或避免三层搭执着 T 字形接头及多层搭执着接头。

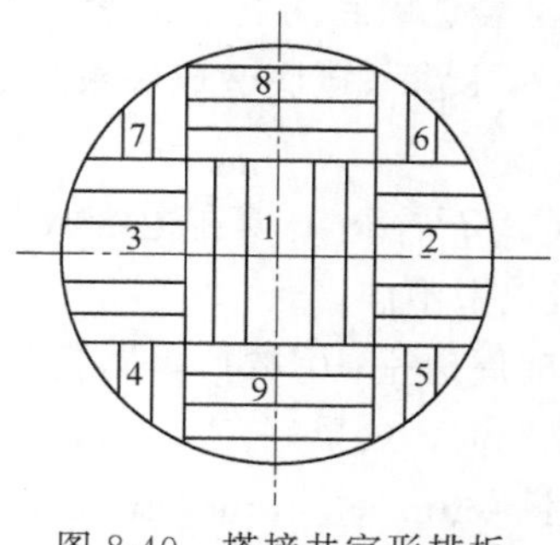

图 8-40　搭接井字形排板

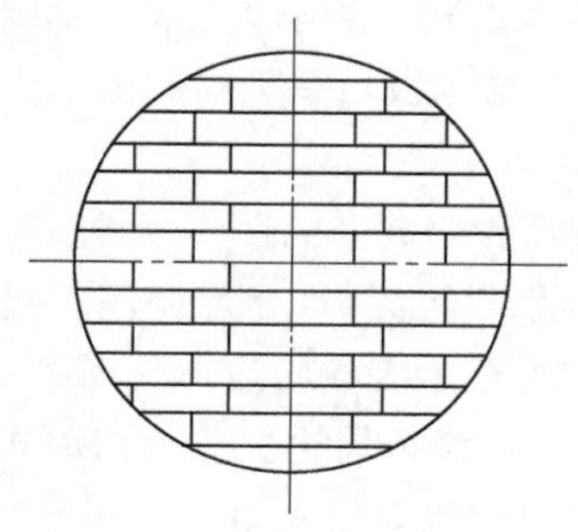
图 8-41　搭接条形排板

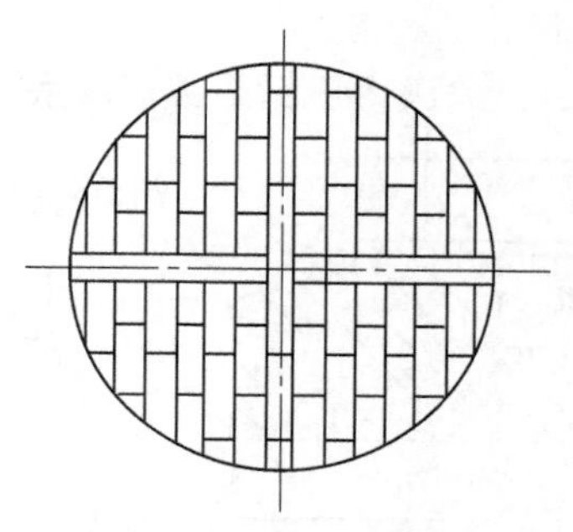
图 8-42　搭接十字形排板

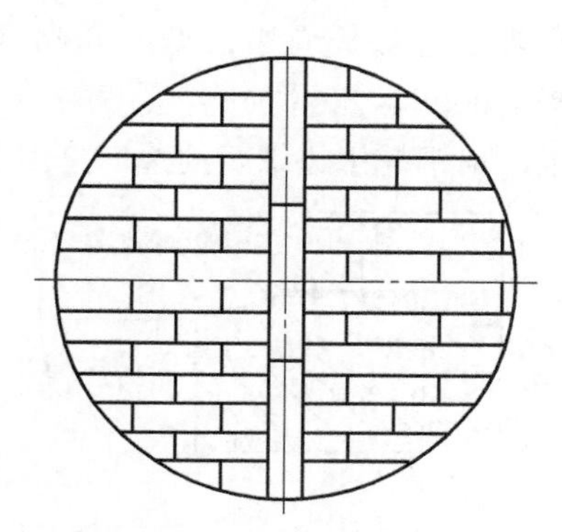
图 8-43　对接十字形排板

③ 罐底板厚度：为减小焊接工作量，减少变形，改善受力，节省焊材，减少焊缝长度及泄漏，罐底中幅板宽度不小于 1000mm；边缘板沿半径方向最小宽度为 700mm，软弱地基边缘板径向尺寸可适当增大；边缘板伸出罐壁外侧距离不小于 50mm。中幅板厚度不小于表 8-2 中的规定，不包括腐蚀裕量；边缘板厚度不小于表 8-3 中的规定，不包括腐蚀余量。

表 8-2　中幅板钢板规格厚度

储罐内径/m	中幅板钢板规格厚度/mm	
	碳素钢	不锈钢
$D<10$	5	4
$D\leqslant 20$	6	4
$D>20$	6	4.5

表 8-3　边缘板钢板规格厚度

罐壁底圈板厚度/mm	边缘板钢板规格厚度/mm	
	碳素钢	不锈钢
≤6	6	同底圈壁板厚度
7～10	6	6
11～20	8	7
21～25	10	
＞25	12	

④ 罐底板宽度：为减小焊接工作量，减少变形，改善受力，节省焊材，减少焊缝长度及泄漏，罐底中幅板宽度不小于 1000mm。边缘板沿半径方向最小宽度为 700mm，软弱地基边缘板径向尺寸可适当增大。边缘板伸出罐壁外侧距离不小于 50mm。

⑤ 罐底防水结构：影响大型罐使用寿命的重要因素是罐底的腐蚀泄漏，而造成泄漏的重要原因之一是罐底板与基础间的雨水渗入，为防止雨水渗入罐底造成底板背面腐蚀，有多种结构：

a. 用橡胶沥青密封条封闭：见图 8-44（a），也可用石棉绳镶填在边缘板与基础的缝隙里，外面用玻璃纤维布与防水胶封闭。过去较多，但效果不佳。

b. 用圆钢焊于边缘板周边：见图 8-44（b），基础周边呈 10°坡口，圆钢（d6～10mm）焊在处于外侧的边缘板周边。此结构形式简单，节省投资，效果好。

c. 用角钢焊于边缘板周边：见图8-44（c），采用 30mm×30mm×4mm 角钢，效果好，但材料耗费大。

d. 用扁钢焊于边缘板周边：见图 8-44（d），采用 40mm×4mm 扁钢，坡度与基础一致，使用效果也好。

e. 用钢板、扁钢焊于边缘板周边：见图 8-44（e），此法用于倒圆锥形罐底。

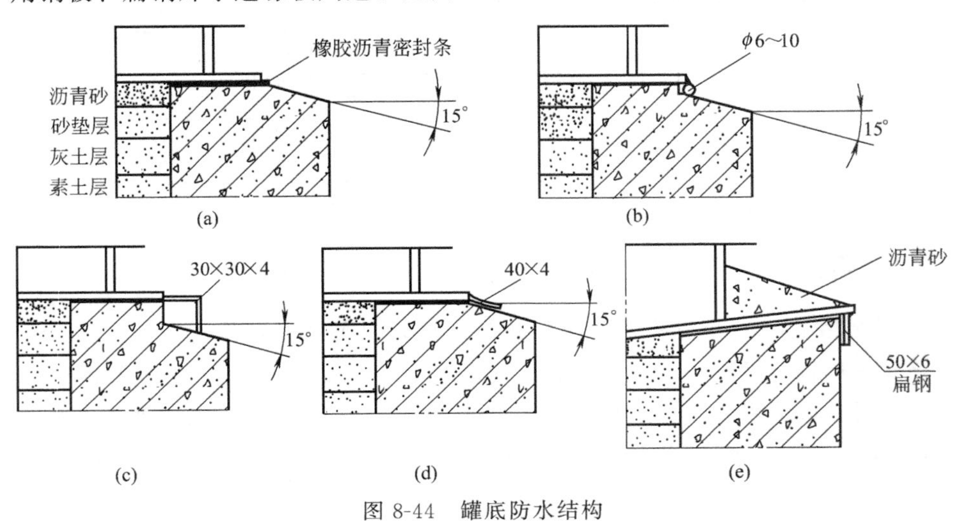

图 8-44 罐底防水结构

（6）罐顶结构

根据罐顶的结构不同可分为固定顶和活动油罐两类。应用较多的有拱顶罐、浮顶罐和内浮顶罐。

① 拱顶：拱顶结构简单，刚性好，钢材耗量小。拱顶是球的一部分，由中心顶板、扇形板组成，罐径较大、顶较薄时，顶板内侧（或外侧）焊有加强肋或采用球面网架。

中心顶板与拱顶扇形顶板的搭接宽度一般取 50mm，扇形顶板间搭接宽度取 40mm。为便于排版扇形顶板个数最好为偶数。中心顶板直径见表 8-4，厚度见表 8-5。

罐的拱顶与圆柱壳体的连接部分有两种结构，拱顶与罐壁之间采用圆弧过渡，边缘应力小，承压能力高，但需冲压加工成形，施工较困难；采用边缘结构件，如包边角钢，将拱顶与罐壁组焊，见图 8-45（b），广泛用于内压不大于 2000Pa 的工况。

表 8-4 中心顶板直径

公称容量/m³	中心顶板直径/mm
100,200,300,400,500,700,	ϕ1500
1000,2000,3000,5000,	ϕ2000
10000	ϕ2100

表 8-5 常用顶板厚度

公称容量/m^3	100	1000	2000	3000	5000	10000
顶板厚度/mm	4.5	5	5	5	6	6～7

自支撑式的拱顶罐需在罐顶传来与罐壁连接处设置包边角钢，以承受从罐顶传来的横向力。包边角钢的结构形式见图 8-45。

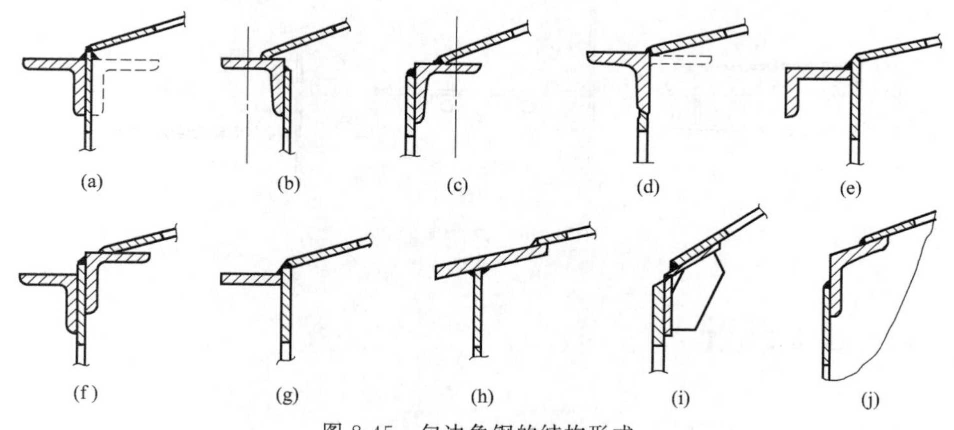

图 8-45 包边角钢的结构形式

网壳顶的常见网壳顶形式有经纬向、双向、三角形网架。罐顶的蒙皮材料是薄的碳钢板和铝合金板，与网壳的杆件所用的材料一致。常见网壳顶形式有经纬向、双向、三角形网架。

② 浮顶：常用的浮顶结构有双盘式、单盘式和浮子式三种。

a. 单盘式浮顶结构：浮顶结构由单盘和环形浮舱组成。单盘是一层薄钢板，使储液与外界大气隔开。环形浮舱由浮舱底板、内边缘板、外边缘板、隔板及加强框架、加强筋等组成的许多独立隔舱组合而成。环形浮舱提供的浮力使整个浮顶漂浮在液面上。为增加承载能力和稳定性，每个封闭的隔舱内设有框架，内、外边缘板上设有加强筋。

单板与环形浮舱可用角钢连接，也可钭单盘板直接搭在浮舱底板上。浮顶上设有浮顶支柱、自动通气阀、浮顶排水系统、浮顶密封系统、量油导向装置、静电导出线、泡沫挡板等设施。

b. 双盘式浮顶：主要由浮顶顶棒、浮顶底板、边缘板、环向隔板、径向隔板及加强框等组成。

c. 浮子式浮顶：由宽度较窄的环形浮舱、单盘板及均匀分布在单盘板上的圆形浮子组成。整个浮子的重量由浮子与环形浮舱的浮力来支持。环形浮舱分成若干个隔舱，当单个漏损且其中相邻的两个隔舱（或一个隔舱、一个浮子）漏损时，仍能保持浮顶不沉。

③ 内浮顶：内浮顶漂浮于储液表面，随液面升降。常用形式：带有周向边缘的金属盘式内浮顶，见图 8-46（a）；金属隔舱式内浮顶（敞顶船舱），见图 8-46（b）；金属浮船式内浮顶（封闭顶船舱），见图 8-46（c）、（d）；金属双盘式内浮顶（上下两层薄板并有内部隔舱），见图 8-46（e）；浮子式金属内浮顶（为浮子支撑盘面），见图 8-46（f）；金属或塑料夹层内浮顶（金属或塑料为夹层，外层为金属），见图 8-46（g）。

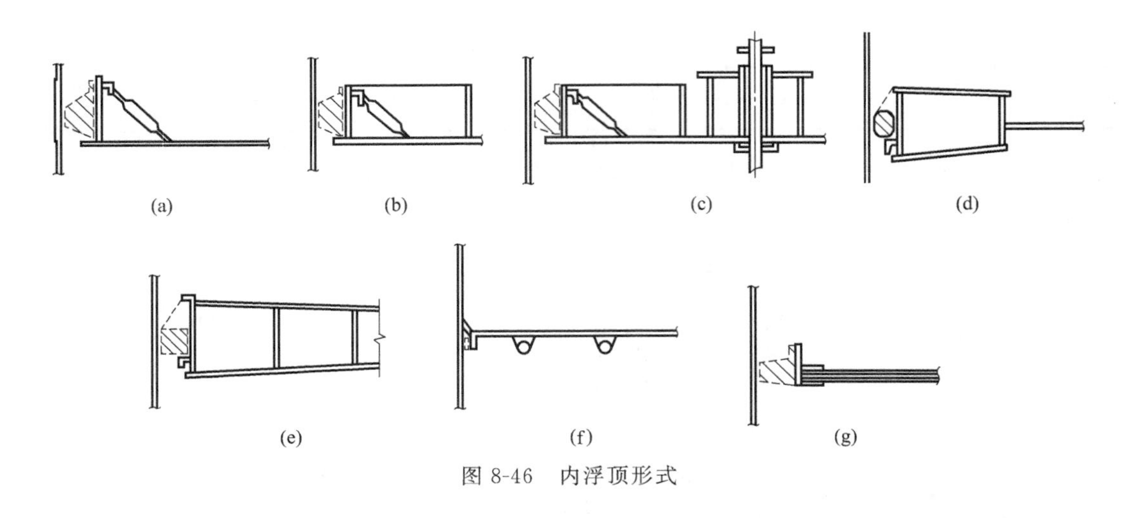

图 8-46 内浮顶形式

8.2.3 储罐基础及施工

8.2.3.1 储罐基础的形式

储罐基础形式主要有四种，护坡式基础、环墙式基础、外环墙式基础、刚性桩及钢筋混凝土承台式基础。

(1) 环墙式基础

地基为软土且不满足承载力的要求时，宜采用。将钢筋混凝土环墙设在罐壁板之下，利用该环墙将罐体传来的压力传至地基，此形式目前国内广泛应用，适用于软或中软场地土上的浮顶、内浮顶及固定顶罐，见图 8-47。

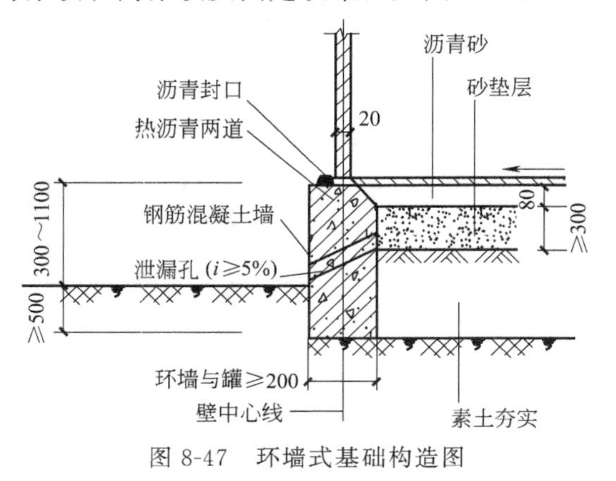

图 8-47 环墙式基础构造图

环墙式基础有如下特点：

① 可减少储罐周围的不均匀沉降。钢筋混凝土环墙平面抗弯刚度较大，能很好地调整在地基下沉中出现的不均匀沉降，从而减少罐壁变形。但在选型中应注意，罐直径越大，这种调节作用越小。

② 罐体荷载传给地基的压力分布较为均匀。

③ 基础的稳定性和抗震性较好，防止由于冲刷、侵蚀、地震等造成环墙内各种填料层的流失。保持罐底下填料层基础的稳定。

④ 有利于罐壁的安装，环墙为罐壁底端提供了一个平整而坚实的操作面，为矫平罐底提供了条件。

⑤ 有利于事故的处理，当罐体出现较大的倾斜时，对小直径储罐环墙，可采用环墙顶升法调整；对大直径储罐，可采用半圆满周挖沟，解除沉降小一侧土壤的侧向约束，以使储罐基础沉降均匀。

⑥ 球墙可以起防潮作用，由于球墙顶面不积水，这样可减轻罐腐蚀。

⑦ 环墙式基础比其他类型基础节约用地。

⑧ 环墙竖向刚度与环墙内填料相比相差较大，因此罐底不均匀受力因素在设计中要给予充分考虑。

⑨ 目前储罐倾向大型化，因此环墙的温度应力及干缩现象要给予充分考虑，在设计中按规范要求设置后浇带。

(2) 护坡式基础

地基土能满足承载力设计值和沉降差要求及建罐场地不受限制时，可采用护坡式基础，此基础一般用于硬或中硬场地土，多用于固定顶罐，近年来也有用于大型浮顶罐的成功实例。结构见图 8-48。

护坡式基础有如下特点：

① 基础的整体均匀性较好，因此罐体受力较好，与油罐的计算假定相符合。

② 施工周期短，与环墙式基础相比较节约钢材及水泥。

③ 基础的平面抗弯刚度差，因而对调整地基不均匀沉降作用较差。

④ 基础本身的稳定性较差，当罐体出现问题时，罐底填料易被冲走而出现较大次生灾害。

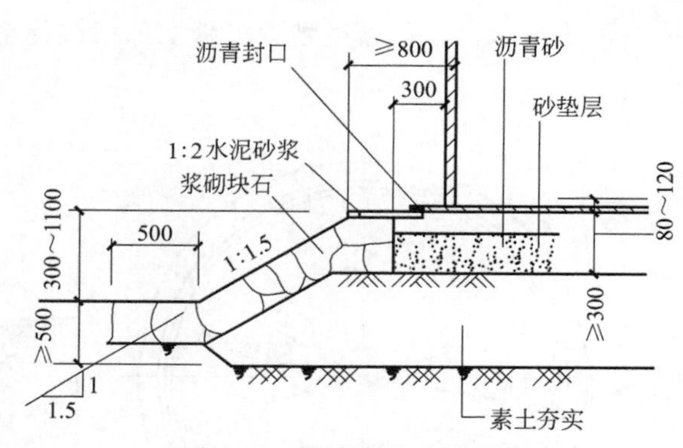

图 8-48 护坡式基础构造图

⑤ 占地较大，不利于罐区布置。

(3) 外环墙式基础

当地基土能满足承载力设计和沉降要求及建罐场地不受限制时，也可采用外环墙式基础，此基础一般用于硬和中硬场地土，罐壁下应设置钢筋混凝土小环梁，见图 8-49。

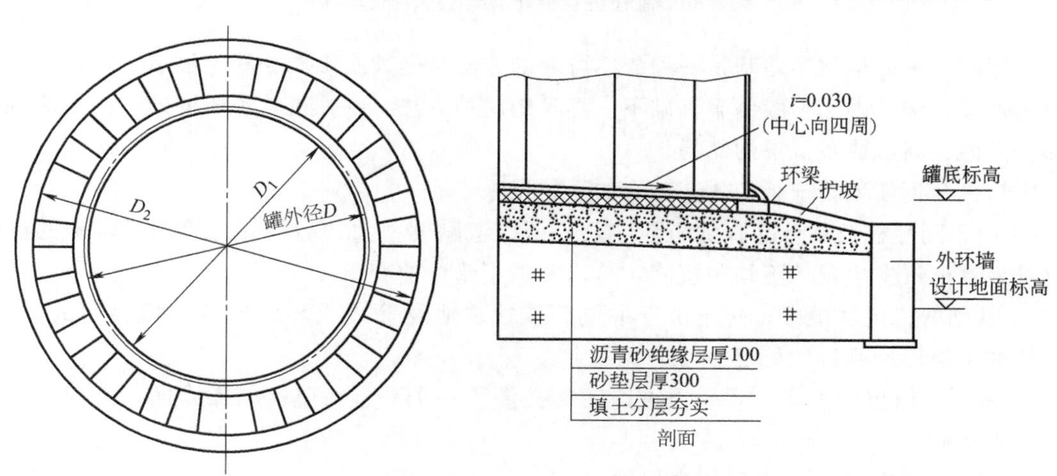

图 8-49 外环墙式基础

外环墙式基础有如下特点：

① 由于罐体坐落在由沙石土构成的基础上，其竖向抗力刚度相差不大，因此罐壁和罐底的受力状态较环墙式基础好。

② 由于设置环墙式基础具有一定的稳定性，因此其抗震性能也比较好。

③ 较环墙式基础节约投资。

④ 环墙式基础的整体平面抗弯刚度较钢筋泥土环墙式基础差，因此调整地基不均匀沉降能力较差。

⑤ 当罐壁下节点处于下沉量低于环墙顶时易造成两者之间的凹陷。

⑥ 占地较钢筋混凝土环墙基础要大，不利于罐区布置。

（4）刚性桩及钢筋混凝土承台式基础

地基土为软土，且孔隙较大，不能满足承载力要求时，可采用桩基础。将钢筋混凝土环墙设在壁板下，用环墙将罐体传来的压力传至钢筋混凝土承台，罐内液体荷载通过罐底板传至填土再传至承台，再通过刚性桩将上部荷载传至持力层，见图 8-50。

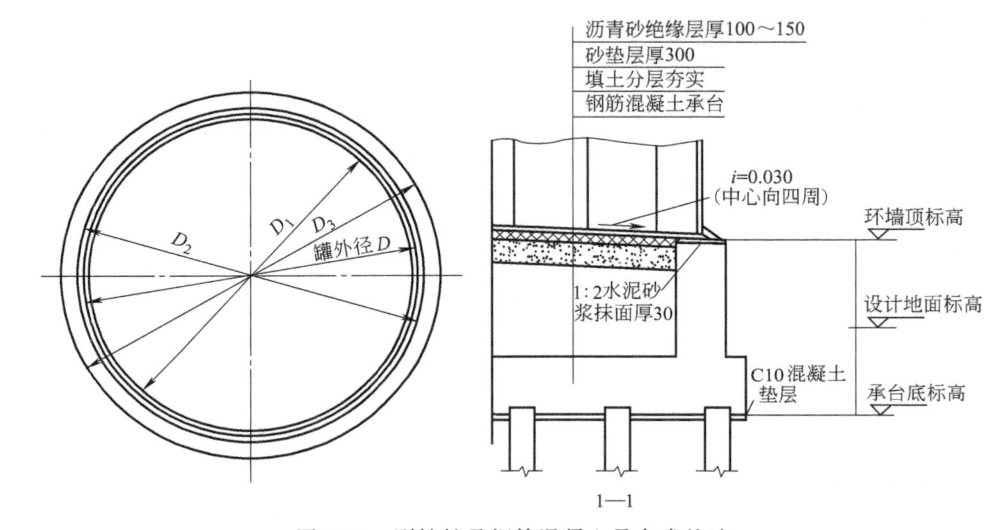

图 8-50 刚性桩及钢筋混凝土承台式基础

采用刚性桩处理软弱地基是一种成熟可靠的方法，但其施工周期和工程造价远远大于其他地基处理方法，因此一般储罐基础不推荐采用此种方法。刚性桩处理软弱地基的方法常用于那些高温、高压或超低温的储罐。

刚性桩及钢筋混凝土承台式基础有如下特点：

① 由于刚性桩及承台垂直抗压强度及平面抗弯刚度很大，能很好地控制罐基础的沉降量以及地基下沉中出现的不均匀沉降，从而减少了罐壁的变形。

② 基础的稳定性很好，防止由于冲刷、侵蚀、地震等造成环墙内各种填料层的流失，保持罐底下填料层基础的稳定。

③ 有利于罐壁的安装。环墙为罐壁底端提供了一个平整而坚实的操作面，为校平罐底板提供了条件。

④ 可以起防潮作用，减轻罐底腐蚀。

⑤ 同环墙式基础一样可以节约用地，利于罐区布置。中心填料层深度较小整个基础刚度均匀，无不均匀受力现象。

8.2.3.2 基础形式的选择

基础的选择根据罐的形式、容积、地质条件、材料供应情况、业主要求及施工技术条件、地基处理方法和经济合理性等综合考虑。

当地基土层能满足承载力设计值和沉降差的要求且场地不受限制时，宜采用护坡式或外环墙式基础。

当地基土层不能满足承载力设计值要求、但沉降量不超过允许值时，可采用环墙式或外环墙式基础。

当地基土层为软土层时，宜对地基处理后再采用外环墙式基础。

当场地受限时，可采用环墙式基础。

8.2.3.3 储罐基础施工

一般做法是在紧邻底板下做一层沥青砂绝缘层用于阻断地下潮气对底板的腐蚀，在沥青砂绝缘层下做一层砂绝缘层，以调节罐底板受力状态，其下是压实填土层。

储罐基础设计与施工过程可参阅 SH/T 3083《石油化工钢储罐地基处理技术规范》和 SH 3086《石油化工钢储罐地基与基础设计规范》。

8.2.3.4 储罐基础的地基处理

当罐基础下为软土地基、不良地质现象的山区地基、特殊土地基及地震作用地基土有液化时或地基土承载力设计值及沉降差不能满足设计要求时，应对地基进行处理。可采用垫层法、刚性桩法、强夯法、复合地基法、充水预压及排水固结法。

（1）垫层法

软弱土地基承载力和变形不满足罐基础设计要求，软弱土层分布于一表且厚度不大时，可采用换土垫层法。此法适用于淤泥、淤泥质土、湿陷性黄土、素填土、杂填土地基及暗沟、暗塘等浅层地基处理。

（2）刚性桩法

根据土层分布承载性状，采用摩擦桩还是端承桩，按不同土层及地下水分布条件及地基土腐蚀性情况的不同，可采用钢筋混凝土预制桩、钢筋混凝土灌注桩，单桩竖向及水平承载力均应通过载荷试验确定。

（3）强夯法

强夯法适用于碎石土、砂土、湿陷性黄土、含水量较低的素填土和杂填土地基，也可用于低饱和度的粉土和黏性土。在各种地基上进行强夯施工前，应在有代表性的场地上选取试验区，在试验区进行试夯，根据理论计算和试夯检测结果，确定强夯处理深度、单击夯击能及单点夯击次数、夯击遍数以及夯点间距等。强夯施工完工后应按有关规定进行现场荷载试验确定强夯地基承载力并通过原位测试或上工试验确定有效加固尝试内土层的压缩模量。

对饱和度较高的粉土和黏土，也可采用强夯置换法，但如果采用此种方法，更应加强检测。

（4）复合地基法

天然地基在地基处理过程中部分土体得到增强或被置换成增强体，由增强体和周围地基土共同形成的地基称为复合地基。

采用非刚性桩的加固地基方法一般属于复合地基法，目前使用较为广泛的是振冲法和砂石桩挤密封法。

振冲法分为振冲置换法和振冲密实法。振冲置换法适用于处理砂土、粉土、粉质黏土、素填土和杂填土。对于不排水抗剪强度小于 20kPa 的淤泥质土，淤泥等地基应用通过试验确定其适用性，对于大型储罐，在正式设计和施工前应在有代表性的场地上进行成桩可能性、成桩工艺和加固效果试验，从而确定置换率、桩距及桩径。振冲桩复合地基承载力应通过现场复合地基荷载试验确定。振冲桩处理范围应大于储罐基底范围。具体数据根据处理目的及土层性状确定。振冲密实法适用于砂土、粉土及部分杂填土等地基，其施工前后的试验要求基本同振冲置换法。

（5）充水预压法及排水固结法

沿海及内陆河下游大部分地区分布着软弱土，其特点为高含水量、低透水性、高压缩性及低强度，在这种地基上修建的油罐，根据地质条件、工期及投资等因素综合考虑，可采用充水预压法或排水固结法，但一般需要时间较长。

充水预压法适用于夹有薄层粉砂的黏性土或各种填土等排水条件较好的地基，储罐基础一般采用环墙式钢筋混凝土基础，罐体完工后根据充水预压方案对储罐进行分级加荷，加荷速度、恒压时间及卸荷时间应根据固结系数、渗透系数、孔隙比和固结压力关系曲线经计算确定。在加荷的同时必须对储罐基础沉降按要求做出必要的工程观察，根据竖向沉降、水平位移以及孔隙水压力变化情况随时调整加荷速度，恒压加固完成后，放水速度应小于 1.5m/天。

当储罐坐落在淤泥、淤泥质土、冲填土或饱和黏性土地基之上，由于地基土透水性较差，单纯靠充水预压孔隙水无法消散时，可采用排水固结法处理地基，根据地基土构成情况，布置竖向排水体及排水垫层，然后再进行充水预压。

8.2.3.5 基础复查

储罐安装前应对基础进行复查，合格后方可安装。基础复查应符合下列规定：

① 基础中心标高允许偏差为±20mm。

② 支承罐壁的基础表面，有环梁时，每 10m 弧长内任意两点的高差不得大于 6mm，整个圆周长度内任意两点的高差不得大于 12mm；无环梁时，每 3m 弧长内任意两点的高差不得大于 6mm，整个圆周长度内任意两点的高差不得大于 12mm。

③ 沥青砂层表面应平整密实，无突出的隆起、凹陷及贯穿裂纹，沥青砂层表面凹凸度应按下列方法检查：

当储罐直径等于或大于 25m 时，以基础中心为圆心，以不同直径做同心圆，将各圆周分成若干等分，在等分点测量沥青砂层标高。同一圆周的测点，其测量标高与计算标高之差不得大于 12mm。同心圆直径和各圆周上最少测量点数应符合规定要求。

当储罐直径小于 25m 时，可从基础中心向基础周边拉线测量，基础表面每 $100m^2$ 范围内测点不得少于 10 点（小于 $100m^2$ 的基础按 $100m^2$ 计算），基础表面凹凸度允许偏差不得大于 25mm。

8.2.4 设备安装施工方案的编写

施工单位接受建设单位的施工任务后，在进行具体施工前必须根据工程内容和要求，编制切实可行的施工技术方案或施工组织设计，用以指导施工全过程并重点考虑施工方法，机械设备利用，劳动力和材料安排等。施工方案应符合国家现行有关法律、法规和强执性标准的规定。

施工方案的常规编写内容应包括下列各方面：编制说明，编制依据，工程概况，施工准备，施工现场平面布置与管理，施工方法，施工技术措施和技术要求，施工进度计划，资源需求计划，工程质量保证措施，安全生产保证措施，文明施工、环境保护保证措施，雨季、台风及夏季高温季节的施工保证措施等。

8.2.4.1 编制说明

编制说明应包括工程名称、地点、规模、工程范围、特性，对工程质量、安全措施的特殊考虑，工程特点对施工的特殊要求及应说明的问题和其他事宜。

8.2.4.2 编制依据

施工图纸及其他技术文件；施工组织设计中对施工方案、施工方法所做的规定；施工现场的条件状况，包括水文、地质、气象，施工条件，施工现场的环境，障碍物处理等；现行的相关国家标准、行业标准、地方标准及企业施工工艺标准；企业质量管理体系、环境管理体系和职业健康安全管理体系文件等。

8.2.4.3 工程概况

工程名称、施工项目、开式竣工时间；工程的技术构成状况，如生产规模、设备台数、管线总长、钢结构吨数、道路面积等；工程设计概况及主要技术参数，如主要设备的高度、容积、重量、设计压力、设计温度、介质性质；主要机器的尺寸、重量、转速、功率等；主要构件的尺寸、重量、起重高度等。工程的特殊要求，技术施工难点等。

8.2.4.4 施工准备

（1）技术准备

施工图纸及相关技术文件；设备出厂合格证书、质量检验证书等；行业及其他相关标准规范；以及施工交底等。

（2）材料准备

根据施工进度计划的要求，按材料名称、规格、使用时间、材料储备定额和消耗定额进行汇总，编制材料需要量计划，为组织备料、确定仓库、堆放场地所需面积和组织运输等提供依据。

（3）劳动力组织和准备

根据各施工阶段中各分项工程的工程量，并结合施工图预算中用工情况，合理安排各工种人员进场，以提高劳动生产效率，避免“窝工”现象的发生，保证安装工程施工进度。对特殊工种要建立上岗制度，特殊工种的施工人员必须持证上岗，并建立档案，以确保用工质量。根据施工方案，开工前组织好人员配备及各种材料。

（4）机具的准备

根据采用的施工方案，安排施工进度，确定施工机械的类型、数量的进场时间，并编制安装工程使用机具的需用量计划。

（5）现场施工准备

施工用水、电、气畅通；道路满足设备运输要求；工具房、材料库、零配件架已布置；消防道路畅通，消防器材已按要求布置；排污系统畅通；设立固体废弃物存放点，并定期清理等。

8.2.4.5 施工方法

根据工程特点、工期要求、设备、材料、机具、劳动力情况，结合本单位技术水平，按照施工组织设计规定的基本原则，选择合理的施工程序和最佳的施工方法。

对于施工工序繁多的施工方法，可用工序流程图来说明施工中各工序前合的逻辑关系和组织关系。

8.2.4.6 施工技术措施和技术要求

技术措施和技术要求是施工方案中的重要内容，包括：保证工程质量的技术措施和要求，如，质量管理组织机构、保证质量的技术管理措施、工程计量管理措施、材料检验制度、工程技术档案管理措施、工程质量的保修计划等；保证施安全的技术措施的要求，如，安全生产管理组织机构，安全生产的技术管理措施；降低工程成本的技术措施和要求；需要采取的其他技术措施和要求，如新技术、工程特殊要求、为加快工程进度及冬、雨季施工及夏季高温季节施工保证措施等；文明施工、环境保护保证措施等。

8.2.4.7 资源需求计划

用表格形式列出主要资源需求计划，如劳动力（包括工种、需用总工日数、需用人数和用工时间)，主要材料和预制品，机械设备、大型工具、器具，生产工艺设备，施工设施的名称、规格型号、用途、数量等。

劳动力需求计划；主要材料和预制品需求计划；机械设备、大型工具、器具需求计划；生产工艺设备需求计划；施工设施需求计划等。

8.2.4.8 施工进度计划

编制满足工基需求的施工进度计划，并绘制施工进度计划图；施工计划图可根据工程复杂程度和组织施工的需要选定横道图或网络图。

参考资料

GB 50128《立式圆筒形钢制焊接储罐施工规范》

GB 50341《立式圆筒形钢制焊接油罐设计规范》

GB 50393《钢质石油储罐防腐蚀工程技术规范》

HG/T 20277《化工储罐施工及检验规范》

NB/T 47003.1～47003.2《钢制焊接常压容器》

GB 50235《工业金属管道工程施工规范》

GB 50184《工业金属管道工程施工质量验收规范》

GB 50236《现场设备、工业管道焊接工程施工规范》

GB 50727《工业设备及管道防腐蚀工程施工质量验收规范》

GB 50261《自动喷水灭火系统施工及验收规范》

GB 50281《泡沫灭火系统施工及验收规范》

NB/T 47014《承压设备焊接工艺评定》

NB/T 47015《压力容器焊接规程》

思考题

1. 对钢储罐的基本要求有哪些?
2. 为什么钢储罐的发展日趋大型化?

3. 大型储罐的优点有哪些？储罐大型化所带来的问题是什么？

4. 为什么立式储罐的高度随罐容积的增加而减小？

5. 储罐选材的原则是什么？是否适用于管道的选材？

6. 从安全角度考虑，如何选择储罐的形式？

7. 查阅资料，了解目前国内储罐发展及施工现状，最大储罐的容积是多少？

8. 大型储罐施工所采用的焊接技术是什么？有哪些新的焊接工艺？

9. 大型立式储罐主体安装方法有哪些？

10. 某工程中，一台 100000m^3 原油储罐安装，油罐外形尺寸 ϕ80290mm×21970mm，全容积为 101536m^3，设备总重为 2025872kg，罐体主要材质为 Q235B/Q345R/12MnNiVR。其结构主要由罐底板、罐壁板、双浮盘、顶平台、盘梯、抗风圈及附件几大部分组成。罐底边缘板采用了弓形板结构，中幅板为条形板结构。弓形板间采用对接焊，弓形板与中幅板及中幅板与中幅板间采用对接焊；罐壁板为对接焊；双浮盘为搭接焊。主要技术参数如下：

结构形式	双盘浮顶罐	执行标准	GB 501210—2005
公称容积	100000m^3	计算容积	101536m^3
设计压力	正压 0MPa	试验压力	正压 充水试验
	负压 0MPa		负压 0MPa
最高充水液位	20200mm	介质密度	860kg/m^3
介质允许充装最高液位	20200mm	工作温度	常温
储存介质	原油	基本风压	650Pa
设计温度	60℃	基本雪压	400Pa
抗震设防烈度	7 度	焊接接头系数	1.0
场地土类别	Ⅱ类	腐蚀裕量	1.0mm
加热器加热面积	500m^2	保温材料/厚度	超细玻璃棉/80mm
公称直径	80000mm	壁高	21870mm
罐底重	538588.7kg	罐底材质	12MnNiVR/Q235B
罐壁重	804242kg	罐壁材质	12MnNiVR Q345R/Q235B
浮顶重	505456kg	浮顶材质	Q235B
抗风圈	88295kg	抗风圈材质	Q235B
加强圈	43163kg	加强圈材质	Q235B
盘梯及平台	3966kg	盘梯及平台材质	Q235B
保温结构	90000kg	保温结构材质	超细玻璃棉

试编写储罐安装施工方案。

11. 查阅资料，分析气柜与储罐的结构形式有什么不同？气柜类型有哪些？其结构特点？

12. 气柜安装的常用方法哪些？其主要安装工序是什么？

参考文献

[1] 余国琮. 化工机械工程手册. 北京：化学工业出版社，2003.

[2] 强健. 机电安装建造师实务手册. 北京：化学工业出版社，2005.

[3] 翟洪绪. 实用铆工手册. 北京：化学工业出版社，2015.

[4] 孙爱萍. 石油化工设备安装. 北京：化学工业出版社，2013.

[5] 范喜频. 化工机器与维修. 北京：化学工业出版社，2013.

[6] 宋克俭. 工业设备安装技术. 北京：化学工业出版社，2009.

[7] 徐英，杨一凡，朱萍. 球罐和大型储罐. 北京：化学工业出版社，2005.

[8] 张麦秋. 化工机械安装与修理. 北京：化学工业出版社，2015.

[9] 张忠旭. 机械设备安装工艺. 北京：机械工业出版社，2009.

[10] 匡照忠. 化工机器与设备. 北京：化学工业出版社，2006.

[11] 中国建设业协会石化建设分会. 大型设备吊装工程实用手册. 北京：中国建筑工业出版社，2012.